정완보, 김진우 교수와 함께 배우는

멜섹 Q PLC 인버터, A/D, D/A, CC-Link 프로그래밍 방법

정완보, 김진우 공저

감수 : 한국미쓰비시오토메이션(주)

이사 유해근

D.B.Info

들어가기에 앞서

멜섹Q PLC와 관련된 세 번째 교재입니다. "멜섹Q PLC IN/OUT 프로그래밍" 이라는 책자를 통해서 PLC을 배우신 분이라면 PLC특수모듈의 사용법 및 프로그래밍에 대해 알고 싶어하시는 분들이 많을 것 같습니다. 이번 교재는 멜섹Q PLC특수모듈 중에서 널리 사용되는 A/D와 D/A 그리고 CC-Link통신에 대해 설명한 교재입니다. 또한 A/D, D/A, CC-Link통신 실습에 필요한 유도전동기 속도제어에 널리 사용되는 인버터의 사용법도 함께 추가하였습니다.

최근 들어 PLC가 제어하는 장비의 성능이 고성능화 되어가고 아주 미세한 차이를 검출하기 위해 고분해능을 가진 아날로그 센서의 사용과 온도, 압력, 모터의 회전속도, 토크제어 등을 위해 A/D, D/A 기능을 가진 특수모듈의 사용도 점차 늘어가는 추세입니다. 하지만 일반 시중에는 PLC특수기능을 가진 모듈에 대한 교재가 없어서 PLC을 배우려는 많은 분들이 힘들어 하고 있는 것 같습니다. 필자의 교재를 구매하신 독자들의 요청에 의해 현장에서 널리 사용되는 특수모듈의 사용법에 대한 교재를 출판하게 되었습니다. A/D, D/A이외에도 장비의 대형화로 인해 그 사용범위가 점착 확대되어가는 필드버스 통신인 CC-Link에 대한 내용도 함께 포함하고 있습니다. 산업현장에는 PLC뿐만 아니라 다양한 제어기기가 사용됩니다. 제어기기 사이에 대량의 데이터 송수신이 필요해 PLC통신이 널리 사용되고 있는 실정입니다. 그 중에서도 CC-Link통신은 멜섹PLC를 대표하는 필드버스 방식의 통신으로 멜섹PLC를 한다면 반드시 배우고 익혀야 할 통신입니다.

인버터의 사용 범위가 산업체를 벗어나 우리의 일상생활에 사용하는 세탁기, 에어컨, 런닝머신 등에도 사용될 만큼 널리 사용되고 있습니다. 본 교재에서는 A/D, D/A, CC-Link통신의 실습에 인버터를 활용해서 인버터의 사용법과 함께 PLC특수모듈의 기능도 함께 학습할 수 있도록 실습예제를 통해 PLC프로그램 작성방법과 신호 인터페이스 방법을 배울 수 있도록 구성하였습니다. 산업현장의 복잡한 장비도 교재에서 실습과제로 사용되는 단순한 기능들이 조합된 것입니다. 교재의 실습내용을 하나씩 따라하다 보면 PLC전문가가 될 수 있는 길이 열릴 수 있을 것이라 생각합니다. 구슬이 서말이라도 꿰어야 보배라는 말이 있듯이 교재의 실습과제를 하나 둘씩 연습하다 보면 PLC의 프로그래밍 방법에 대해 이해하실 것이라 믿습니다.

끝으로 교재의 집필에 많은 도움을 주신 한국미쓰비시오토메이션(주) 유해근 이사, 권은실 과장에게 감사드립니다. 필자의 짧은 지식 나눔이 대한민국 PLC제어 분야의 유능한 산업인재를 양성하는데 도움이 된다면 필자로서는 행복할 것 같습니다.

저자 씀

추천사

대한민국의 성장동력 산업인 자동차, 반도체, LCD산업뿐만 아니라 다양한 자동화 분야에서의 MELSEC PLC사용이 계속 확대되어가고 있고 제가 몸담고 있는 한국미쓰비시오토메이션(주)에서도 MELSEC PLC사용자를 위한 신기술 및 신제품 도입, 매뉴얼의 한글화 작업, 교육지원 사업을 하고 있고, 산업현장에서 필요로 하는 MELSEC PLC 전문인력 양성을 위한 기업의 책임을 다하기 위해 매년 한국기술교육대학과 한국폴리텍 대학의 재학생을 선발해 일본 미쓰비시본사의 나고야 공장에서 2개월의 현장연수지원 사업을 2년째 진행하고 있습니다. 한국미쓰비시오토메이션(주)에서는 MELSEC PLC사용자들의 학습을 위한 다양한 교육교재의 한글화 작업과 함께 본사 홈페이지를 통해 E-learning교육도 지원을 하고 있지만 항상 초보자가 쉽게 접하고 배울 수 있는 교육교재를 필요로 했습니다.

이번에 출판되는 교재는 정완보, 김진우 교수가 집필한 "멜섹Q PLC로 배우는 이론과 실습" 에 이은 세 번째 MELSEC PLC 교재로 A/D, D/A, 인버터, CC-Link통신에 대해서 누구나 쉽게 배우고 익힐 수 있는 실습과제 위주의 내용으로 구성된 교재로 MELSEC Q PLC의 특수모듈에 입문하시는 초보자분들에게 추천합니다.

이 책의 저자인 한국폴리텍대학의 정완보 교수와 한국기술교육대학교 산학협력단의 김진우 교수는 소속 대학의 재학생과 산업현장 재직자의 MELSEC PLC교육을 위해 많은 노력을 하고 있고, 새로운 기술습득을 위해 끊임없이 노력하고 고민하고 있는 것으로 알고 있습니다. 이 교재도 지난 몇 년간 MELSEC PLC 교육을 통해 쌓아온 강의노트 공개라는 것을 알기에 시중에 출판되어 있는 어떤 서적보다도 훨씬 구체적이고 생생한 현장의 노하우가 담겨있는 교재라 생각되고 이 교재를 통해 멜섹 PLC의 A/D, D/A, 인버터, CC-Link의 사용과 응용이 가능할 것으로 기대합니다.

끝으로 MELSEC PLC의 특수모듈에 대한 교재를 집필해주신 정완보, 김진우 교수에게 깊은 감사의 말씀을 드립니다.

한국미쓰비시전기오토메이션(주) 이사 **유해근**

CONTENTS

제 1 장 인버터 제어

제 2 장 아날로그 제어(D/A)

제 3 장 아날로그 제어(A/D)

제 4 장 CC-Link통신을 이용한 리모트 I/O제어

제 5 장 CC-Link통신을 이용한 인버터 제어

C/H/A/P/T/E/R 01

인버터제어

1. 인버터(Inverter)
2. FREQROL–E700 인버터
3. 인버터 파라미터 설정

실습과제 1–1~1–9

CHAPTER 1

1 인버터(Inverter)

인버터가 개발되기 이전에는 산업체에서 속도제어를 필요로 하는 동력원으로는 주로 직류전동기가 이용되어 왔으며, 유도전동기는 정속도 운전에 많이 사용되어 왔다. 1957년 Thyristor(SCR)가 개발되고, 1960년대에 이르러 전력전자 분야의 발전과 함께 유도전동기도 속도제어가 가능하게 되었다. 반도체 부품(Solid State Devices)을 이용한 유도전동기 속도제어 방식에는 여러 가지가 있으나, 대표적인 방법은 1차 전압제어 방식과 주파수 변환 방식이다. 따라서 유도전동기의 속도를 정밀하게 제어 하려면 유도전동기에 공급되는 AC전압과 주파수 변환이 필요하다. 인버터는 직류 전력을 교류 전력으로 변환하는 장치로, 직류로 부터 원하는 크기의 전압 및 주파수를 가진 교류 전기를 만드는 장치로 유도전동기의 속도제어 뿐만 아니라 컴퓨터의 무정전 전원장치, 직류 송전 등에 응용되고 있다.

인버터는 직류전력을 교류전력으로 변환하는 장치이지만 우리가 쉽게 얻을 수 있는 전원이 교류이므로 교류전원으로 부터 직류를 얻는 장치까지를 인버터 계통에 포함시키고 있다. 그리고 직류를 교류로 변환 시 주파수를 일정하게 하는 장치를 "정주파 인버터" 라 하며 필요에 따라서 주파수를 변하게 하는 장치를 "가변주파인버터" 라고 한다. 산업체에서의 인버터는 상용AC전원으로부터 공급된 전력을 입력받아 전압과 주파수를 가변시켜 유도전동기에 공급함으로서 유도전동기의 속도를 고효율로 용이하게 제어하는 일련의 제어장치이다.

인버터를 다른 용어로는 V.V.V.F.(Variable Voltage Variable Frequency)라고 부르기도 하는데 V.V.V.F.라는 용어의 의미처럼 주파수를 변화하는 동시에 전압도 비례해서 변화시키는 가변 주파수 인버터 방식을 말하는 것으로 일반적으로 인버터와 같은 뜻으로 사용한다. 따라서 인버터란 3상 교류(단상 교류)를 직류로 변화하는 컨버터부와 그 직류를 가변전압, 가변 주파수의 교류로 만들어 출력하는 인버터부로 구성되어 3상 농형 유도전동기의 속도를 제어하는 장치를 의미한다.

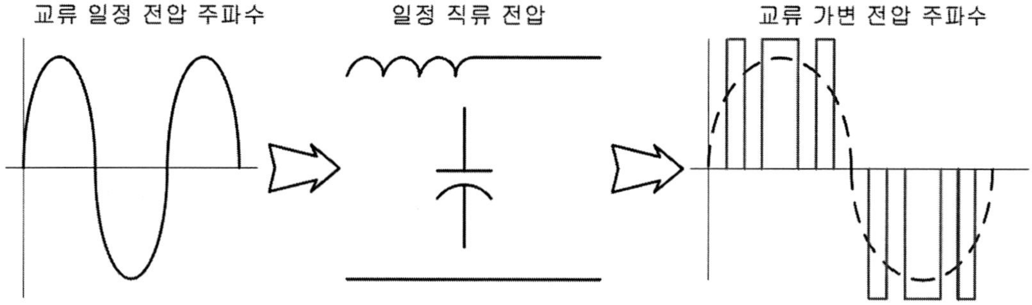

그림 1-1 인버터의 원리

1-1 인버터의 구성

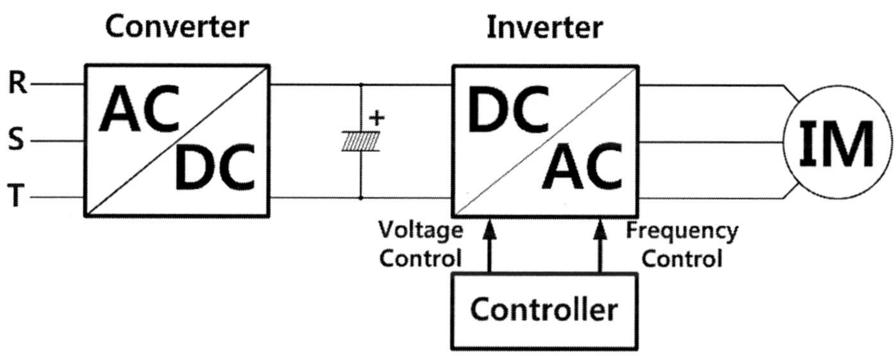

그림 1-2 인버터의 내부구성

[그림 1-2]는 인버터의 내부구성을 나타낸 것이다. 인버터는 크게 3부분으로 나눌 수 있으면 각각의 기능은 다음과 같다.

1-1-1 컨버터(Converter)부

컨버터부는 3상 교류 입력전압을 직류로 변환시키는 Diode Module(DM)과 EMI 노이즈 제거를 위해 Surge Absorber(ZNR)로 구성된다.

1-1-2 링크(Link)부

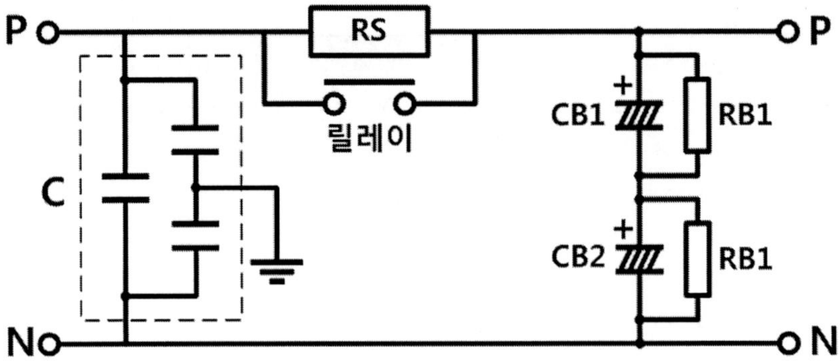

그림 1-3 DC LINK부

컨버터부에서도 링크부는 정류된 DC전압을 평활(Filtering)시키는 전해 콘덴서(CB), 전원 OFF시 전해 콘덴서에 충전된 전압을 방전시키는 방전 저항(RB)과 인버터 운전 시에 발생되는 스위칭노이즈를 제거하기 위한 고조파용 고전압 필름(Film)콘덴서(C) 그리고 입력 전원 ON시 과전류에 의해 파워모듈(Power Module(IPM, TR))소자의 손상을 방지하는 전류제한 저항(RS)과 릴레이로 구성된다. 또한, 인버터 출력단 쇼트(Short) 및 기타 문제 발생시 과전류에 의한 파워모듈 손상 방지용 DC 리액터(Reactor)가 들어 있다.

1-1-3 인버터(Inverter)부

컨버터부에서 변환된 DC전원을 트랜지스터(Transistor), IGBT 등의 반도체 소자를 이용해 PWM제어방식으로 임의의 전압 및 주파수를 가진 교류전력으로 변환한는 장치이다.

1-2 유도 전동기의 속도제어 원리

유도 전동기 및 동기 전동기의 동기속도는 아래의 식으로 구할 수 있다.

$$\text{회전속도}(RPM) = \frac{120 \times \text{주파수}}{\text{극수}} \times (1-S)$$

- RPM = 분당 회전수(Revolution Per Minute)
- 극수 = 모터 제작 시 결정(일반적으로 2, 4, 6극 사용)
- S= 슬립(Slip)
- 주파수 = 모터에 공급되는 교류전력의 주파수

위의 유도전동기의 회전속도를 구하는 수식에서 알 수 있듯이 유도전동기의 속도제어에서 모터 극수제어, 주파수 제어, 슬립제어 3가지의 방식이 있다.

1-2-1 슬립 제어

유도전동기는 고정자에 전류를 인가해 회전자계를 발생시키고, 그 회전자계가 회전자에 유도전류를 유도시켜 회전자계와 회전자의 전류 상호 작용에 의해 회전하게 된다. 회전자계의 속도와 회전자가 실제로 회전하는 속도차이를 슬립(Slip)이라 한다. 슬립제어를 이용한 유도전동기의 속도제어 방법으로는 고정자 전압제어 방식과 회전자 저항제어 방식이 있다. 슬립을 제어할 경우 저속 운전 시에 전력 손실이 커지는 단점을 가지고 있다.

1-2-2 주파수 제어

유도전동기에 가해지는 전압의 주파수를 변경해 유도전동기의 속도를 제어하는 방법으로 연속적인 속도제어가 가능하고 슬립제어보다 고 효율의 속도 제어가 가능하다. 따라서 이 원리를 이용해 유도전동기의 속도제어를 하는 장치가 인버터이다. 유도전동기의 회전속도를 제어할 때 충분한 토크를 확보하기 위해 주파수뿐만 아니라, 전압도 주파수에 따라 가변시켜야 하기 때문에 인버터를 V.V.V.F.(Variable Voltage Variable Frequency)라 한다.

1-2-3 극수 제어

모터의 극수를 변경해서 유도전동기의 회전속도를 제어하는 방법으로 연속적인 속도제어는 불가능하고 정해진 극수에 따라 유도전동기의 회전속도가 정해진다. [표 1-1]은 4극 유도형전동기에 공급되는 공급 전원의 주파수에 따른 유도전동기 회전속도를 나타낸 것이다.

표 1-1 주파수에 따른 4극 유도전동기의 회전속도

주파수(Hz)	4극 모터 회전속도(RPM)
120	3,600
100	3,000
80	2,400
60	1,800
50	1,500
40	1,200
20	600

1-3 인버터의 사용목적

1) 에너지 절약

모터로 작동하는 팬, 펌프 등의 부하 상태에 따라서 회전수를 제어함으로서 구동전력을 절감 할 수 있다.

2) 자동화의 실현

자동화 분야에서 컨베이어의 속도제어, 반송기의 정지정도 향상, 피드백 제어에 의한 유량제어 등을 자동화 할 수 있다.

3) 제품 품질의 향상

제품 제조에 최적의 컨베이어 라인 속도제어, 기계가공 등에 필요한 최적의 속도제어가 가능해 제품 품질이 향상된다.

4) 생산성 향상

제품 품종에 따른 각각의 컨베이어 가감속 속도제어 등이 가능해 생산성이 향상된다.

5) 보수성의 향상

기계에 무리는 주지 않는 기동 및 정지, 무부하시의 저속운전에 의해 설비의 수명이 연장된다.

6) 설비의 소형화

모터의 속도를 제어하기 위한 기계적인 장치가 필요하지 않으므로 설비의 소형화가 가능하다.

7) 승차감의 향상

엘리베이터, 전차 등에서 부드러운 가감속 운전에 의해 승차감이 향상된다.

8) 환경의 쾌적성

공조기 등의 on·off제어를 속도제어로 변경해 필요 유량 공급을 위해 유도전동기의 속도를 제어해서 쾌적한 환경을 실현할 수 있다.

1-4 인버터 적용시 장점

① 가격이 싸고 유지보수가 쉬운 유도전동기로 회전속도 변경 가능.
② 기존에 설치된 유도 전동기 사용 가능.
③ Soft Start/Stop의 제어 가능.
④ 모터 시동전류의 저하.
- 직입 기동 시 모터는 정격전류의 4~6배의 시동전류 소모.
- 인버터 기동 시 모터는 정격전류의 1.5~2배 시동전류 소모.

⑤ 전기적인 방법으로 유도전동기의 정지방법(회생제동, 직류제동)이 다양함.
⑥ 1대의 인버터로 여러 대의 모터 운전 가능.
⑦ 유도전동기의 고속회전 운전이 가능.
⑧ 전력의 절감.
⑨ 최적속도 제어에 의해 제품 품질의 향상.

1-5 인버터 설치 방법

인버터는 단품으로는 작동되지 않는 제어기기로 인버터에 연결되는 주변기기의 정확한 선정과 인버터 동작을 위한 전기회로 구성이 이루어져야 한다. 잘못된 전기회로의 구성 및 결선은 인버터의 정상 동작을 방해하거나 경우에 따라 인버터의 급격한 수명저하를 초래한다. 최악의 경우 인버터가 파손될 수 있기 때문에 주변기기의 결선 방법 및 사용 방법을 설명한 매뉴얼을 충분히 숙지한 후 인버터를 조작한다.

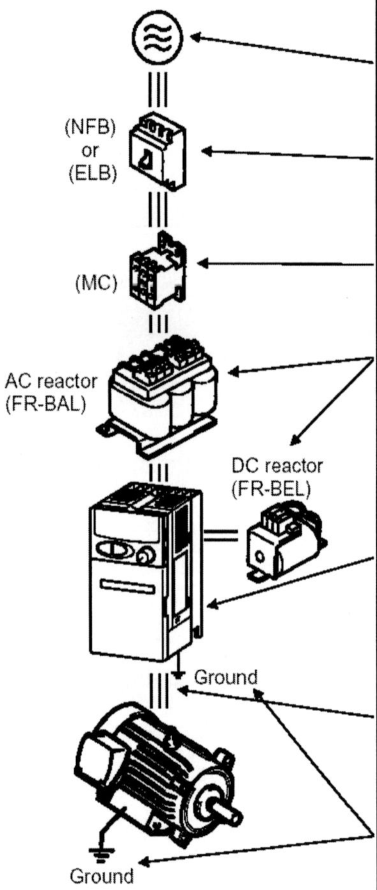

명 칭	내 용
전 원	인버터의 허용전원 사양 내에서만 사용.
누전브레이커(ELB) 또는 노퓨즈 브레이커 (NFB)	인버터는 전원 투입 시, 높은 돌입전류가 발생되므로, 브레이커의 선정 시 주의가 필요하다.
전자접촉기	전자접촉기를 인버터의 동작정지에 사용하지 않는다. 인버터의 수명저하의 원인이 된다.
리액터의 설치	역율 개선 및 대용량 전원부하(500KVA 이상이므로 배선거리는 10m이내)에 설치할 경우에 필요로 한다.
인 버 터	•인버터의 수명은 주변온도에 영향을 받으므로 주위온도가 허용 온도를 초과하지 않도록 가능한 온도가 낮은 환경에서 사용한다. 특히 패널에 수납할 경우는 인버터의 온도상승에 주의한다. •잘못된 배선은 인버터의 파손을 초래하므로 제어 신호 선은 주회로 선과 충분한 거리를 유지시키고, 특히 노이즈(Noise)의 영향을 받지 않도록 한다.
출력 측의 접속 기기	•진상용Condenser,서지킬러(Surge killer), 라디오노이즈필터(Radio Noise filter)는 출력측에 접속하지 않는다.
접 지	감전 방지를 위해 모터 및 인버터는 필히 접지(earth)하여 사용한다.

그림 1-4 인버터의 설치

CHAPTER 1

2 FREQROL-E700 인버터

2-1 외형 및 구성

산업현장에서 사용되는 인버터는 다양한 회사의 제품과 소용량에서 대용량까지 있다. 인버터를 제작 및 시판하는 회사에 따라 여러 종류의 인버터가 생산되고 있지만 시판되는 인버터의 기능이 대부분 유사하기 때문에 교재의 실습에 사용하는 인버터는 일본의 미쓰비시전기에서 생산 및 시판하는 [그림 1-5]와 같은 FR-E700인버터를 사용한다.

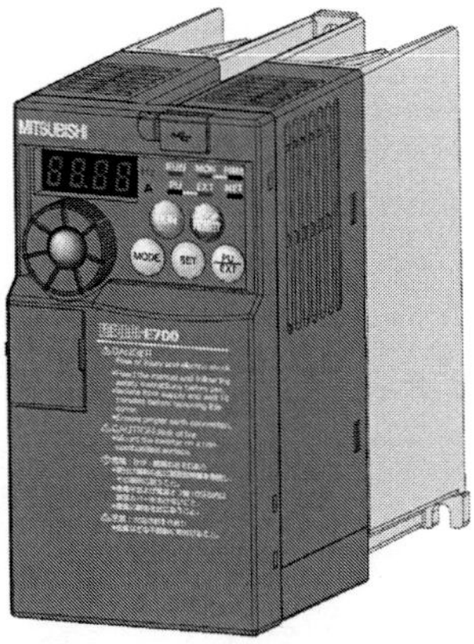

그림 1-5 인버터의 외형

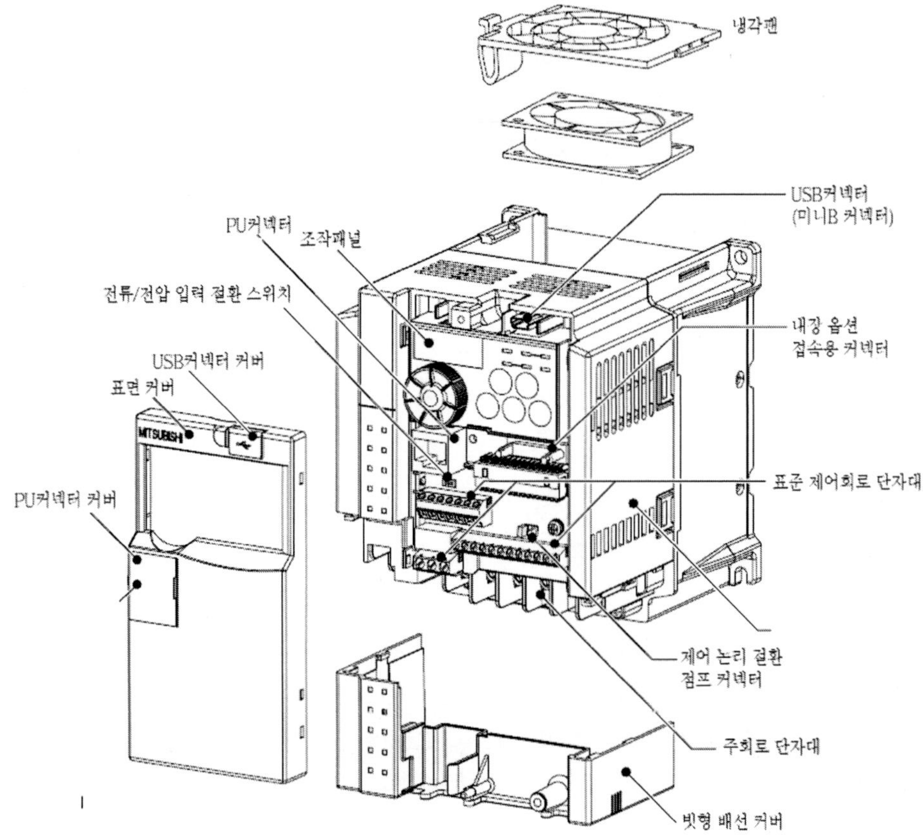

그림 1-6 인버터의 구성

2-2 인버터 사용을 위한 구성요소

인버터를 사용하기 위해서는 다양한 구성요소가 조합되어야 한다. [그림 1-7]은 인버터의 구성요소를 나타낸 것이다. 인버터를 사용하는 환경에 따라서 구성요소를 선택해 사용할 수 있다. AC 및 DC리액터, 노이즈 필터, 브레이크 저항, 파라미터 유닛은 사용하지 않아도 인버터를 운전하는데 별 문제가 없다. 하지만 사용 환경에 따라서는 사용할 수도 있으니 기억해두기 바란다.

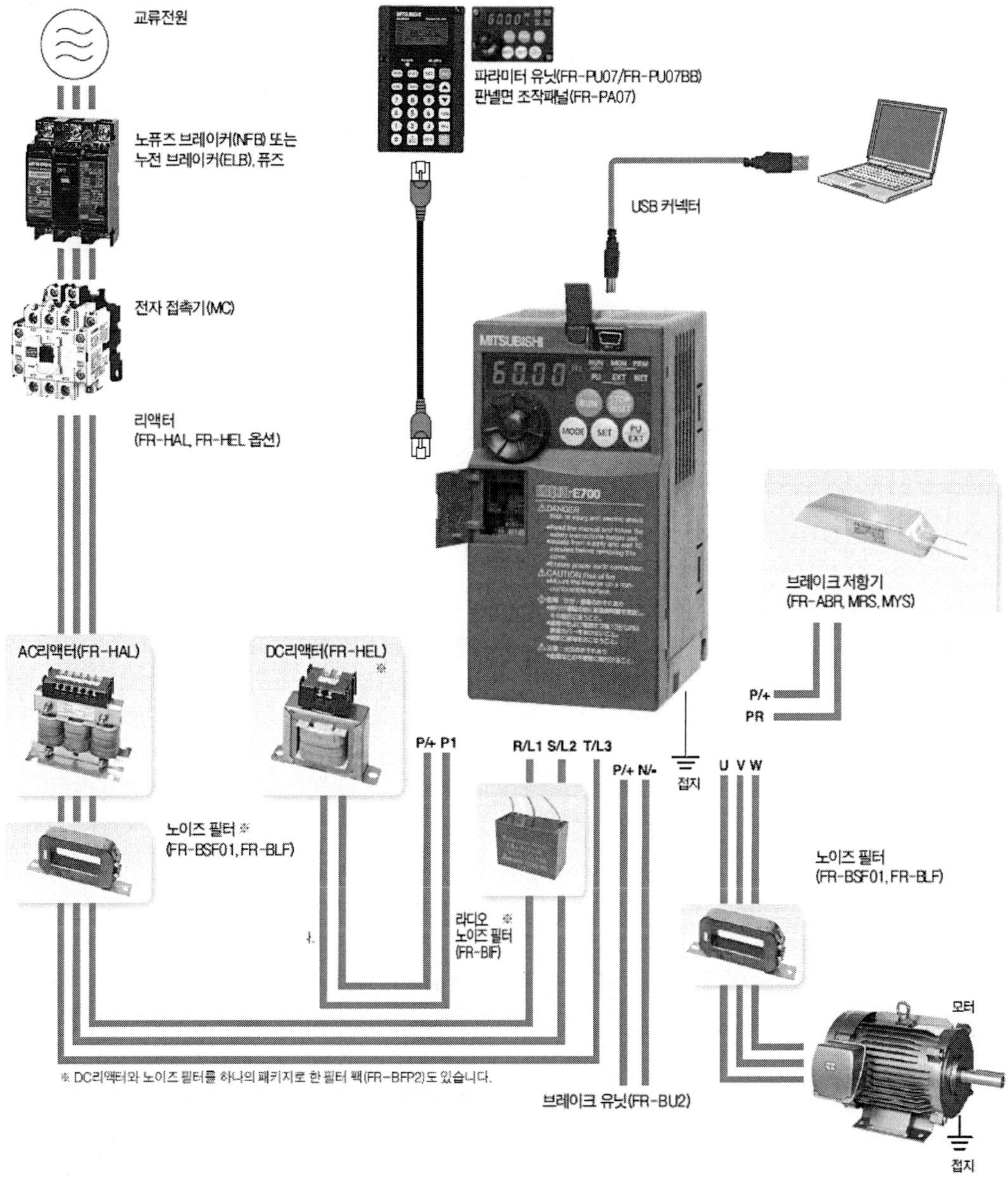

그림 1-7 인버터를 사용하기 위한 구성요소

2-3 인버터의 결선

인버터를 사용하기 위해서는 [그림 1-7]에서 살펴본 다양한 구성요소와 전기 결선이 이루어져야 한다. [그림 1-8]은 인버터의 주변 구성요소와 전기결선도를 나타낸 것이다. 실습에서는 그림에서 점선박스로 처리된 표준제어 단자대에 스위치 또는 PLC의 입출력을 연결해 인버터를 제어한다.

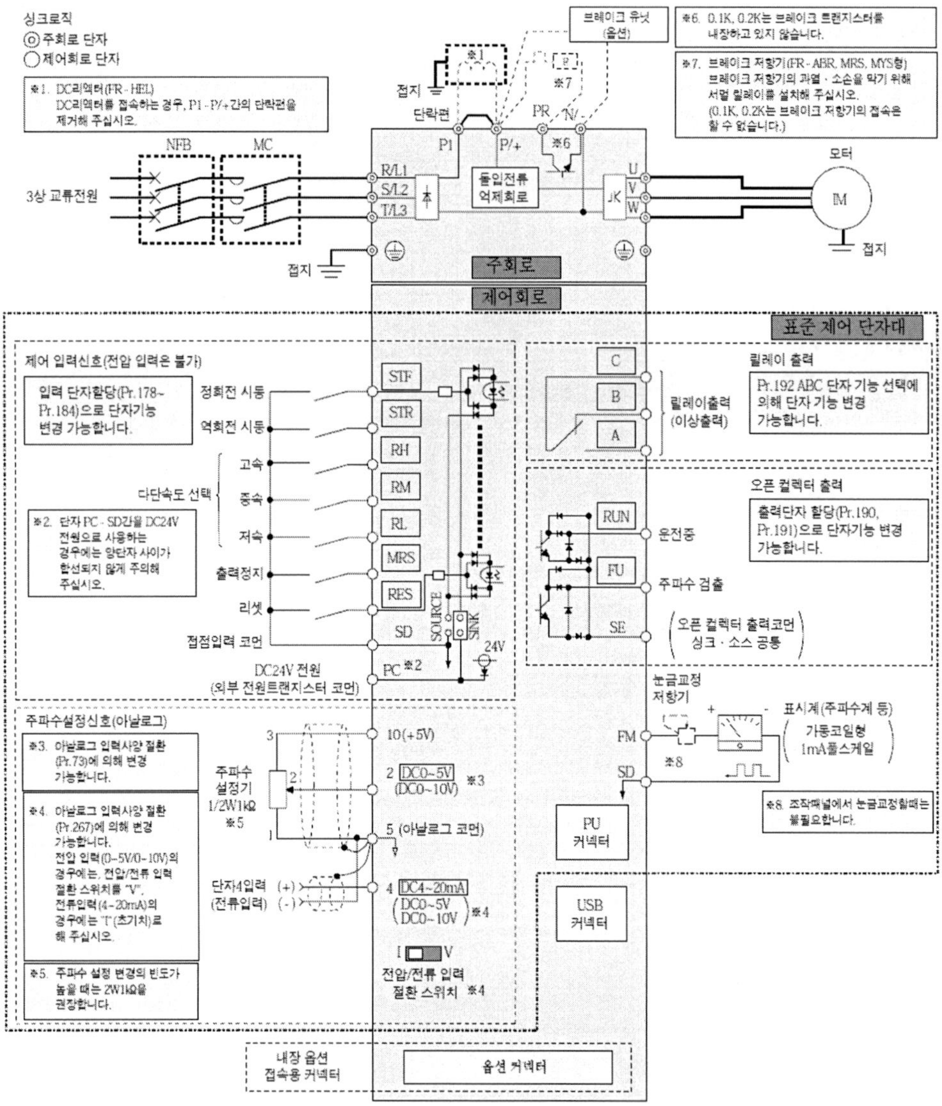

그림 1-8 인버터의 결선도

2-3-1 인버터의 입출력신호 단자의 기능

1) 인버터의 입력신호 단자

[표 1-2]는 인버터의 입력신호 단자의 기능을 나타낸 것이다.

표 1-2 입력단자 기능

<table>
<tr><th>종류</th><th>단자 기호</th><th>단자 명칭</th><th colspan="2">단자 기능 설명</th><th>정격 사양</th></tr>
<tr><td rowspan="11">접점 입력</td><td>STF</td><td>정회전 시동</td><td>STF신호 ON으로 정회전, OFF로 정지 지령이 됩니다.</td><td rowspan="2">STF, STR신호가 동시에 ON하면, 정지 지령이 됩니다.</td><td rowspan="5">입력 저항 4.7kΩ
개방시 전압
DC21~26V
단락시
DC4~6mA</td></tr>
<tr><td>STR</td><td>역회전 시동</td><td>STR신호 ON으로 역회전, OFF로 정지 지령이 됩니다.</td></tr>
<tr><td>RH, RM, RL</td><td>다단 속도 선택</td><td colspan="2">RH, RM, RL신호의 조합에 의해, 다단 속도의 선택을 할 수 있습니다.</td></tr>
<tr><td>MRS</td><td>출력 정지</td><td colspan="2">MRS신호 ON(20ms이상)으로 인버터의 출력이 정지합니다. 모터를 전자 브레이크로 정지할 때, 인버터의 출력을 차단하기 위해서 사용합니다.</td></tr>
<tr><td>RES</td><td>리셋</td><td colspan="2">보호 회로 동작시의 알람 출력을 리셋할 경우에 사용합니다.
RES신호를 0.1s이상 ON한 후, OFF해 주십시오.
초기 설정으로 상시 리셋 가능합니다. Pr.75의 설정에 의해, 인버터 알람 발생시만 리셋이 가능하게 됩니다. 리셋 해제 후 약1s로 복귀합니다.</td></tr>
<tr><td rowspan="3">SD</td><td>접점 입력 코먼(싱크)
(초기설정)</td><td colspan="2">접점 입력 단자(싱크 로직) 및 단자 FM의 코먼 단자.</td><td rowspan="3">-</td></tr>
<tr><td>외부 트랜지스터 코먼
(소스)</td><td colspan="2">소스 로직시에 시퀀서 등의 트랜지스터 출력(오픈 컬렉터 출력)을 접속할 때에는 트랜지스터 출력용 외부 전원 코먼을 이 단자에 접속하면 회돌이 전류에 의한 오동작을 방지할 수가 있습니다.</td></tr>
<tr><td>DC24V 전원 코먼</td><td colspan="2">DC24V 0.1A전원(단자 PC)의 코먼 출력 단자.
단자 5 및 단자 SE와는 절연되고 있습니다.</td></tr>
<tr><td rowspan="3">PC</td><td>외부 트랜지스터 코먼,
(싱크)(초기설정)</td><td colspan="2">싱크 로직시에 시퀀서 등의 트랜지스터 출력(오픈 컬렉터 출력)을 접속할 때에는 트랜지스터 출력용 외부 전원 코먼을 이 단자에 접속하면 회돌이 전류에 의한 오동작을 방지할 수가 있습니다.</td><td rowspan="3">전원 전압 범위
DC22~26V
허용 부하 전류 100mA</td></tr>
<tr><td>접점 입력 코먼(소스)</td><td colspan="2">접점 입력 단자(소스 로직)의 코먼 단자.</td></tr>
<tr><td>DC24V 전원</td><td colspan="2">DC24V, 0.1A의 전원으로서 사용하는 것이 가능합니다.</td></tr>
<tr><td rowspan="4">주파수 설정</td><td>10</td><td>주파수 설정용 전원</td><td colspan="2">주파수 설정(속도 설정)용 볼륨을 외부 접속하는 경우의 전원으로서 사용합니다. (Pr.73 아날로그 입력 선택 참조)</td><td>DC5.2V±0.2V
허용 부하 전류 10mA</td></tr>
<tr><td>2</td><td>주파수 설정 (전압)</td><td colspan="2">DC0~5V(또는 0~10V)를 입력하면 5V(10V)에서 최대 출력 주파수가 되고 입출력은 비례합니다.
입력 DC0~5V(초기설정)과 DC0~10V의 절환은 Pr.73에서 합니다.</td><td>입력 저항 10kΩ±1kΩ
최대 허용 전압 DC20V</td></tr>
<tr><td>4</td><td>주파수 설정(전류)</td><td colspan="2">DC4~20mA(또는 0~5V, 0~10V)를 입력하면 20mA에서 최대 출력 주파수가 되고 입출력은 비례합니다. AU신호 ON일 때만 단자4의 입력 신호가 유효하게 됩니다(단자2 입력은 무효가 됩니다).
입력4~20mA(초기설정)과 DC0~5V, DC0~10V의 절환은 Pr.267에서 합니다. 전압 입력(0~5V/0~10V)로 하는 경우는 전압/전류 입력 절환 스위치를 "V"로 절환해 주십시오.</td><td>전류 입력의 경우 :
입력 저항 233Ω ±5Ω
최대 허용 전류 30mA
전압 입력의 경우 :
입력 저항 10kΩ±1kΩ
최대 허용 전압 DC20V
전류 입력 (초기 상태) 전압 입력
</td></tr>
<tr><td>5</td><td>주파수 설정 코먼</td><td colspan="2">주파수 설정 신호(단자2 또는 4)의 코먼 단자.
대지 접지는 하지 말아 주십시오.</td><td>-</td></tr>
</table>

2) 인버터의 출력신호 단자의 기능

[표 1-3]은 인버터의 출력신호 단자의 기능을 나타낸 것이다. 인버터의 출력단자를 이용해서 인버터의 이상 발생, 인버터의 동작 상태 등을 모니터링 할 수 있다.

표 1-3 출력단자 기능

종류	단자 기호	단자 명칭	단자 기능 설명		정격사양
릴레이	A, B, C	릴레이 출력(이상 출력)	인버터의 보호 기능이 동작해서 출력이 정지한 것을 나타내는 1c접점 출력. 이상시 : B-C간 불도통(A-C간 도통), 정상시 : B-C간 도통(A-C간 불도통)		접점 용량 AC230V 0.3A (역률=0.4) DC30V 0.3A
오픈컬렉터	RUN	인버터 운전중	인버터 출력 주파수가 시동 주파수(초기치 0.5Hz) 이상에서 L레벨, 정지중 및 직류 제동중에는 H레벨이 됩니다. ※1		허용 부하 DC24V (최대 DC27V) 0.1A (ON시 최대 전압 강하 3.4V)
	FU	주파수 검출	출력 주파수가 임의로 설정한 검출 주파수 이상이 되면 L레벨, 미만에서 H레벨이 됩니다. ※1		
	SE	오픈 컬렉터 출력 코먼	단자 RUN, FU의 코먼 단자.		-
펄스	FM	표시계용	출력 주파수 등 복수의 모니터 항목으로부터 하나를 선택 출력합니다. ※2 출력 신호는 각 모니터 항목의 크기에 비례합니다.	출력 항목 : 출력 주파수(초기설정)	허용 부하 전류 1mA 60Hz시 1440펄스/s

3) 인버터의 통신을 위한 단자의 기능

[표 1-4]는 인버터의 통신 단자의 기능을 나타낸 것이다. 인버터는 PC을 이용해 인버터의 파라미터를 설정하기 위한 USB단자와 컴퓨터 통신을 이용해 인버터를 제어하기 위한 RS-485통신 단자를 가지고 있다. RS-485통신 기능을 사용하기 위해서는 인버터의 전면에 설치된 PU커넥터를 이용한다.

표 1-4 통신단자 기능

종류	단자 기호	단자 명칭	단자 기능 설명
RS-485	-	PU 커넥터	PU커넥터에서 RS-485로 통신을 실시할 수가 있습니다. • 준거 규격 : EIA-485(RS-485) • 전송 형태 : 멀티 드롭 링크 방식 • 통신 속도 : 4800~38400bps • 총연장 : 500m
USB	-	USB 커넥터	PC와 USB 접속해서 FR-Configurator의 조작을 할 수 있습니다. • 인터페이스 : USB1.1 준거 • 전송 속도 : 12Mbps • 연결기 : USB 미니B커넥터(리셉터클 미니B타입)

2-3-2 인버터의 사용을 위한 신호 인터페이스

인버터는 다양한 주변 전기기기와 전기 신호선을 연결해서 사용한다. 인버터의 신호 인터페이스를 크게 구분하면 인버터에 전기 스위치를 연결해서 단순한 속도제어를 위한 방법과, PLC와 같은 제어기기를 사용해 인버터의 다양한 기능을 사용하는 방법으로 구분된다. 최근에는 인버터의 단독 운전보다는 PLC 같은 제어기기를 사용해 인버터를 제어하는 경우가 많다.

1) SINK와 SOURCE의 차이점

인버터뿐만 아니라 PLC와 같은 제어기기를 사용하기 위해서는 SINK와 SOURCE의 차이점을 알고 있어야 한다. 인버터도 다른 제어기기와 신호 인터페이스를 위해서는 SINK와 SOURCE방법을 선택해야 한다. 인버터의 전면커버를 벗겨내면 [그림 1-9]와 같이 쇼트핀을 이용해 SINK와 SOURCE를 선택하도록 되어 있다.

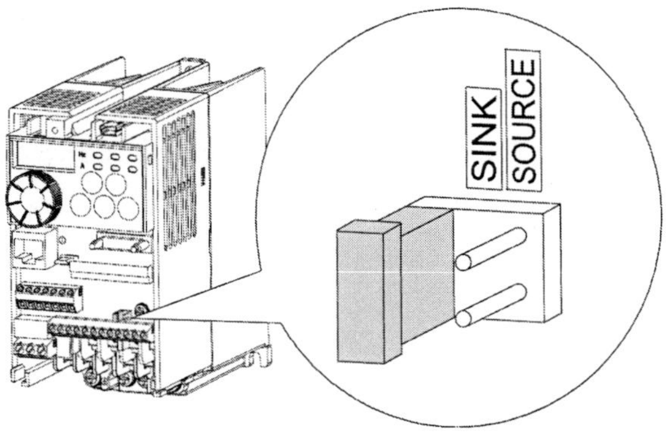

그림 1-9 SINK / SOURCE의 선택

인버터와 같은 액추에이터를 동작 시키는 디지털 제품은 잘못된 전기 충격에 의한 인버터의 내부손상을 방지하기 위해 인버터 동작신호 입출력 회로에 포토커플러를 사용해 입력 및 출력신호와 내부 인버터 전기회로와의 전기절연을 하고 있다. [그림 1-10]은 포토커플러를 이용한 전기회로를 나타낸 것이다. 포토커플러는 그림에서 점선으로 된 사각형 박스처럼 LED와 포토트랜지스터로 구성되어 있다.

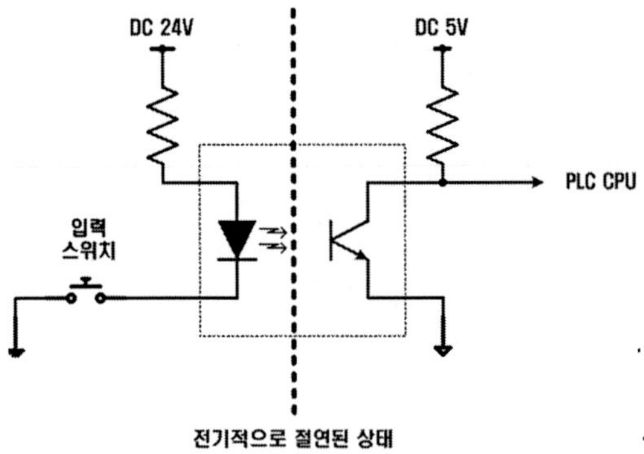

그림 1-10 포토커플러의 동작원리

[그림 1-10]에서 알 수 있듯이 LED동작 전압은 DC24V, 포토트랜지스터의 동작전압은 DC5V이고 두 개의 전원은 전기적으로 완전히 절연된 상태이다. [그림 1-10]의 좌측에 있는 입력 스위치가 눌러지면 LED램프는 점등된다. 즉, 전기스위치의 ON/OFF의 상태를 LED를 이용해 빛의 신호로 변환한다. [그림 1-10]의 우측에 있는 포토트랜지스터는 LED의 빛을 검출해 포토트랜지스터를 ON/OFF함으로써 DC 5V의 전기신호를 만들어낸다. 포토커플러를 사용해 전기회로를 구성하면 DC 24V의 입력 측에서 전기적 문제가 발생하더라도 포토커플러의 LED만 손상이 되고 DC 5V로 작동되는 포토트랜지스터에는 전기적 충격이 전달되지 않기 때문에 인버터의 내부회로는 외부의 전기충격에 영향을 받지 않고 안전하게 동작할 수 있는 것이다.

[그림 1-11]은 여러 개의 스위치를 사용해 각각의 램프를 ON/OFF하기 위한 전기회로를 나타낸 것이다. 그림에서 알 수 있듯이 스위치COM과 램프COM이 있음을 알 수 있다. 전기회로에서 COM(Common)은 여러 개의 전선을 하나로 묶어서 동일한 극성의 전원을 공급하기 위한 전선을 의미한다.

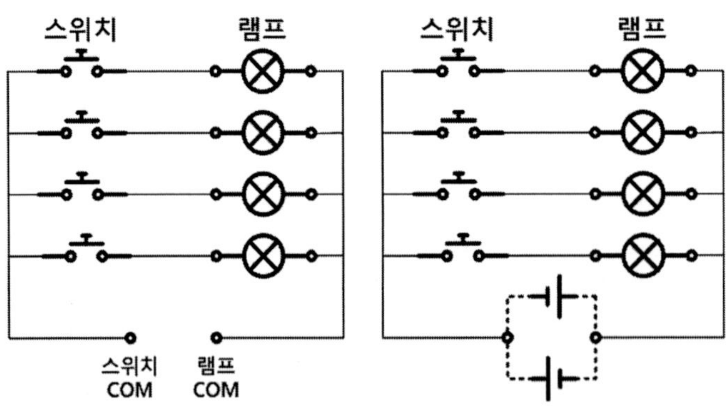

그림 1-11 램프 점등을 위한 전기회로 구성 방법

[그림1-11]에서는 일반 램프를 사용했기 때문에 우측에 나타낸 그림과 같이 DC전원의 극성에 관계없이 램프를 점등할 수 있다.

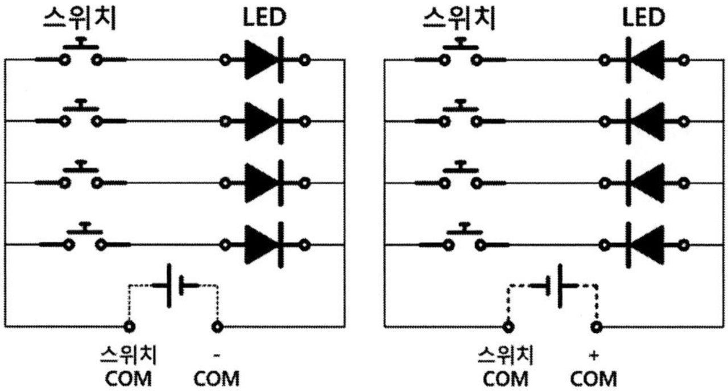

그림 1-12 LED 점등을 위한 전기회로 구성 방법

하지만 [그림 1-12]처럼 일반 램프대신 LED램프를 사용하면 어떻게 될까? LED램프는 전원 극성을 가지고 있기 때문에 LED램프의 COM단자는 +COM과 -COM으로 구분된다. FR-E700인버터는 내부에 DC24V의 전원을 내장하고 있고, 이 전원을 입출력 회로에 사용된 포토커플러의 COM단자와 연결하는 방법을 선택하는 것이 싱크(SINK) 및 소스(SOURCE)커넥터의 쇼트 핀이다. 인버터의 쇼트 핀이 싱크단자에 위치해 있다면 [그림 1-13]과 같은 내부 결선이 만들어져 입력신호는 SD단자와 연결될 때, 유효한 입력신호가 된다.

[그림 1-13] 위쪽의 전기회로의 구성은 인버터의 입력을 싱크 로직으로 연결하는 방법을 나타낸 것이다. 자세히 살펴보면 인버터에 내장된 DC24V의 +전원이 포토커플러의 LED COM단자에 연결되고 0V는 인버터의 SD단자에 연결된다. 따라서 STF와 STR에 연결된 스위치의 COM단자가 인버터의 SD단자(인버터에 내장된 내부전원 DC24V의 0V)에 연결되어 있어 스위치가 ON되면 DC24V 전원의 전류가 포토커플러의 LED램프를 통과해 스위치의 COM에 연결된 SD단자로 흐르게 되어 인버터의 입력신호가 ON되는 것을 알 수 있다.

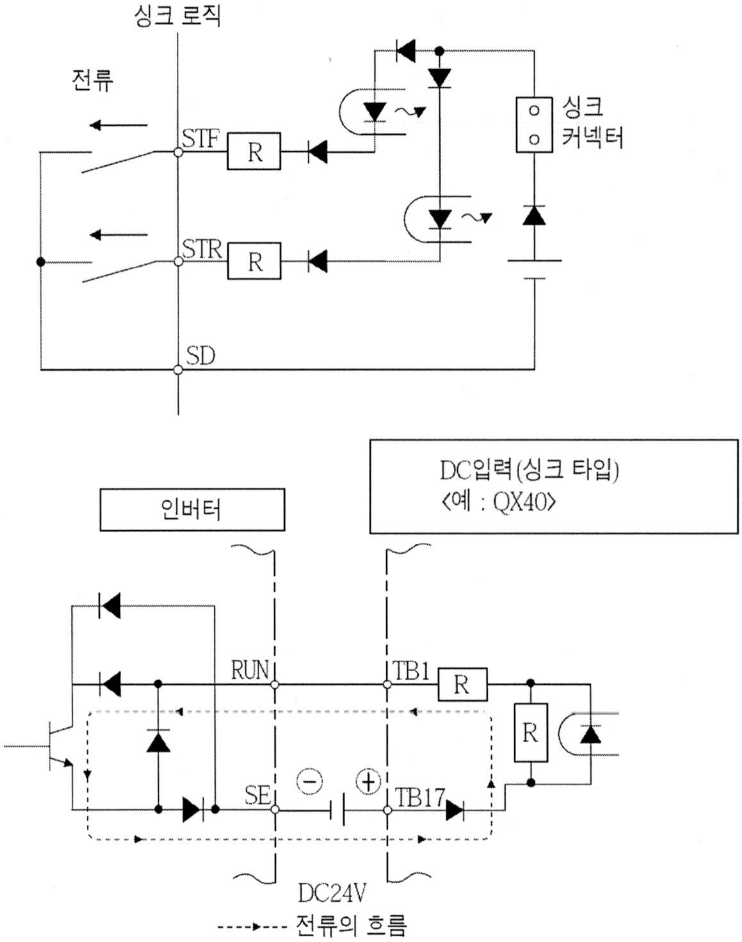

그림 1-13 SINK회로 구성 방법

[그림 1-13]의 아래쪽 전기회로는 인버터의 동작 상태를 나타내는 출력을 이용해 PLC 입력을 ON/OFF시키는 전기회로를 나타낸 것으로 싱크 로직으로 연결하는 방법을 나타낸 것이다. 인버터의 출력에 사용된 트랜지스터가 NPN타입이고 NPN타입은 전류를 트랜지스터의 콜렉터(Collector)단자를 거쳐 에미터(Emitter)에 연결된 SE로 흐르게 하기 때문에 싱크 로직의 전기회로가 구성된다. [그림 1-14]는 소스로직의 전기회로 구성을 나타낸 것이다. 쇼트 핀을 소스로 선택하면 인버터의 PC단자로 인버터에 내장된 DC24V의 +극이 연결되고 포토커플러의 COM단자에 0V극이 연결된다. 인버터의 입력단자 STF, STR에 연결된 스위치에 의해 전류가 인버터 내부로 포토커플러의 LED로 흘러들어가게 되는 전기회로가 구성된다. 즉 인버터의 외부에서 인버터 내부로 전류를 공급하기 때문에 소스라 한다.

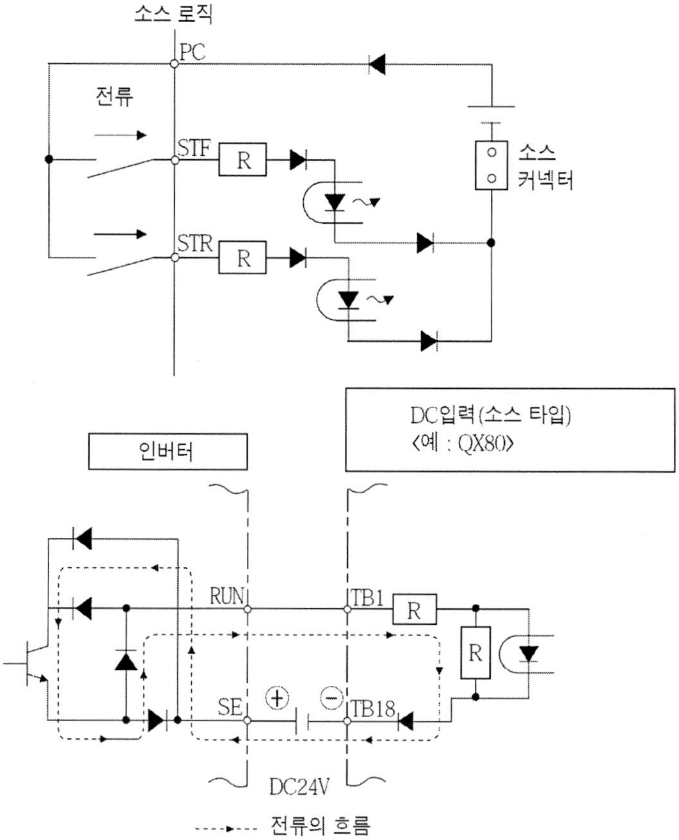

그림 1-14 SOURCE 회로 구성 방법

[그림 1-14]의 아래쪽 전기회로는 인버터의 출력을 이용해 PLC의 입력을 ON/OFF시키는 전기회로의 소스 로직회로의 구성을 나타낸 것이다. 인버터의 출력에 사용된 트랜지스터가 NPN타입이지만 다이오드를 이용해 PLC의 입력회로에 전류를 공급해주는 역할을 하기 때문에 소스 로직회로의 구성이 된 것이다.

2) PLC의 출력을 이용한 인버터 입력제어

PLC의 출력모듈은 NPN과 PNP형으로 구분된다. 예전에는 PLC출력에 트랜지스터를 사용했지만 최근의 PLC트랜지스터 모듈의 출력에 FET소자를 많이 사용한다. FET소자의 사용방법에 따라 전류를 흐르게 하는 방향이 다르다. [그림 1-15]는 전류가 인버터의 PC단자에 입력되어 인버터의 입력단자를 거쳐 PLC의 출력단자로 흐르는 경로를 거치는 싱크로직 타입을 나타낸 것이다. 즉 싱크타입 출력모듈(NPN출력모듈이라고도 함)을 사용하는 경우에는 [그림 1-15]와 같은 방법으로 인버터의 입력을 제어한다.

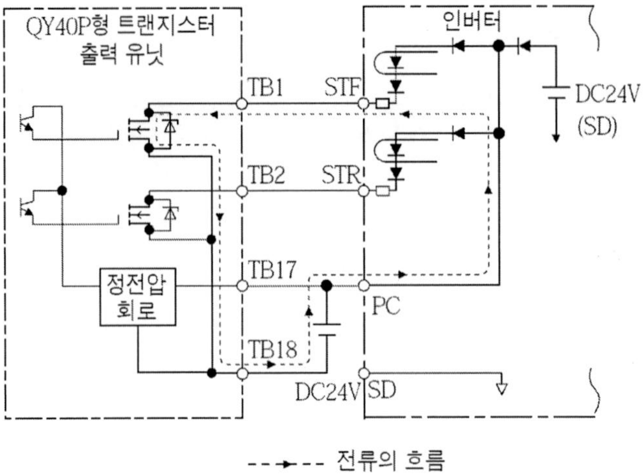

그림 1-15 PLC의 출력을 이용해 인버터 제어

[그림 1-16]은 PLC의 PNP형 트랜지스터 출력모듈을 이용해서 인버터의 입력을 제어하는 방식의 소스 로직 타입의 구성을 나타낸 것이다.

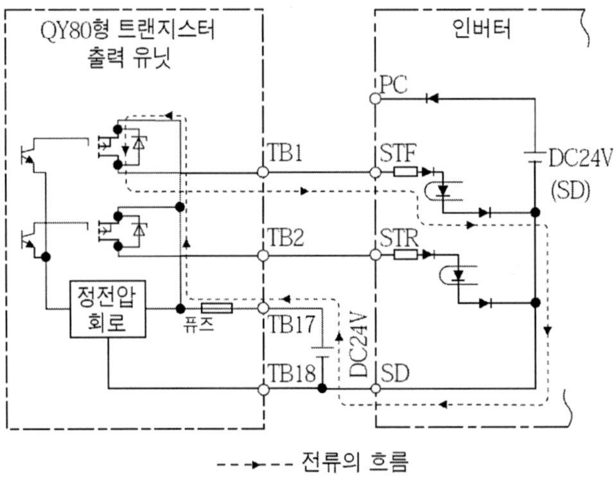

그림 1-16 PLC의 출력을 이용해 인버터 제어

CHAPTER 1

3 인버터 파라미터 설정

인버터를 사용하기 위한 전기 신호 인터페이스를 마쳤으면 이제는 인버터를 최적의 상태로 사용하기 위한 인버터 파라미터를 설정해야할 차례이다. 인버터는 다양한 환경에서 사용하도록 만들어졌기 때문에 인버터를 사용하는 사용자가 인버터의 파라미터 설정을 통해 인버터의 운전조건을 정해야 한다.

인버터는 수십에서 수백 개의 인버터 운전조건을 설정할 파라미터 변수들을 가지고 있고 이들 파라미터를 설정하기 위한 조작패널을 인버터가 가지고 있다. 지금부터 인버터의 파라미터 설정방법에 대해 살펴보자

3-1 파라미터 설정 방법

3-1-1 인버터 파라미터 설정을 위한 조작패널의 구성

[그림 1-17]은 인버터의 파라미터 설정 및 운전 조작을 위해 인버터에 부착된 조작패널의 외형과 기능을 나타낸 것이다. 인버터는 이 조작패널을 이용해 파라미터를 설정하거나 또는 인버터의 간단한 운전을 할 수 있다. 인버터 파라미터를 설정하는 다른 방법으로는 인버터의 상단에 설치된 USB통신포트와 PC와의 연결을 통해서 FR-Configurator 소프트웨어를 이용한 파라미터 설정과 RS-485통신을 이용한 사용자 프로그램에 의한 설정도 가능하다.

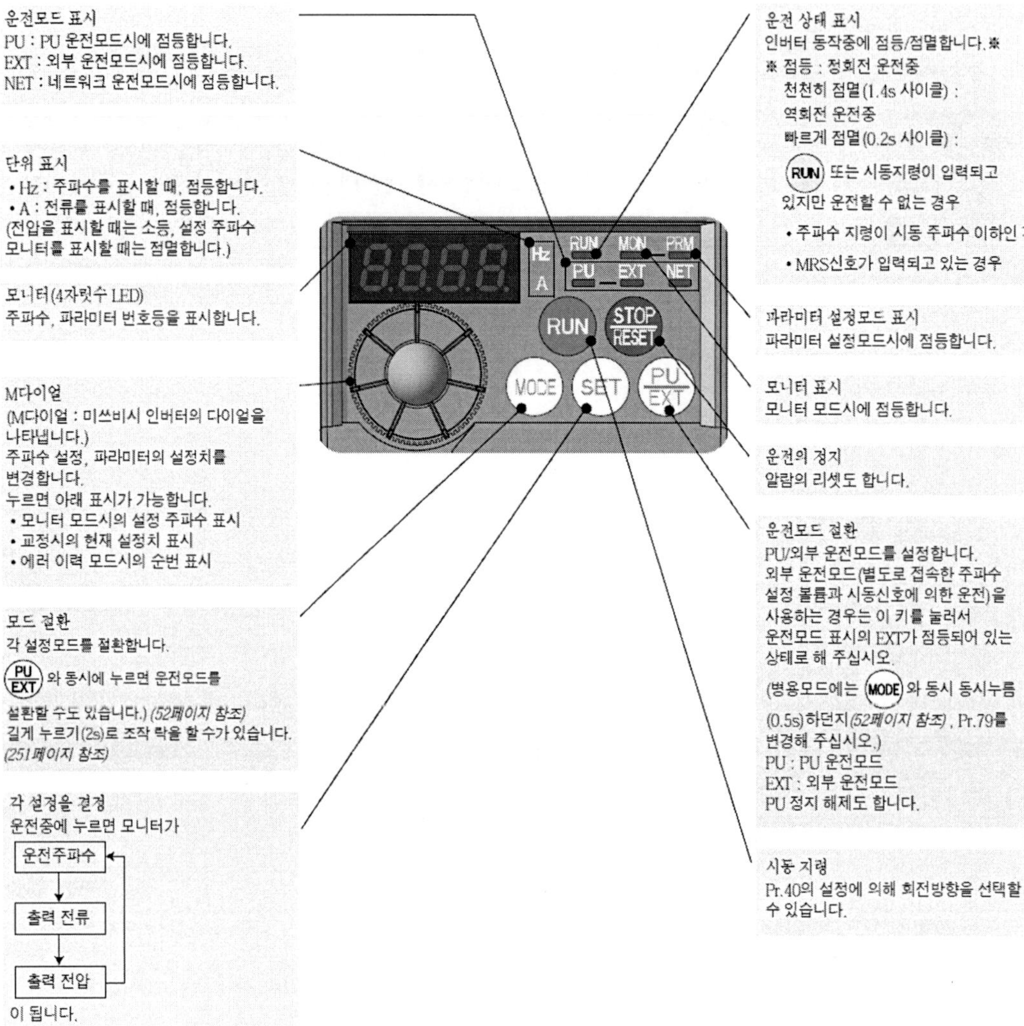

그림 1-17 인버터 파라미터 설정을 위한 조작패널

3-1-2 RS-485통신

[그림 1-18]은 RS-485통신포트의 위치와 통신포트의 핀 배치를 나타낸 것이다. RS-485 통신을 통해 PC와의 통신으로 사용자 프로그램으로 인버터의 운전 및 감시, 파라미터의 읽기/쓰기가 가능하다.

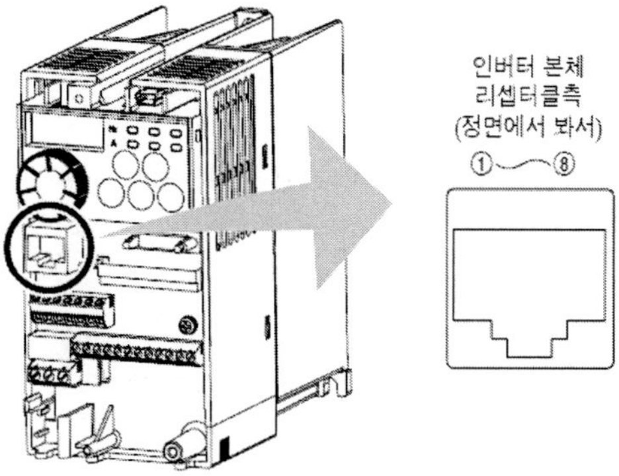

핀 번호	명칭	내용
①	SG	그랜드 (단자5로 도통하고 있습니다.)
②	-	파라미터 유닛 전원
③	RDA	인버터 수신+
④	SDB	인버터 송신-
⑤	SDA	인버터 수신+
⑥	RDB	인버터 송신-
⑦	SG	그랜드 (단자5로 도통하고 있습니다.)
⑧	-	파라미터 유닛 전원

그림 1-18 RS-485통신을 위한 PU커넥터 핀 배치도

3-1-3 조작패널의 사용법

인버터는 크게 4가지의 조작모드를 가지고 있는데 [그림 1-19]에 나타낸 것처럼 운전모드, 모니터/주파수 설정모드, 파라미터 설정모드, 알람이력 모드로 구분된다. 조작패널에는 이들 조작모드의 구분과 조작패널의 상태 및 파라미터 설정상태를 나타내기 위해 4개의 FND로 구성된 숫자표시와 6개의 LED램프를 가지고 있다. 조작패널을 이용해 인버터를 조작할 때에는 반드시 조작패널에 나타나는 숫자표시와 램프의 점등상태를 잘 살펴보아야 한다.

조작패널을 사용해 인버터의 모드변경과 파라미터 등을 변경하기 위해서는 조작패널의 표시램프 PU가 점등되어 있어야 한다. 인버터의 전원을 인가하면 조작패널의 표시램프 EXT가 점등된다. 따라서 [그림 1-19]의 운전모드 절환에서 나타낸 것처럼 "PU/EXT" 버튼을 눌러서 "PU" 모드로 변경한 후 조작패널을 조작해야 한다.

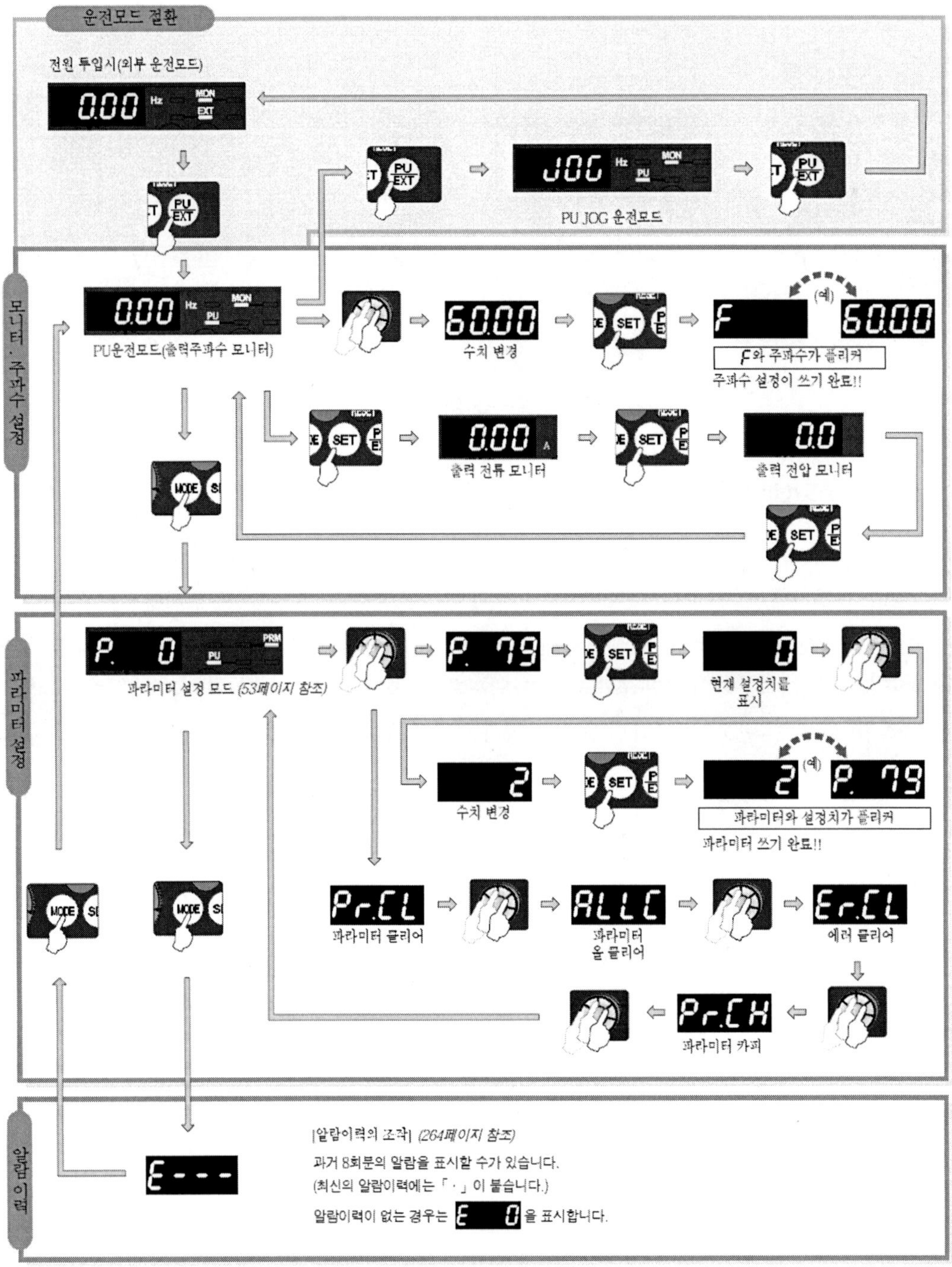

그림 1-19 조작패널의 사용법

3-2 파라미터 종류 및 기능

실습에 사용하는 FR-E700 인버터는 백 개가 넘는 파라미터를 가지고 있는데 그 중에서도 인버터 실습에 꼭 필요한 파라미터만 살펴보자. [표 1-5]에 나타나지 않은 파라미터를 사용하려면 해당 매뉴얼을 참고하기 바란다.

표 1-5 인버터 FR-E700 파라미터

기능	파라미터 번호	명칭	설정범위	최소설정 단위	초기치
기본기능	0	토크부스트	0~30%	0.1%	6/4/3/2%
	1	상한주파수	0 ~ 120Hz	0.01Hz	120Hz
	2	하한주파수	0 ~ 120Hz	0.01Hz	0Hz
	3	기저주파수	0 ~ 400Hz	0.01Hz	60Hz
	4	3속설정(고속)	0 ~ 400Hz	0.01Hz	60Hz
	5	3속설정(중속)	0 ~ 400Hz	0.01Hz	30Hz
	6	3속설정(저속_	0 ~ 400Hz	0.01Hz	10Hz
	7	가속시간	0~3600/360s	0.1/0.01s	5/10/15s
	8	감속시간	0~3600/360s	0.1/0.01s	5/10/15s
	9	전자서멀	0 ~ 500A	0.01A	인버터정격
다단속설정	24	다단속설정(4속)	0 ~ 400Hz	0.01Hz	9999
	25	다단속설정(5속)	0 ~ 400Hz	0.01Hz	9999
	26	다단속설정(6속)	0 ~ 400Hz	0.01Hz	9999
	27	다단속설정(7속)	0 ~ 400Hz	0.01Hz	9999
	232	다단속설정(8속)	0 ~ 400Hz	0.01Hz	9999
	233	다단속설정(9속)	0 ~ 400Hz	0.01Hz	9999
	234	다단속설정(10속)	0 ~ 400Hz	0.01Hz	9999
	235	다단속설정(11속)	0 ~ 400Hz	0.01Hz	9999
	236	다단속설정(12속)	0 ~ 400Hz	0.01Hz	9999
	237	다단속설정(13속)	0 ~ 400Hz	0.01Hz	9999
	238	다단속설정(14속)	0 ~ 400Hz	0.01Hz	9999
	239	다단속설정(15속)	0 ~ 400Hz	0.01Hz	9999
-	79	운전모드선택	1,2,3,4,6,7	1	0

인버터를 이용한 단순한 가변속 운전은 별도의 파라미터 설정 없이 사용가능하다. 하지만 인버터를 이용한 시스템의 최적제어를 위해서는 인버터의 부하나 운전사양에 맞추어 필요한 파라미터를 설정해야 한다. 파라미터의 설정, 변경 및 확인은 인버터의 전면에 있는 조작패널로 가능하다.

3-2-1 인버터의 운전모드 변경

인버터를 사용하기 위해 제일 먼저 변경해야 할 파라미터가 파라미터 79번인 "운전모드 변경"이다. 인버터는 인버터에 연결된 유도전동기의 정역회전 지령을 하는 시동지령과 유도전동기의 회전속도를 지령하는 주파수지령으로 구분된다. 시동지령과 주파수지령 방법을 설정하는 것이 운전모드 선택 파라미터이다.

(1) 외부 운전모드(Pr. 79 = 0 또는 2 설정)

외부 운전모드는 인버터의 입력단자에 주파수 설정기와 시동 스위치 등을 연결해 인버터를 조작하는 운전모드를 의미한다. Pr. 79 = 0 또는 2로 설정하면 인버터에 전원을 투입할 때마다 인버터는 외부운전모드가 된다. 단 Pr.79 = 0으로 설정하면 조작패널의 "PU/EXT" 버튼을 조작해서 PU운전모드와 외부 운전모드를 선택할 수 있다.

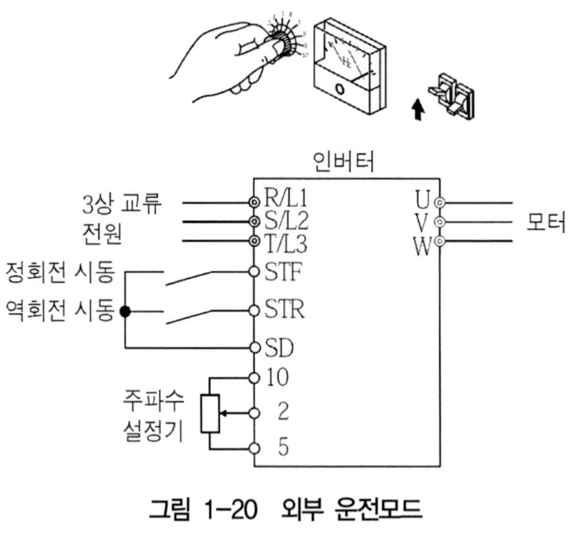

그림 1-20 외부 운전모드

(2) PU운전모드(Pr. 79 = 1)

조작패널과 파라미터 유닛의 버튼 조작으로만 운전하는 모드이다. 인버터를 처음 조작할 때 사용하는 모드이다. 인버터 동작에 필요한 AC전원을 연결해서 사용한다.

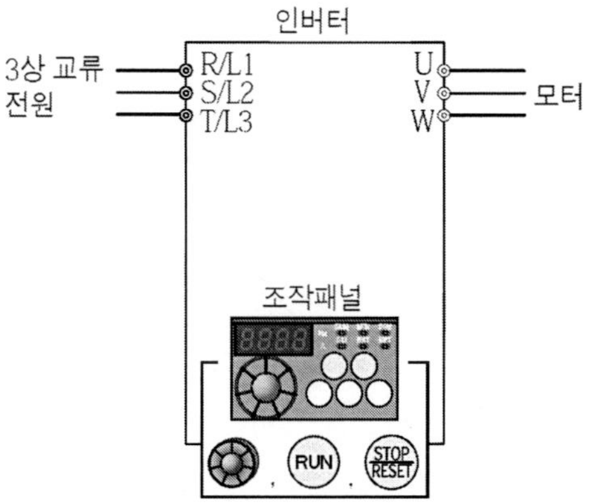

그림 1-21 PU운전모드

(3) PU/외부 병용 운전모드1(Pr. 79 = 3)

조작패널이나 파라미터 유닛으로부터 주파수를 설정하고, 외부의 시동 스위치에서 시동 지령을 입력받아 인버터를 운전하는 모드이다.

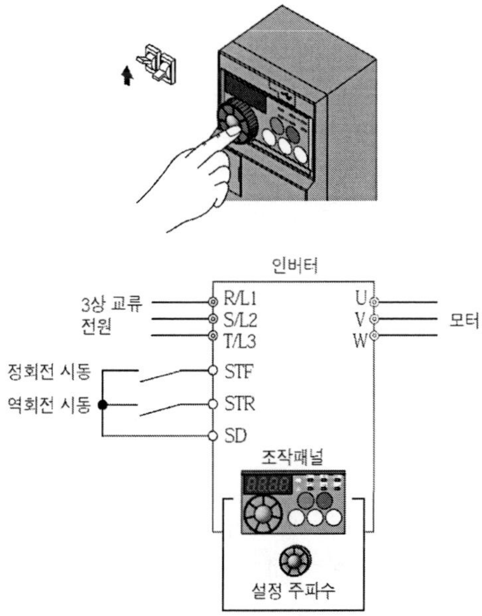

그림 1-22 PU/외부 병용 운전모드 1

(4) PU/외부 병용 운전모드2(Pr. 79 =4)

외부의 볼륨과 다단속, JOG신호 등에서 주파수 설정해, 조작패널이나 파라미터 유닛의 버튼 조작에 의해 시동 지령을 입력하여 인버터를 운전하는 모드이다.

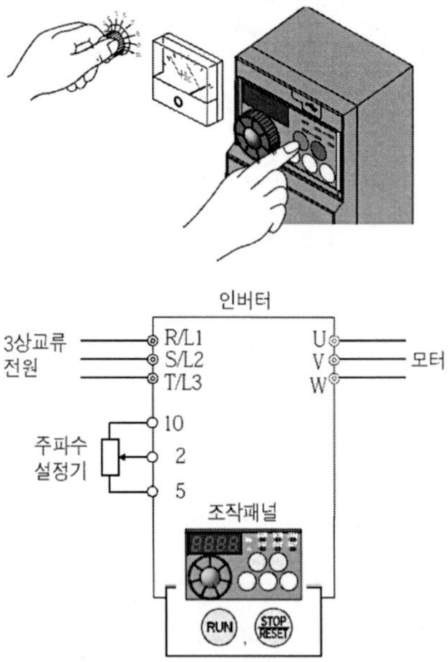

그림 1-23 PU/외부 병용 운전모드 2

앞에서 살펴본 운전모드 이외에도 "스위치 오버 모드"와 "PU운전 인터록" 모드가 더 있지만 보다 자세한 사항은 해당 인버터의 매뉴얼을 참조하기 바란다.

3-2-2 인버터의 파라미터

인버터에서 많이 사용하는 파라미터에 대해 살펴보자. 인버터는 다양한 환경에서 사용하기 때문에 사용하기 전에 반드시 파라미터 설정을 통한 최적 제어가 가능하도록 해야 한다.

1) 토크 부스트(Pr. 0)

인버터와 모터간의 전선연결 거리가 멀어서 전선저항에 의한 전류손실이 생기거나 또는 모터가 회전할 때 큰 토크가 필요할 때 사용하는 파라미터이다. 주로 수중펌프, 송풍기와 같은 모터부하는 모터 시동 시 큰 토크를 필요로 하는 특성을 가지고 있다. 이런 부하의 기동 시 사용하면 모터의 운전을 원활하게 할 수 있다.

- 저주파수영역의 모터 토크를 부하에 맞추어 조절해 시동시의 모터 토크를 크게 할 수 있다.
- RT신호의 변경으로, 2종류의 시동 토크 부스트를 새로 바꿀 수가 있다.

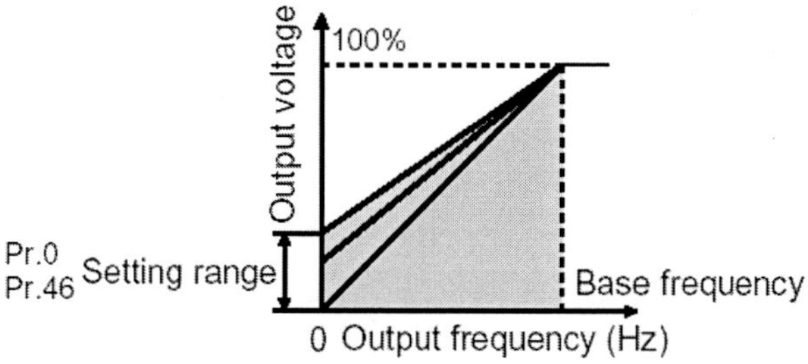

그림 1-24 토크 부스트

표 1-6 토크 부스트

Pr.NO	명칭	설정범위	설정값
0	토크 부스트의 설정	0~30%	6%/4%(주)
46	제2토크부스트의 설정	0~30%,9999	9999

※ 토크 부스트의 값을 너무 크게 설정하면 모터가 과열 상태가 되거나 과전류 트립이 되는 경우가 있다. 최대 10%의 범위에서 사용해야 한다.

2) **출력주파수 범위설정**(Pr. 1, Pr. 2, Pr. 18)

인버터에서 모터로 출력하는 주파수의 상한 및 하한을 제한하는 기능이다. 모터의 회전속도는 앞장에서 배운 것 과 같이 모터에 공급되는 전원의 주파수에 따라 회전속도가 달라진다. 따라서 출력주파수를 설정한다는 의미는 모터의 최고속도와 최저속도를 설정한다는 의미이다.

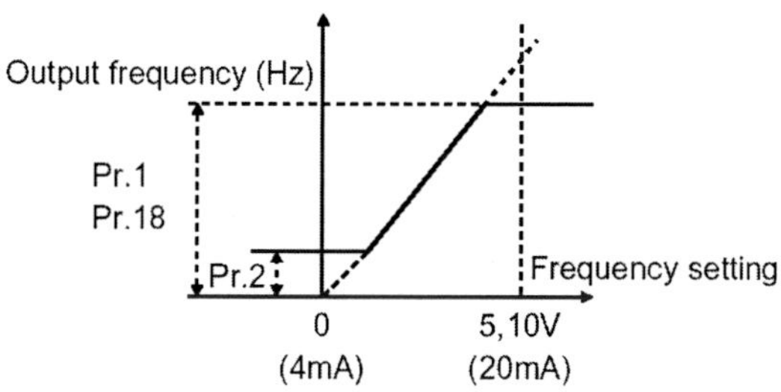

그림 1-25 출력 주파수 범위 설정

표 1-7 출력주파수 설정 범위

Pr.NO	명칭	설정범위	설정값
1	상한 주파수	0~120Hz	120Hz
2	하한 주파수	0~120Hz	0Hz
18	고속 상한 주파수	120~400Hz	120Hz

3) 기저 주파수, 기저 주파수 전압(Pr. 3, Pr. 19, Pr. 47)

인버터의 출력(전압, 주파수)를 모터의 정격에 맞추는 기능이다. 인버터를 이용해 모터를 운전할 때 모터의 정격전압 및 주파수의 범위를 넘어서 운전하면 모터가 손상될 수 있다. 따라서 인버터 사용 시 기저 주파수 및 기저 주파수 전압은 반드시 설정해야 한다. 특히 모터의 정격명판에 기재된 주파수가 50Hz인 경우에는 반드시 50Hz로 설정해야 한다. 60Hz로 두면 전압이 지나치게 내려가고, 토크 부족이 발생하게 된다. 그 결과 과부하에 의해 인버터가 트립(trip)하는 경우가 발생할 수 있다. Pr. 47의 제2 기저주파수는 1대의 인버터로 2종류의 모터를 바꾸어 사용하는 경우 등에 기저주파수를 변경하고 싶은 경우에 사용하는 파라미터이다.

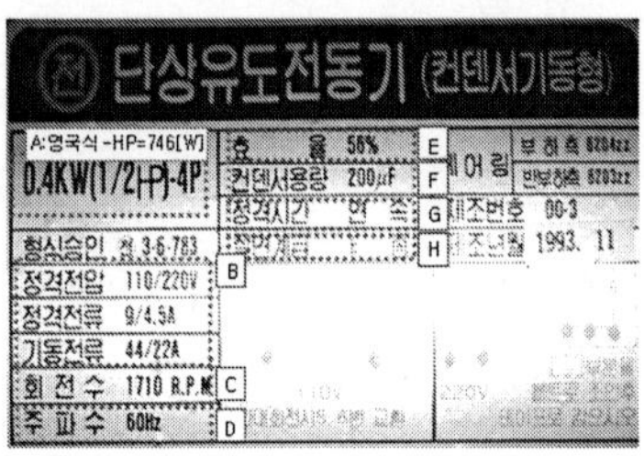

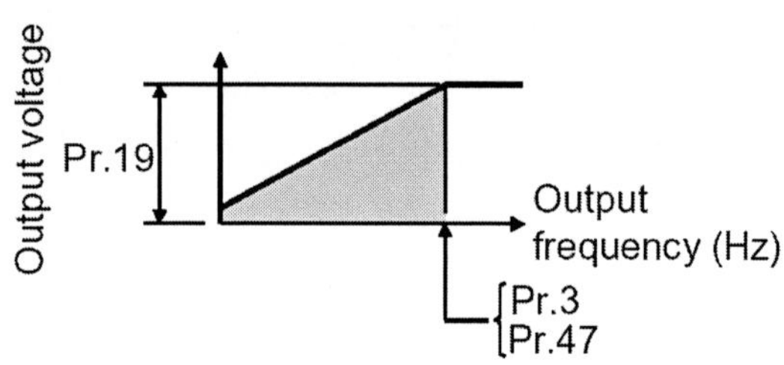

그림 1-26 기저주파수, 기저 주파수 전압

4) 가 · 감속 시간(Pr.7, Pr.8, Pr.20, Pr.21, Pr.44, Pr45)

모터의 가·감속 시간을 설정하는 파라미터이다.

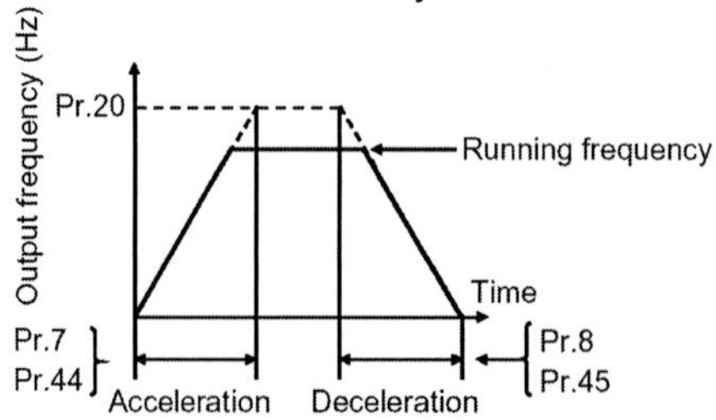

그림 1-27 가감속 시간

Pr. 7 가속시간은 정지부터 Pr. 20 가감속 기준 주파수까지 가속하는 시간을 설정하는데 다음 식에 의해 가속 시간을 설정한다.

$$\text{가속시간설정치} = \frac{\text{Pr.20}}{\text{최대사용주파수} - \text{Pr.13}} \times \text{정지부터최대사용주파수까지의가속시간}$$

예를 들면, Pr. 20=60Hz, Pr. 13=0.5Hz로 설정하고, 최대 사용주파수 50Hz까지 10s로 가속할 수 있는 경우에는

$$\text{Pr.7} = \frac{60\text{Hz}}{50\text{Hz} - 0.5\text{Hz}} \times 10\text{s} \fallingdotseq 12.1\text{s}$$

Pr.8 감속시간은 Pr. 20 가감속 기준 주파수부터 정지까지 감속하는 시간을 설정하는데 다음 식에 의해 감속시간을 설정한다.

$$\text{감속시간설정치} = \frac{\text{Pr.20}}{\text{최대사용주파수} - \text{Pr.10}} \times \text{최대사용주파수부터정지까지의감속시간}$$

예를 들면, Pr. 20=120Hz, Pr. 10=3Hz로 해서 최대 사용 주파수 50Hz까지 10s로 감속하는 경우에는

$$\text{Pr.8} = \frac{120\text{Hz}}{50\text{Hz} - 3\text{Hz}} \times 10\text{s} \fallingdotseq 25.5\text{s}$$

5) 전자 서멀(Pr.9, Pr.48)

전자 서멀의 전류치를 설정해, 모터의 과열 보호를 실시하는 파라미터이다. 저속 운전 시, 모터 냉각 능력의 저하도 포함한 최적의 보호 특성을 얻을 수 있다.

<설정방법>

① 모터의 정격 전류치[A]를 Pr.9에 설정
(전원 사양이 200/220V(400/440V)60Hz인 경우, 모터 정격 전류를 1.1배 설정)

② 「0」을 설정하면, 전자 서멀(모터 보호 기능)은 동작하지 않는다. 인버터의 보호 기능은 동작한다.

<주의사항>

① 복수대의 모터운전을 한대의 인버터로 할 경우에는, 전자 서멀로 보호할 수 없다. 모터 개개에 외부부착 외부 서멀을 설치

② 인버터와 모터의 용량의 차이가 크고, 설정치가 작아질 때, 전자 서멀의 보호 특성이 나빠진다. 이러한 경우는, 외부부착 서멀을 사용

③ 특수 모터는 전자 서멀에서는 보호할 수 없다. 외부부착 서멀을 사용

6) 다단속 설정

운전속도를 미리 파라미터로 설정해서 파라미터에 설정한 속도를 접점 단자로 선택하는 제어를 의미한다.

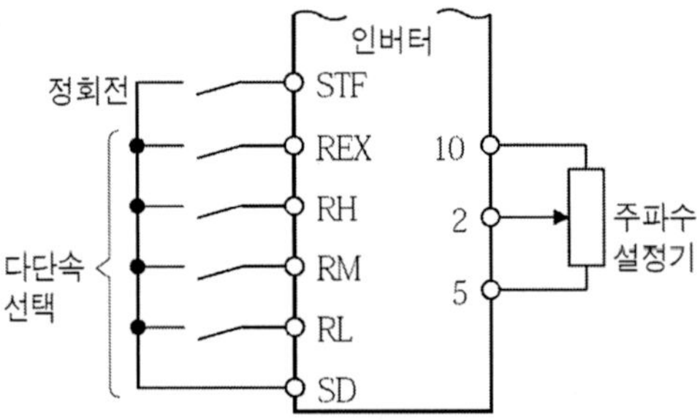

그림 1-28 다단속을 위한 외부 신호 연결

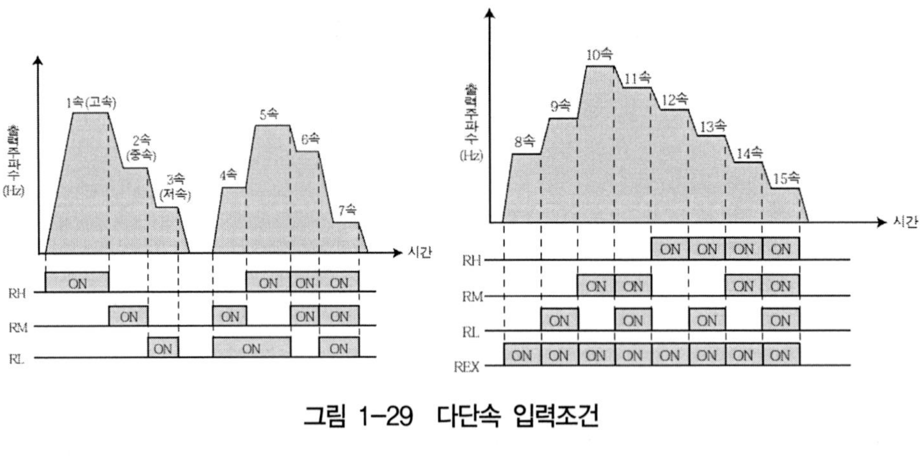

그림 1-29 다단속 입력조건

접점신호(RH, RM, RL, REX신호)의 조합에 의해 1속~15속까지의 속도를 설정할 수 있다. 다단속 속도제어를 위해서는 인버터의 입력단자에 다단속 선택을 위한 외부 신호를

연결해야 한다. 외부 신호의 연결은 [그림 1-28]에 나타내었다. 외부 신호에 의한 주파수 지령의 우선순위는 "JOG운전>다단속 운전>단자4 아날로그 입력>단자 2 아날로그 입력" 순으로 동작한다. REX신호 입력에 사용하는 단자는 Pr. 178~Pr. 184(입력 단지 기능 선택)에서 설정해야 한다.

7) 입력단자 기능선택

인버터에는 7개의 입력단자(STF, STR, RL, RM, RH, MRS, RES)을 가지고 있는데 이들 입력단자는 다기능 입력단자이다. 즉 입력단자의 기능이 각각 고정되어 있는 것이 아니고 파라미터 설정을 통해서 입력단자의 기능을 변경할 수 있다는 뜻이다. 입력단자의 기능선택은 아래의 파라미터 설정을 통해서 가능하다. 설정범위에 대한 자세한 항목은 해당 제품의 매뉴얼을 참조하기 바란다.

표 1-8 입력단자 선택 파라미터 항목

기능	파라미터 번호	명칭	설정범위	초기치
입력단자 기능선택	178	STF단자 기능 선택	0~5, 7, 8, 10, 14~16, 18, 24, 25, 60, 62, 65~67, 9999	60
	179	STR단자 기능 선택	0~5, 7, 8, 10, 14~16, 18, 24, 25, 61, 62, 65~67, 9999	61
	180	RL단자 기능 선택	0~5, 7, 8, 10, 14~16, 18, 24, 25, 62, 65~67, 9999	0
	181	RM단자 기능 선택		1
	182	RH단자 기능 선택		2
	183	MRS단자 기능 선택		24
	184	RES단자 기능 선택		62

3-2 이상 현상과 체크 포인트

각각의 체크를 실행하여도 원인이 불분명할 경우에는, 파라미터를 일단 초기화(공장출하시의 설정치)시킨 후, 다시 필요한 파라미터를 설정하여 체크한다.

3-3-1 모터가 전혀 회전하지 않을 경우

1) 주회로의 점검

- 정상적인 전원전압이 인가되고 있는가? (조작패널이 표시되어 있는가)
- 모터가 제대로 접속되어 있는가?
- P1-P간의 단락편이 빠지지 않은가?

2) 입력신호의 점검

- 가동신호가 입력되어 있는가?
- 정회전과 역회전의 가동신호가 양쪽모두 입력되어 있는가?
- 주파수 설정신호가 제로로 되어 있지 않은가?
- 주파수 설정 신호 4~20mA일 때 AU신호가 ON되어 있는가?
- 출력정지신호(MRS), 또는 리셋신호(RES)가 ON상태로 되어 있지 않은가?
- 싱크, 소스의 점퍼 커넥터가 확실히 접속되어 있는가?

3) 파라미터 설정의 확인

- 역회전 방지(Pr.78)가 설정되어 있지는 않은가?
- 운전모드(Pr.79)의 설정은 정확한가?
- 주파수설정 명령선택(Pr.146)의 설정은 올바른가?
- 바이어스, 게인(Pr.902~905, Pr.922, Pr.923)의 설정에 오류는 없는가?
- 시동주파수(Pr.13)의 설정치가 운전주파수보다 크게 되어 있지는 않은가?
- 각종 운전주파수(3속운전등)의 주파수설정이 0로 되어 있지는 않은가? 특히 상한주파수(Pr.1)가 0로 되어 있지 않은가?

4) 부하의 점검

- 부하가 너무 크지는 않은가?
- 축이 구속(拘束)된 상태는 아닌가?

5) 기타

- 알람 램프가 점등되어 있지는 않은가?
- 조작패널 표시가 에러내용표시(E, OC1등)로 되어 있지는 않은가?

- JOG가동시에 Pr.15「JOG주파수」의 설정치가 Pr.13「시동주파수」보다 낮은 주파수를 설정하고 있지는 않은가?

3-3-2 모-터의 회전방향이 거꾸로 됨

- 출력단자 U,V,W의 상(相)순서에 오류는 없는가?
- 시동신호(정회전, 역회전)의 접속은 올바른가?

3-3-3 회전속도가 설정치에 비해 크게 다름

- 주파수 설정 신호가 올바른가?(입력신호 레벨을 측정해 봄)
- 파라미터의 설정은 적정한가?
  (Pr.1, Pr2, Pr.19, Pr.38, Pr.39, Pr.245, Pr.902~Pr.905)
- 입력신호선이 외부로부터의 노이즈 영향을 받고 있지는 않는가?(실드선사용)
- 부하가 과중하지는 않은가.

3-3-4 가감속이 부드럽지 않음

- 가감속시간의 설정치가 너무 작지는 않은가?
- 부하가 과중하지는 않은가?
- 토크부스트(Pr.0, Pr.46)의 설정치가 과다하여, 스톨방지 기능이 동작되고 있지 않은가?

3-3-5 모-터 전류가 큼

- 부하가 과중하지는 않은가?
- 토크 부스트(Pr.0, Pr.46)의 설정치가 너무 크지는 않은가?

3-3-6 회전속도가 상승되지 않음

- 상한 주파수의 설정치는 올바른가?
- 부하가 과중하지는 않은가? (교반기(攪拌機) 등에는 겨울철에 부하가 커지는 경우가 있음)
- 토크 부스트(Pr.0, Pr.46, Pr.112)의 설정치가 너무 커서 스톨방지 기능이 동작되고 있지는 않은가?
- 브레이크 저항기를 잘못하여 단자 P-P1간 또는 P1-PR간에 접속하고 있지 않는가?

3-3-7 가동 중에 회전속도가 변동됨

범용자속벡터제어로 가동 중, 출력주파수는 부하의 변동과 함께 0~2Hz의 범위 변동되지만 정상적인 동작으로서, 이상(異常)상태가 아니다.

1) 부하의 점검

- 부하가 변동되고 있지 않은가?

2) 입력신호의 점검

- 주파수 설정신호가 변동되고 있지는 않은가?
- 주파수 설정신호가 유도노이즈의 영향을 받고 있지는 않은가?
- 트랜지스터 출력 유닛 접속시 등에, 맴돌이 전류로 오동작 하고 있지 않는가.

3) 기타

- 범용자속벡터제어에서, 인버터의 용량 및 모터의 용량에 대한 적용모터 용량(Pr.80)의 설정은 올바른가?
- 범용자속 벡터제어로서의 배선길이가 30m를 초과하지 있지 않은가?
- V/F제어로서의 배선이 너무 길지는 않은가?

3-3-8 운전모드의 절환이 정상적으로 실행되지 않음

운전모드의 절환이 정상적으로 실행되지 않을 경우에는 다음의 항목들에 대해 확인한다.

① 외부입력신호 : STF 또는 STR 신호가 OFF상태로 되어 있는가를 확인.
STF 또는 STR 신호가 ON 상태일 때에는 운전모드의 절환이 실행되지 않는다.

② 파라미터의 설정 : Pr.79의 설정치 확인
Pr.79「운전모드의 선택」의 설정치가「0」(공장출하시의 설정치)일 경우, 입력전원을 ON 시킴과 동시에 외부운전모드로 되며, 조작패널의 [MODE]키를 3번 누른 후 [UP] 키를 누르면(파라미터 유닛(FR-PU04)의 경우는 〔PU〕 키를 누름) PU운전모드로 절환된다. 기타 설정치(1~8)의 경우에는 각각의 설정치의 내용으로 운전모드가 한정된다.

3-3-9 조작패널이 표시되지 않음

- 인버터와의 접속이 확실하게 실행되고 있는가를 확인.
- 단자 PC-SD간이 합선되어 있지 않은가 확인.
- 단자 P-P1간의 단락편은 확실히 장착되고 있는지 확인.

3-3-10 파워램프(Power Lamp)가 점등되지 않음

- 확실한 배선 및 설치가 실행되고 있는가를 확인.

3-3-11 파라미터의 쓰기를 할 수 없다

- 운전 중(신호 STF, STR가 ON)이 아닌가.
- [SET] 키([WRITE]키)를, 1.5s 이상 눌렀는가.
- 파라미터를 설정 범위 외에서 설정하려고 하지는 않았는가.
- 외부 운전 모드에서, 파라미터를 설정하려고 하지 않았는가.
  (외부 운전 모드에서, 파라미터를 설정하려면 Pr. 77=2로 변경 설정)
- Pr. 77「파라미터 쓰기 금지 선택」의 확인.

1-1 실습과제 파라미터 공장 초기화 값으로 설정

인버터는 다양한 환경에서 사용할 수 있는 제품이기에 최적 제어를 하기 위해서는 사용자의 사용 환경에 적합한 조건에 맞추어 인버터의 해당 파라미터를 설정해 사용한다. 인버터는 생산 공장에서 출하될 때, 각 파라미터에는 공장 초기 값으로 사전에 설정되어 있다. 실습에 사용하는 인버터는 여러 명의 교육생이 사용하기 때문에 인버터마다 설정한 파라미터가 달라서 인버터를 제어하는데 여러 가지의 문제점을 발생시킬 수 있다. 따라서 실습의 편의를 위해 인버터의 파라미터를 공장 초기 값으로 재설정한 후 실습에 적합한 파라미터를 설정하도록 한다.

1. 인버터에 AC전원을 투입한 후, 아래의 순서와 같이 조작패널을 조작해 인버터의 파라미터를 공장 초기화 한다.

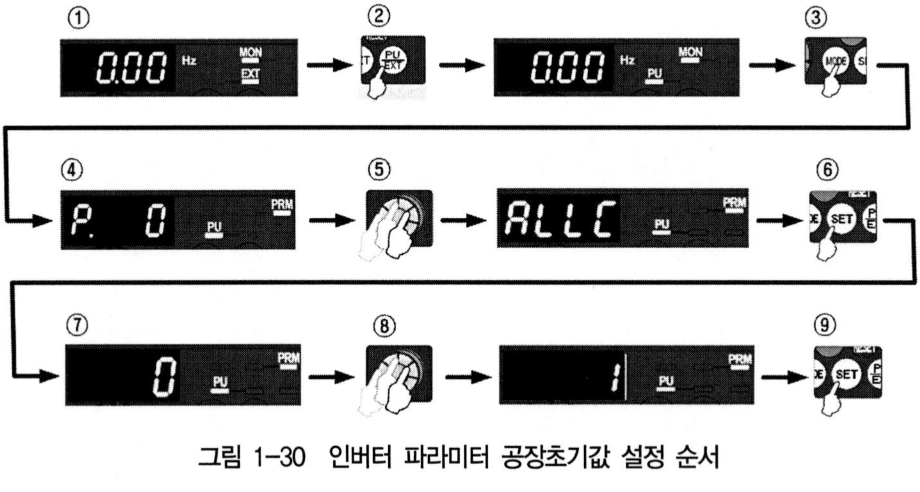

그림 1-30 인버터 파라미터 공장초기값 설정 순서

2. 파라미터의 쓰기가 완료되면 파라미터와 설정치가 점멸동작을 한다.

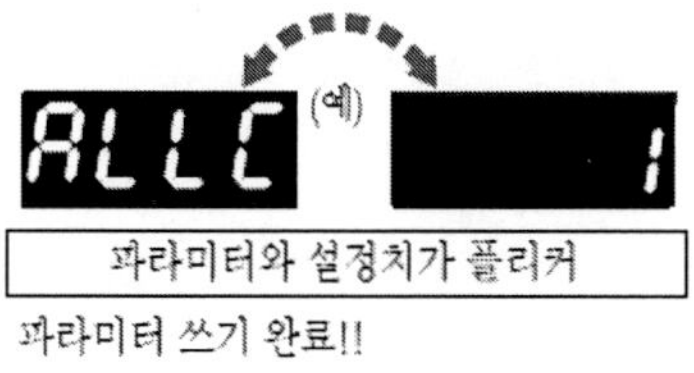

그림 1-31 설정완료

인버터 파라미터를 공장 초기값으로 설정하는 부분이 완료되면 파라미터의 설정값은 모두 공장 초기값으로 설정된다. 이제부터는 인버터를 제어하기 위한 파라미터를 설정해야 한다.

1-2 실습과제 JOG 운전

JOG운전은 인버터의 정상동작과 인버터에 연결된 유도전동기의 동작 상태를 확인하기 위한 인버터 조작 방법 중 하나이다. 또한 인버터를 PLC와 연결해서 사용 중에 사용자의 필요에 의해 수동으로 인버터에 연결된 유도전동기를 회전시키기 위해 사용하는 기능이다.

1. 조작패널을 이용한 JOG운전

인버터 본체에 부착되어 있는 조작패널을 이용해 JOG운전을 하는 방법에 대해 살펴보자. JOG운전을 위해 인버터에 입력 교류전원을 ON하고, 인버터의 출력단자 U, V, W단자에 모터를 연결한다.

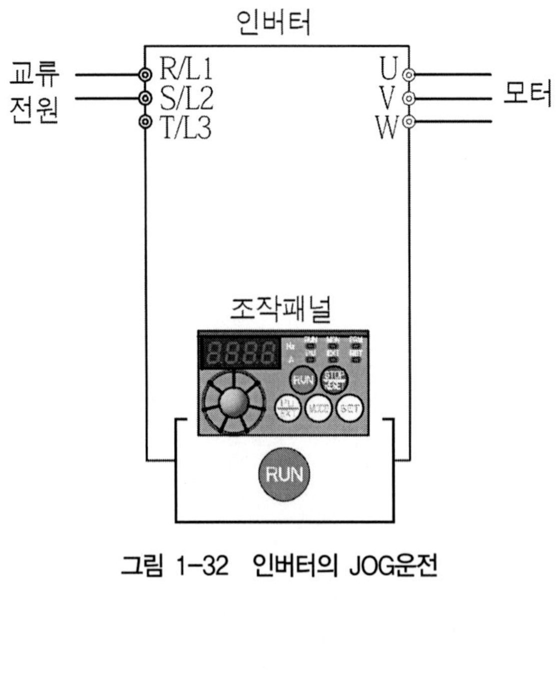

그림 1-32 인버터의 JOG운전

2. JOG운전 순서

1) 인버터에 AC전원을 인가한 후, 인버터의 조작패널에 운전표시와 운전모드의 표시를 확인한다.
   - 모니터 모드 상태(MON 램프 점등)
   - 정지 상태

2) 조작패널의 PU/EXT 버튼을 눌러서 PU운전모드로 변경한다.
3) PU모드(PU램프 점등)에서 PU/EXT버튼을 눌러서 JOG운전모드를 만든다.

4) 조작패널의 RUN버튼을 누른다
   - RUN버튼을 누르고 있는 동안 모터가 회전한다.
   - 5Hz로 회전한다.

JOG운전모드의 동작조건을 확인했으면 이제는 JOG운전의 주파수를 변경하는 방법에 대해 살펴보자. 인버터의 출력주파수를 변경하면 인버터에 연결된 모터의 회전속도를 변경할 수 있다.

3. JOG운전속도 변경하기

JOG운전속도를 변경하기 위해서는 인버터의 파라미터를 설정해야 한다. 인버터 파리미터 P. 15 ~ P. 16이 JOG운전에 관련된 파라미터이다.

표 1-9 JOG운전을 위한 파라미터 항목

기능	파라미터 번호	명칭	설정범위	최소설정 단위	초기치
JOG운전	15	JOG 주파수	0~400Hz	0.01Hz	5Hz
	16	JOG 가감속 시간	0~3600/360s	0.1/0.01s	0.5s

[표 1-9]에서 알 수 있듯이 인버터의 파라미터 P.15의 값을 변경하면 인버터의 JOG운전 속도를 변경할 수 있다. 이제부터 인버터의 파라미터를 변경하는 방법에 대해 살펴보자.

1) MODE버튼을 눌러서 파라미터 설정모드로 변경한다.
   - RPM램프가 점등하고, 표시창에는 "P. 0" 또는 이전에 읽어낸 파라미터 번호가 표시된다.

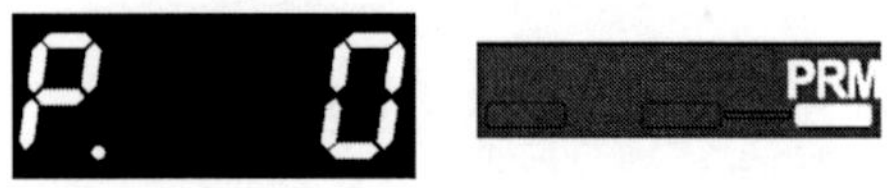

2) 조그다이얼을 돌려서 파라미터 P. 15을 설정한다.

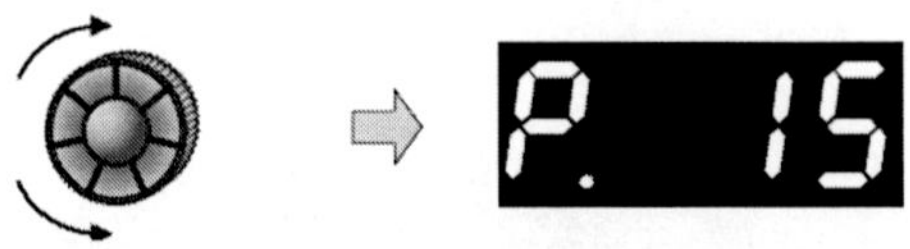

3) "SET" 버튼을 누르면 현재 P. 15에 설정된 주파수 값이 표시된다.

4) JOG다이얼을 돌려서 원하는 주파수를 설정한다.

5) "SET" 버튼을 눌러서 설정한다.

6) JOG운전을 통해서 모터의 회전속도가 변경되었는지 확인한다.

1-3 실습과제 운전모드 변경

인버터는 4종류의 운전모드를 가지고 있다. 이번 실습에서는 운전모드를 변경하면서 운전모드의 차이점을 살펴본다.

1. 운전모드 변경 실습을 위한 시스템 구성

인버터의 운전모드 변경 실습을 위한 인버터의 구성을 [그림 1-33]과 같이 구성한다. 가변저항과 스위치를 인버터에 연결한다.

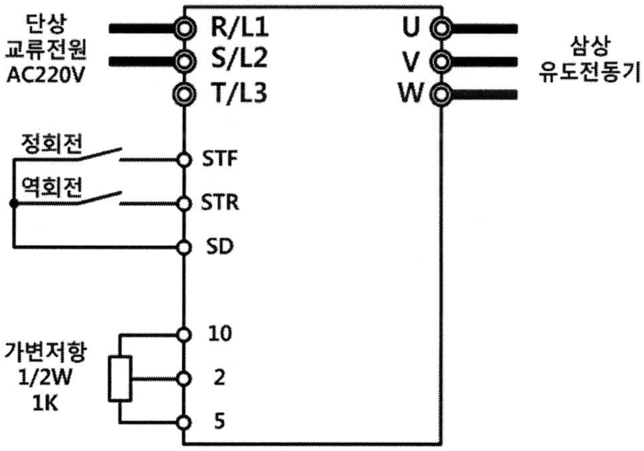

그림 1-33 인버터 운전

2. 파라미터 변경

인버터 파라미터 Pr. 79의 설정값에 따라 운전모드가 변경된다.

<table>
<tr><th rowspan="2">조작패널 표시</th><th colspan="2">운전방법</th></tr>
<tr><th>시동 지령</th><th>주파수 지령</th></tr>
<tr><td>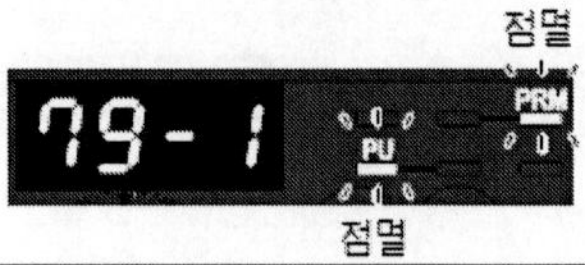</td><td></td><td></td></tr>
<tr><td></td><td>외부
(STF, STR)</td><td>아날로그
전압 입력</td></tr>
<tr><td></td><td>외부
(STF, STR)</td><td></td></tr>
<tr><td>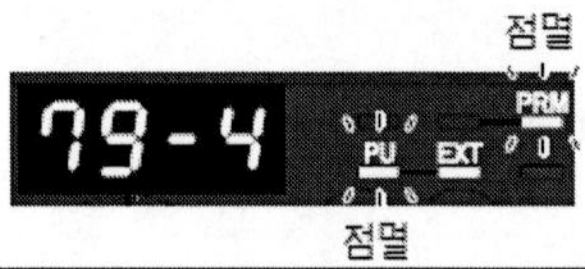</td><td></td><td>아날로그
전압 입력</td></tr>
</table>

그림 1-34

[그림 1-34]에 Pr. 79의 설정값에 따른 변경된 운전모드에 대해 나타내었다. 그림에서 알 수 있듯이 운전모드의 변경에 따라 운전방법이 달라지는 것을 알 수 있다. 파라미터 79을 1로 설정하면 인버터의 PU유닛에 있는 RUN버튼과 조그다이얼을 이용해 인버터를 운전할 수 있고, Pr. 79를 2로 설정하면 시동지령은 STF, STR에 연결된 스위치 ON/OFF에 의해 결정되고, 모터의 회전속도를 결정하는 주파수 지령은 [그림 1-33]에 설치된 가변 저항에 의해 결정된다.

3. PU운전모드 (Pr. 79 = 1)

인버터의 파라미터 "Pr. 79 = 1"로 설정해보자. 1을 설정하면 "PU운전모드"가 되는데 시동지령 및 모터의 회전 속도를 지시하는 주파수 지령을 PU에 장착된 운전버튼과 조그 다이얼을 사용하는 방법이다.

1) 인버터에 전원을 투입하면 인버터의 조작패널에는 모니터 모드가 된다.

2) "PU/EXT"와 "MODE" 버튼을 동시에 0.5s 이상 누르면 조작패널에 Pr. 79에 표시되고 RPM램프가 점멸동작을 한다.

3) 조작패널의 M다이얼을 돌려서 79-1을 선택한다.

4) PU운전모드가 설정되었으면 M다이얼을 돌려서 설정하고 싶은 주파수를 설정하면 설정된 주파수가 표시된 FND표시가 약 5초간 점멸동작을 한다.

5) 점멸동작을 하고 있는 동안에 "SET" 버튼을 눌러주면 설정한 주파수와 F표시가 3초간 플리커되면서 주파수 설정이 완료된다. 만약 "SET" 버튼을 누르지 않으면 FND표시는 0.00Hz로 변경되고 점멸동작 정지한다.

6) "RUN" 버튼을 누르면 인버터에 연결된 유도전동기가 5)에서 설정한 주파수에 의한 회전을 한다.
7) 유도전동기 회전 중에 4)번과 5)번 동작을 반복하면 모터의 회전속도를 변경할 수 있다.
8) Pr. 161 = 1로 설정하면 4)번과 5)번 동작 필요 없이 M다이얼의 조작에 의해 즉시 모터의 회전속도를 변경할 수 있다.

위의 순서대로 동작을 시켜 인버터에 연결된 유도전동기의 회전속도를 변경할 수 있는지 실습해보기 바란다. 만약 순서대로 인버터를 조작했음에도 불구하고 인버터에 연결된 유도전동기가 동작을 하지 않는다면 인버터의 파라미터를 공장 초기값으로 설정한 후 처음부터 새로 시작해보라.

4. PU/외부 병용 운전모드 1 (Pr. 79 = 3)

인버터의 파라미터 Pr. 79 = 3으로 설정해보자. 3을 설정하면 "PU/외부 병용 운전모드 1"이 되는데 시동지령(모터의 정역회전 지령을 의미함)은 외부 입력신호 STF, STR에 연결된 스위치의 ON/OFF에 의해 실시되고, 모터의 회전 속도를 지시하는 주파수 지령은 PU에 장착된 조그다이얼을 사용하는 방법이다.

1) 인버터에 전원을 투입하면 인버터의 조작패널에는 모니터 모드가 된다.

2) "PU/EXT"와 "MODE" 버튼을 동시에 0.5s 이상 누르면 조작패널에 Pr. 79에 표시되고 RPM램프가 점멸동작을 한다.

3) 조작패널의 M다이얼을 돌려서 79-3을 선택한다.

4) "SET" 버튼을 눌러서 설정한다.

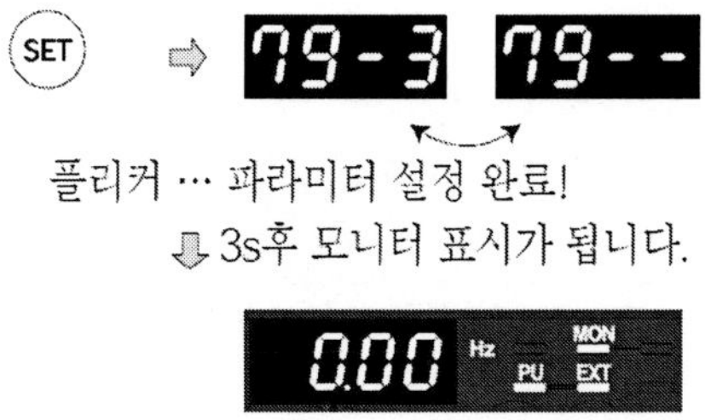

5) 인버터의 “STF” 단자에 연결된 스위치를 ON상태로 변경한 후 M다이얼 버튼을 조작하면 인버터에 연결된 유도전동기의 회전속도가 변경되는 것을 알 수 있다.
6) 만약 Pr. 161 = 1로 설정되어 있지 않으면 PU운전모드에서 주파수변경 방법과 동일하게 M다이얼을 돌려서 원하는 주파수를 설정한 후 “SET” 버튼을 눌러주어야 한다.
7) “STF” 입력신호를 OFF한 후, “STR” 입력신호를 ON해보자. 그러면 인버터에 연결된 유도전동기의 회전방향이 반대로 되는 것을 확인할 수 있다.

인버터의 PU유닛에 있는 “RUN” 표시 LED램프가 인버터에 연결된 유도전동기의 정회전시에는 점등되고 역회전할 때에는 점멸동작을 하는지 확인해보자. RUN표시 LED램프의 동작 상태를 보고 모터의 회전 지령이 ON되었는지 정역회전 지령인지를 판별할 수 있다.

1-4 실습과제 파라미터 변경

인버터를 사용하기 위해서는 앞의 실습처럼 파라미터 설정치를 변경하는 방법을 이용해 인버터의 기능 사용여부 및 운전조건 등을 변경한다. 이번 실습과제에서는 인버터의 파라미터를 변경하는 방법에 대해 살펴보자.

1. 파라미터 변경방법

인버터의 파라미터 변경은 여러 방법이 있지만 인버터에 부착된 파라미터 패널을 이용해 파라미터 변경하는 방법에 대해 살펴보자. 인버터는 파라미터의 설정을 통해 인버터를 이용하는 환경에 맞는 최적의 제어를 실시할 수 있다. 따라서 인버터를 사용하기 위해서는 파라미터의 변경 및 설정이 필수적인데 [실습과제 1-4]에서는 인버터의 파라미터 변경방법에 대해 살펴보자. Pr. 1 = 120Hz로 설정되어있는 상한 주파수를 60Hz로 변경해보자.

1) 인버터에 전원을 투입하면 인버터의 조작패널에는 MON, EXT 램프가 점등.

2) "PU/EXT" 버튼을 눌러서 PU운전모드(PU램프 점등)로 변경.

3) “MODE” 버튼을 눌러서 파라미터 설정모드로 설정

• 파라미터 설정모드가 되면 RPM램프가 점등되고 파라미터 번호가 표시된다. 이 때, 표시되는 파라미터 번호는 P. 0 이외에 이전에 읽었던 파라미터 번호가 표시될 수도 있다.

4) “M 다이얼”을 회전시켜 파라미터 번호 1(P. 1)을 나타나도록 한다.

5) “SET” 버튼을 눌러서 현재 설정되어 있는 값을 읽는다.

6) “M다이얼”을 돌려서 설정치 “60.00”으로 설정한다.

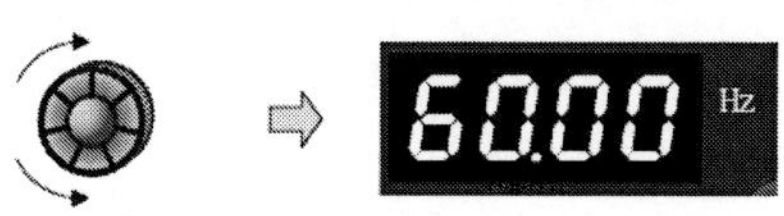

7) “SET” 버튼을 눌러서 변경값을 설정한다.

설정값과 파라미터 번호가 서로 번갈아 가면서 점멸동작을 하면 설정이 완료된 것이고 만약 에러코드가 표시되면 파라미터의 설정방법이 잘못된 것이다. [표 1-10]의 에러코드 참조해 에러 발생부분을 확인한 후 파라미터를 재설정해보자.

표 1-10

에러코드	원인
Er 1	쓰기 금지 에러
Er 2	운전중 쓰기 에러
Er 3	교정 에러
Er 4	모드지정 에러

8) 파라미터 설정이 끝났으면 운전모드로 변경해 인버터의 운전주파수를 변경해보자. 인버터의 출력 주파수가 60Hz까지만 출력되는가?

인버터의 파라미터를 설정하는 방법을 배웠으니 이제는 실습을 하기 위한 인버터의 파라미터 설정을 해보자. [표1-11]에 주어진 것처럼 인버터의 가감속 시간을 0.5초로 설정하고 인버터의 운전모드는 1로 설정 후 변경된 파라미터가 제대로 적용되었는지 확인해 보자. 가감속 시간이 변경된 것을 확인 한 후, "Pr.79 = 2"로 변경한다.

표 1-11

파라미터 번호	설정값	파라미터 번호	설정값
7	0.5s	79	1 → 2
8	0.5s		

1-5 실습과제 PLC I/O를 이용한 인버터 제어

인버터를 사용하는 대부분의 산업현장에서는 인버터를 단독으로 사용하는 것보다는 PLC와 같은 제어기기와 결합해 사용한다. 이번 실습부터는 PLC의 I/O를 이용해 인버터를 제어하는 방법에 대해 학습한다.

1. 인버터제어를 위한 PLC시스템 구성

1) PLC시스템의 구성

실습에 사용할 PLC는 미쓰비시 멜섹Q 시리즈로 [그림 1-35]와 같은 형태로 입출력 및 특수모듈로 구성되어 있다. 본 교재의 실습에는 입출력 모듈, A/D, D/A모듈, CC-Link모듈만 사용한다.

전원모듈	CPU모듈	INPUT	OUTPUT	A/D	D/A	고속카운터	위치결정	통신	CC-Link
Q61P	Q02H	(QX42) 64점 X00~X1F X20~X3F	(QY42P) 64점 Y40~5F Y60~Y7F	(Q64AD) 16점 X80~X8F Y80~Y8F	(Q64DA) 16점 X90~X9F Y90~Y9F	(Q62) 16점 XA0~XAF YA0~YAF	(Q75D2) 32점 XB0~XCF YB0~YCF	(RS232) 32점 XD0~XEF YD0~YEF	(BT11) 32점 XF0~X10F YF0~Y10F

그림 1-35 멜섹Q PLC의 구성

2) PLC와 인버터의 연결

PLC의 입출력을 이용해 인버터를 제어하기 위해서는 PLC의 출력을 이용해 인버터의 운전지령 신호 STF, STR을 제어하고, 인버터에 연결된 유도전동기의 회전속도를 제어하기 위한 다기능 입력단자 RH, RM, RL, MRS, RES를 이용하는 방법이 있다.

실습에 사용하는 트랜지스터 NPN타입의 출력모듈 QY42P는 외부에서 DC24V의 전원을 공급해야 출력모듈이 동작하도록 되어 있다. PLC의 출력이 싱크타입이기 때문에 인버터의 입력신호도 싱크 로직으로 작동하도록 쇼트 핀을 싱크에 설정한다. 그리고 [그림 1-36]처럼 인버터의 SD단자를 PLC출력모듈에 연결한 DC24V전원의 0V에 연결한다.

인버터에 연결된 유도전동기의 회전속도 지령을 위해 [그림 1-36]처럼 가변저항을 연결해서 아날로그 전압을 입력할 수 있도록 한다. 실습에 사용하는 인버터는 [그림 1-8]처럼 아날로그 전압 0~5V/0~10V 또는 전류 0~20mA/4~20mA로 주파수지령을 설정할 수 있다. [그림 1-36]처럼 신호인터페이스 작업을 마쳤으면 주어진 동작조건을 만족하는 PLC 프로그램을 작성해서 인버터를 이용해 유도전동기를 제어해보자. 신호인터페이스 작업을 할 때, 전원의 극성을 바꾸지 않도록 주의해서 결선하기 바란다.

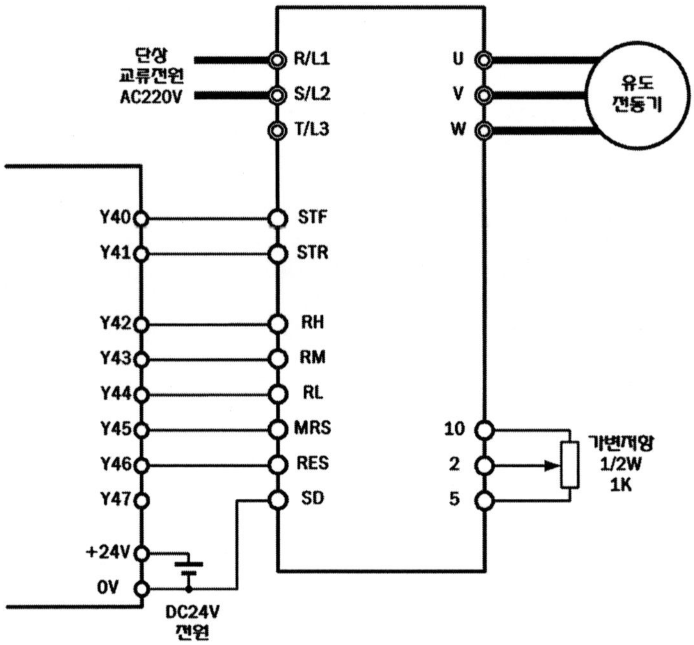

그림 1-36 PLC출력과 인버터의 입력 인터페이스

2. 실습내용

PLC의 입출력과 인버터의 다기능 입력 단자의 신호를 인터페이스 한 후 [그림 1-37]에 나타낸 것과 같이 PLC의 입력에 연결된 푸시버튼을 이용해 인버터에 연결된 삼상 유도전동기의 회전을 제어한다.

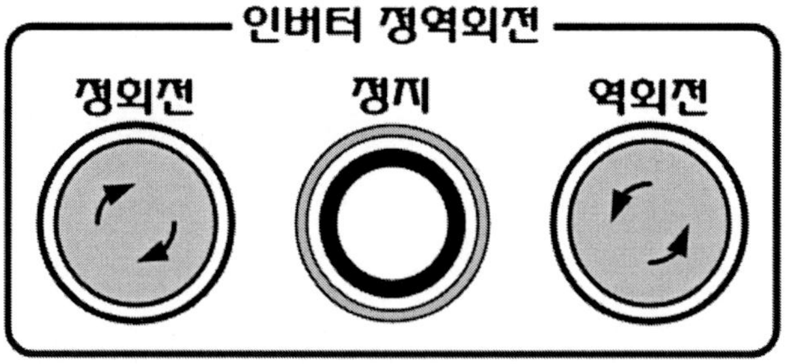

그림 1-37 인버터 다기능 입력 기능

【입출력번호 할당】

표 1-12 PLC 입출력 할당표

입력번호	기능	입력번호	기능
X00	정회전	Y40	STF
X01	정지	Y41	STR
X02	역회전		

【동작조건】

(1) 인버터의 운전지령을 PLC의 출력 Y40, Y41을 이용하고, 유도전동기의 회전속도를 제어하는 주파수지령은 아날로그 입력을 가변시킬 수 있는 가변저항을 이용한다. 따라서 인버터를 운전하기 위해서 "Pr.79 = 2"로 설정한다.

(2) 정회전 버튼이 눌러지면 인버터에 연결된 유도전동기는 가변저항에 의해 설정된 전압값에 비례하는 속도로 시계 방향으로 회전하고 정지버튼이 눌러질 때까지 계속 회전한다.

(3) 역회전 버튼이 눌러지면 인버터를 가변저항에 설정된 전압값에 비례하는 속도로 유도전동기가 반시계 방향으로 회전하고 정지버튼이 눌러질 때까지 계속 회전한다.

(4) 정회전 버튼과 역회전 버튼의 조작에 의해 동작하는 인버터에 연결된 유도전동기의 회전 방향이 제어조건과 일치하지 않는다면 인버터의 출력단 U, V, W단자에 연결된 모터의 결선 U상과 W상의 결선을 바꾸면 된다. 결선을 변경할 때 반드시 인버터의 전원을 차단한 후 결선 변경 작업을 실시한다.

【PLC프로그램】

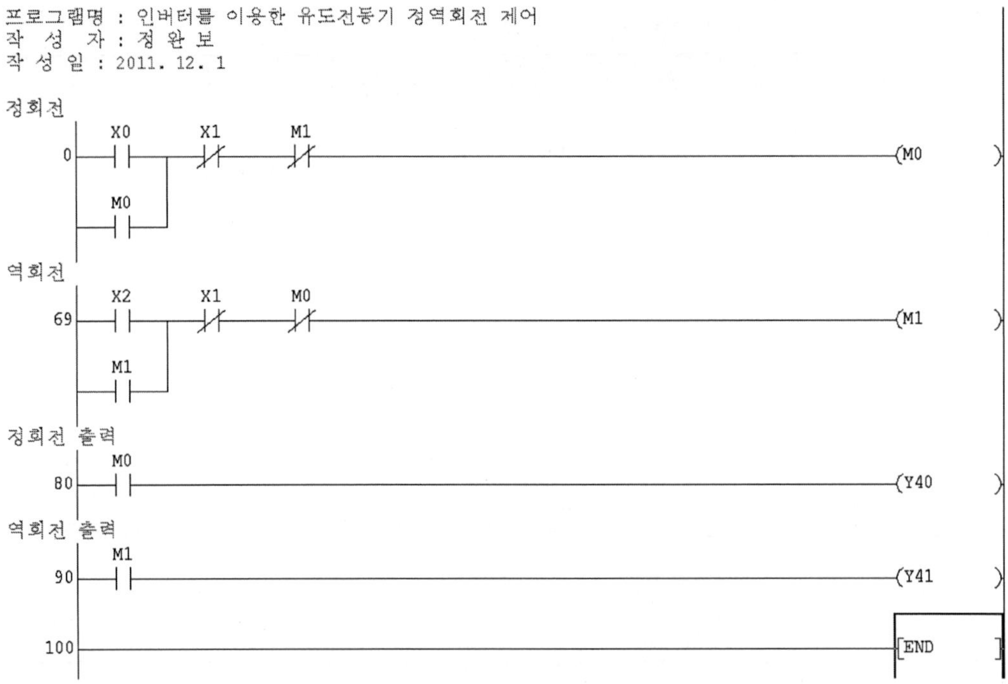

프로그램 1-1 인버터를 이용한 유도전동기 정역회전 제어

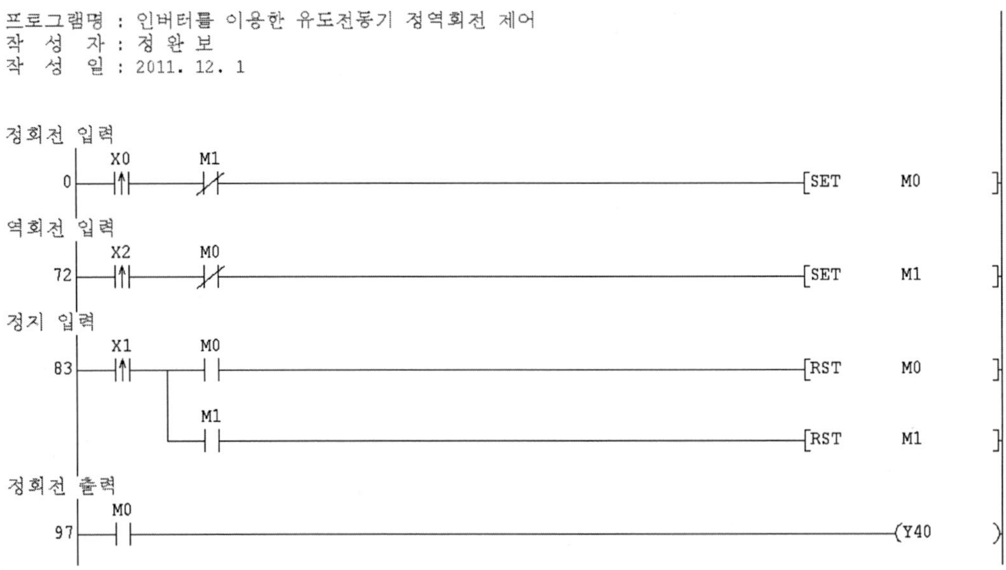

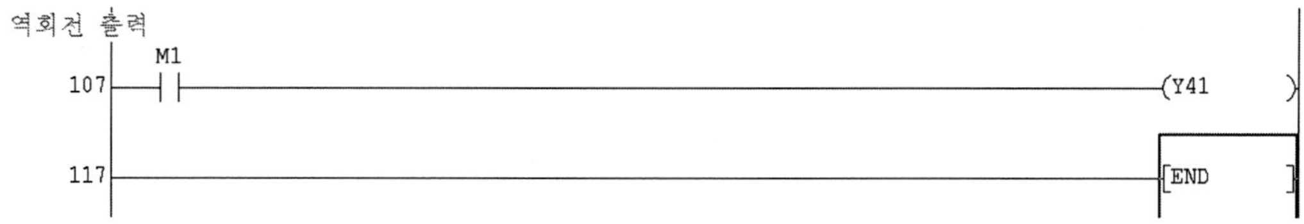

프로그램 1-2 인버터를 이용한 유도전동기 정역회전 제어

인버터에 연결된 유도전동기의 정역회전 제어 PLC프로그램은 [프로그램 1-1], [프로그램 1-2]처럼 작성할 수 있다.

두 개의 프로그램 모두 정회전 버튼과 역회전 버튼이 동시에 눌려졌을 때를 대비하여 유도전동기의 정역회전 출력이 동시에 나갈 수 없도록 내부 인터록(M0, M1의 b접점 사용)을 이용하였다.

위와 같은 프로그램을 작성한 후 PLC CPU에 프로그램을 전송한 후 정회전 버튼과 역회전 버튼을 조작했을 경우에 인버터에 연결된 유도전동기의 회전방향이 변경되면서 회전하는지 확인한다. 가변저항을 조정했을 때 유도전동기의 회전속도가 정지 상태에서 최고 회전속도로 회전하는지 확인한다.

1-6 실습과제 다단속도 제어 1

다단속도 제어는 인버터의 다기능 입력단자(RH, RM, RL)를 이용해 미리 설정된 속도로 인버터에 연결된 유도전동기의 회전속도를 제어한는 방법이다. 3개의 다기능 입력단자를 이용해 삼상 유도전동기의 정회전, 역회전의 회전방향 제어와 회전속도를 1단, 2단, 3단으로 설정하는 방법에 대해 실습해보자.

1. 다단속도 제어의 시스템 구성

[그림 1-38]의 조작패널과 입출력 조건을 가지고 주어진 동작조건을 만족하는 PLC프로그램을 작성해보자.

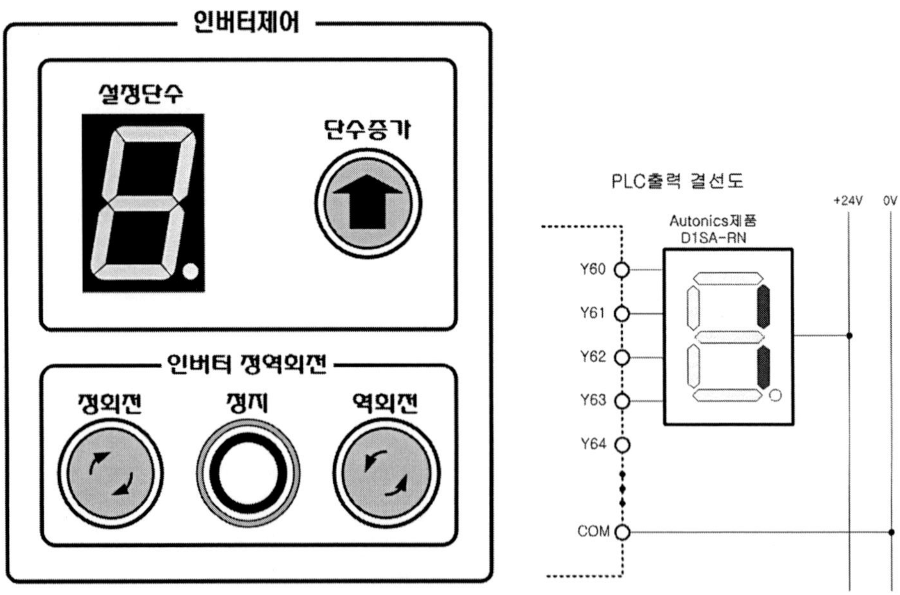

그림 1-38 다단속도 제어 조작패널

【입출력번호 할당】

표 1-13 PLC 입출력 할당표

입력번호	기능	입력번호	기능
X00	정회전	Y40	STF
X01	정지	Y41	STR
X02	역회전	Y42	RH
		Y43	RM
		Y44	RL
		Y63~Y60	단수표시 FND

【동작조건】

(1) 초기상태는 설정단수FND에는 "0"이 표시되어 있고, 인버터에 연결된 유도전동기도 정지된 상태이다.

(2) 초기상태에서 정회전 또는 역회전 버튼을 누르면 설정단수 FND에 "1"이 표시되고 눌러진 정역회전 버튼에 따라 유도전동기는 정회전 또는 역회전을 한다. 이 때 유도전동기의 회전속도는 "10.00Hz"로 동작한다.

(3) 유도전동기가 회전하고 있는 상태에서 단수증가 버튼을 누르면 설정단수 FND의 표시가 1 → 2 → 3 → 1 …순으로 변경되면서 인버터에 연결된 유도전동기의 회전속도도 아래의 도표와 같은 속도로 변경되어 회전한다. 인버터 Pr4, 5, 6에 설정된 값이 아래의 도표의 운전주파수로 설정되었는지 확인한다.

설정 단수	운전 주파수	주파수설정 신호	정역회전 신호	설정 파라미터 번호
1단	10.00Hz	RL	STF 또는 STR	Pr. 4
2단	30.00Hz	RM	STF 또는 STR	Pr. 5
3단	60.00Hz	RH	STF 또는 STR	Pr. 6

(4) 정지버튼을 누르면 설정단수 FND의 표시가 "0" 이 되고 인버터에 연결된 유도전동기는 회전을 정지한다.

【PLC프로그램】

프로그램명 : 인버터 다단속도제어1
작 성 자 : 경 완 보
작 성 일 : 2011. 12. 3

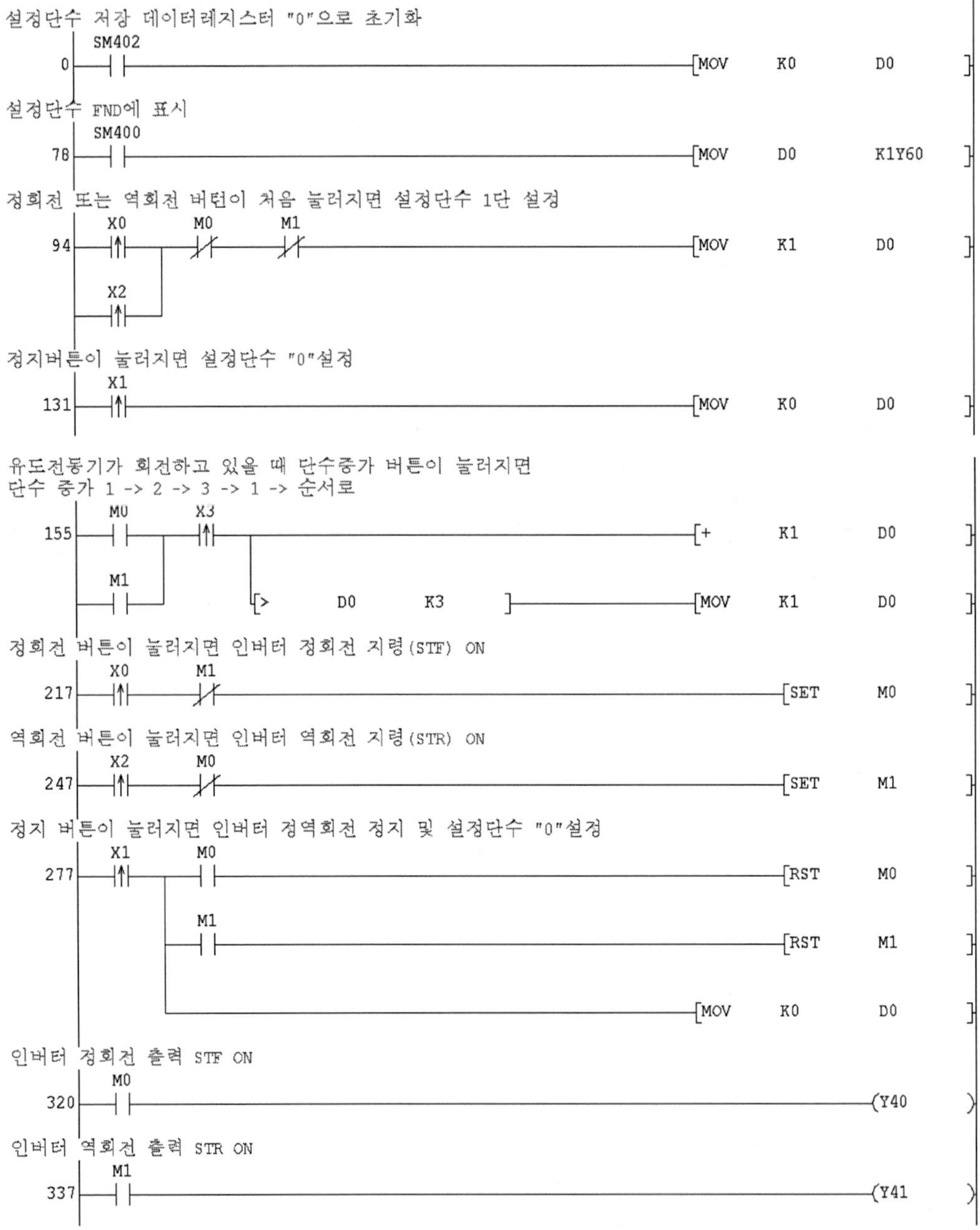

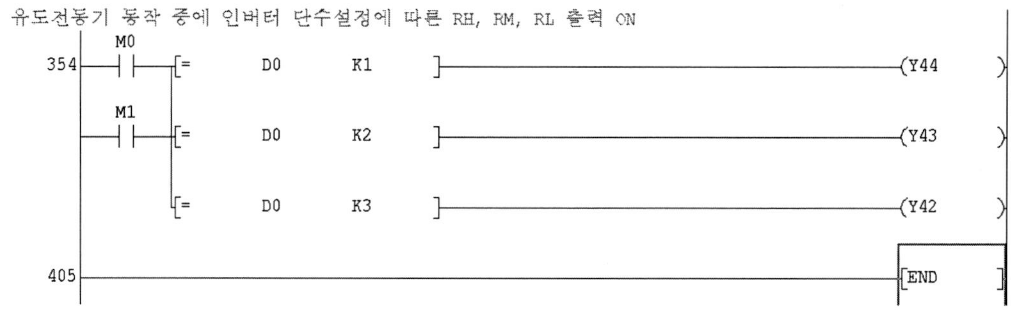

프로그램 1-3 인버터의 다단속도 제어 기능을 이용한 유도전동기 속도제어

[프로그램 1-3]은 인버터의 다단속도 제어 기능을 이용한 유도전동기 속도제어를 하는 PLC프로그램이다. 인버터의 다단속도 제어는 RH, RM, RL단자을 ON하면 사전에 설정된 운전주파수에 의해 유도전동기가 회전되는 동작을 의미한다.

프로그램 라인 94번은 인버터가 정지된 상태에서 정회전 또는 역회전 버튼이 눌러지면 다단속도의 설정단수를 "1"로 설정하는 부분이다.

프로그램 라인 131번은 정지버튼이 눌러졌을 때 다단속도의 설정단수를 "0"으로 설정하는 부분이다.

프로그램 라인 155번은 정회전 또는 역회전 버튼이 눌러져서 유도전동기가 1단의 다단속도로 정회전 또는 역회전하고 있는 상태에서 단수증가 버튼이 눌러질 때 마다 2단 → 3단 → 1단 순서로 단수설정을 변경하는 부분이다.

프로그램 라인 217번은 정회전 버튼이 눌러졌을 때 인버터의 정회전 지령인 STF단자를 ON하는 부분이다.

프로그램 라인 247번은 역회전 버튼이 눌러졌을 때 인버터의 역회전 지령인 STR단자를 ON하는 부분이다.

프로그램 라인 277번은 정지버튼이 눌려졌을 때, 정회전 역회전을 판별해서 해당 운전을 정지하게 하고 또한 단수 설정을 "0"으로 설정하는 부분이다.

프로그램 라인 354번은 유도전동기가 정회전 또는 역회전의 동작 중에 단수 설정 값을 비교해서 해당 단수에 맞는 속도로 운전될 수 있게 RH, RM, RL단자를 ON으로 설정하는 부분이다.

1-7 실습과제 다단속도 제어 2

무더운 여름을 시원하게 보내기 위해서 가정집에 한두 대 정도의 선풍기가 있다. 이번 과제에서는 한 여름을 시원하게 보낼 선풍기를 인버터를 이용해 만들어보자. 인버터는 유도전동기의 속도를 조절하기 위한 전력제어기기이다. PLC와 인버터, 유도전동기를 조합해 최신형 선풍기의 동작을 구현해보자.

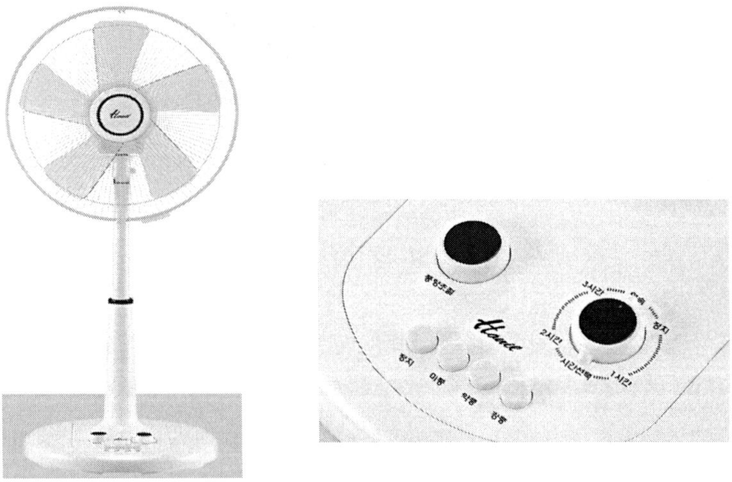

그림 1-39 선풍기 외형

[그림 1-40]은 선풍기의 기능을 설정하기 위한 조작패널의 모습을 나타낸 것이다. 시간 설정을 위한 증가와 감소 버튼 및 바람세기를 설정하는 4개의 푸시버튼을 가지고 있다.

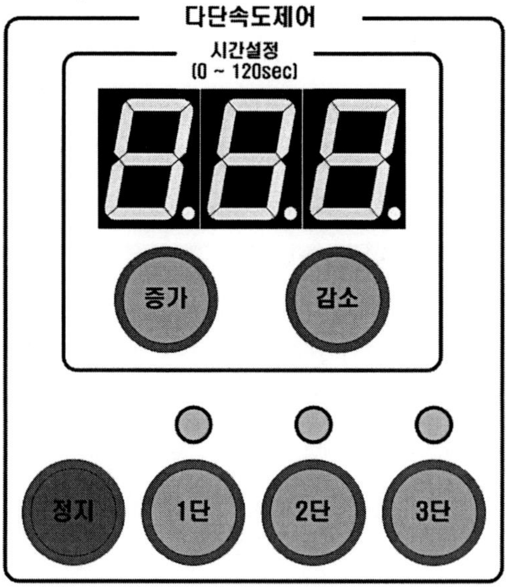

그림 1-40 선풍기 조작패널

【입출력번호 할당】

표 1-14 PLC 입출력 할당표

입력번호	기능	입력번호	기능
X00	정지	Y40	STF
X01	1단	Y41	STR
X02	2단	Y42	RH
X03	3단	Y43	RM
X04	증가	Y44	RL
X05	감소		
		Y50	1단 설정 램프
		Y51	2단 설정 램프
		Y52	3단 설정 램프
		Y6B ~ Y60	시간설정 FND

【동작조건】

(1) PLC의 전원이 ON되면 FND모듈에는 "000"이 표시되어 있다.

(2) 증가와 감소 버튼을 눌러서 시간을 설정할 수 있고, 설정가능한 시간은 0~120초 이다. 증가와 감소버튼을 1.5초 이상 누르고 있으면 0.1초 간격으로 시간이 자동으로 증가 또는 감소하게 한다.

(3) 시간설정이 "000"이면 선택된 단수(1단, 2단, 3단)에 의해 정지버튼이 눌러질 때까지 모터는 회전한다. 단 시간설정이 "001~120"이 설정되어 있을 때에는 정해진 시간 동안 모터는 회전하고 자동으로 정지한다. 타이머에 설정된 동작시간이 남았음에도 불구하고 정지버튼을 누르면 모터의 회전은 즉시 정지하고 타이머의 설정시간은 자동으로 "000"이 된다.

(4) 시간설정에 의해 모터가 회전할 때에는 타이머의 남은 시간을 표시하기 위해 처음에 설정된 시간에서 1초 간격으로 시간이 감소되어지는 것을 FND에 표시해야 한다. 예를 들면 타이머의 설정시간이 "010(10초)"인 상태에서 2단 버튼을 누르면 모터는 즉시 2단의 속도로 회전하고 타이머의 시간은 1초 간격으로 "010 → 009 → 008 → …… → 002 → 001 → 000"으로 표시되고 타이머가 "000"이 될 때, 모터는 회전을 정지한다.

(5) 1단 버튼을 누르면 모터는 10Hz의 속도로 회전한다. 이 때, 1단으로 동작하고 있다는 것을 나타내기 위해 1단 버튼위에 위치한 램프는 점등한다.

(6) 2단 버튼을 누르면 모터는 30Hz의 속도로 회전한다. 이 때, 2단으로 동작하고 있다는 것을 나타내기 위해 2단 버튼위에 위치한 램프는 점등한다.

(7) 3단 버튼을 누르면 모터는 60Hz의 속도로 회전한다. 이 때, 3단으로 동작하고 있다는 것을 나타내기 위해 3단 버튼위에 위치한 램프는 점등한다.

(8) 정지 버튼을 누르면 모터는 정지한다.

(9) 모터는 시계 회전방향(CW)으로만 회전한다.

(10) 해당 주파수의 속도까지 도달하는데 걸리는 가감속 시간은 각각 0.5초로 설정한다.

【PLC프로그램】

```
프로그램명 : 인버터를 이용한 다단속도 제어2
작 성 자 : 경 완 보
작 성 일 : 2011. 12. 3

시간설정과 다단속도 설정값 저장을 위한 데이터레지스터 초기화
D0 : 타이머 설정 시간 저장
D1 : 다단속도 설정값 저장
      SM402
  0 ──┤ ├──┬──────────────────────────────[MOV   K0    D0   ]
           └──────────────────────────────[MOV   K0    D1   ]

타이머 설정시간 FND에 표시
      SM400
125 ──┤ ├─────────────────────────────────[BCD   D0    K3Y60 ]

타이머 설정시간 증가 버튼이 눌러지면 시간값 증가
      X4                   Y40
145 ──┤↑├──────────┬───────┤/├──[<   D0   K120 ]──[+   K1    D0   ]
      T1    SM410  │
    ──┤ ├───┤↑├────┘
      X4                                                   K15
183 ──┤ ├─────────────────────────────────────────────(T1      )

타이머 설정시간 감소 버튼이 눌러지면 시간값 감소
      X5                   Y40
188 ──┤↑├──────────┬───────┤/├──[>   D0   K0   ]──[-   K1    D0   ]
      T2    SM410  │
    ──┤ ├───┤↑├────┘
      X5                                                   K15
226 ──┤ ├─────────────────────────────────────────────(T2      )

1, 2, 3단 스위치가 눌러졌을 때 타이머 시간의 설정 확인
만약 타이머 시간이 설정되었으면 타이머에 의한 정지
      X1
231 ──┤↑├──┬──[>   D0   K0   ]──────────────────[SET   M10   ]
      X2   │
    ──┤↑├──┤
      X3   │
    ──┤↑├──┘

타이머 시간 설정이 되었다면 타이머를 작동
타이머 설정시간을 1초 간격으로 감소해서 0이 되면 정지
      M10     SM412
296 ──┤ ├──┬───┤↑├────────────────────────────[-     K1    D0   ]
           └──[<=  D0   K0   ]────────────────[RST   M10   ]

정지버튼에 의한 정지 및 타이머 작동에 의한 정지
정지버튼에 의해 정지되었을 때 타이머 설정시간 "0"
      X0
359 ──┤↑├──┬──────────────────────────────────[MOV   K0    D0   ]
           │
```

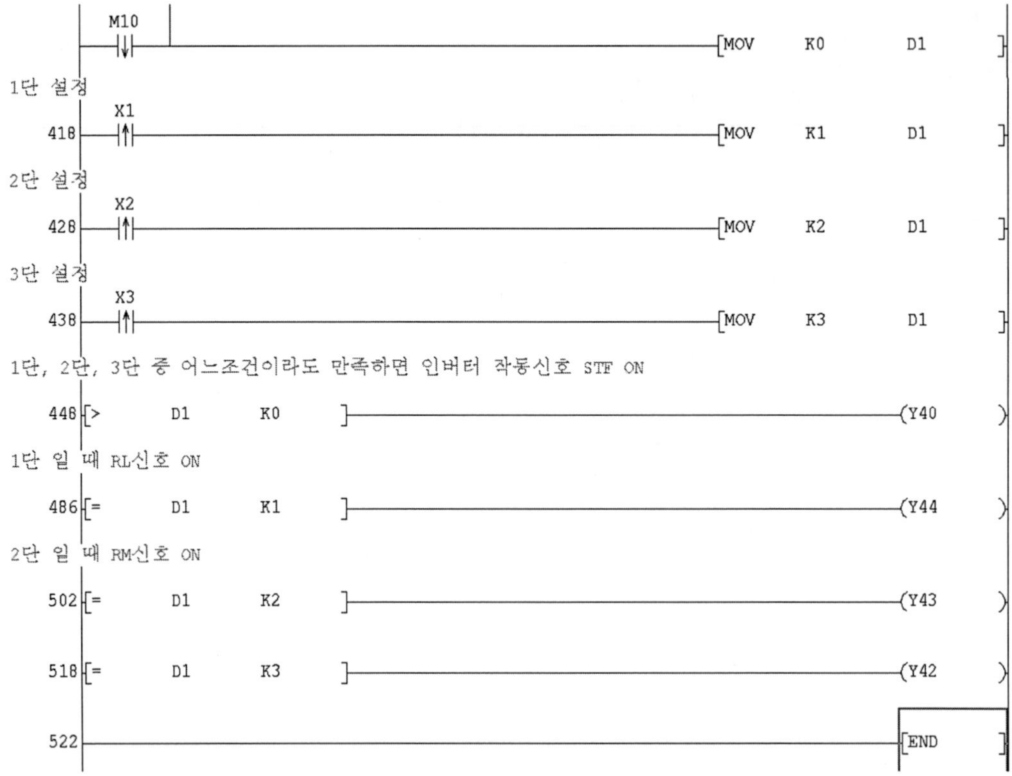

프로그램 1-4 인버터의 다단속도 제어 기능을 이용한 유도전동기 속도제어

[프로그램 1-4]는 인버터의 다단속도 기능을 이용해 선풍기 동작을 구현한 PLC프로그램이다. 이 프로그램의 작성에서 주의할 점은 정지 버튼에 의한 정지 동작과 타이머 동작에 의한 정지 동작을 잘 구분해야 한다는 것이다.

프로그램 라인 231번이 타이머에 시간이 설정되어 있으면 타이머 작동을 통해 정지동작을 하기 위한 부분이다. 1단, 2단, 3단 버튼 중에서 단수에 관계없이 버튼이 눌러지면 타이머에 설정시간이 "0"보다 크다면 타이머 작동 시간이 설정되어 있기 때문에 타이머 작동을 위한 M10비트를 ON한다.

프로그램 라인 296번은 타이머의 시간을 감소시켜 타이머 설정 시간이 "0"이 되었을 때, 타이머의 작동을 정지하는 부분이다.

프로그램 라인 359번은 정지 버튼에 의한 정지와 타이머 작동에 의해 M0비트가 "0"이 되는 순간을 검색해서 인버터의 작동을 정지하는 부분이다. 정지 동작은 단수 설정을 "0", 타이머 시간 설정을 "0"으로 하면 된다.

1-8 실습과제 다단속도 제어 3

이번에는 다단속도 제어 기능을 15단계로 구분해 인버터에 연결된 유도전동기의 회전 속도를 제어해보자. 인버터의 입력단자는 다기능 입력단자라고 한다. 즉 한 개의 입력에 여러 가지 기능을 부여해 놓고 파라미터 설정을 통해서 해당 입력단자의 기능을 선택 하도록 하는 것을 다기능 입력단자라고 한다. 인버터는 여러 장소에 다양한 형태로 사용되기 때문에 여러 기능 수행을 위한 입력단자를 필요로 하는데 사용 장소와 조건에 따라 입력 조건이 달라지기 때문에 사용자가 입력단자의 기능을 선택하도록 하는 것이 효율적이기 때문이다. 이러한 다기능 입력단자는 인버터뿐만 아니라 서보앰프 등에도 사용하는 기능이다. [그림 1-8]의 인버터 결선도에서의 입력단자 중 MRS로 명명된 입력단자를 다단속도 제어를 위한 REX 기능을 부여한다.

표 1-15 입력단자의 기능 할당을 위한 파라미터

종류	파라미터	명 칭	설정 범위	최소 설정 단위	초기치
입력단자 기능 할당	178	STF단자 기능 선택	0~5, 7, 8, 10, 12, 14~16, 18, 24, 25, 60, 62, 65~67, 9999	1	60
	179	STR단자 기능 선택	0~5, 7, 8, 10, 12, 14~16, 18, 24, 25, 61, 62, 65~67, 9999	1	61
	180	RL단자 기능 선택	0~5, 7, 8, 10, 12, 14~16, 18, 24, 25, 62, 65~67, 9999	1	0
	181	RM단자 기능 선택		1	1
	182	RH단자 기능 선택		1	2
	183	MRS단자 기능 선택		1	24
	184	RES단자 기능 선택		1	62

[표 1-15]는 인버터 입력단자의 기능을 할당하기 위한 파라미터 번호와 초기 설정치를 나타낸 것이다. 인버터의 입력단자 7개의 기능이 항상 고정되어 있는 것이 아니고 해당

입력 파라미터의 설정값에 의해 입력 기능이 부여되고 있음을 알 수 있다.

표에서 초기 설정치는 현재 부여된 명칭을 가진 입력 기능을 의미한다. 즉 STF입력 기능은 해당 입력 파라미터 Pr.178의 설정치를 "60"으로 설정했기 때문에 STF입력 기능으로 동작한다는 의미이다. [표 1-15]에 입력단자의 기능할당을 위한 기능별 설정값을 나타내었다. 이러한 기능은 미쓰비시의 인버터만 있는 것이 아니고 산업현장에 사용되는 인버터 대부분이 이러한 기능을 가지고 있고, 최근에 시판되는 디지털 기술을 적용한 드라이브(인버터, 서보앰프 등)에는 다기능 입력 기능을 가지고 있다. 인버터의 MRS입력 단자의 기능을 REX입력으로 변경하기 위해서는 파라미터 183번에 "8"을 설정하면 된다. 파라미터의 변경 방법은 이미 앞에서 설명하였다. 앞에서 설명한 내용을 참조하여 15단의 다단속도 제어를 위해 MRS입력 단자의 기능을 REX입력으로 기능을 변경하라.

표 1-16 인버터 입력단자 기능할당을 위한 기능별 설정값

<table>
<tr><th>Pr.178~
Pr.184
설정치</th><th>신호명</th><th colspan="2">내 용</th></tr>
<tr><td rowspan="3">0</td><td rowspan="3">RL</td><td>Pr.59=0(초기치)</td><td>저속 운전 지령</td></tr>
<tr><td>Pr.59=1, 2 ※1</td><td>원격 설정(설정 클리어)</td></tr>
<tr><td>Pr.270=1 ※2</td><td>멈춤 선택0</td></tr>
<tr><td rowspan="2">1</td><td rowspan="2">RM</td><td>Pr.59=0(초기치)</td><td>중속 운전 지령</td></tr>
<tr><td>Pr.59=1, 2 ※1</td><td>원격 설정(감속)</td></tr>
<tr><td rowspan="2">2</td><td rowspan="2">RH</td><td>Pr.59=0(초기치)</td><td>고속 운전 지령</td></tr>
<tr><td>Pr.59=1, 2 ※1</td><td>원격 설정(가속)</td></tr>
<tr><td rowspan="2">3</td><td rowspan="2">RT</td><td colspan="2">제2 기능 선택</td></tr>
<tr><td>Pr.270=1 ※2</td><td>멈춤 선택1</td></tr>
<tr><td>4</td><td>AU</td><td colspan="2">단자4 입력 선택</td></tr>
<tr><td>5</td><td>JOG</td><td colspan="2">JOG운전 선택</td></tr>
<tr><td>7</td><td>OH</td><td colspan="2">외부 서멀 입력 ※3</td></tr>
<tr><td>8</td><td>REX</td><td colspan="2">15속 선택(RL, RM, RH의 3속과 조합)</td></tr>
<tr><td>10</td><td>X10</td><td colspan="2">인버터 운전허가 신호(FR-HC/FR-CV접속)</td></tr>
<tr><td>12</td><td>X12</td><td colspan="2">PU운전 외부 인터록</td></tr>
<tr><td>14</td><td>X14</td><td colspan="2">PID제어 유효 단자</td></tr>
<tr><td>15</td><td>BRI</td><td colspan="2">브레이크 개방 완료 신호</td></tr>
<tr><td>16</td><td>X16</td><td colspan="2">PU-외부 운전 절환</td></tr>
<tr><td>18</td><td>X18</td><td colspan="2">V/F절환(X18-ON으로 V/F제어)</td></tr>
<tr><td>24</td><td>MRS</td><td colspan="2">출력 정지</td></tr>
<tr><td>25</td><td>STOP</td><td colspan="2">시동 자기유지 선택</td></tr>
<tr><td>60</td><td>STF</td><td colspan="2">정회전 지령(STF 단자(Pr.178)만 할당 가능)</td></tr>
<tr><td>61</td><td>STR</td><td colspan="2">역회전 지령(STR 단자(Pr.179)만 할당 가능)</td></tr>
<tr><td>62</td><td>RES</td><td colspan="2">인버터 리셋</td></tr>
<tr><td>65</td><td>X65</td><td colspan="2">PU-NET 운전 절환</td></tr>
<tr><td>66</td><td>X66</td><td colspan="2">외부-NET 운전 절환</td></tr>
<tr><td>67</td><td>X67</td><td colspan="2">지령권 절환</td></tr>
<tr><td>9999</td><td>---</td><td colspan="2">기능 없음</td></tr>
</table>

MRS입력기능을 REX기능으로 변경했다면 [그림 1-41]에 나타낸 것처럼 1~15단으로 속도 변경이 가능하다.

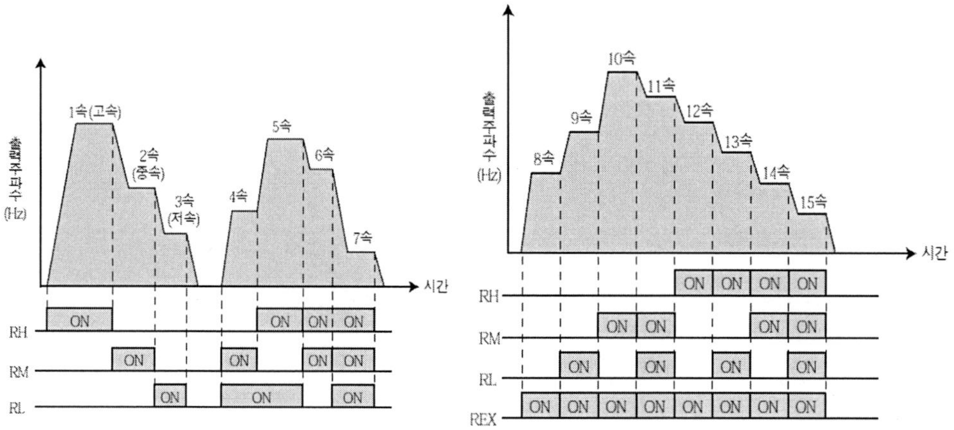

그림 1-41 다단속 입력조건

표 1-17 1~15단 다단속 설정을 위한 입력 단자의 ON/OFF 상태

설정단수	REX	RL	RM	RH	STF
1	0	0	0	1	1
2	0	0	1	0	1
3	0	1	0	0	1
4	0	1	1	0	1
5	0	1	0	1	1
6	0	0	1	1	1
7	0	1	1	1	1
8	1	0	0	0	1
9	1	1	0	0	1
10	1	0	1	0	1
11	1	1	1	0	1
12	1	0	0	1	1
13	1	1	0	1	1
14	1	0	1	1	1
15	1	1	1	1	1

표 1-18 다단속 설정을 위한 단수별 설정 속도

기능	파라미터 번호	명칭	설정범위	최소설정 단위	설정치
다단속 설정	4	다단속설정(1속)	0~400Hz	0.01Hz	5Hz
	5	다단속설정(2속)	0~400Hz	0.01Hz	10Hz
	6	다단속설정(3속)	0~400Hz	0.01Hz	15Hz
	24	다단속설정(4속)	0~400Hz	0.01Hz	20Hz
	25	다단속설정(5속)	0~400Hz	0.01Hz	25Hz
	26	다단속설정(6속)	0~400Hz	0.01Hz	30Hz
	27	다단속설정(7속)	0~400Hz	0.01Hz	40Hz
	232	다단속설정(8속)	0~400Hz	0.01Hz	50Hz
	233	다단속설정(9속)	0~400Hz	0.01Hz	60Hz
	234	다단속설정(10속)	0~400Hz	0.01Hz	70Hz
	235	다단속설정(11속)	0~400Hz	0.01Hz	80Hz
	236	다단속설정(12속)	0~400Hz	0.01Hz	90Hz
	237	다단속설정(13속)	0~400Hz	0.01Hz	100Hz
	238	다단속설정(14속)	0~400Hz	0.01Hz	110Hz
	239	다단속설정(15속)	0~400Hz	0.01Hz	120Hz

[표 1-17]은 다단속 속도 선택을 위한 입력 신호의 ON/OFF상태를 나타낸 것이고 [표 1-18]은 다단속 설정에 따른 유도전동기의 회전속도를 설정하는 파라미터를 나타낸 것이다. [표 1-18]에서 제시한 파라미터에 해당 유도전동기를 회전속도를 결정하는 주파수를 설정한다.

다기능 입력단자의 기능 변경과 함께 다단속도 운전을 위한 속도설정을 마쳤으면 이제는 다단속도 운전을 위한 PLC프로그램을 작성해보자.

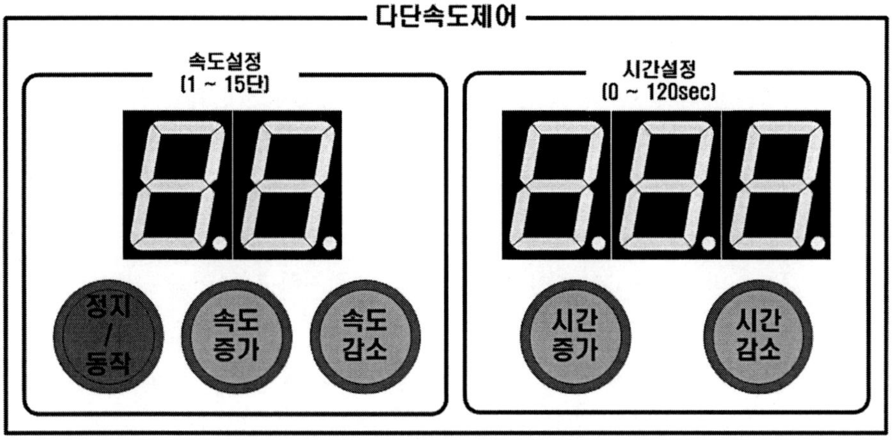

그림 1-42 다단속도제어를 위한 조작패널

【입출력번호 할당】

표 1-19 PLC 입출력 할당표

입력번호	기능	입력번호	기능
X00	정지/동작	Y40	STF
X01	속도증가	Y41	STR
X02	속도감소	Y42	RH
X03	시간증가	Y43	RM
X04	시간감소	Y44	RL
		Y45	REX(MRS단자)
		Y6B ~ Y60	시간설정 FND
		Y77 ~ Y70	속도설정 FND

【동작조건】

(1) PLC의 전원이 ON되면 속도설정 및 시간설정 FND모듈에는 "00"과 "000"이 표시되어야 한다.

(2) 속도증가와 속도감소 버튼을 눌러서 다단속도를 설정할 수 있고, 시간증가와 시간감소 버튼을 눌러서 시간을 설정할 수 있다. 설정 가능한 다단속도는 1~15, 시간은 0~

120초이다. 시간설정의 증가와 감소버튼을 1.5초 이상 누르고 있으면 0.1초 간격으로 시간이 자동으로 증가 또는 감소해야 한다.

(3) "정지/동작" 버튼을 누를 때마다 인버터는 동작 및 정지를 반복한다. 즉 인버터 정지 상태에서 정지/동작 버튼을 누르면 인버터는 1단의 속도로 동작하고 1단의 속도로 동작 중인 상태를 나타내기 위해 다단속도 표시 FND에 "01"을 표시한다. 인버터 동작 중에 속도증가 및 감소 버튼에 의해 모터의 회전속도가 조절되어야 한다. 인버터 동작 중 정지/동작 버튼을 누르면 인버터는 동작을 정지하고 다단속도 표시 FND 및 시간설정 FND에 "0"이 표시된다.

(4) 시간설정이 "000"이면 선택된 단수(1~15단)에 의해 정지버튼이 눌러질 때까지 모터는 회전한다. 단 시간설정이 "001~120"이 설정되어 있을 때에는 정해진 시간동안 인버터는 동작하고 자동으로 정지한다. 타이머에 설정된 동작시간이 남았음에도 불구하고 정지버튼을 누르면 모터의 회전은 즉시 정지하고 타이머의 설정시간은 자동으로 "000"이 된다.

(5) 시간설정에 의해 모터가 회전할 때에는 타이머의 남은 시간을 표시하기 위해 처음에 설정된 시간에서 1초 간격으로 시간이 감소되어지는 것을 FND에 표시해야 한다. 예를 들면 타이머의 실정시간이 "010"인 상태에서 정지/동작 버튼을 누르면 모터는 설정된 회전속도로 회전하고 타이머의 시간은 1초 간격으로 "010 → 009 → 008 → …… → 002 → 001 → 000"으로 표시되고 타이머가 "000"이 될 때, 모터는 회전을 정지한다.

【PLC 프로그램】

프로그램명 : 인버터를 이용한 다단속도제어 3
작 성 자 : 정 완 보
작 성 일 : 2011. 12. 4

시간설정 데이터레지스터 및 인덱스 레지스터 초기화

인덱스 레지스터를 이용한 인버터 다단속도을 위한 출력데이터 등록
D10은 인버터 정지상태의 출력 조건
D11 ~ D15까지는 1 ~ 15단까지의 인버터 다단속도 출력데이터

```
     SM402
 91 ─┤ ├─────────────────────────────[MOV   K0    D10  ]
         ├───────────────────────────[MOV   H3    D11  ]
         ├───────────────────────────[MOV   H5    D12  ]
         ├───────────────────────────[MOV   H9    D13  ]
         ├───────────────────────────[MOV   H0D   D14  ]
         ├───────────────────────────[MOV   H0B   D15  ]
         ├───────────────────────────[MOV   H7    D16  ]
         ├───────────────────────────[MOV   H0F   D17  ]
         ├───────────────────────────[MOV   H11   D18  ]
         ├───────────────────────────[MOV   H19   D19  ]
         ├───────────────────────────[MOV   H15   D20  ]
         ├───────────────────────────[MOV   H1D   D21  ]
         ├───────────────────────────[MOV   H13   D22  ]
         ├───────────────────────────[MOV   H1B   D23  ]
         ├───────────────────────────[MOV   H17   D24  ]
         └───────────────────────────[MOV   H1F   D25  ]
단수설정 및 시간설정 FND에 표시
     SM400
208 ─┤ ├─────────────────────────────[BCD   Z0    K2Y70 ]
         └───────────────────────────[BCD   D0    K3Y60 ]
시작/정지 버튼을 누를 때 마다 M1출력 ON/OFF 반복 동작
M1 = 1 이면 인버터 동작 , M1 = 0 이면 인버터 정지
     X0
233 ─┤↑├────────────────────────────────────[FF    M1   ]
M1이 ON되는 순간 인버터 다단속도 1단으로 설정
     M1
292 ─┤↑├─────────────────────────────[MOV   K1    Z0   ]
```

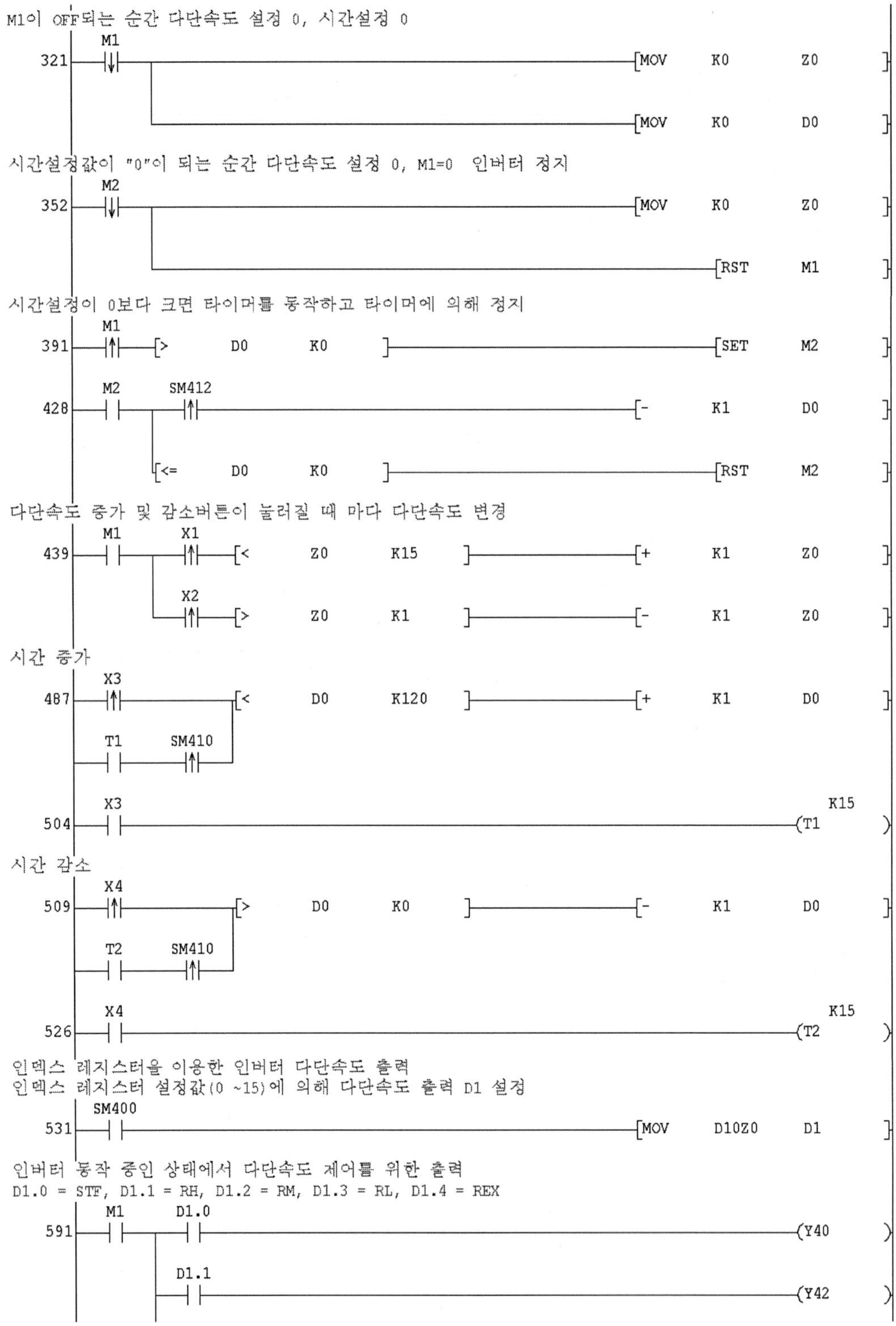
M1이 OFF되는 순간 다단속도 설정 0, 시간설정 0
321 M1 [MOV K0 Z0] [MOV K0 D0]
시간설정값이 "0"이 되는 순간 다단속도 설정 0, M1=0 인버터 정지
352 M2 [MOV K0 Z0] [RST M1]
시간설정이 0보다 크면 타이머를 동작하고 타이머에 의해 정지
391 M1 [> D0 K0] [SET M2]
428 M2 SM412 [- K1 D0] [<= D0 K0] [RST M2]
다단속도 증가 및 감소버튼이 눌러질 때 마다 다단속도 변경
439 M1 X1 [< Z0 K15] [+ K1 Z0] X2 [> Z0 K1] [- K1 Z0]
시간 증가
487 X3 T1 SM410 [< D0 K120] [+ K1 D0]
504 X3 K15 (T1)
시간 감소
509 X4 T2 SM410 [> D0 K0] [- K1 D0]
526 X4 K15 (T2)
인덱스 레지스터를 이용한 인버터 다단속도 출력
인덱스 레지스터 설정값(0 ~15)에 의해 다단속도 출력 D1 설정
531 SM400 [MOV D10Z0 D1]
인버터 동작 중인 상태에서 다단속도 제어를 위한 출력
D1.0 = STF, D1.1 = RH, D1.2 = RM, D1.3 = RL, D1.4 = REX
591 M1 D1.0 (Y40) D1.1 (Y42)

프로그램 1-5 인버터의 다단속도 제어 기능을 이용한 유도전동기 속도제어

[프로그램 1-5]는 인버터의 다단속도 제어 기능을 확대해 1단~15단까지 속도를 설정할 수 있는 PLC프로그램이다. 다단속도를 설정하는 부분을 기존에 작성한 프로그램과는 달리 인버터의 다단속도 제어를 위한 출력형태를 PLC의 데이터레지스터에 사전에 등록한 후 인덱스 레지스터를 이용해 해당 단수에 맞는 출력을 하도록 프로그램을 구성하였다. 인덱스레지스터에 대해 좀 더 자세히 알고 싶은 분들은 이 교재의 시리즈 중의 하나인 "PLC IN/OUT 프로그래밍"의 책자를 참고하기 바란다.

프로그램 라인 91번은 인덱스 레지스터를 이용해 인버터의 다단속도 제어에 필요한 출력패턴을 데이터 레지스터에 등록하는 부분이다. 출력패턴은 [표 1-17]을 16진수로 표기한 것이다.

프로그램 라인 208번은 인버터의 단수 설정 값과 시간설정 값을 FND에 표시하는 부분이다.

프로그램 라인 233~321번은 인버터가 정지 상태에서 시작/정지 버튼이 눌러지면 인덱스 레지스터 값을 1로 설정해 인버터를 동작하게 하고, 인버터 동작 중에 시작/정지 버튼이 눌러지면 인버터의 동작을 정지하게 하는 부분이다.

프로그램 라인 352번은 시간설정이 되었을 때, 타이머가 작동해 타이머 작동이 완료될 때, 인버터를 정지하는 부분이다.

프로그램 라인 391번은 인버터가 정지 상태에서 동작할 때 시간설정 값이 0보다 크면 타이머 작동에 의해 인버터를 정지하기 위한 부분이다.

프로그램 라인 439번은 인버터 동작 상태(1단으로 동작 중)에서 단수 증가 및 감소 버튼을 누를 때 마다 단수가 증가 또는 감소하기 위한 부분이다.

프로그램 라인 531번은 인덱스 레지스터의 값이 변경되는 즉시 인버터의 다단속도를 증가하거나 또는 감소하기 위해 출력 패턴을 D1에 복사하는 부분이다. 인덱스 레지스터의 설정값이 0이면 인버터의 다단속도 제어를 위한 모든 출력상태는 OFF상태가 된다.

프로그램 라인 591번은 인버터 다단속도 제어를 위한 출력패턴을 가지고 있는 D1의 값을 실제 출력이 될 수 있게 하는 부분이다. 인버터가 동작 중일 때에 한해서만 다단속도 제어 출력이 나가도록 M1을 인터록으로 사용하였다.

멜섹Q PLC에서는 데이터레지스터의 값을 비트별로 구분할 수 있는 기능을 가지고 있는데 그 기능을 이용해서 D1에 설정된 값을 비트별로 구분해서 출력으로 나갈 수 있도록 프로그램을 구성하였다.

[프로그램 1-5]에서 살펴본 것처럼 인덱스 레지스터와 같은 기능을 이용하면 복잡한 동작을 간단하게 구현할 수 있다. PLC프로그램에서 단 1개의 정답은 존재하지 않기 때문에 여러 개의 정답 PLC프로그램이 존재할 수 있다. 여러 개의 PLC프로그램 중에 이해하기 쉽고 프로그램 구성이 가능한 간단한 것이 좋은 프로그램이라고 생각하면 된다. 그래서 가능하면 PLC프로그램을 작성할 때 주어진 동작 조건을 만족하면서도 가능한 간단하고 쉽게 프로그램 작성하는 방법을 익혀야 한다. 그러기 위해서는 PLC프로그램에서 사용하는 다양한 명령어의 자세한 사용법에 대해 알고 있어야 하고 PLC프로그램을 작성할 때 가능하면 PLC명령어 책자를 항상 참고하기 바란다.

1-9 실습과제 다단속도 제어 4

이번 과제에서는 [실습과제 1-8]에서 구현했던 선풍기의 기능에 자연풍/수면풍 기능을 추가해서 선풍기의 기능을 고급화해보자. [그림 1-43]은 시중에 시판되는 고급형 선풍기의 모습과 리모컨의 모습을 나타낸 것이다.

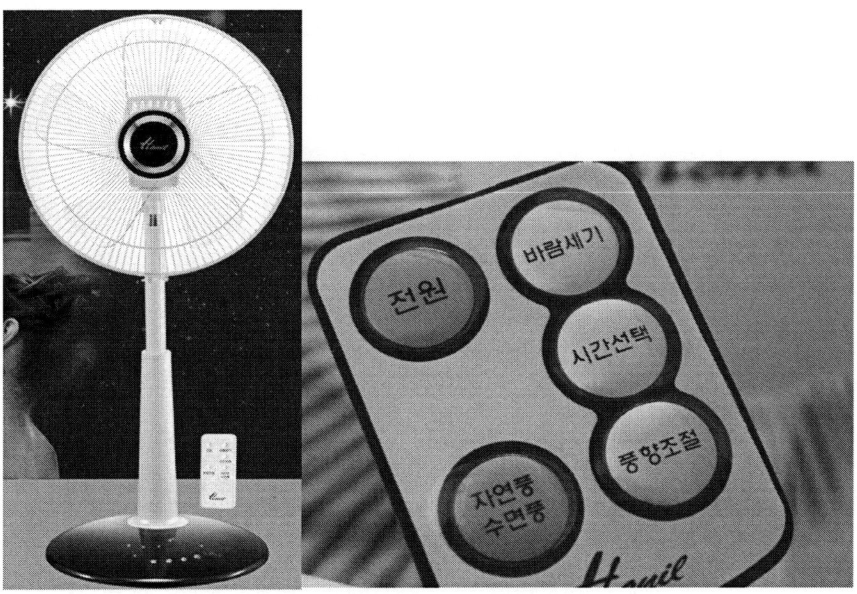

그림 1-43 선풍기의 외형 및 선풍기 리모컨

자연풍/수면풍 버튼을 조작하면 바람세기 버튼에 의해 선택된 바람의 세기가 아니라 풍향속도를 일정시간 간격으로 변경해 자연바람과 비슷한 바람을 제공하는 기능이다.

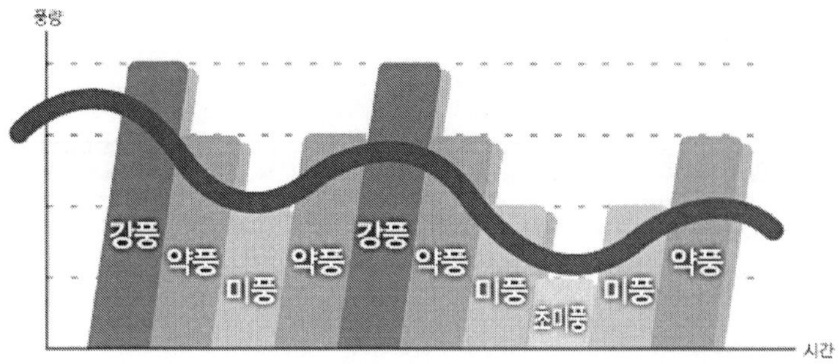

그림 1-44 자연풍/수면풍 기능일 때 선풍기 동작 패턴

자연풍은 [그림 1-44]에 나타낸 것과 같이 강풍/약풍/미풍이 반복되어 나와 자연의 바람처럼 느낄 수 있게 하는 동작모드이다. 수면풍은 수면 중에 선풍기를 계속 사용하면 호흡에 문제가 생길 수 있다. 수면풍이 선택되면 미풍, 초미풍, 꺼짐이 주기에 따라 작동한다.

1) 조작패널

그림 1-45

【입출력번호 할당】

표 1-20 PLC 입출력 번지 할당표

입력번호	기능	출력번호	기능
X00	전원	Y40	STF
X01	바람세기	Y41	STR
X02	시간선택	Y42	RH
X03	자연풍/수면풍	Y43	RM
X04		Y44	RL
X05		Y45	REX(MRS단자)
		Y63 ~ Y60	바람세기
X06		Y6B ~ Y64	시간설정
X07		Y6F ~ Y6C	전원표시

【동작조건】

(1) 선풍기는 반드시 전원이 ON된 상태에서만 동작할 수 있다. 전원의 ON/OFF상태를 나타내기 위해 첫 번째 FND에 0과 1로서 전원의 ON/OFF상태를 나타낸다. PLC의 전원이 OFF → ON이 되면 FND에는 "0000"이 표시되어 있고 선풍기는 정지된 상태에 있다. 이 상태에서 전원 스위치를 누르면 전원이 ON상태가 되고 이때 전원표시 FND에는 "1001"이 표시되고 선풍기는 1단의 속도로 회전한다. 이 상태에서 선풍기 동작을 위한 버튼을 조작하면 선풍기가 동작한다. 전원이 ON상태에서 다시 전원 버튼을 누르면 전원표시 FND에는 "0"이 표시되면서 선풍기의 모든 동작은 정지하고, FND에는 "0000"이 표시된다.

(2) 전원이 ON상태에서 바람세기 버튼을 누를 때마다 선풍기의 풍향속도는 "정지 → 미풍(1단) → 약풍(2단) → 강풍(3단) → 정지 → 미풍(1단) → …" 순으로 선택된다. 풍향속도를 나타내기 위해 네 번째 FND에 0, 1, 2, 3을 표시해서 바람세기의 상태를 나타낸다. 총 4단계의 속도를 선풍기의 풍향속도를 변경해야 하기 때문에 인버터의 다단속도 제어 기능에서 아래의 도표에 주어진 주파수를 인버터에 설정한 후 선풍기의 풍향속도를 설정할 수 있도록 한다.

단수	정지	초미풍	미풍	약풍	강풍
설정주파수	0Hz	10Hz	20Hz	60Hz	120Hz

기능	파라미터 번호	명칭	설정범위	최소설정 단위	설정치	비고
다단속	4	다단속설정(1속)	0~400Hz	0.01Hz	20Hz	미풍
	5	다단속설정(2속)	0~400Hz	0.01Hz	60Hz	약풍
	6	다단속설정(3속)	0~400Hz	0.01Hz	120Hz	강풍
	24	다단속설정(4속)	0~400Hz	0.01Hz	10Hz	초미풍

(3) 전원이 ON상태에서 시간선택 버튼을 누르면 설정된 시간만큼 선풍기가 동작을 하고 정지한다. 시간 설정이 "00"인 상태에서는 전원버튼에 의해 선풍기 동작의 시작과 정지가 결정된다. 시간선택은 선풍기 전원이 ON상태에서 선풍기 동작 중에 또는 선풍기 정지 중에 설정할 수 있고, 시간선택 버튼을 누르면 시간은 0 → 30 → 60 → 90 → 0 → 30 → …순으로 변경된다. 시간 설정이 되면 선풍기는 설정된 시간만큼 동작하고 자동으로 정지한다. 시간 설정이 된 상태에서 선풍기가 동작을 하면 동작시간을 표시하기 위해 설정된 동작시간에서 1초 단위로 시간이 감소하는 것을 표시한다. 동작 중에 선풍기의 전원이 OFF되면 설정된 시간은 자동으로 "00"이 된다. 설정시간의 단위는 초(sec)이다.

(4) 자연풍/수면풍 버튼을 누르면 일반모드 → 자연풍모드 → 수면풍모드 → 일반모드 순서로 모드가 변경된다. 선풍기의 동작모드를 나타내기 위해 일반모드에서는 바람세기가 1, 2, 3이 표시되고, 자연풍모드에서는 7이 표시되고 수면풍모드에서는 9가 표시된다. 일반모드에서 작동 중에 모드가 변경되었다가 다시 일반모드로 돌아오면 풍향속도는 이전의 설정과 관계없이 1단으로 동작한다.

(5) 자연풍 모드가 선택되면 강풍(10초) → 약풍(10초) → 미풍(10초) → 약풍(10초) → 강풍(10초) → 약풍(10초) → … 순으로 동작한다.

(6) 수면풍 모드가 선택되면 미풍(10초) → 초미풍(10초) → 꺼짐(5초) → 미풍(10초) → 초미풍(10초) → 꺼짐(5초) → 미풍(10초) → … 순으로 동작한다. 초미풍은 5Hz로 동작한다.

(7) 자연풍 및 수면풍 모드는 선풍기의 동작시간이 설정되어 있으면 동작시간 만큼만 동작하고 정지하고, 만약 시간설정이 되어 있지 않으면 선풍기의 전원이 OFF될 때까지 동작한다.

【PLC프로그램】

```
프로그램명 : 인버터를 이용한 다단속도제어 4
작 성 자 : 정 완 보
작 성 일 : 2011. 12. 9

데이터 레지스터 초기화
전원표시, 시간설정, 바람세기 표시 데이터레지스터 초기화
        SM402
     0 ──┤ ├──┬──────────────────────[MOV   K0    D0    ]
              ├──────────────────────[MOV   K0    D1    ]
              └──────────────────────[MOV   K0    D2    ]

전원표시, 시간설정, 바람세기 데이터 FND표시
        SM400
   105 ──┤ ├──┬──────────────────────[BCD   D0    K1Y6C ]
              ├──────────────────────[BCD   D1    K2Y64 ]
              └──────────────────────[BCD   D2    K1Y60 ]

전원 버튼이 눌러지면 전원 ON
전원이 ON될 때, 전원표시 "1", 바람세기 "1"로 설정
        X0
   139 ──┤↑├──┬──────────────────────[FF          M1    ]
              ├──────────────────────[MOV   K1    D0    ]
              └──────────────────────[MOV   K1    D2    ]

전원 버튼이 눌러져 전원이 OFF될 때
모든 동작 정지를 위한 데이터레지스터 초기화
        M1
   190 ──┤↓├──┬──────────────────────[MOV   K0    D0    ]
              ├──────────────────────[MOV   K0    D1    ]
              └──────────────────────[MOV   K0    D2    ]

전원 ON상태에서 바람세기 버튼이 눌러질 때 마다 풍향속도 변경
미풍 -> 약풍 -> 강풍 -> 미풍 순으로 풍향속도 변경
        X1       M1
   241 ──┤↑├─────┤ ├──┬──────────────[+     K1    D2    ]
                      └[>  D2  K3 ]──[MOV   K1    D2    ]

자연풍/수면풍 모드 버튼이 눌러질 때 마다 동작 모드 변경
일반풍 -> 자연풍 -> 수면풍 -> 일반풍 순서로 모드 변경
```

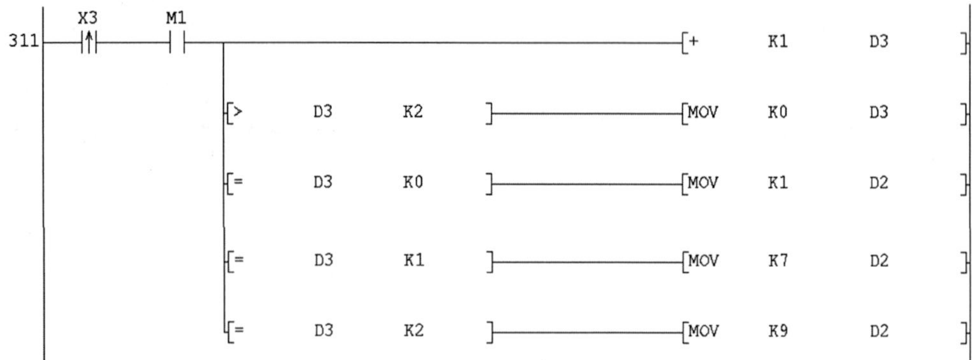

전원 ON상태에서 시간설정 버튼이 눌러질 때 마다 시간 증가
시간설정 버튼이 눌러질 때 마다 30, 60, 90단위로 시간 설정

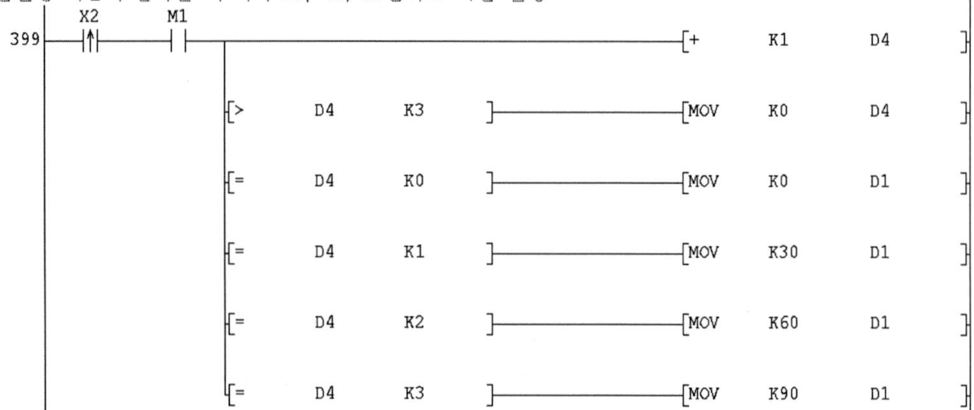

전원 ON상태에서 시간설정이 "0"보다 크면 타이머 작동
타이머 작동 중에 시간설정이 "0"이 되면 전원 버튼에 의한 정지

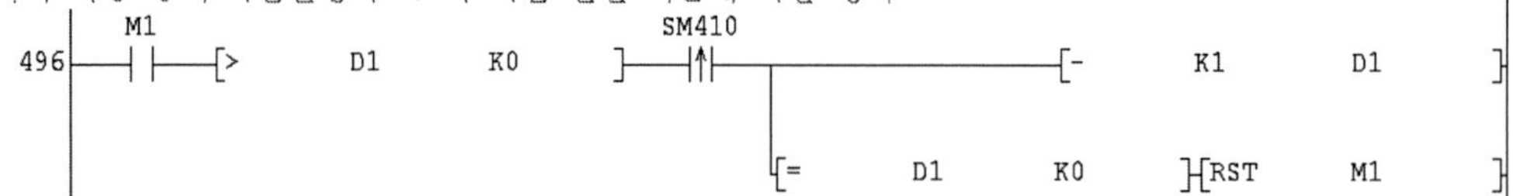

전원 ON상태에서 바람세기에 설정에 따른 인버터 다단속도 선택

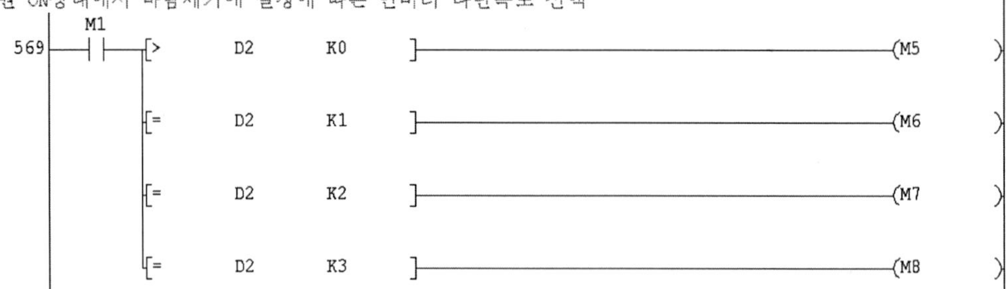

자연풍 모드 선택

자연풍 모드에서 10초 간격으로 풍향속도 변경
10초 간격으로 D11의 값을 1씩 증가

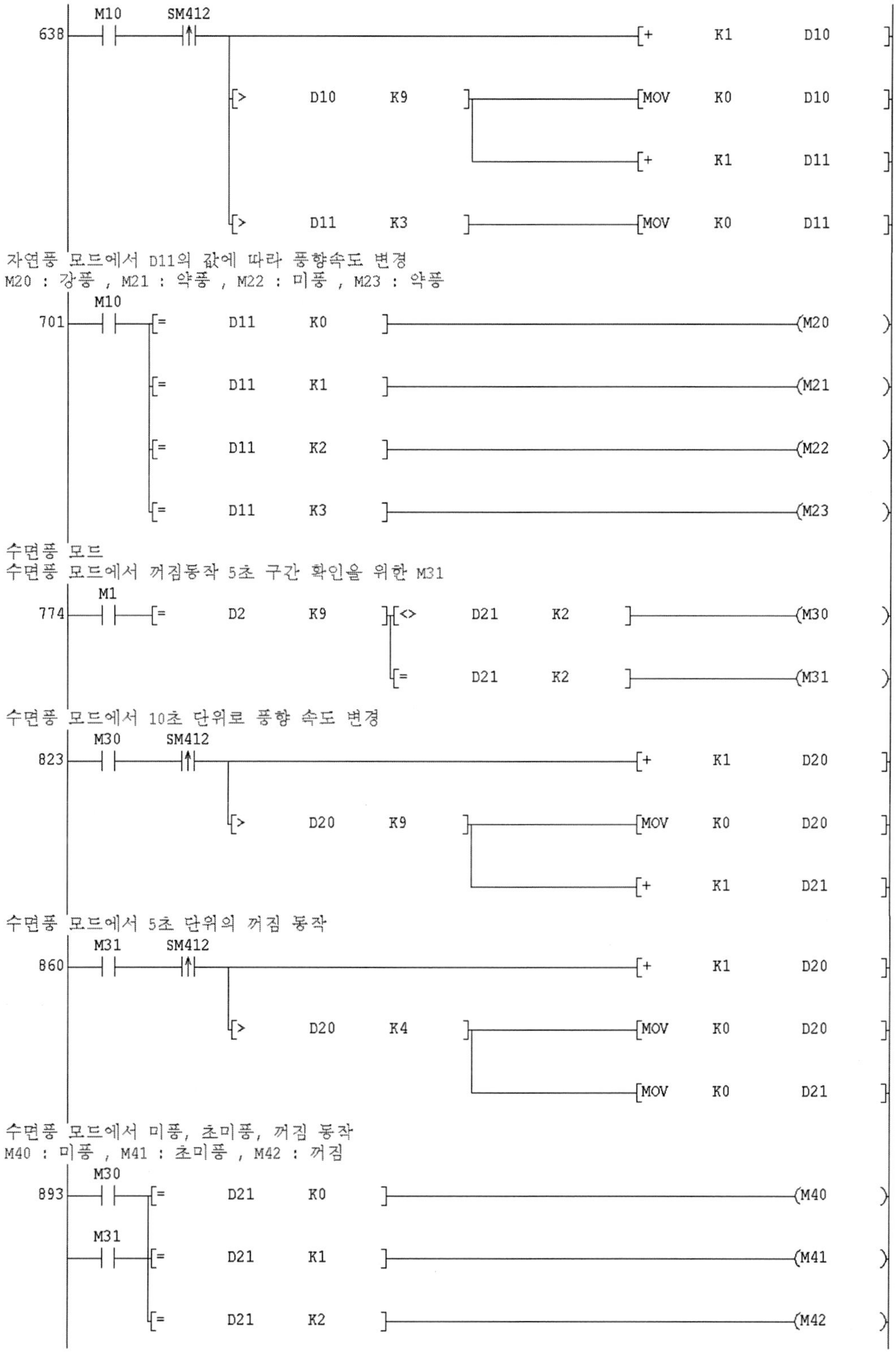
638 M10 SM412 [+ K1 D10]
[> D10 K9] [MOV K0 D10]
[+ K1 D11]
[> D11 K3] [MOV K0 D11]
자연풍 모드에서 D11의 값에 따라 풍향속도 변경
M20 : 강풍 , M21 : 약풍 , M22 : 미풍 , M23 : 약풍
701 M10 [= D11 K0] (M20)
[= D11 K1] (M21)
[= D11 K2] (M22)
[= D11 K3] (M23)
수면풍 모드
수면풍 모드에서 꺼짐동작 5초 구간 확인을 위한 M31
774 M1 [= D2 K9] [<> D21 K2] (M30)
[= D21 K2] (M31)
수면풍 모드에서 10초 단위로 풍향 속도 변경
823 M30 SM412 [+ K1 D20]
[> D20 K9] [MOV K0 D20]
[+ K1 D21]
수면풍 모드에서 5초 단위의 꺼짐 동작
860 M31 SM412 [+ K1 D20]
[> D20 K4] [MOV K0 D20]
[MOV K0 D21]
수면풍 모드에서 미풍, 초미풍, 꺼짐 동작
M40 : 미풍 , M41 : 초미풍 , M42 : 꺼짐
893 M30 [= D21 K0] (M40)
M31 [= D21 K1] (M41)
[= D21 K2] (M42)

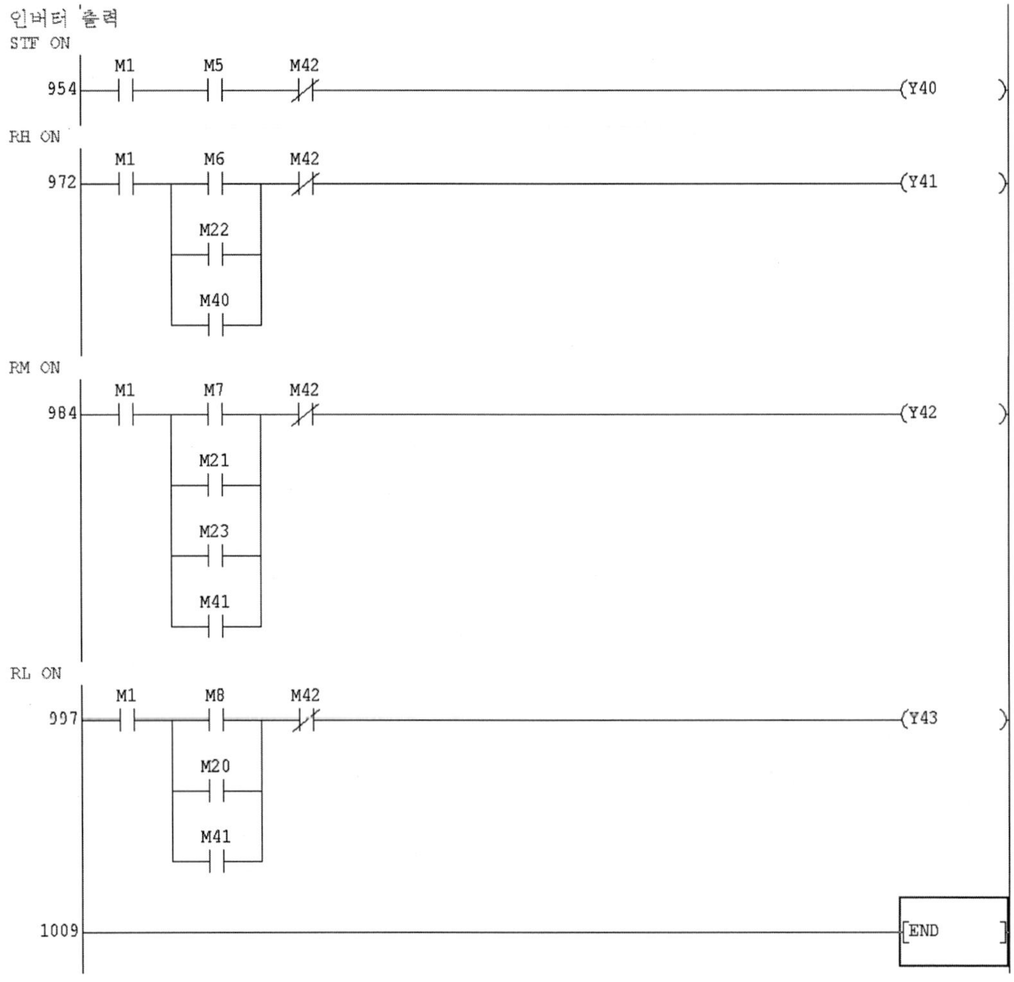

프로그램 1-6 인버터의 다단속도 제어 기능을 이용한 유도전동기 속도제어

[프로그램 1-6]은 인버터의 다단속도 제어 기능을 이용해 일상생활에 사용하는 선풍기의 동작을 구현한 PLC프로그램이다.

프로그램 라인 139번은 전원 버튼이 눌러지면 전원을 ON하고 미풍 동작으로 선풍기를 구동하기 위해 M1을 ON하고 D0와D1을 "1"로 설정한다.

프로그램 라인 190번은 전원 버튼이 눌러져 전원이 OFF되는 순간 선풍기의 모든 동작을 정지하기 위해 D0, D1, D2를 "0"으로 설정하는 부분이다.

프로그램 라인 241번은 전원 ON상태에서 바람세기 버튼이 눌러질 때마다 미풍 → 약풍 → 강풍 순으로 풍향속도를 변경하는 부분이다. 즉 D2의 설정값을 1~3까지 변경해서 D2의 설정값을 가지고 풍향속도를 판별한다.

프로그램 라인 311번은 전원 ON상태에서 자연풍/수면풍 버튼이 눌러질 때마다 D3을 설정값을 1씩 증가시켜 일반풍 → 자연풍 → 수면풍 모드로 변경하는 부분이다. D3의 설정값을 변경해서 해당 모드에 맞는 설정값을 D2에 설정한다.

프로그램 라인 399번은 전원 ON상태에서 시간설정 버튼이 눌러질 때마다 설정시간을 설정하는 부분이다. D4의 설정값을 1씩 증가시켜 D4의 값에 따라 시간 설정값을 D1에 설정하는 부분이다.

프로그램 라인 496번은 선풍기 동작 중에 시간설정이 되면 설정된 시간만큼 동작한 후 선풍기의 동작을 중지하기 위한 부분이다.

프로그램 라인 569번은 전원 ON상태에서 D2에 설정된 선풍기의 풍향속도 설정값에 따라 미풍, 약풍, 강풍을 선택하는 부분이다.

프로그램 라인 622번은 자연풍 모드의 선택을 나타내는 부분이다. 자연풍 모드에서는 10초 간격으로 선풍기의 풍향속도를 변경하도록 되어 있기 때문에 프로그램 라인 638번을 살펴보면 자연풍 모드에서는 1초 클럭(SM412)를 이용해 10초씩 동작모드를 변경하기 위한 D11의 값을 1씩 증가시킨다.

프로그램 라인 701은 D11의 설정값에 따라 자연풍 모드일 때 선풍기의 풍향속도를 결정하는 부분이다.

프로그램 라인 774번은 수면풍 모드의 선택을 나타내는 부분이다. 수면풍 모드에서는 5초간의 정지 상태가 있기 때문에 수면풍 모드를 기억하는 D21의 값이 2일 때 정지상태로 설정해 타이머의 설정시간을 별도로 계측하도록 프로그램을 구성하였다.

프로그램 라인 893번은 수면풍 모드에서 미풍, 초미풍, 정지 상태를 결정하기 위해 D21의 설정값을 판단해서 모드를 결정하는 부분이다.

프로그램 라인 954번은 앞에서 설정한 각각의 동작모드 설정에 따라 최종적으로 PLC의 출력을 통해 인버터의 다단속도 설정을 결정하는 부분이다.

초보자에게는 쉽지 않은 과제이지만 잘 살펴보면 각각의 동작 모드를 잘 구분해서 프로그램을 작성하면 된다. [프로그램 1-6]에서와 같이 하나의 시스템에 여러 개의 동작모드가 있는 경우에는 동작모드를 숫자로 설정하고 비교연산을 통해서 동작모를 구분하는 방법을 사용하면 PLC프로그램 작성이 좀 더 수월해진다. 1장을 마친 기분이 어떤가? 인버터를 이용해 다양한 예제를 풀어 보았다. 유도전동기의 단순한 정역회전에서 복잡한 선풍기 동작까지 구현해보면서 PLC프로그램 작성에 대해 자신감이 생겼는가? 자신감이 부족하다면 1장을 다시 공부해보기 바란다. 자신감이 생길 때 까지 반복 연습을 하다보면 언젠가는 자신감이 생기게 될 것이다. PLC프로그램을 잘 작성하기 위해서는 좋은 머리와 이해력도 필요하지만 인내력을 가지고 주어진 과제를 분석하고 프로그램을 반복해서 연습하는 것이 필요하다. 즉 프로그램은 머리가 뛰어난 사람보다는 엉덩이가 무거운 사람이 나중에는 훨씬 더 뛰어난 실력을 발휘하는 경우가 많다. 필자도 엉덩이가 무거운 사람에 속한다. 원하는 동작이 될 때 까지 끊임없이 프로그램을 수정하고 실행시켜 보는 것이 최고의 PLC프로그래머가 되는 지름길임을 잊지 않기를 바란다.

C/H/A/P/T/E/R 02

아날로그 제어(D/A)

CHAPTER 2

1 아날로그 인텔리전트 모듈

멜섹Q PLC에는 전압, 전류, 온도 등의 아날로그 입출력 신호를 취급하는 아날로그 인텔리전트 모듈의 종류를 [표 2-1]에 나타내었다.

표 2-1 아날로그계 인텔리전트 모듈의 종류

종류	모듈명	기능
아날로그 모듈	A/D변환모듈	외부에서 입력되는 전압, 전류 등의 아날로그 데이터를 디지털 데이터로 변환하는 모듈
	D/A변환모듈	CPU에 설정된 디지털 데이터를 전압, 전류 등의 아날로그 데이터로 변환하여 외부로 출력하는 모듈
	온도 조절 모듈	PLC에서 지령온도와 외부의 온도센서의 온도(아날로그 데이터)를 기준으로 조작량을 연산해 출력하여 외부기기의 온도가 지령온도가 되도록 하는 모듈
	온도 입력 모듈	외부의 온도센서의 아날로그 데이터(온도에 비례하는 전압, 전류)를 디지털 데이터(온도)로 변환하는 모듈

1-1 인버터의 구성

1-1-1 아날로그 량(Analog Quantity)

연속적인 물리량을 수치로 표현한 것을 아날로그 량이라 한다. 아날로그는 크기가 연속적으로 변하는 값으로 전압, 전류, 온도, 속도, 압력, 유량 등 일반적인 물리량이 이에 해당된다. 예를 들면 온도는 [그림 2-1]과 같이 시간과 함께 연속해서 변화한다.

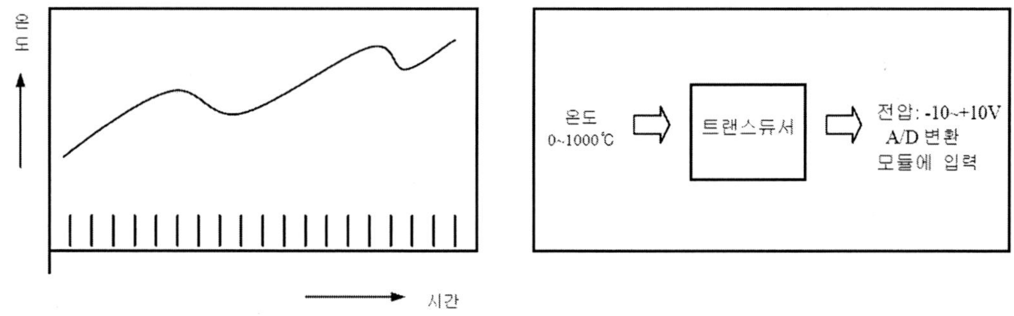

그림 2-1 아날로그 량

연속해서 변화하는 온도를 직접 아날로그 입력모듈에 입력할 수 없기 때문에 온도의 변화에 비례하는 전압 또는 전류로 변환하는 트랜스듀서를 사용해 아날로그 입력모듈에 입력한다. 아날로그 값을 디지털 값으로 변환하는데 [그림 2-2]와 같은 단계를 거친다. 아날로그 입력신호를 표본화(Sampling), 양자화(Quantizing), 부호화(Binary Encoding)을 거쳐 이진 디지털 신호(Binary Digital Signal)로 변환한다.

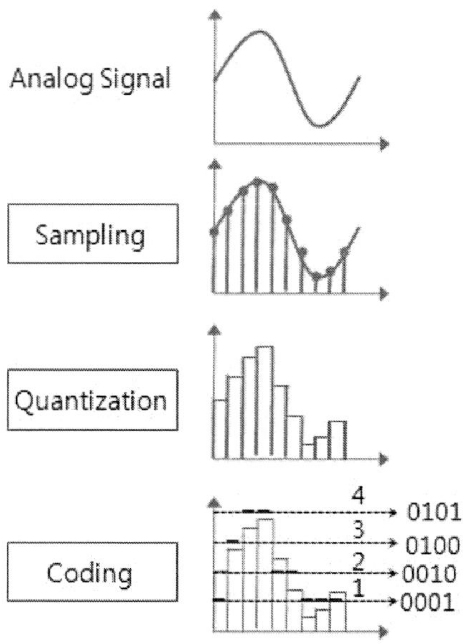

그림 2-2 A/D 변환 과정

1-1-2 디지털 량(Digital Quantity)

디지털은 아날로그의 반대되는 개념으로 0과 1만의 숫자를 가지고 표현한 데이터나 물리량의 표현을 디지털 량이라 한다. 디지털은 0과 1의 두 가지 숫자만을 가지고 모든 수를 표현하는 방법을 의미한다. 디지털 량은 [그림 2-3]과 같이 0과 1이 연속되는 하나의 스트링으로 구성된다. 디지털 량은 바이너리(2진수) 또는 BCD코드로 표현된다.

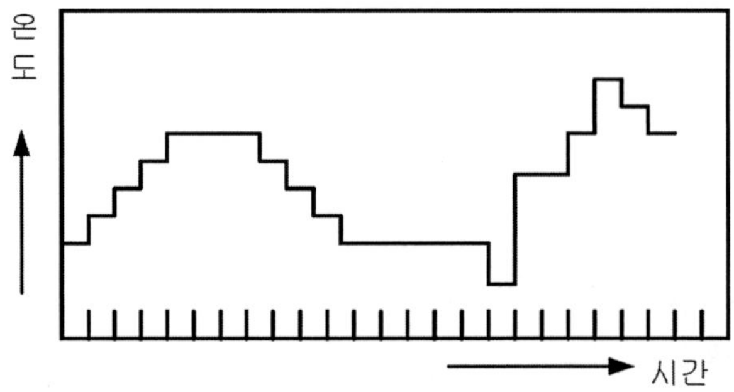

그림 2-3 디지털 량

1-1-3 A/D변환 모듈 및 D/A변환 모듈이 필요로 하는 이유

PLC는 0과 1로 구성된 디지털 값을 다루는 제어기기로 아날로그 값을 직접 입력할 수 없다. 따라서 트랜스듀서를 이용해 아날로그 값을 전압 또는 전류로 변환하고, 전압 또는 전류 값에 비례하는 디지털 값으로 변환하는 장치를 A/D변환 모듈이라 한다. D/A변환 모듈은 PLC가 출력하는 디지털 값에 비례하는 전압 또는 전류로 변환하는 장치이다. 밸브의 개폐시스템이나 모터의 속도를 제어하는 제어기기 대부분이 전압 또는 전류의 변화에 따라 작동하도록 설계되어 있다. 따라서 이러한 제어기기를 제어하기 위해 전압 또는 전류신호를 사용하는데 전압 또는 전류로 동작하는 제어기기를 제어하기 위해 필요한 모듈이 D/A변환 모듈이다.

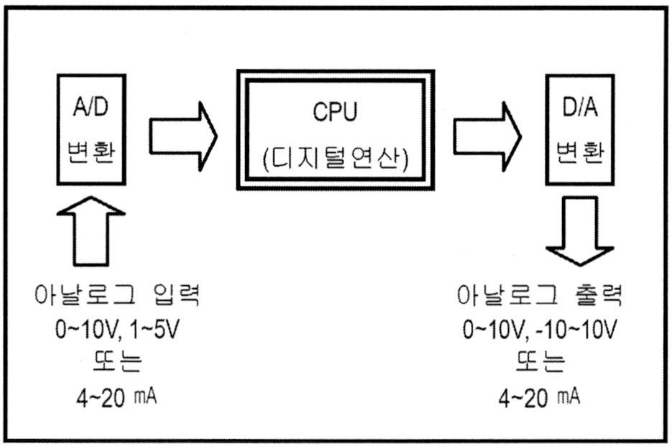

그림 2-4 A/D변환 모듈 및 D/A변환 모듈

1-2 A/D, D/A 변환 모듈의 분해능

A/D 및 D/A변환 모듈의 성능을 평가할 때, 분해능과 변환속도는 가장 기본적인 성능 지표이다. 변환속도는 주어진 아날로그 신호를 디지털 값으로 변환 또는 디지털 값을 아날로그 신호로 변환하는데 걸리는 시간을 의미하고, 분해능은 신호를 어느 정도 세밀하게 분해할 수 있는지는 나타내는 성능지표이다.

분해능은 비트수로 표현하며 2의 제곱으로 표시된다. 예를 들면 8비트의 A/D 및 D/A 변환기는 $\frac{1}{2^8} = \frac{1}{256}$단계로 신호를 분해할 수 있다. 예를 들면 8비트의 분해능을 가진 A/D변환 모듈에 입력 가능한 아날로그 전압이 0~5V이면, 5V의 입력 전압을 256단계로 구분하여 디지털 신호로 변환한다는 의미이다. 따라서 비트수가 클수록 좀 더 세분하게 아날로그 전압을 디지털 신호로 변환 가능하다는 의미이다. [표 2-2]는 A/D 및 D/A변환 모듈의 비트 수에 따른 분해능을 나타낸 것이다.

표 2-2 비트수에 따른 A/D, D/A변환 모듈의 분해능

비트수	4	6	8	10	12	14	16	18	20
분해능	$\frac{1}{16}$	$\frac{1}{64}$	$\frac{1}{256}$	$\frac{1}{1024}$	$\frac{1}{4096}$	$\frac{1}{16384}$	$\frac{1}{65536}$	$\frac{1}{262144}$	$\frac{1}{1048576}$

1-3 인텔리전트 모듈(A/D, D/A)의 동작원리

미쓰비시 PLC의 인텔리전트 모듈은 자체적으로 CPU를 가지고 있어 PLC CPU와 관계없이 독자적으로 작업을 수행할 수 있는 능력을 갖추고 있다. 하지만 인텔리전트 모듈이 동작하기 위해서는 반드시 PLC CPU의 허락을 받은 일에 대해서만 독자적으로 수행 가능하고 수행한 일의 결과에 대해서는 반드시 PLC CPU에 보고하도록 시스템이 구성되어 있다. 회사에서 근무하는 사원의 예를 가지고 인텔리전트 모듈의 동작원리를 살펴보자. 사원은 상사가 지시한 일을 하도록 되어 있다. 즉 상사가 사원에게 일을 지시하면 그 때부터 사원은 독자적으로 상사가 지시한 일을 처리한 후, 그 결과를 상사에게 보고한다. 이 때 상사는 사원이 정확하게 일을 할 수 있도록 사전에 일의 처리 방법 및 범위를 명확하게 지시해야 사원이 일을 신속하고 정확하게 처리할 수 있다. 또한 사원은 상사로부터 지시받은 업무에 대해서는 자신에게 부여된 권한의 범위 내에서는 상사의 도움 없이 독자적으로 일을 처리하게 된다. 그리고 처리된 결과는 반드시 상사에게 보고하도록 되어 있다. 인텔리전트 모듈은 사원에 해당되고, PLC CPU는 상사에 해당된다고 볼 수 있다. 즉 PLC CPU에서 인텔리전트 모듈이 처리해야 할 일의 범위를 명확하게 정의(스위치 설정 및 버퍼메모리 설정에 해당)한 후, 인텔리전트 모듈에게 일의 처리를 지시(PLC의 입출력신호에 해당)하게 되면, 인텔리전트 기능모듈은 PLC CPU가 처리한 일을 독자적으로 수행한 후, 결과를 보고(버퍼 메모리에 해당)하게 되는 순서로 동작한다.

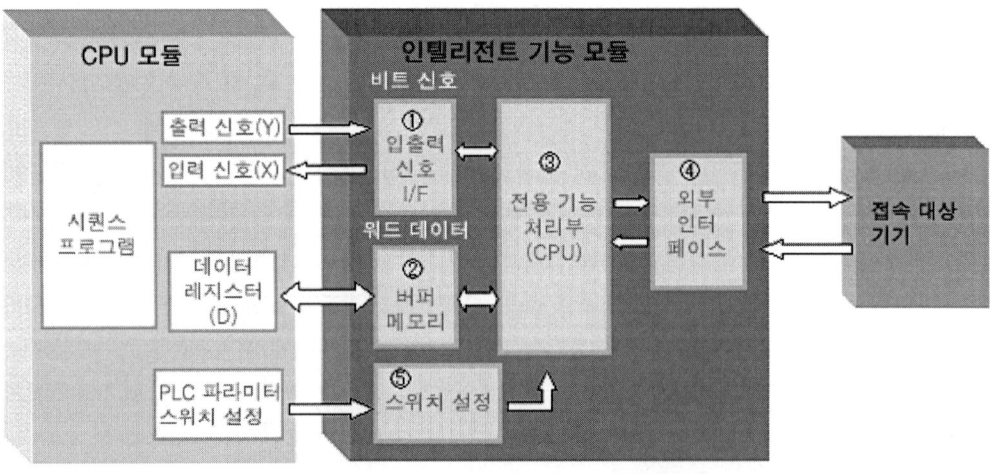

그림 2-5 인텔리전트 모듈의 내부 구성

[그림 2-5]는 인텔리전트 모듈의 동작원리와 함께 내부 구성을 나타낸 것으로 자세한 사항은 아래와 같다.

① 입출력 신호 I/F : PLC CPU와 인텔리전트 모듈 사이의 비트신호를 교환하는 인터페이스이다. 인텔리전트 모듈마다 점유 점수가 정해져 있고, 입출력번호는 PLC의 베이스 슬롯에 장착되는 위치에 의해 정해진다.
② 버퍼메모리 : PLC CPU와 인텔리전트 모듈 사이에 데이터(16비트 워드)를 교환하는 메모리이다. 인텔리전트 모듈마다 필요한 정보가 버퍼메모리 어드레스에 할당되어 있다.
③ 전용 기능 처리부(CPU) : 인텔리전트 모듈의 CPU 및 기능을 수행하는 위한 전용 회로를 의미한다.
④ 외부 인터페이스 : 인텔리전트 모듈과 외부 기기를 접속하기 위한 인터페이스이다.
⑤ 스위치 설정 : 인텔리전트 모듈의 동작조건을 설정하는 소프트웨어 스위치이다.

1-3-1 인텔리전트 기능 모듈을 사용하기 위한 PLC 명령어

인텔리전트 기능 모듈을 사용하기 위해서는 해당 인텔리전트 모듈의 버퍼메모리의 내용을 읽거나 쓰는 동작을 PLC CPU에서 실행해야 한다. PLC명령어에서 인텔리전트 기능 모듈의 버퍼메모리를 읽거나 쓰는 명령어를 살펴보자

1) FROM / TO 명령어

FROM/TO 명령어는 버퍼 메모리 액세스 명령어로서 인텔리전트 모듈의의 버퍼메모리에 데이터를 읽거나 쓰는 명령어이다.

(1) FROM 명령어

인텔리전트 모듈의 버퍼메모리 데이터를 1워드 또는 2워드 단위로 읽기위한 명령어로 FROM, DFRO, FROMP, DFROP가 있다. 명령어의 시작단어가 "D"인 경우는 2워드명령어, 명령어의 끝단어가 "P"인 경우는 1스캔 시간동안 실행되는 명령어다.

FROM 명령어를 살펴보면 4개의 설정데이터를 설정하도록 되어 있다. 첫 번째 설정데이터는 인텔리전트 모듈의 입출력 선두번지를 기재하도록 되어 있다. 미쓰비시 PLC에는 한 개의 베이스에 여러 개의 인텔리전트 모듈을 설치할 수 있다. 따라서 여러 개의 인텔리전트 모듈이 설치되었을 경우 어떤 인텔리전트 모듈을 사용할 것인지에 대한 위치 정보가 필요하게 된다. FROM 명령어의 첫 번째 설정데이터 "n1"은 사용하고자 하는 인텔리전트 모듈이 설치된 입출력 번지를 설정하면 된다. 따라서 본 실습에서의 D/A변환 모

듈의 입출력 번호 0090에서 하위 1자리를 제외한 009를 설정하면 된다. 이 때 009는 16진수로 표현한 입 · 출력 번지이므로 "H9"로 기재한다.

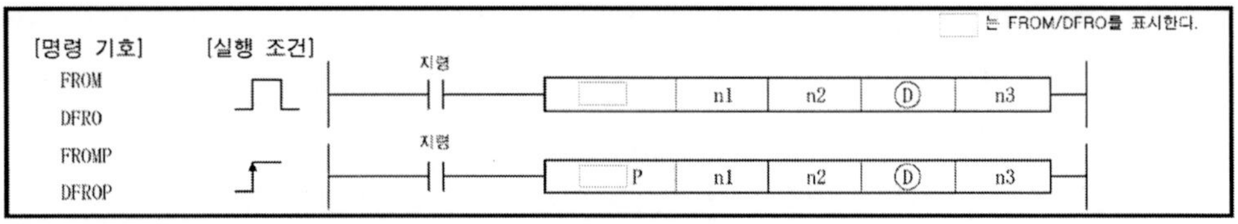

설정데이터	내용	데이터형
n1	인텔리전트 기능 모듈/특수기능 모듈의 선두 입출력번호	BIN 16비트
n2	읽을 데이터의 선두 어드레스	BIN 16/32비트
Ⓓ	읽은 데이터를 저장하는 디바이스 선두번호	BIN 16비트
n3	읽기 데이터 수 • FROM(P) : 1 ~ 6144 • DFROM(P) : 1 ~ 3272	

그림 2-6 FROM 명령어의 설정방법

두 번째의 설정 데이터 "n2"는 읽어야 할 데이터가 있는 인텔리전트 모듈의 버퍼메모리 선두 번지를 기재하는 항목이다. 따라서 이 항목에 기재해야 할 값은 인텔리전트 모듈에서 읽고자 하는 데이터가 들어있는 버퍼메모리 선두 번지를 기재한다.

세 번째의 설정 데이터 Ⓓ는 인텔리전트 모듈의 버퍼메모리에서 읽은 데이터를 저장하는 PLC메모리의 선두 번지를 기재 한다. 읽은 데이터는 PLC CPU의 메모리에 저장된다. 따라서 이 항목은 PLC CPU의 데이터 레지스터 D의 번지를 기재한다.

네 번째 항목의 설정 데이터 "n3"은 버퍼메모리에서 읽어 와야 할 데이터의 개수를 의미한다. 만약 1개의 16비트 버퍼메모리의 데이터를 읽을 때는 K1, 세 개의 16비트 버퍼메모리 데이터를 읽을 때는 K3을 기재한다. 읽어올 데이터의 개수만큼 PLC CPU의 데이터 레지스터의 개수도 필요하다.

(2) TO명령어

인텔리전트 모듈의 버퍼메모리에 1워드 또는 2워드 단위의 데이터를 쓰기위한 명령어로서 TO, DTO, TOP, DTOP가 있다. 명령어의 시작단어가 "D"인 경우는 2워드명령어, 명령어의 끝단어가 "P"인 경우는 1스캔 시간동안 실행되는 명령어다.

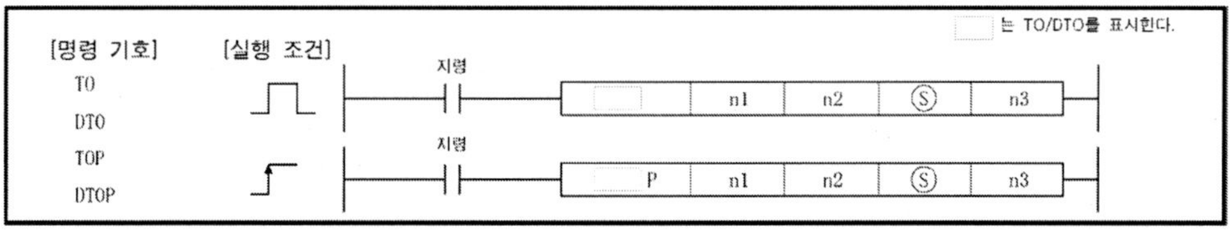

설정데이터	내용	데이터형
n1	인텔리전트 기능 모듈/특수기능 모듈의 선두 입출력번호	BIN 16비트
n2	쓰기 데이터의 선두 어드레스	BIN 16/32비트
Ⓓ	쓰기 데이터를 저장하는 디바이스 선두번호	BIN 16비트
n3	쓰기 데이터 수 • TO(P) : 1 ~ 6144 • DTO(P): 1 ~ 3272	

그림 2-7 TO명령어의 설정 방법

TO명령어를 살펴보면

"n1"은 인텔리전트 모듈의 선두 입출력 번지를 16진수 4자리로 표현하였을 때의 상위 3자리로 지정하도록 되어 있다. D/A모듈의 입출력번지를 16진수 4자리로 표현하면 "0090"이다. "0090"번지에서 상위 3자리를 지정하면 16진수 "009"가 되므로 n1에 기재할 값은 "H9"가 된다.

"n2"는 데이터를 쓰기 위한 버퍼메모리의 선두 어드레스를 기재하도록 되어있다.

"Ⓢ"는 쓰기 데이터를 저장하는 PLC CPU 메모리의 16비트 데이터 레지스터 D의 디바이스 선두번호를 기재한다.

"n3"은 쓰기 데이터의 수를 기재한다.

2) 인텔리전트 모듈 디바이스 명령어

인텔리전트 모듈 디바이스 명령어는 기존의 인텔리전트 모듈의 버퍼메모리를 읽고 쓰기 위한 명령어인 FROM, TO 명령어를 좀 더 간단하게 사용할 수 있도록 만들어진 명령어 이다. 인텔리전트 모듈 명령어를 사용하면 MOV명령어를 이용해 필요한 인텔리전트 모듈의 버퍼메모리의 데이터를 읽거나 쓸 수 있다. 버퍼메모리 지정방법은 [그림 2-8]과 같다.

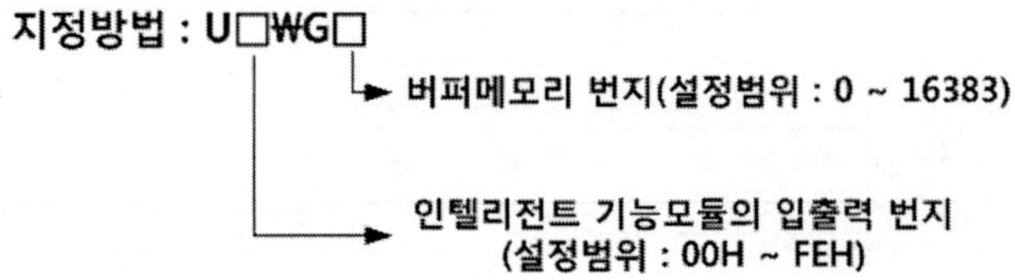

그림 2-8 인텔리전트 모듈의 버퍼메모리 설정방법

[그림 2-8]과 같이 인텔리전트 모듈 디바이스 명령어라는 의미로 U로 시작한다. U 다음에 오는 항목이 인텔리전트 모듈이 장착된 입출력 번지가 된다. 패스를 의미하는 \G 또는 ₩G 다음에 오는 항목이 버퍼메모리의 어드레스 번지가 된다. 사용방법은 다음과 같다.

그림 2-9 버퍼메모리에 쓰기

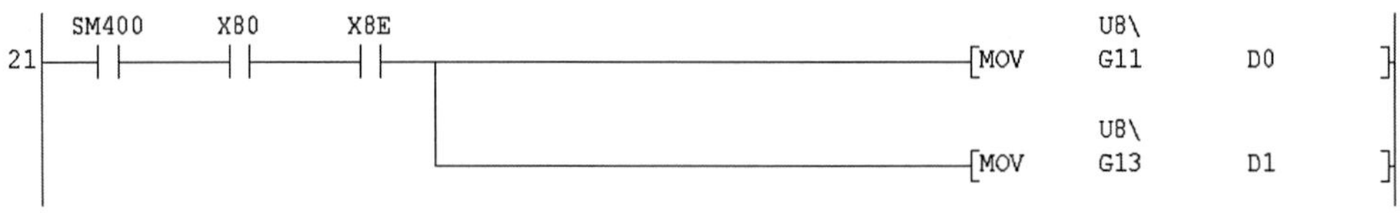

그림 2-10 버퍼메모리 읽기

[그림 2-9], [그림 2-10]처럼 인텔리전트 모듈 디바이스 명령어를 사용하면 MOV명령어를 이용해 인텔리전트 모듈 버퍼메모리의 데이터를 편리하게 읽고 쓸 수 있다.

CHAPTER 2

2 D/A변환 모듈

0과 1로 구성된 디지털 값을 전류나 전압의 아날로그 신호로 변환하는 것을 D/A변환이라 한다. 아날로그 신호에 의해 구동되는 제어기기(인버터, 전력조절기 등)를 PLC로 제어하기 위해서는 D/A변환 모듈이 필요하다.

2-1 외형 및 단자 배치

멜섹Q PLC에서 사용되는 D/A모듈은 Q62DA, Q64DA, Q68DAV, Q68DAI와 같은 4종류가 있고 실습에서는 2개의 아날로그 출력을 가진 Q62DA를 사용한다.

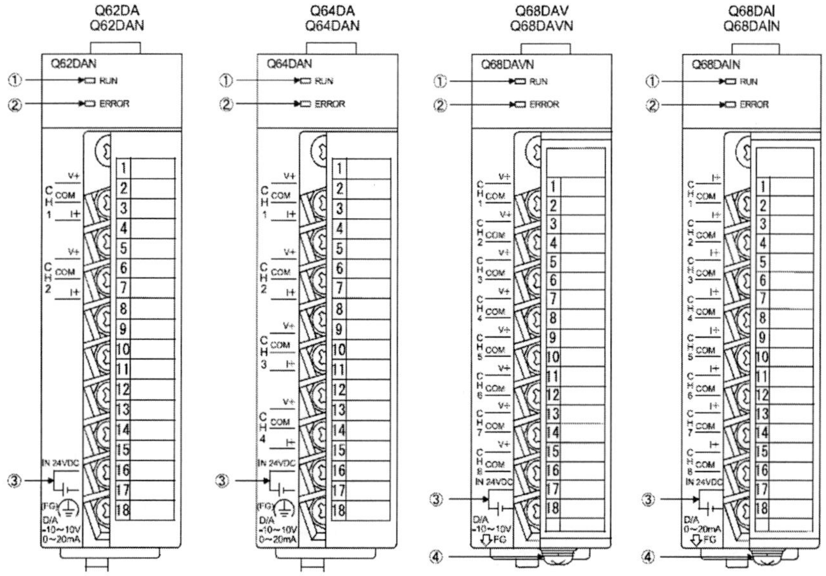

그림 2-11 D/A모듈의 외형

표 2-3 D/A모듈의 명칭

번호	명칭	내용
①	RUN LED	D/A변환 모듈의 운전 상태를 표시 점등 : 정상 동작 중 점멸 : 오프셋 또는 게인 설정 모드 중 소등 : 5V전원 차단 시, WDT에러 발생 시, 온라인 모듈 교환
②	ERROR LED	D/A변환 모듈의 에러상태를 표시 점등 : 에러 발생 중(에러코드 확인) 소등 : 정상 동작 중 점멸 : 스위치 설정 에러(인텔리전트 기능 모듈 스위치의 “스위치5” 에 0 이외의 값 설정)
③	외부 공급 전원 단자	외부 공급 전원 DC24V를 연결하는 단자이다.
④	FG단자	프레임 접지용 단자

Q64DA는 4개의 전압 또는 전류를 출력할 수 있는 아날로그 채널을 가지고 있고, Q68DAV는 8개의 전압 출력 전용 아날로그 채널을 가지고 있고, Q68DAI는 8개의 전류 출력 전용 아날로그 채널을 가지고 있는 아날로그 모듈이다.

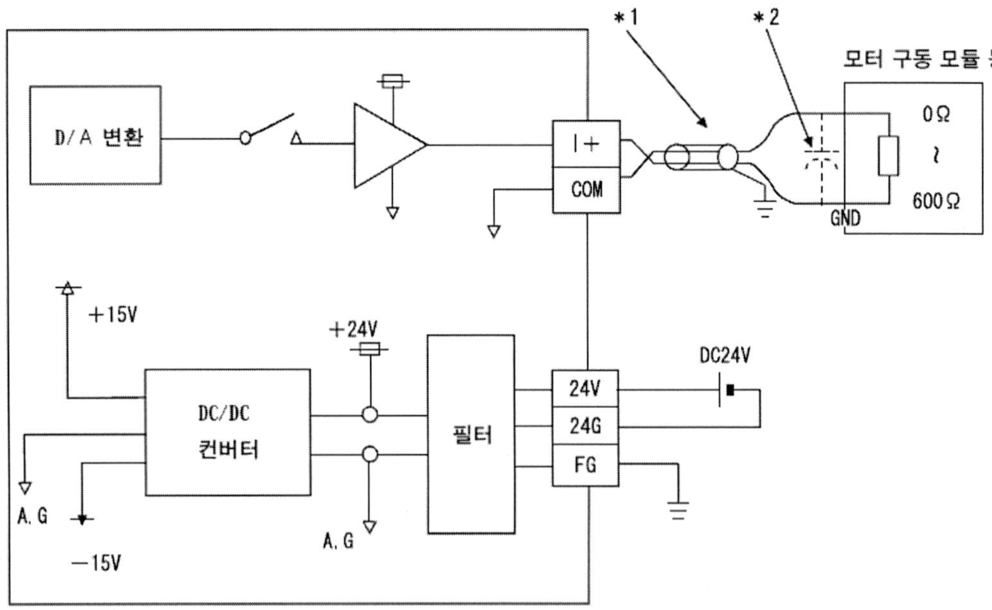

(a) 전류 출력의 경우

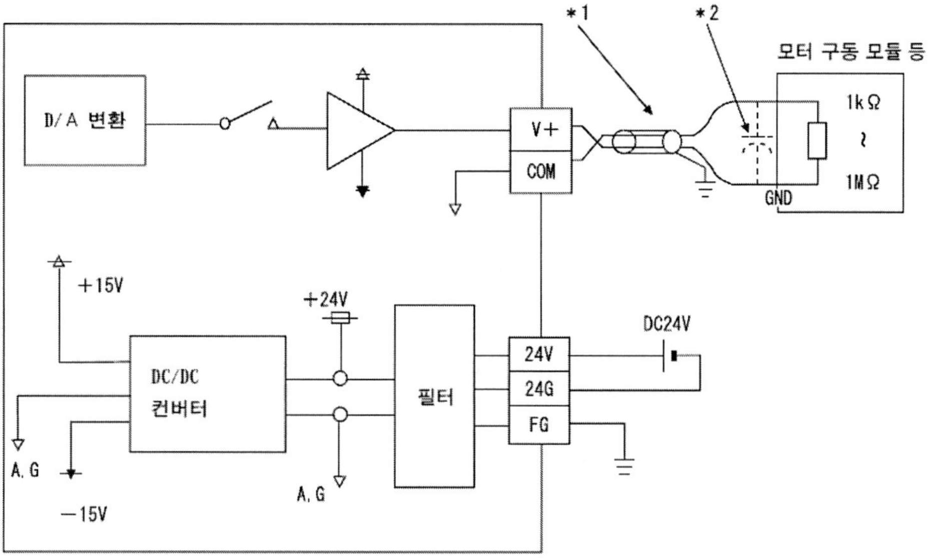

* 1 2심 트위스트 실드선을 사용하십시오.
* 2 외부 배선 시 노이즈 또는 리플이 발생하는 경우, 단자 V+와 COM 간에 0.1~0.47μF25V 정도의 콘덴서를 접속하십시오.

(b) 전압 출력의 경우

그림 2-12 D/A모듈의 외부 배선 방법

표 2-4 D/A모듈의 단자대 기능

단자 번호	신호명							
	Q62DAN, Q62DA		Q64DAN, Q64DA		Q68DAVN, Q68DAV		Q68DAIN, Q68DAI	
1	CH1	V+	CH1	V+	CH1	V+	CH1	I+
2		COM		COM		COM		COM
3		I+		I+	CH2	V+	CH2	I+
4	빈 단자		빈 단자			COM		COM
5	CH2	V+	CH2	V+	CH3	V+	CH3	I+
6		COM		COM		COM		COM
7		I+		I+	CH4	V+	CH4	I+
8	빈 단자		빈 단자			COM		COM
9	빈 단자		CH3	V+	CH5	V+	CH5	I+
10	빈 단자			COM		COM		COM
11	빈 단자			I+	CH6	V+	CH6	I+
12	빈 단자		빈 단자			COM		COM
13	빈 단자		CH4	V+	CH7	V+	CH7	I+
14	빈 단자			COM		COM		COM
15	빈 단자			I+	CH8	V+	CH8	I+
16	24V					COM		COM
17	24G				24V			
18	FG				24G			

실습에 사용하는 Q62DA모듈은 전류와 전압을 출력할 수 있는 D/A모듈이다. 전압출력과 전류출력일 때의 결선도가 다르기 때문에 배선할 때, [그림 2-12]와 [표 2-4]를 참조하여 사용 시스템에 맞게 배선해야 한다. 그리고 D/A모듈은 아날로그 전압 및 전류를 출력하기 위해서는 외부에서 DC24V전원이 공급되어야 한다. 따라서 D/A모듈의 16번, 17번 단자에 DC24V를 연결한다.

2-2 입출력 특성 및 최대 분해능

표 2-5 D/A모듈의 아날로그 출력 범위

아날로그 출력 범위		일반 분해능 모드		고분해능 모드	
		디지털 입력값	최대 분해능	디지털 입력값	최대 분해능
전압	0~5V	0~4000	1.25mV	0~12000	0.416mV
	1~5V		1.0mV		0.333mV
	−10~10V	−4000~4000	2.5mV	−16000~16000	0.625mV
	사용자 영역 설정		0.75mV	−12000~12000	0.333mV
전류	0~20mA	0~4000	5μA	0~12000	1.66μA
	4~20mA		4μA		1.33μA
	사용자 영역 설정	−4000~4000	1.5μA	−12000~12000	0.83μA

D/A모듈은 전압과 전류를 출력할 수 있고, 전압은 4개의 출력 범위, 전류는 3개의 출력 범위를 가지고 있다. 분해능은 16비트 부호 부착 바이너리 값으로 -4,096~4,096까지 설정 가능한 일반 분해능 모드와 -12,288~12,287 또는 -16,384~16,383까지 설정 가능한 2종류의 고 분해능 모드가 있다.

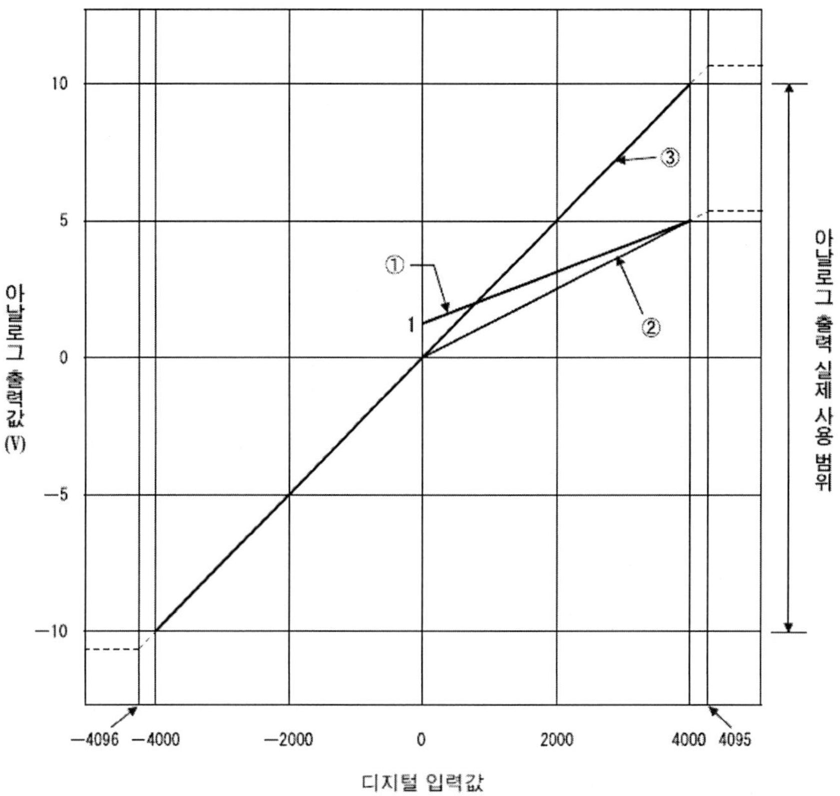

번호	출력 범위 설정	오프셋값	게인값	디지털 입력값	최대 분해능
①	1～5V	1V	5V	0～4000	1.0mV
②	0～5V	0V	5V		1.25mV
③	−10～10V	0V	10V	−4000～4000	2.5mV
—	사용자 영역 설정	＊1	＊1	−4000～4000	0.75mV

그림 2-13 일반 분해능 모드의 전압 출력 특성 그래프

[그림 2-13]에 일반 분해능 모드의 전압 출력 특성 그래프를 나타내었다. 출력 범위 설정에 따라 오프셋과 게인 값이 다르게 설정되고 있어 디지털 입력 값에 따른 최대 분해능을 알 수 있다. 오프셋은 아날로그 출력 값이 최고 낮은 전압(0V 또는 1V)이 되는 디지털 값(일반 분해능 모드에서는 -4,000 또는 0)을 의미하고 게인 값은 아날로그 출력 값이 최고 높은 전압(5V 또는 10V)이 되는 디지털 값(일반 분해능 모드에서는 4,000)을 의미한다.

2-3 동작원리

[그림 2-14]는 실습에 사용할 D/A모듈의 내부 구성을 나타낸 것이다. D/A모듈을 사용하기 위해서는 D/A모듈의 입출력 신호의 기능과 D/A모듈의 동작 특성을 설정하는 버퍼 메모리에 대해 자세히 알고 있어야 한다.

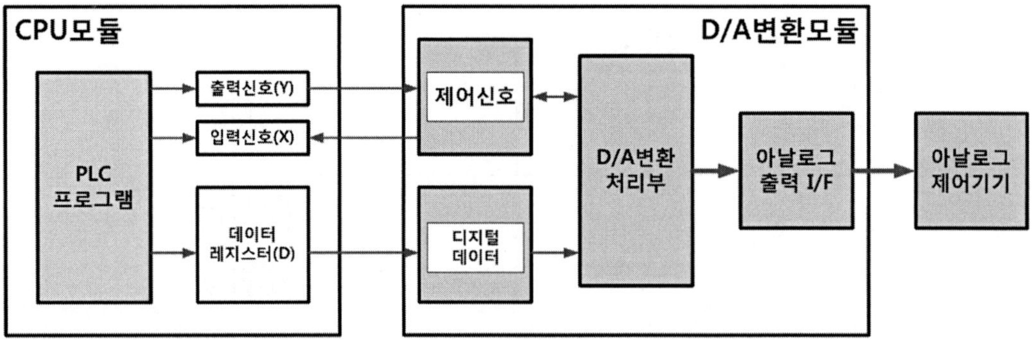

그림 2-14 D/A변환 모듈의 내부 구성

2-3-1 입출력 신호

[표 2-6]은 D/A모듈을 제어하기 위한 입출력 신호를 나타낸 것이다. D/A모듈은 16점에 해당하는 입출력 번지를 할당 받는다. 실습에 사용하는 D/A모듈에 할당된 입출력 번지는 X90~X9F/Y90~Y9F이다. 사용자의 PLC구성에 따라 입출력 번지는 달라지기 때문에 반드시 사용하는 PLC구성에 따른 입출력 번지를 확인해야 한다.

[표 2-6]은 D/A모듈이 PLC의 베이스 슬롯 1번에 장착되어 있을 때를 기준으로 나타낸 입출력 번지이다. 실습에서는 [표 2-6]에 나타낸 입력 X0는 X90에 해당되고, 출력 Y0는 Y90에 해당된다. 입력 X신호는 D/A모듈의 상태를 PLC CPU에서 확인할 때 사용하는 신호이고, 출력 Y신호는 PLC CPU가 D/A모듈을 작동시킬 때 사용하는 신호이다.

표 2-6 D/A모듈의 입출력 신호

D/A 변환모듈 → CPU방향으로 신호전달		CPU → D/A변환 모듈 방향으로 신호전달	
디바이스 NO.(입력)	신호명칭	디바이스 NO.(출력)	신호명칭
X0	모듈 READY	Y0	사용금지
X1	사용금지 영역	Y1	CH1 출력 허가/금지 플래그
X2		Y2	CH2 출력 허가/금지 플래그
X3		Y3	CH3 출력 허가/금지 플래그
X4		Y4	CH4 출력 허가/금지 플래그
X5		Y5	CH5 출력 허가/금지 플래그
X6		Y6	CH6 출력 허가/금지 플래그
X7		Y7	CH7 출력 허가/금지 플래그
X8	고 분해능 상태 플래그	Y8	CH8 출력 허가/금지 플래그
X9	동작조건 설정 완료 플래그	Y9	동작 조건 설정 요구
XA	오프셋 및 게인 설정모드 상태 플래그	YA	사용자 범위 쓰기 요구
XB	채널 변경 완료 플래그	YB	채널 변경 요구
XC	설정값 변경 완료 플래그	YC	설정값 변경 요구
XD	동기 출력 모드 상태 플래그	YD	동기 출력 요구
XE	사용금지	YE	사용금지
XF	에러발생 플래그	YF	에러 클리어 요구

2-3-2 입력신호의 상세 설명

표 2-7 D/A모듈의 입력신호

디바이스 NO.	신호명칭	내용
X0	모듈 READY	① PLC의 전원 투입시, 리셋 조작시에 D/A변환의 준비가 완료된 시점에서 ON되는 신호 ② 모듈 READY신호가 OFF 인 경우 D/A변환 처리를 하지 않음 다음의 상태인 경우 모듈 READY신호가 OFF • 오프셋 및 게인 설정 모드 중인 경우 • D/A 변환 모듈이 WDT에러인 겨우
X8	고분해능 모드 상태 플래그	① 고 분해능 모드로 설정되어 있을 때 ON한다.
X9	동작조건 설정 완료 플래그	① D/A변환 허가/금지(버퍼메모리 어드레스 0번지 : Un\G0)를 변경했을 때, 동작 조건 설정 요구(Y9)를 ON/OFF하는 인터록 조건으로 사용 ② 다음의 상태인 경우 동작조건 설정 완료 플래그(X9)가 OFF • 모듈 READY(X0)신호가 OFF인 경우 • 동작조건 설정 요구(Y9)가 ON인 경우 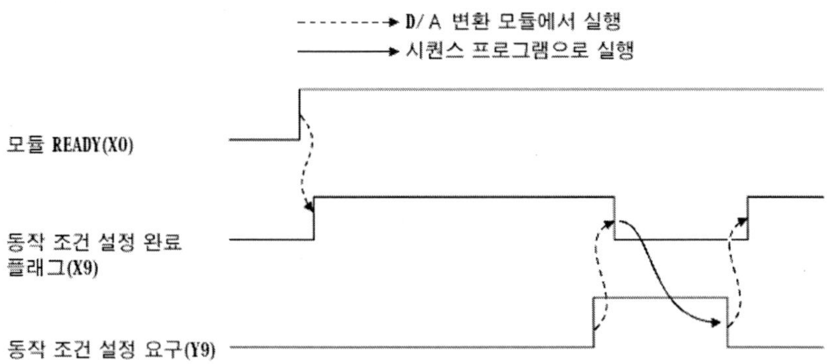

<table>
<tr><th>디바이스 NO.</th><th>신호명칭</th><th>내용</th></tr>
<tr><td rowspan="2">XA</td><td rowspan="2">오프셋 및 게인 설정모드 상태 플래그</td><td>【오프셋 및 게인 설정 모드 시】
① 오프셋 및 게인 설정이 완료된 값을 등록할 때, 사용자 영역 쓰기 요구(Y0A)신호를 ON/OFF하는 인터록 조건으로 사용
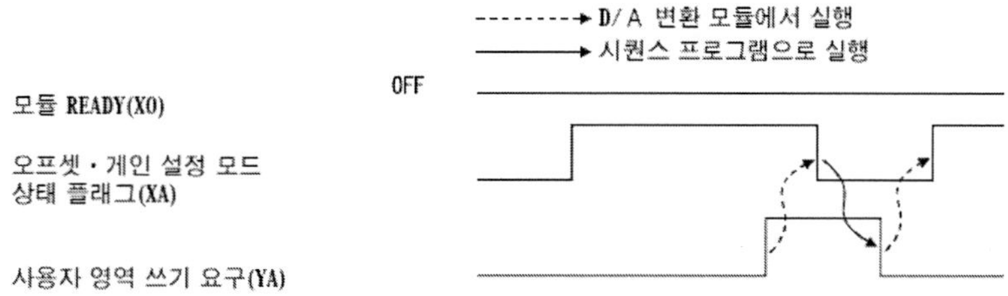
</td></tr>
<tr><td>【일반 모드 시】
① 사용자 영역 복원 시 사용자 영역 쓰기 요구(Y0A)신호를 ON/OFF하는 인터록 조건으로 사용
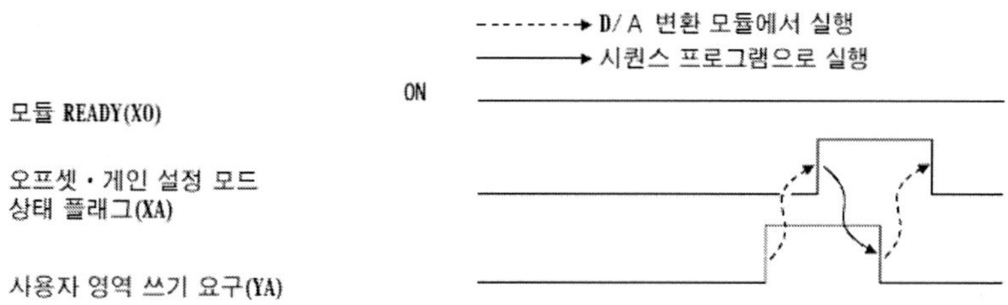
</td></tr>
<tr><td>XB</td><td>채널변경 완료 플래그</td><td>① 오프셋 및 게인 설정을 하는 채널을 변경할 때, 채널 변경요구(Y0B)를 ON/OFF하는 인터록 조건으로 사용
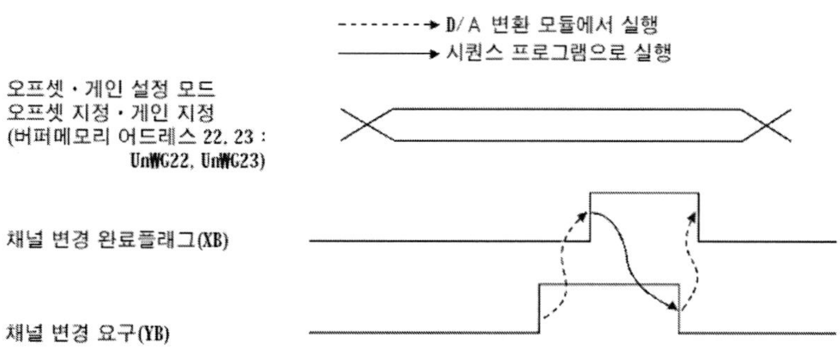
</td></tr>
</table>

<table>
<tr><th>디바이스 NO.</th><th>신호명칭</th><th>내용</th></tr>
<tr><td>XC</td><td>설정값 변경 완료 플래그</td><td>① 오프셋 및 게인 설정에서 조정이 끝난 값을 등록할 때, 설정값 변경 요구(Y0C)를 ON/OFF하는 인터록 조건으로 사용한다.
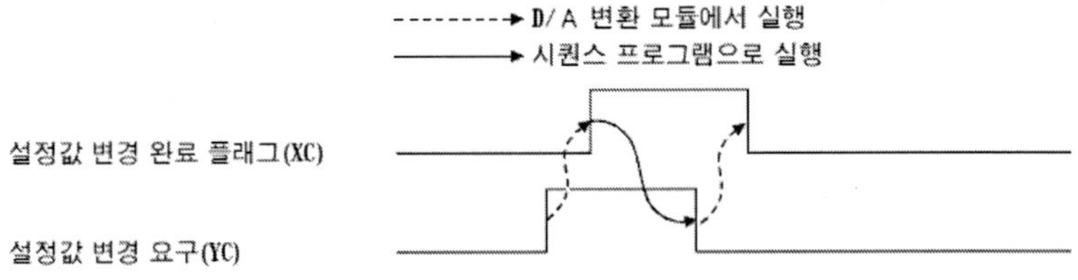
</td></tr>
<tr><td>XD</td><td>동기출력 모드 상태 플래그</td><td>① 동기 출력 모드로 설정되어 있으면 ON한다.</td></tr>
<tr><td>XF</td><td>에러 발생 플래그</td><td>① 쓰기 에러가 발생한 경우에 ON되는 신호
② 에러 코드의 클리어는 에러 클리어 요구(Y0F)신호를 ON하여 실행
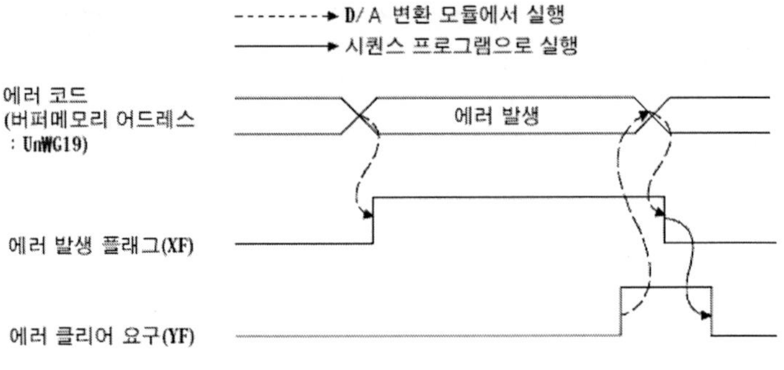
</td></tr>
</table>

2-3-3 출력신호의 상세설명

표 2-8 D/A모듈의 출력신호

디바이스 NO.	신호명칭	내용
Y1~Y8	CH□출력 허가/금지 플래그	① 채널마다 D/A변환 값을 출력할 것인지, 오프셋 값을 출력할 것인지를 설정. ON : D/A변환 값, OFF : 오프셋 값 ② D/A변환속도는 출력/허가 금지 플래그에 관계없이 일정
Y9	동작 조건 설정 요구	① D/A변환 허가/금지의 설정 내용을 유효하게 하는 경우에 ON한다. ② ON/OFF타이밍은 X9의 항목을 참조
YA	사용자 영역 쓰기 요구	【오프셋 · 게인 설정 모드 시】 ① 오프셋 · 게인 설정을 조정한 값을 D/A변환 모듈에 등록하는 경우에 ON하는 신호 ② 오프셋 및 게인 설정모드 상태 플래그(XA)와 함께 사용
		【오프셋 · 게인 설정 모드 시】 ① 사용자 영역 복원 시 ON ② 오프셋 및 게인 설정모드 상태 플래그(XA)와 함께 사용
YB	채널 변경 요구	① 오프셋 · 게인을 설정할 채널을 변경하는 경우에 ON하는 신호 ② 채널 변경 완료 플래그(XB)와 함께 사용
YC	설정값 변경 요구	① 오프셋 및 게인 설정값 조정 시 아날로그 출력 값을 증감시킬 때 ON/OFF한다. ② 버퍼메모리 24번에 설정되어 있는 값에 따라 증감
YD	동기 출력 요구	① 동기 출력 모드 상태 시, YD를 ON한 타이밍에 D/A변환 출력
YF	에러 클리어 요구	① 쓰기 에러를 클리어 하는 경우에 ON ② 에러 발생 플래그(XF)와 함께 사용

2-3-4 D/A모듈의 버퍼메모리

버퍼메모리는 D/A모듈의 동작을 위한 PLC CPU에서 초기 정보를 저장하는 설정 데이터 영역과 동작 중에 PLC CPU와의 최신 정보를 차례로 교환하는 제어 데이터 영역으로 구분된다. 교재에서는 Q62DA의 버퍼메모리의 내용만 나타낸다. Q62DA모듈 이외의 D/A 모듈을 사용할 경우에는 해당 모듈의 매뉴얼을 참조하기 바란다.

표 2-9 Q62DA모듈의 버퍼메모리

어드레스 16진	어드레스 10진	명 칭	디폴트*1	읽기/쓰기*2
0H	0	D/A 변환 허가/금지	3H	R/W
1H	1	CH1 디지털값	0	R/W
2H	2	CH2 디지털값	0	R/W
3H ∫ AH	3 ∫ 10	시스템 영역	—	—
BH	11	CH1 설정값 체크 코드	0	R
CH	12	CH2 설정값 체크 코드	0	R
DH ∫ 12H	13 ∫ 18	시스템 영역	—	—
13H	19	에러 코드	0	R
14H	20	설정 범위(CH1~CH2)	0H	R
15H	21	시스템 영역	—	—
16H	22	오프셋·게인 설정 모드 오프셋 지정	0	R/W
17H	23	오프셋·게인 설정 모드 게인 지정	0	R/W
18H	24	오프셋·게인 조정값 지정	0	R/W
19H ∫ 9DH	25 ∫ 157	시스템 영역	—	—
9EH	158	모드 이행 설정	0	R/W
9FH	159		0	R/W
A0H ∫ C7H	160 ∫ 199	시스템 영역	—	—
C8H	200	임시 기억 데이터 종류 설정*3	0	R/W
C9H	201	시스템 영역	—	—
CAH	202	CH1 공장 출하 설정 오프셋값*3	0	R/W
CBH	203	CH1 공장 출하 설정 게인값*3	0	R/W
CCH	204	CH2 공장 출하 설정 오프셋값*3	0	R/W
CDH	205	CH2 공장 출하 설정 게인값*3	0	R/W
CEH	206	CH1 사용자 영역 설정 오프셋값*3	0	R/W
CFH	207	CH1 사용자 영역 설정 게인값*3	0	R/W
D0H	208	CH2 사용자 영역 설정 오프셋값*3	0	R/W
D1H	209	CH2 사용자 영역 설정 게인값*3	0	R/W

2-3-5 버퍼메모리의 기능

1) 버퍼메모리 0번지(D/A변환 허가/금지)

채널마다 D/A변환의 허가/금지 여부를 설정하는 버퍼메모리이다.

	b15	b14	b13	b12	b11	b10	b9	b8	b7	b6	b5	b4	b3	b2	b1	b0
Un₩G0	0	0	0	0	0	0	0	0	CH 8	CH 7	CH 6	CH 5	CH 4	CH 3	CH 2	CH 1

Q62DAN, Q62DA에서는 b2~b15의 정보가 0으로 고정됩니다.
Q64DAN, Q64DA에서는 b4~b15의 정보가 0으로 고정됩니다.

1 : D/A 변환 금지
0 : D/A 변환 허가

그림 2-15 D/A모듈의 버퍼메모리 0 번지

① 버퍼메모리 0번지의 초기 값은 전부 "1"로 설정되어 있다. 즉 전 채널 D/A변환 금지 상태이다.

② 버퍼메모리 0번지의 설정 값을 유효로 하기 위해서는 동작 조건 설정 요구(출력 Y9번지 비트)비트를 ON/OFF해야 한다.

2) 버퍼메모리 1~8번지(각 채널의 디지털값 설정)

D/A변환을 위해 채널 1번에서 8번까지 디지털 값을 설정하는 버퍼메모리이다. 16비트 부호 부착 바이너리 값을 설정한다.

표 2-10 D/A모듈의 아날로그 신호 출력 범위

<table>
<tr><th rowspan="2">출력 범위 설정</th><th colspan="2">일반 분해능 모드</th><th colspan="2">고분해능 모드</th></tr>
<tr><th>설정 가능 범위
(실제 사용 범위)</th><th>설정 가능 범위 외의 값을 쓴 경우 디지털값의 취급</th><th>설정 가능 범위
(실제 사용 범위)</th><th>설정 가능 범위 외의 값을 쓴 경우 디지털값의 취급</th></tr>
<tr><td>0 : 4~20mA</td><td rowspan="4">0~4095
(실제 사용 범위 : 0~4000)</td><td rowspan="4">4096 이상 : 4095
-1 이하 : 0</td><td rowspan="4">0~12287
(실제 사용 범위 : 0~12000)</td><td rowspan="4">12288 이상 : 12287
-1 이하 : 0</td></tr>
<tr><td>1 : 0~20mA</td></tr>
<tr><td>2 : 1~5V</td></tr>
<tr><td>3 : 0~5V</td></tr>
<tr><td>4 : -10~10V</td><td rowspan="2">-4096~4095
(실제 사용 범위 : -4000~4000)</td><td rowspan="2">4096 이상 : 4095
-4097 이하 : -4096</td><td>-16384~16383
(실제 사용 범위 : -16000~16000)</td><td>16384 이상 : 16383
-16385 이하 : 16384</td></tr>
<tr><td>F : 사용자 영역 설정</td><td>-12288~12287
(실제 사용 범위 : -12000~12000)</td><td>12288 이상 : 12287
-12289 이하 : -12288</td></tr>
</table>

[표 2-10]에 나타낸 것처럼 일반 분해능과 고 분해능 모드에 따라 설정 값이 다르다. D/A모듈의 출력범위 설정과 분해능 모드에 맞는 설정 값을 설정한다. 만약 설정 가능 범위 외의 값을 설정하면 [표 2-11]에 나타낸 것처럼 체크코드 저장 버퍼메모리(Q62DA는 11, 12번지)에 체크코드가 저장되고 에러코드 저장 버퍼메모리 19번지에 에러코드가 저장된다.

3) 버퍼 메모리 11~18번지(설정 값 체크코드)

설정된 디지털 값이 설정 가능 범위인지를 체크해 그 결과를 저장하는 버퍼메모리이다. 한 번 저장된 체크 코드는 디지털 값이 설정 가능 범위가 되어도 체크 코드를 리셋하지 않는다. 따라서 디지털 값을 설정 가능 범위의 값으로 변경한 후 에러 클리어 요구(YF)를 ON하여 리셋해야 체크 코드가 리셋된다.

표 2-11 체크 코드

체크코드	내 용
000FH	설정 가능 범위를 초과하는 값 설정
00F0H	설정 가능 범위에 부족한 값 설정
00FFH	설정 가능 범위를 초과하는 값을 쓴 다음 체크 코드를 리셋하지 않고 설정 가능 범위에 부족한 값을 설정할 경우에 00FFH코드가 저장됨

4) 버퍼 메모리 19번(쓰기 데이터 에러 코드)

D/A모듈에서 검출한 에러코드를 저장하는 버퍼메모리이다. D/A모듈의 에러발생은 PLC CPU에 데이터를 쓰거나 읽을 때에 주로 발생한다. 아래의 도표는 에러코드 일람을 나타낸 것이다.

표 2-12 에러코드

에러코드 (10진수 표시)	내용	조치
10□	GPPW에서 인텔리전트 기능 모듈 스위치로 입력 범위를 설정할 수 없는 값을 설정. □는 틀리게 설정된 채널 번호를 나타낸다.	GPPW에서 정확한 인텔리전트 기능 모듈의 스위치 값을 재설정한다.
111	기동시의 모듈 에러	전원을 다시 ON/OFF 계속해서 발생하면 모듈의 고장 의심
161	오프셋·게인 설정 모드시 G.OGSTOR 명령을 실행하고 있는 상태	오프셋·게인 설정 모드시 G.OGSTOR 명령의 실행 금지
162	• G.OGSTOR명령이 연속해서 실행 • 오프셋·게인 설정 시 설정 값을 EEPROM에 26회 이상 저장	• 1모듈에 1번만 G.OGSTOR명령 실행 • 오프셋·게인 설정 시 1회에 1번만 설정값을 기록
163	G.OGLOAD 명령을 실행한 기종과 다른 기종에 대해 G.OGSTOR명령을 실행	동일한 기종에 대해 G.OGLOAD, G.OGSTOR명령 실행
40□	오프셋 값 ≥ 게인 값으로 설정되어 있다. □는 틀리게 설정된 채널 번호를 나타낸다.	오프셋 값<게인 값으로 설정을 변경
500	오프셋 및 게인 설정 중에 있는 채널이 오프셋 및 게인을 동시에 설정하거나, 또는 동시에 0으로 설정하고 있다.	버퍼 메모리 22, 23번의 내용을 재설정한다.
60□	설정된 디지털 값이 범위를 벗어남 □는 에러가 발생한 채널 번호를 나타냄	범위 내의 값으로 설정
700	오프셋 및 게인 설정 모드 상태에서 아날로그 조정 출력의 설정 값 범위를 벗어남	오프셋 및 게인 조정 값 지정(버퍼메모리 24번지)내용을 -3000 ~ 3000범위로 수정

5) 버퍼 메모리 20번, 21번(설정범위 확인)

D/A모듈의 출력범위 설정 값을 확인하기 위한 버퍼메모리이다. 설정범위를 나타내는 값은 [표 2-13]과 같이 각각 4비트(16진수 0~F) 단위로 표시된다.

표 2-13 D/A변환 모듈의 설정범위

	b15 ~ b12	b11 ~ b8	b7 ~ b4	b3 ~ b0
버퍼메모리 20번	CH. 4	CH. 3	CH. 2	CH. 1
버퍼메모리 21번	CH. 8	CH. 7	CH. 6	CH. 5

출력범위	설정값(16진수 표시)
4~20mA	0H
0~20mA	1H
1~5V	2H
0~5V	3H
-10~10V	4H
사용자 범위	FH

6) 버퍼 메모리 22번, 23번(오프셋 및 게인 설정 모드)

오프셋 및 게인을 설정할 채널을 지정하는데 사용되는 버퍼 메모리이다. D/A모듈 사용시 사용자 범위의 아날로그 출력을 위해서는 오프셋 및 게인 값을 설정해야하는데 버퍼 메모리 22번은 오프셋을 조정하는 채널을 설정하는 부분이고, 버퍼 메모리 23번은 게인을 설정하는 채널을 설정하는 부분이다. 1채널만 지정할 수 있고, 복수 채널이 동시에 설정되면 오프셋 · 게인 설정모드 에러(에러코드 500)가 발생된다.

	b15	b14	b13	b12	b11	b10	b9	b8	b7	b6	b5	b4	b3	b2	b1	b0
Un₩G22(오프셋 지정)	0	0	0	0	0	0	0	0	CH. 8	CH. 7	CH. 6	CH. 5	CH. 4	CH. 3	CH. 2	CH. 1
Un₩G23(게인 지정)	0	0	0	0	0	0	0	0	CH. 8	CH. 7	CH. 6	CH. 5	CH. 4	CH. 3	CH. 2	CH. 1

Q62DAN, Q62DA에서는 b2~b15의 정보가 0으로 고정됩니다.
Q64DAN, Q64DA에서는 b4~b15의 정보가 0으로 고정됩니다.

1 : 설정 채널
0 : 무효

그림 2-16

7) 버퍼 메모리 24번(오프셋 · 게인 조정값 지정)

오프셋 · 게인 설정 모드 중에 아날로그 출력 값의 조정 양을 설정하기 위해 사용하는 버퍼메모리로 입력 가능 범위는 -3000~3000이다. 입력 값이 1000인 경우, 전압 출력인 경우 약 0.33V, 전류 출력인 경우 약 0.65mA의 아날로그 출력 값을 조정할 수 있다.

8) 버퍼 메모리 158, 159번(모드 이행 설정)

일반모드와 오프셋 · 게인 설정모드를 선택하기 위한 설정 값을 설정하는 버퍼메모리로 설정 값을 설정한 다음 동작 조건 설정 요구(Y9)를 OFF→ON하면 모드가 이행된다. 설정한 모드가 되면 해당 버퍼메모리는 0으로 클리어 되고, 동작 조건 설정 완료 플래그(X9)가 OFF된다. 동작 조건 설정 완료 플래그(X9)의 OFF확인 후, 동작 조건 설정 요구 플래그(Y9)를 OFF한다.

표 2-14 모드 이행 설정 버퍼메모리

이행모드	설정값	
	버퍼메모리 158번지	버퍼메모리 159번지
일반 모드	0964H	4144H
오프셋 · 게인 설정 모드	4144H	0964H

9) 버퍼 메모리 202~233번(공장 출하 설정 및 사용자 영역 오프셋 · 게인 값)

온라인 모듈 교환 시 사용자 영역의 오프셋 · 게인 설정 값을 복원하기 위해 사용하는 버퍼메모리이다. 자세한 사항은 해당 매뉴얼을 참조하기 바란다.

2-4 스위치 설정

D/A모듈은 출력범위 설정을 위한 스위치 설정을 GX Developer의 "I/O할당"에서 한다. D/A모듈의 설정 스위치는 [표 2-16]처럼 스위치1~5까지 있고 16진수로 설정한다. 스위치 3의 유지/클리어 기능은 PLC CPU의 동작이 STOP또는 정지 에러 상태인 경우, 아날로그 출력 값을 유지하거나 또는 클리어 하는 기능을 의미한다. 아날로그 출력의 유지 및 클리어 설정은 D/A변환 허가/금지 설정 버퍼메모리 0번지 및 각 CH□의 출력 허가/금지 플래그(Y1 ~ Y8)의 조합에 따라 [표 2-15]와 같이 아날로그 출력 상태가 된다.

표 2-15 아날로그 출력 상태

설정 조합 \ 실행 상태	D/A 변환 허가/금지 (버퍼메모리 어드레스 0 : UnWG0)	허 가			금 지
	CH□ 출력 허가/금지 플래그(Y1~Y8)	허 가		금 지	허가 또는 금지
	유지/클리어 설정	유지	클리어	유지 또는 클리어	유지 또는 클리어
PLC CPU RUN 시 아날로그 출력 상태		디지털값을 D/A 변환된 아날로그값을 출력한다.		오프셋	0V/0mA
PLC CPU STOP 시 아날로그 출력 상태		유지	오프셋	오프셋	0V/0mA
PLC CPU 정지 에러 시 아날로그 출력 상태		유지	오프셋	오프셋	0V/0mA
D/A 변환 모듈의 WDT 에러*1 발생 시 아날로그 출력 상태		0V/0mA	0V/0mA	0V/0mA	0V/0mA

표 2-16 D/A모듈의 스위치 설정 항목

<table>
<tr><th></th><th colspan="2">설정 항목</th></tr>
<tr><td>스위치 1</td><td>출력 범위 설정
(CH.1~CH.4)
□□□□H
CH4 CH3 CH2 CH1</td><td rowspan="2"><table><tr><th>아날로그 출력 범위</th><th>출력 범위 설정값</th></tr><tr><td>4~20mA</td><td>0H*1</td></tr><tr><td>0~20mA</td><td>1H</td></tr><tr><td>1~5V</td><td>2H</td></tr><tr><td>0~5V</td><td>3H</td></tr><tr><td>-10~10V</td><td>4H</td></tr><tr><td>사용자 영역 설정</td><td>FH</td></tr></table></td></tr>
<tr><td>스위치 2</td><td>출력 범위 설정
(CH.5~CH.8)
□□□□H
CH8 CH7 CH6 CH5</td></tr>
<tr><td rowspan="2">스위치 3</td><td>Q62DAN, Q64DAN, Q62DA, Q64DA의 경우
□□□□H
CH4 CH3 CH2 CH1</td><td>유지/클리어 기능 설정
0H : 클리어
1~FH (0H 이외의 수치)* : 유지</td></tr>
<tr><td>Q68DAVN, Q68DAIN, Q68DAV, Q68DAI의 경우
b15 ~ b8 b7 b6 b5 b4 b3 b2 b1 b0
0 ~ 0 □□□□□□□□
CH8 CH7 CH6 CH5 CH4 CH3 CH2 CH1</td><td>유지/클리어 기능 설정
0 : 클리어
1 : 유지</td></tr>
<tr><td>스위치 4</td><td colspan="2">□□□□H
(하위 2자리)
00H : 일반 모드(비동기)
01~FFH(00H 이외의 수치)* : 동기 출력 모드
(두 번째 자리)
0H : 일반 분해능 모드
1~FH(0H 이외의 수치)* : 고분해능 모드
(첫 번째 자리)
0H : 일반 모드(D/A 변환 처리)
1~FH(0H 이외의 수치)* : 오프셋·게인 설정 모드</td></tr>
<tr><td>스위치 5</td><td colspan="2">0 : 고정</td></tr>
</table>

CHAPTER 2

3 D/A변환 모듈의 사용

3-1 결선 및 파라미터 설정

멜섹Q PLC에서 아날로그 모듈을 사용하는 방법은 크게 2가지로 구분된다. 하나는 기존의 래더 프로그램 방식을 이용해 아날로그 모듈을 사용하는 것이고, 또 다른 하나는 전용 소프트웨어를 이용해 아날로그 모듈을 사용하는 방법이다. 본 교재에서는 래더 프로그램 방식을 이용한 아날로그 모듈의 사용법에 대해서만 설명한다. D/A변환 모듈의 실습은 [그림 2-17]과 같이 Q62DA의 2개 채널에서 1번 채널과 2번 채널에 아날로그 전압을 출력하는 것을 전제로 한다.

3-1-1 모듈장착 위치의 확인 및 입출력 번지 확인

PLC의 베이스 슬롯에 Q62DA모듈이 장착된 슬롯의 위치를 확인하고 입출력 번지를 확인한다. 실습에 사용할 Q62DA모듈은 [그림 2-17]처럼 4번째 슬롯에 장착되어 있고 설정된 입출력 번지는 X90~X9F/Y90~Y9F까지 할당되어 있다.

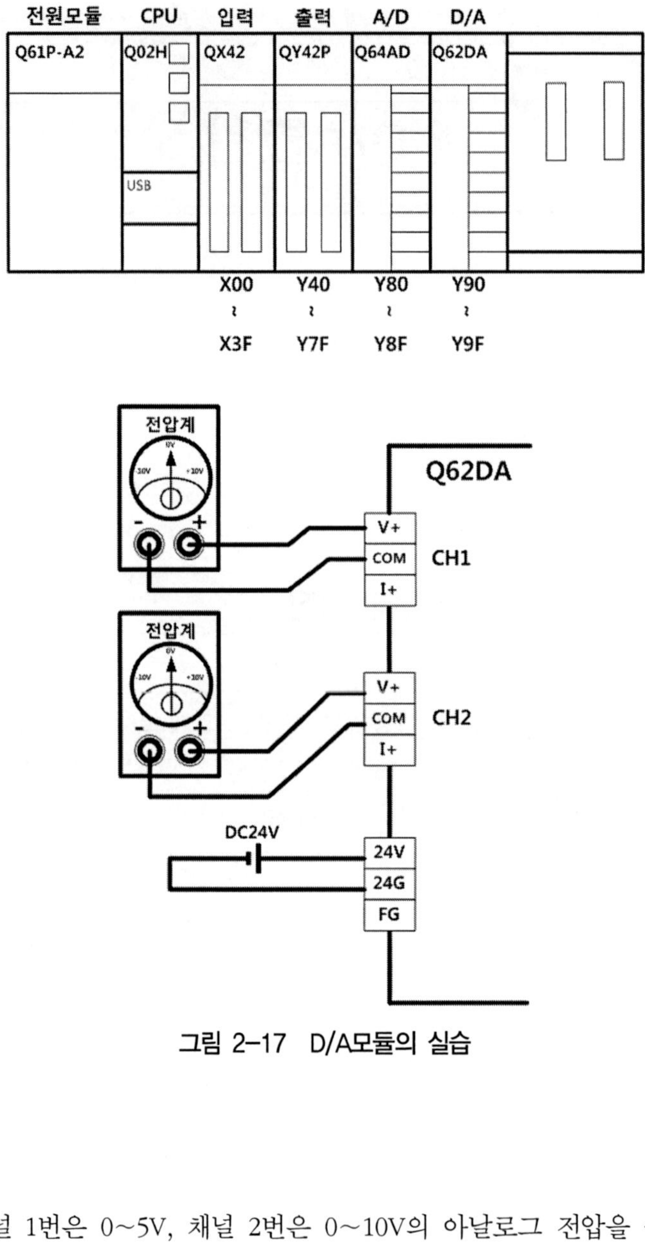

그림 2-17 D/A모듈의 실습

3-1-2 배선

Q62DA의 채널 1번은 0~5V, 채널 2번은 0~10V의 아날로그 전압을 출력한다. 따라서 아날로그 출력 전압을 확인하기 위해서 디지털 멀티미터의 DC전압계를 이용해 아날로그 출력전압을 측정한다. [그림 2-17]처럼 Q62DA모듈에 DC24V전압을 연결하고 아날로그 전압 출력단자에 전압계를 연결한다.

3-1-3 Q62DA모듈의 스위치 설정

D/A모듈은 여러 종류의 아날로그 신호를 출력 할 수 있다. 따라서 D/A모듈의 아날로그 출력 신호가 전류 또는 전압인지, 그리고 출력 범위를 D/A모듈의 스위치 설정을 이용해 설정한다. D/A변환 모듈의 스위치 설정 방법을 살펴보자.

(1) GPPW의 프로젝트 창에서 "PLC파라미터" 항목 선택

그림 2-18

(2) PLC 파라미터에서 "I/O 할당"을 선택한 후 나타낸 메뉴 항목에서 "PLC 데이터 읽기"을 선택한다.

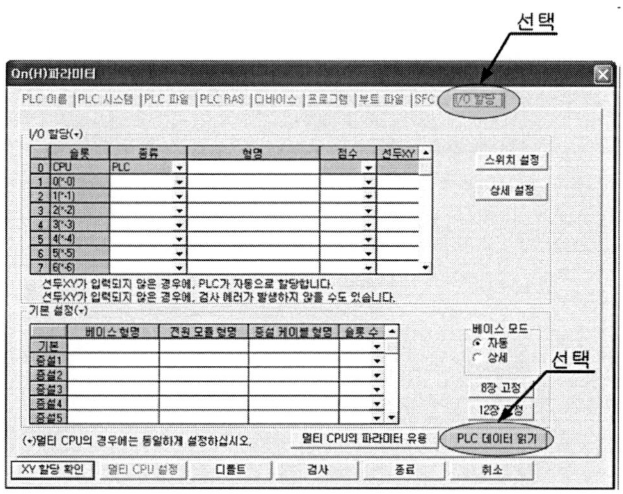

그림 2-19

(3) Q62DA 모듈이 4번째 슬롯에 장착되어 있다. "스위치 설정"을 선택한다.

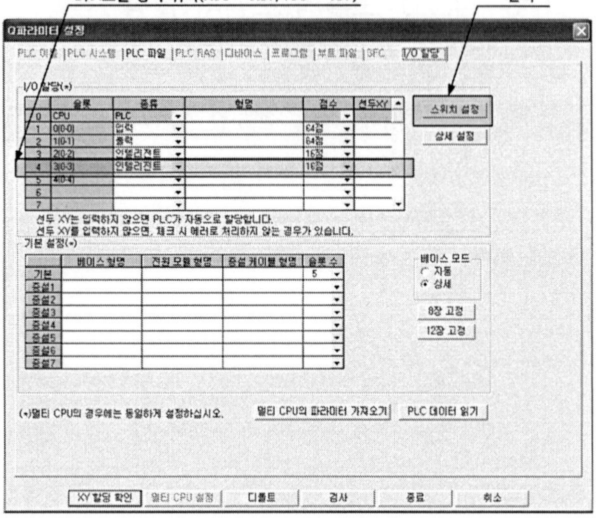

그림 2-20

(4) 4번째 슬롯에 장착된 Q62DA모듈의 스위치 설정 항목은 [표 2-16]을 참조해 아날로그 출력 조건에 맞는 16진수 값을 설정한다. 스위치 1번에서 5번까지를 다음과 같이 설정한다.

① 스위치 1의 설정 : 0043H

CH4	CH3	CH2	CH1
0	0	4	3

Q62DA모듈을 D/A변환 채널 1에는 0~5V, 2번은 0~10V의 전압 출력을 위해 각 채널에 맞는 아날로그 출력 범위를 설정한다.

② 스위치 2 : 0000H

CH8	CH7	CH6	CH5
0	0	0	0

스위치 2번은 채널 5번~8번까지의 아날로그 출력범위를 설정하는 부분이다. 실습에서 사용하는 Q62DA모듈은 D/A변환 채널이 1~2번까지만 있어 이 부분은 "0000"을 설정한다.

③ 스위치 3번 : 0000H

CH4	CH3	CH2	CH1
0	0	0	0

스위치 3번은 PLC CPU의 동작이 STOP 또는 정지, 에러 상태일 때, 아날로그 출력 값을 유지 또는 클리어 하는 기능을 선택하는 것이다. 아날로그 출력의 유지 및 클리어 설정은 D/A변환 허가/금지 설정 버퍼메모리 0번지 및 각 CH□의 출력 허가/금지 플래그(Y1～Y8)의 조합에 따라 [표 2-15]와 같이 아날로그 출력 상태가 된다. 실습에서는 클리어를 선택한다.

④ 스위치 4번 : 0000
일반 분해능 모드이고 온도 드리프트 기능은 사용하지 않는 것으로 설정한다.

⑤ 스위치 5번 : 0000
스위치 5번은 0000으로 설정한다.

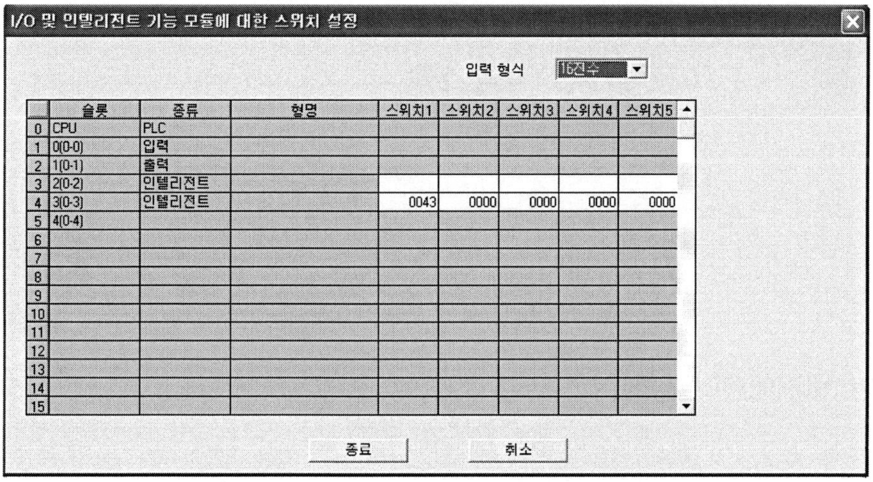

그림 2-21 D/A모듈 사용을 위한 스위치 설정

⑥ 스위치 설정을 완료한 후 “종료” 버튼을 클릭한다.

(5) PLC파라미터 전송

D/A모듈의 스위치 설정이 끝났으면 PLC CPU에 PLC파라미터 쓰기를 실행한다.

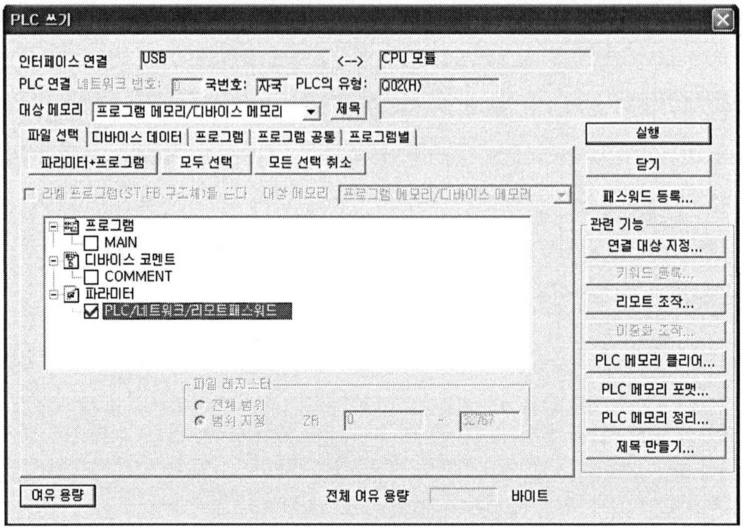

그림 2-22 PLC파라미터 전송

3-2 D/A모듈 PLC프로그램

D/A모듈 사용을 위한 하드웨어 결선 및 파라미터 설정이 끝났으면 PLC프로그램을 작성해 D/A변환 모듈의 채널 1, 2번에 아날로그 전압을 출력하는 PLC프로그램을 작성해보자. 프로그램 작성 전에 프로그램 작성에 필요한 버퍼메모리에 대해 살펴보자.

3-2-1 버퍼메모리 설정

Q62DA를 사용하기 위해서는 버퍼메모리의 값을 설정해야 한다. 수 십 개의 버퍼메모리 중에서 필요한 버퍼메모리만 설정하면 된다. 실습에 사용할 D/A모듈은 0번지, 1번지, 2번지의 버퍼메모리를 사용한다.

① 버퍼메모리 0번지

버퍼메모리 0번지는 채널 1~8번까지의 아날로그 출력 채널의 사용여부를 설정하는 부분이다. 실습에 사용하는 Q62DA모듈은 채널이 2개만 있기 때문에 b0, b1만 유효한 설정 값이 된다. 채널 2개 모두를 사용하기 때문에 설정 값은 0000H가 된다.

버퍼메모리 0번지 설정값 : 00FA(16진수)															
0	0	0	0	0	0	0	0	0	0	0	0	0	0	0	0

② 버퍼메모리 1번지, 2번지

버퍼메모리 1번지, 2번지는 Q62DA모듈의 채널 1번, 채널 2번의 아날로그 출력전압에 비례하는 디지털 값을 설정하는 부분이기 때문에 프로그램 실행 도중에 아날로그 출력전압에 비례하는 디지털 설정 값을 매번 설정해야 한다.

2-1 실습과제 아날로그 출력 전압의 변경 1

[실습과제 2-1]에서는 D/A모듈의 아날로그 출력전압을 필요에 따라 스위치를 이용해 가변 조정할 수 있는 PLC프로그램 작성법을 살펴보자. D/A모듈의 각 채널별 설정조건은 [표 2-17]에 나타내었다.

그림 2-23 D/A모듈 조작 패널

표 2-17 D/A모듈의 아날로그 신호 출력 범위

구분	아날로그 출력 타입	출력범위 및 설정범위
CH1	전압	0~5V
CH2	전압	0~10V
분해능	일반 분해능	0~4,000

표 2-18 PLC 입출력 번지 할당표

입력번호	기능	출력번호	기능
X00	증가	Y4F~Y40	FND표시
X01	감소		

【동작조건】

① 증가 버튼을 누를 때마다, FND의 숫자가 100씩 증가하고 최대 4,000까지 증가할 수 있다. FND의 숫자가 4,000이면 증가 버튼을 누르더라도 FND의 숫자는 더 이상 증가하지 않는다.

② 감소 버튼을 누를 때마다, FND의 숫자가 100씩 감소하고 최대 0까지 감소한다. FND의 숫자가 0이면 감소 버튼을 누르더라도 FND의 숫자는 더 이상 감소하지 않는다.

③ FND의 숫자 표시에 따라 D/A모듈의 CH1, CH2의 아날로그 출력 전압 값이 변화해야 한다.

표 2-19 FND표시에 비례한 아날로그 출력 전압

FND표시값	아날로그 출력 전압	
	CH1	CH2
0000	0.000V	0.000V
1000	1.250V	2.500V
2000	2,500V	5.000V
3000	3.750V	7.500V
4000	5.000V	10.00V

④ D/A모듈의 아날로그 출력전압이 나오기 위해서는 반드시 외부에서 D/A모듈에 DC24V 전원을 연결해야 한다.

⑤ 전압을 측정할 수 있는 디지털 멀티미터 계측기를 사용해 FND에 설정된 값에 비례하는 아날로그 전압이 출력되는지 확인한다.

【PLC프로그램】

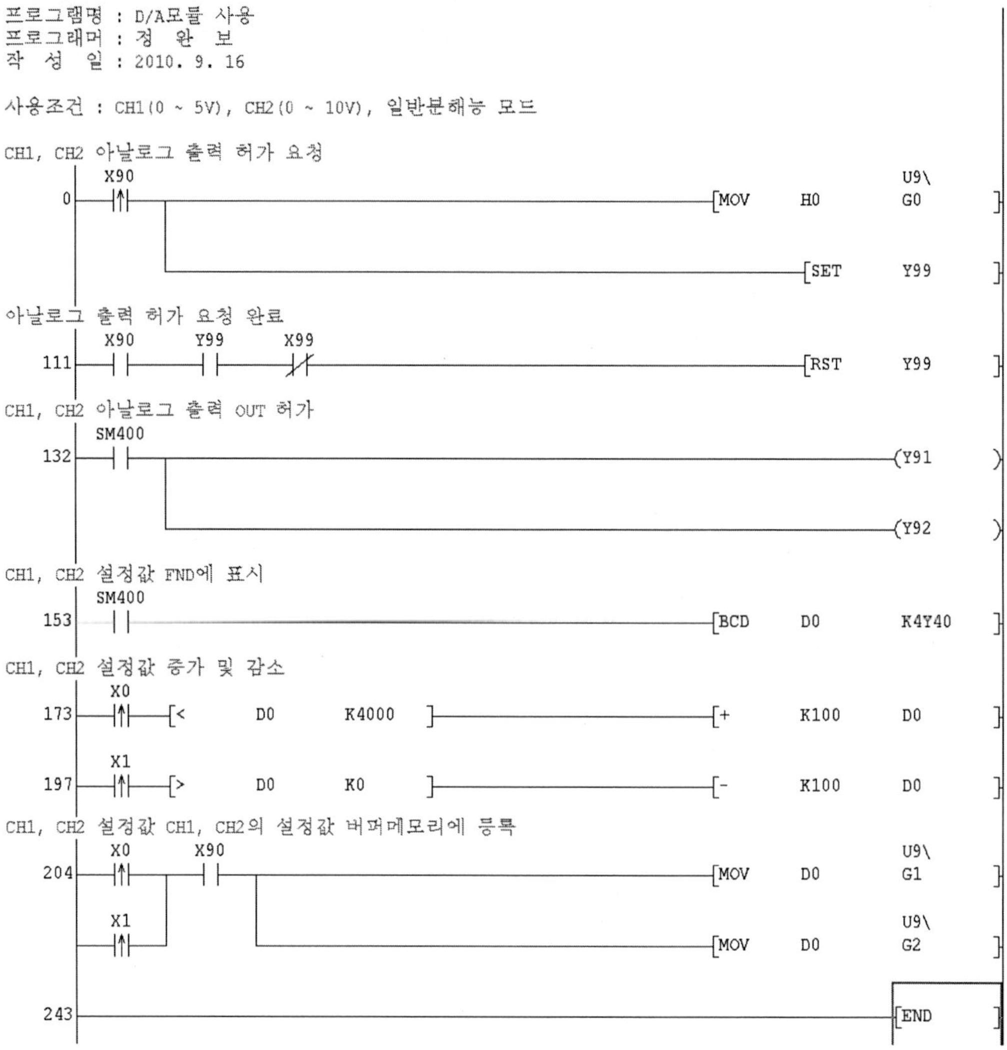

프로그램 2-1 D/A모듈을 이용한 아날로그 전압 출력

Q62DA모듈을 사용해 아날로그 전압을 출력하는 PLC프로그램이다. D/A모듈을 사용하기 위한 최소한의 PLC프로그램이기 때문에 가장 중요한 기본 프로그램이라 할 수 있다. 자세히 살펴보자.

프로그램 라인 0번, 111번은 D/A모듈의 각 채널별 사용여부를 결정하는 프로그램이다. 먼저 D/A모듈의 채널 사용여부를 결정하기 위해 버퍼메모리 0번지의 내용을 설정한 후, 버퍼메모리의 설정 값에 의해 D/A모듈이 동작할 수 있도록 동작 설정 요구를 한다. 그

동작 순서는 [그림 2-24]에 나타내었다. 먼저 D/A모듈이 정상상태가 되어 모듈 READY신호(X90)가 ON되고, 동작 조건 설정 완료 플래그(X99)도 자동으로 ON상태가 된다. D/A모듈이 정상 동작 상태일 때의 각 입출력 신호 상태는 [그림 2-25]와 같은 상태이다. 입력신호(X90~X9F)의 상태를 살펴보면 모듈READY신호와 동작조건 설정 완료 플래그(X99)가 ON되어 있음을 확인할 수 있다.

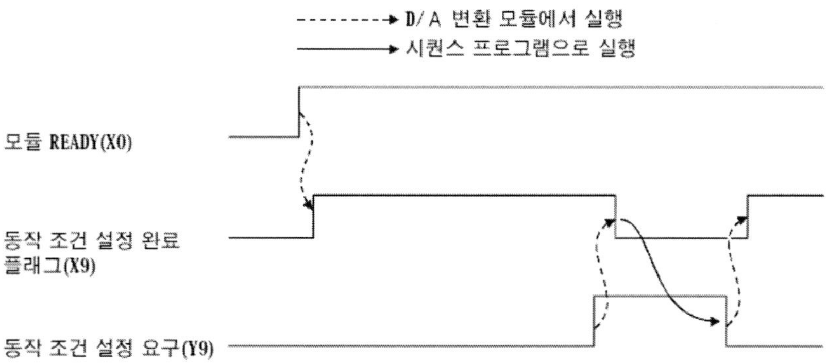

그림 2-24 D/A모듈의 동작 조건 설정 타이밍도

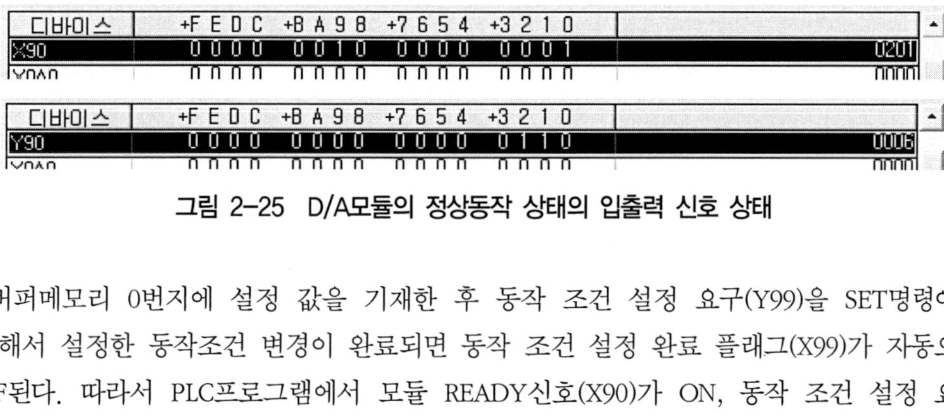

그림 2-25 D/A모듈의 정상동작 상태의 입출력 신호 상태

버퍼메모리 0번지에 설정 값을 기재한 후 동작 조건 설정 요구(Y99)을 SET명령어로 ON해서 설정한 동작조건 변경이 완료되면 동작 조건 설정 완료 플래그(X99)가 자동으로 OFF된다. 따라서 PLC프로그램에서 모듈 READY신호(X90)가 ON, 동작 조건 설정 요구 신호(Y99)가 ON된 상태에서 동작 조건 설정 완료 플래그(X99)가 OFF되면 동작 조건 설정이 완료된 상태이기 때문에 동작 조건 설정 요구 신호(Y99)를 RST명령으로 리셋 하는 것이다. 이 부분을 잘 이해해 두기 바란다. 다른 인텔리전트 모듈들도 동일한 방식으로 동작한다. 뒤에 학습할 A/D모듈도 이와 같은 방법으로 A/D모듈의 동작 상태를 변경한다.

프로그램 라인 132번은 D/A모듈의 아날로그 출력을 단자대를 통해 출력 여부를 결정하는 부분이다. 아날로그 출력을 이용해 인버터에 연결된 AC모터의 회전속도를 제어하거나 또는 히터를 가동하는 동작을 하기 때문에 비상사태가 발생했을 때, 동작중인 기계장치를 즉시 정지해야 할 필요가 있을 때를 위해 각 채널별 아날로그 출력을 ON/OFF할 수 있도록 하는 것이다. PLC프로그램에서 Y91, Y92가 ON되어 있지 않으면 아날로그 전압이 출력되지 않기 때문에 이 출력 신호를 반드시 ON으로 설정한다.

2-2 실습과제 아날로그 출력 전압의 변경 2

D/A모듈의 아날로그 출력전압을 채널별로 가변 조정할 수 있는 PLC프로그램 작성법을 살펴보자. D/A모듈의 각 채널별 설정조건은 [표 2-20]에 나타내었다.

그림 2-26

표 2-20 D/A모듈의 아날로그 신호 출력 범위

구분	아날로그 출력타입	출력범위 및 설정범위
CH1	전압	0 ~ 5V
CH2	전압	0 ~ 10V
분해능	일반 분해능	0 ~ 4,000

표 2-21 PLC 입출력 번지 할당표

입력번호	기능		출력번호	기능
X00	증가		Y4F~Y40	FND표시
X01	감소			
X02	OFF	CH1 선택		
	ON	CH2 선택		

【동작조건】

① 채널 선택 스위치에 따라 CH1과 CH2가 선택되고, 채널 선택에 따라 FND에는 각 채널별 설정 값이 표시된다. 이 때 증가 및 감소 버튼을 조작하면 해당 채널의 FND표시 값과 설정 값이 증가 또는 감소한다.

② 증가 버튼을 누를 때마다, FND의 숫자가 100씩 증가하고 최대 4,000까지 증가할 수 있다. FND의 숫자가 4,000이면 증가 버튼을 누르더라도 FND의 숫자는 더 이상 증가하지 않는다.

③ 감소 버튼을 누를 때마다, FND의 숫자가 100씩 감소하고 최대 0까지 감소한다. FND의 숫자가 0이면 감소 버튼을 누르더라도 FND의 숫자는 더 이상 감소하지 않는다.

④ FND의 숫자 표시에 따라 D/A모듈의 CH1의 아날로그 출력 전압 값이 변화해야 한다. CH1이 선택되면 FND의 표시가 0000이면 "0.000V", 2,000이면 "2.500V" 출력, 4,000이면 "5.000V"의 아날로그 전압이 출력되고 CH2가 선택되면 FND의 표시가 0000이면 "0.000V", 2,000이면 "5.000V" 출력, 4,000이면 "10.00V"의 아날로그 전압이 출력된다.

【PLC프로그램】

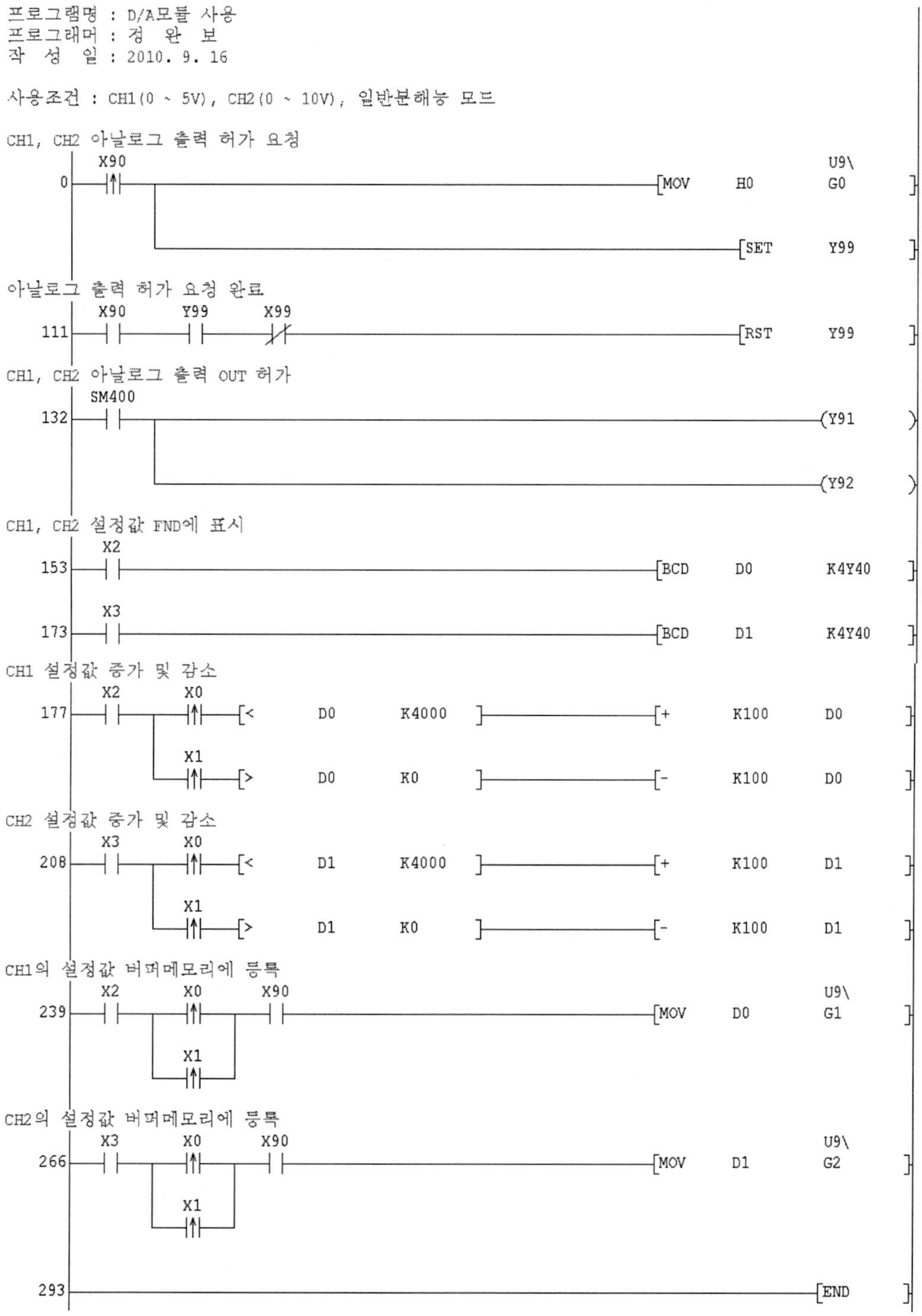

프로그램 2-2 D/A모듈을 이용한 아날로그 전압 출력

2-3 실습과제 아날로그 출력 전압 표시

[실습과제 2-1, 2-2]에서는 FND에 0~4,000이 표시될 때, 각 채널별로 설정된 아날로그 출력의 상태에 따라 채널1번은 0~5V, 채널 2번은 0~10V의 전압이 출력되는 것을 확인했다. [실습과제 2-3]에서는 FND에 표시되는 설정 값과 D/A모듈에서 출력되는 아날로그의 전압값을 일치시켜 표시하도록 해보자. 즉 FND모듈에 설정된 전압표시 값이 실제 D/A모듈을 통해서 출력되는 전압 값과 일치된다는 뜻이다.

그림 2-27

표 2-22 D/A모듈의 아날로그 신호 출력 범위

구분	아날로그 출력타입	출력범위 및 설정범위
CH1	전압	0~5V
CH2	전압	0~10V
분해능	일반 분해능	0~4,000

표 2-23 PLC 입출력 번지 할당표

입력번호	기능	출력번호	기능
X00	증가	Y4F~Y40	FND표시
X01	감소		
X02	CH1 선택		
X03	CH2 선택		

【동작조건】

① 채널 선택 스위치에 따라 CH1과 CH2가 선택되고, 채널 선택에 따라 FND표시 값 및 증가 및 감소 버튼이 해당 채널의 FND표시 값과 디지털 값을 증가 또는 감소시킨다.

② 증가 버튼을 누를 때마다, 해당 채널의 버퍼메모리 설정 값이 100씩 증가하고 최대 4,000까지 증가할 수 있다. 해당 버퍼메모리의 설정 값 4,000이면 증가 버튼을 누르더라도 더 이상 증가하지 않는다.

③ 감소 버튼을 누를 때마다, 해당 채널의 버퍼메모리 설정 값이 100씩 감소하고 최대 0까지 감소한다. 해당 버퍼메모리의 설정 값이 0이면 감소 버튼을 누르더라도 더 이상 감소하지 않는다.

④ FND는 채널 선택 스위치에 따라 [표 2-24]처럼 해당 채널의 아날로그 출력 전압 값을 표시한다.

표 2-24 설정 값에 비례하는 아날로그 출력 전압

CH1		CH2	
디지털 설정 값	FND표시 값	디지털 설정 값	FND표시 값
0	0000	0	0000
1000	1250	1000	2499
2000	2500	2000	4999
4000	5000	4000	9999

【PLC프로그램】

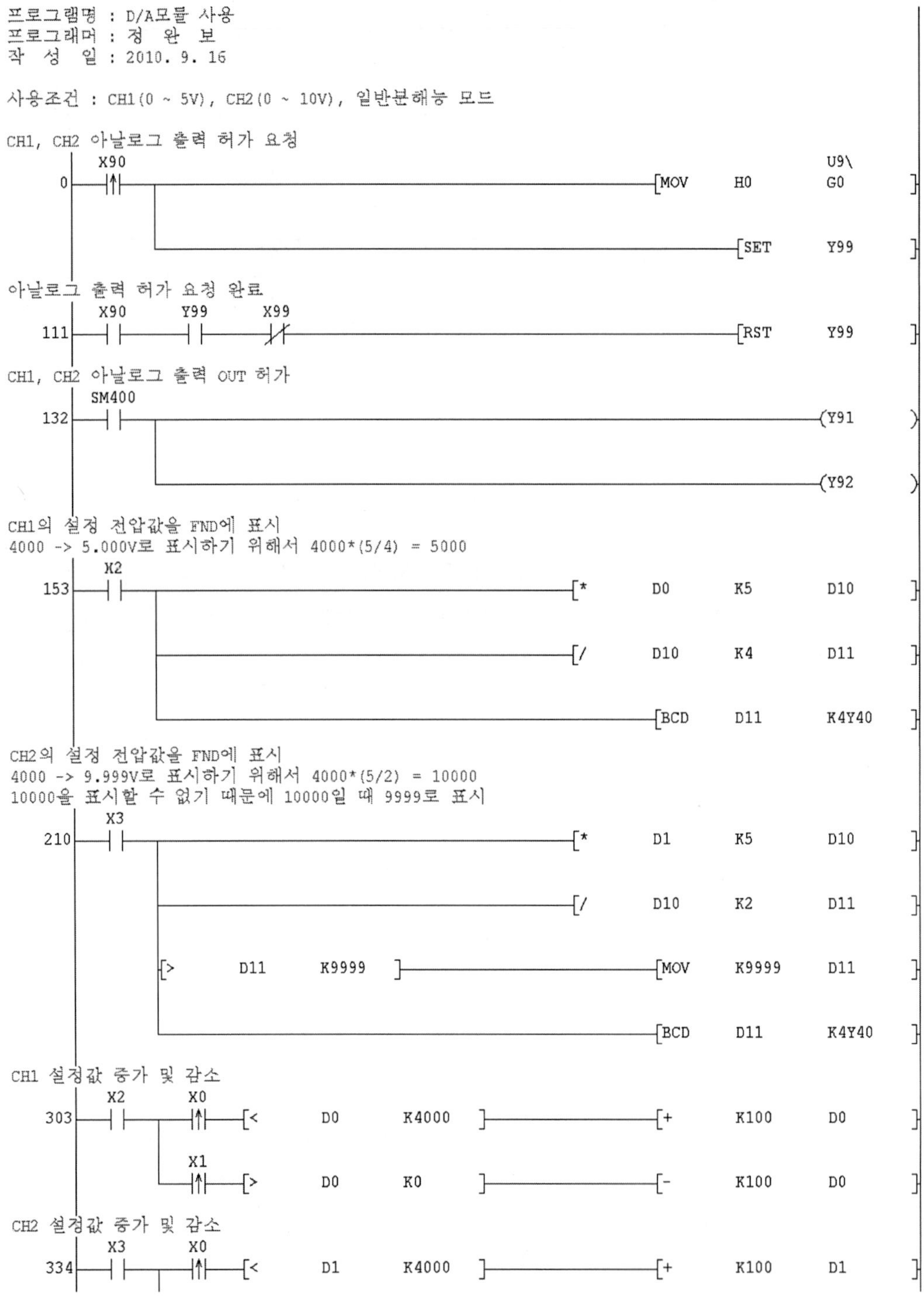
프로그램명 : D/A모듈 사용
프로그래머 : 정 완 보
작 성 일 : 2010. 9. 16
사용조건 : CH1(0 ~ 5V), CH2(0 ~ 10V), 일반분해능 모드
CH1, CH2 아날로그 출력 허가 요청
0 X90 [MOV H0 U9\G0]
[SET Y99]
아날로그 출력 허가 요청 완료
111 X90 Y99 X99 [RST Y99]
CH1, CH2 아날로그 출력 OUT 허가
132 SM400 (Y91)
(Y92)
CH1의 설정 전압값을 FND에 표시
4000 -> 5.000V로 표시하기 위해서 4000*(5/4) = 5000
153 X2 [* D0 K5 D10]
[/ D10 K4 D11]
[BCD D11 K4Y40]
CH2의 설정 전압값을 FND에 표시
4000 -> 9.999V로 표시하기 위해서 4000*(5/2) = 10000
10000을 표시할 수 없기 때문에 10000일 때 9999로 표시
210 X3 [* D1 K5 D10]
[/ D10 K2 D11]
[> D11 K9999] [MOV K9999 D11]
[BCD D11 K4Y40]
CH1 설정값 증가 및 감소
303 X2 X0 [< D0 K4000] [+ K100 D0]
X1 [> D0 K0] [- K100 D0]
CH2 설정값 증가 및 감소
334 X3 X0 [< D1 K4000] [+ K100 D1]

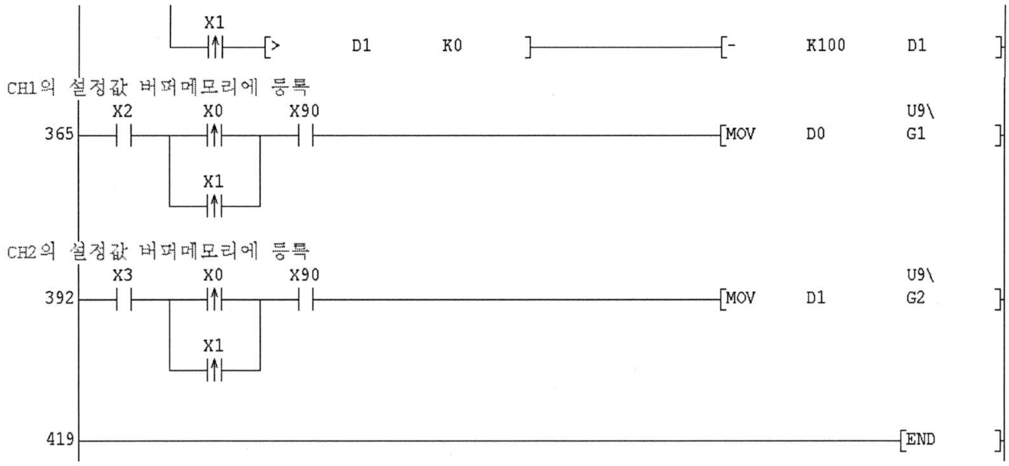

프로그램 2-3 아날로그 출력 전압 표시

[프로그램 2-3]에서 주의해서 살펴봐야 할 부분은 설정 값 0~4000으로 설정했을 때, FND에 표시되는 값은 채널 선택 스위치에 의해 0000~5000 또는 0000~9999의 값이 표시되도록 하는 부분이다. FND모듈에 소수점을 표시하지 않았기 때문에 5000은 5.000V을 의미하고 9999는 9.999V의 전압 값을 표시하는 것이다.

프로그램 라인 153번, 210번이 FND에 D/A모듈에서 출력되는 아날로그 전압 값을 표시하는 부분이다. 먼저 D/A모듈의 채널 1번은 설정 값은 0~4000일 때, 0000~5.000V의 아날로그 전압 값을 표시한다. 4000을 5000으로 표시하는 수식은 다음과 같다.

$$4000 \times \frac{5000}{4000} \quad = \quad 4000 \times \frac{5}{4}$$

곱셈의 결과 값은 0~20000 사이의 값이기 때문에 32비트의 결과 값 중에서 16비트의 결과값 만을 취해도 아무런 문제가 되지 않는다. 곱셈의 결과 값을 4로 나누게 되면 몫과 나머지가 구해지고, 몫 값을 디스플레이 하면 D/A모듈에서 출력되는 아날로그 전압 값에 근사한 전압 값을 FND에 표시할 수 있다.

예를 들면 버퍼메모리 1번지의 설정 값이 1000일 때, 채널 1번의 아날로그 출력 값은 1.25V의 전압이 출력되고 있는 상태일 것이다. 위의 수식을 이용해서 설정 값이 1000일 때의 FND표시 값을 구해보면 $(1000 \times 5)/4 = 1250$ 으로 아날로그 출력 전압 값과 동일한 값이 계산되고 있음을 알 수 있다. 이와 같이 단위변환을 할 때 곱셈과 나눗셈 연산 명령어를 잘 사용하면 원하는 결과 값을 쉽게 구할 수 있다.

프로그램 210번에서 채널 2번의 아날로그 출력 값이 10V가 될 때, FND모듈에 10000이 표시되어야 하는데 4자리 밖에 표시하지 못해 10000일 때, 9999가 표시되도록 하였다.

2-4 실습과제 아날로그 출력 전압을 이용한 인버터 제어 1

D/A모듈의 아날로그 출력을 이용해 인버터를 제어해보자. 앞에서도 실습을 통해 배웠지만 인버터는 유도전동기의 속도를 제어하는 디지털 제어기기로 외부에서 아날로그 전압을 인가하면 인버터에 연결된 유도전동기의 속도를 제어할 수 있다. 실습에 사용할 인버터는 미쓰비시의 FR-E700인버터이다.

1. FR-E700인버터

[그림 2-28]은 FR-E700인버터의 결선도를 나타낸 것이다. 먼저 인버터에 단상 입력전원과 유도전동기를 연결한다. [그림 2-28]에서 주파수 설정 신호(아날로그)부분을 살펴보자. 인버터의 5번과 2번 단자에 외부로부터 아날로그 전압 0~5V 또는 0~10V가 입력되면 인버터에 연결된 유도전동기의 속도를 조절 할 수 있다. 그리고 인버터에 연결된 유도전동기의 정회전 또는 역회전 가능하도록 하기 위해서는 인버터의 SD단자와 STF 또는 STR 단자와 연결되어야 한다.

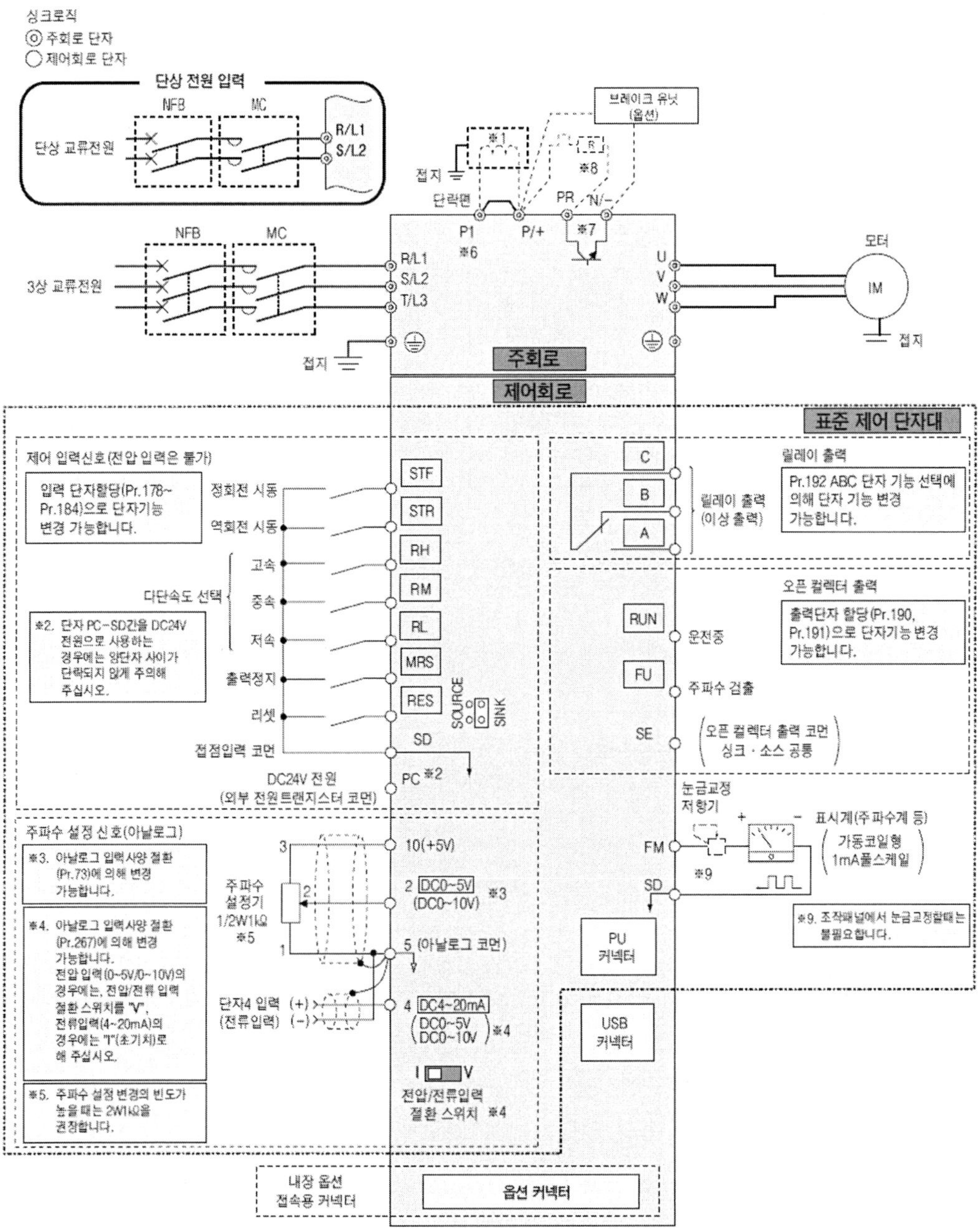

그림 2-28 FR-E700인버터의 결선도

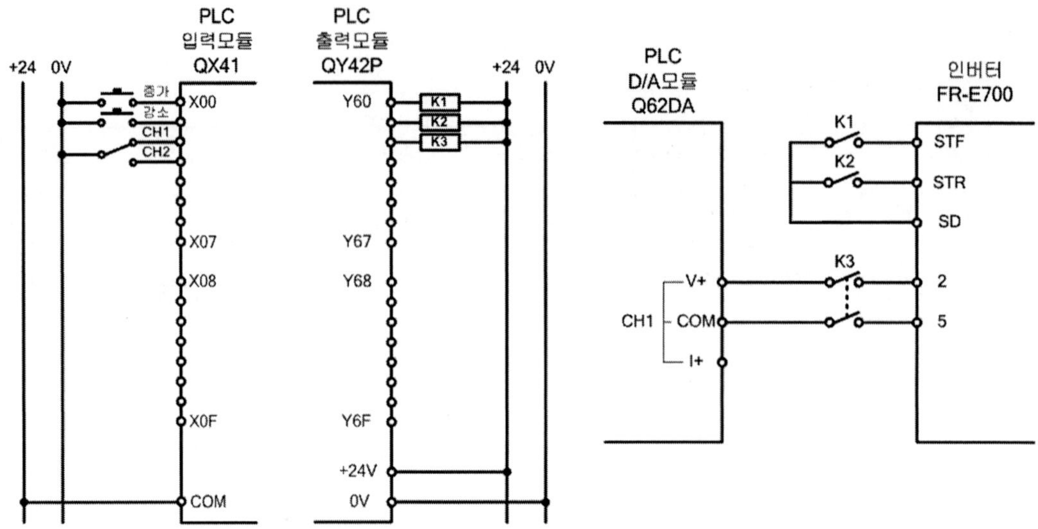

그림 2-29 D/A모듈을 이용해 인버터제어를 위한 PLC결선도

[그림 2-29]와 같이 PLC입출력 모듈과 D/A모듈을 이용해 인버터제어를 위한 결선을 한다. PLC출력 모듈은 NPN트랜지스터 출력타입으로 릴레이를 동작시켜 인버터 제어 신호를 ON/OFF하도록 전기회로를 구성하였다. 그리고 D/A출력도 릴레이 접점을 통해 ON/OFF 제어한다. Y40~Y4F에 연결된 FND모듈은 [그림 2-29]에서는 생략하였다.

2. D/A모듈을 이용해 인버터제어를 위한 인버터 운전모드 설정

인버터는 다양한 운전모드를 가지고 있다. 실습에서는 인버터의 운전지령은 STF, STR 단자를 이용한 방법을 사용하고, 인버터에 연결된 유도전동기의 회전속도 지령은 외부에 연결된 아날로그 전압입력을 사용한다. 주어진 조건을 만족하는 운전모드를 선택하기 위해서 인버터의 운전모드 변경 파라미터 설정을 통해 운전모드를 변경한다. 인버터를 운전하기 위해서는 다양한 파라미터를 변경해야 하지만 실습에서는 인버터의 운전모드만을 변경 설정하고 나머지 파라미터는 공장 초기 값으로 사용한다.

1. 전원 투입시 화면
   모니터가 표시됩니다.

2. (PU/EXT) 와 (MODE) 를 동시에 0.5s 누릅니다.

3. (다이얼) 를 돌려서 79 - 3 에 맞춥니다.
   그외의 설정은 아래표를 참조해 주십시오.

조작패널 표시	운전방법	
	시동 지령	주파수 지령
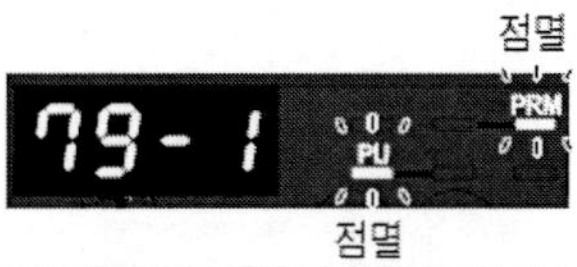		
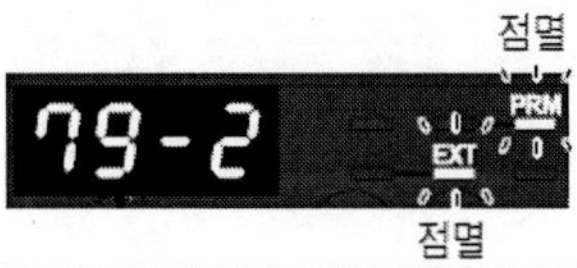	외부 (STF, STR)	아날로그 전압 입력
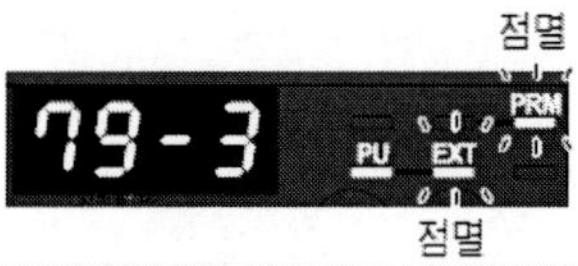	외부 (STF, STR)	
		아날로그 전압 입력

4. (SET) 을 눌러서 설정합니다.

플리커 … 파라미터 설정 완료!
⇩ 3s후 모니터 표시가 됩니다.

그림 2-30 인버터 운전모드 변경 방법

[그림 2-30]은 인버터의 운전모드를 변경하는 방법을 나타낸 것이다. 인버터의 운전모드는 [그림 2-30]에 나타낸 것과 같이 4가지의 방법이 있는데 실습에는 운전모드 2번을 사용한다. 따라서 인버터 파라미터 79 - 2를 선택한다. 운전모드 변경은 인버터의 운전 중에는 변경할 수 없다. 만약 인버터 운전 중(RUN LED점멸 동작)에 운전모드를 변경하면 "Er2" 에러코드가 발생한다. 이때는 인버터의 운전을 정지한 후 운전모드를 변경한다. 인버터의 운전모드를 변경했으면 이제부터 D/A모듈 아날로그 출력전압을 이용해 인버터의 속도를 변경해보자.

[표 2-22]에 주어진 조건에 만족하도록 D/A모듈의 버퍼메모리를 설정하고 동작조건에 맞는 PLC프로그램을 작성해보자.

그림 2-31 D/A모듈 조작 패널

표 2-22 D/A모듈의 아날로그 신호 출력 범위

구분	아날로그 출력타입	출력범위 및 설정범위
CH1	전압	0 ~ 5V
CH2	사용하지 않음	
분해능	일반 분해능	0 ~ 4,000

표 2-25 PLC 입출력 번지 할당표

입력번호	기능	출력번호	기능
X00	증가	Y60	STF ON
X01	감소	Y61	STR ON
X02		Y62	인버터 아날로그 전압
X03		Y4F~Y40	FND표시

【동작조건】

① 증가 버튼을 누를 때마다, D/A모듈 CH1의 버퍼메모리 디지털 설정 값이 100씩 증가하고 최대 4,000까지 증가할 수 있다. 버퍼메모리의 디지털 설정 값 4,000이면 증가 버튼을 누르더라도 더 이상 증가하지 않는다.

② 감소 버튼을 누를 때마다, D/A모듈 CH1의 버퍼메모리 디지털 설정 값이 100씩 감소하고 최대 0까지 감소한다. 버퍼메모리의 디지털 설정 값이 0이면 감소 버튼을 누르더라도 더 이상 감소하지 않는다.

③ FND는 CH1의 아날로그 출력 전압 값을 표시한다.

④ CH1의 버퍼메모리 설정 값이 "0"보다 크면 인버터의 STF신호(K1)와 D/A모듈의 아날로그 신호(K3)가 인버터에 연결되어 인버터에 연결된 유도전동기는 CH1의 버퍼메모리 설정 값에 따라 회전속도가 달라진다. 버퍼메모리 디지털 설정 값이 4,000일 때, 인버터는 60.00Hz의 속도로 회전하게 된다.

⑤ 버퍼메모리 설정 값이 "0"이면 K1, K3의 릴레이가 OFF된다.

【PLC프로그램】

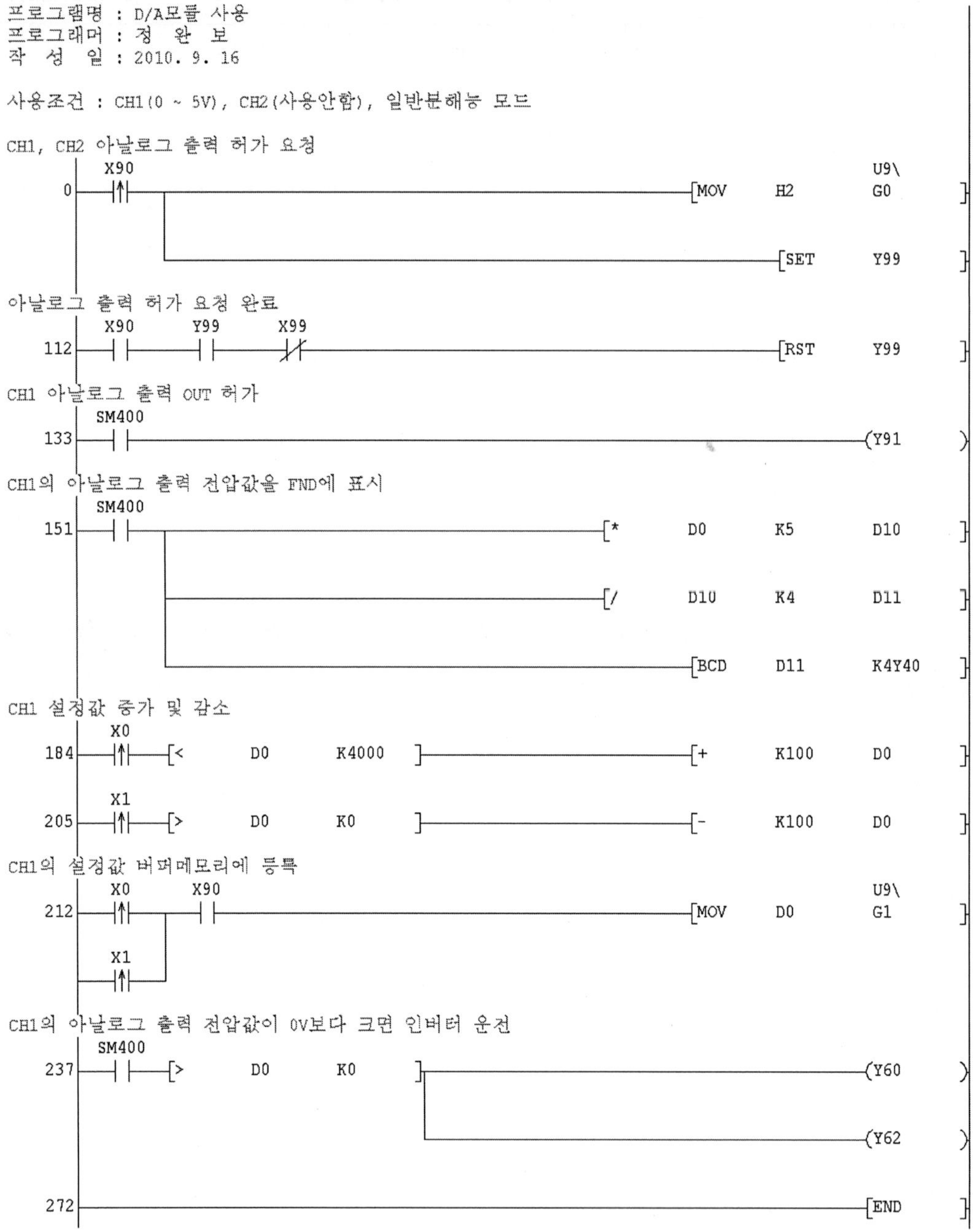

프로그램 2-4 D/A모듈 출력 전압을 이용한 인버터 제어

앞에서 학습한 내용과 별 차이가 없는 프로그램이다. 프로그램 라인 237번에서 D0의 설정 값이 0보다 크면 인버터를 운전하기 위한 STF신호와 D/A모듈의 아날로그 출력전압을 인버터에 연결하기 위한 릴레이를 ON한다.

2-5 실습과제 아날로그 출력 전압을 이용한 인버터 제어 2

D/A모듈 버퍼메모리 1번지의 디지털 설정 값에 따라 인버터에 연결된 유도전동기의 회전속도가 변경된다. 인버터는 유도전동기에 출력하는 전압의 주파수를 변경하여 유도전동기의 회전속도를 변경한다. 인버터의 출력주파수가 60.00Hz일 때 유도전동기는 정격 최고 회전속도로 회전한다. 이번 과제에서는 아래의 도표와 같이 CH1의 버퍼메모리 디지털 설정 값에 따라 D/A의 아날로그 출력 전압과 이 때 인버터의 운전주파수를 표시하는 PLC프로그램을 작성해보자.

표 2-26 D/A모듈의 아날로그 신호 출력 범위

CH1 버퍼메모리 디지털 설정값	D/A모듈 아날로그 출력전압	인버터 출력 주파수
0	0000	0000
1000	1250	1500
2000	2500	3000
3000	3750	4500
4000	5000	6000

1. 조작패널

그림 2-32 인버터 제어를 위한 D/A조작 패널

표 2-27 PLC 입출력 번지 할당표

입력번호	기능		출력번호	기능
X00	증가		Y60	STF ON
X01	감소		Y61	STR ON
X02	OFF	전압	Y62	인버터 아날로그 전압
	ON	주파수	Y4F~Y40	FND표시

【동작조건】

① 증가 버튼을 누를 때마다, D/A모듈 CH1의 버퍼메모리 디지털 설정 값이 100씩 증가하고 최대 4,000까지 증가할 수 있다. 버퍼메모리의 디지털 설정 값 4,000이면 증가 버튼을 누르더라도 더 이상 증가하지 않는다.

② 감소 버튼을 누를 때 마다, D/A모듈 CH1의 버퍼메모리 디지털 설정 값이 100씩 감소하고 최대 0까지 감소한다. 버퍼메모리의 디지털 설정 값이 0이면 감소 버튼을 누르더라도 더 이상 감소하지 않는다.

③ FND는 표시모드의 선택 스위치에 의해 CH1의 버퍼메모리 디지털 설정 값에 비례하는 D/A모듈의 아날로그 출력전압 또는 인버터의 운전 주파수를 표시한다.

④ CH1의 버퍼메모리 설정값이 "0"보다 크면 인버터의 STF신호(K1)와 D/A모듈의 아날로그 신호(K3)가 인버터에 연결되어 인버터에 연결된 유도전동기는 CH1의 버퍼메모리 설정 값에 따라 회전속도가 달라진다. 버퍼메모리 디지털 설정 값이 4,000일 때, 인버터는 60.00Hz의 속도로 회전하게 된다.

⑤ 버퍼메모리 설정값이 "0"이면 K1, K3의 릴레이가 OFF된다.

【PLC프로그램】

```
프로그램명 : D/A모듈 사용
프로그래머 : 정 완 보
작 성 일 : 2010. 9. 16

사용조건 : CH1(0 ~ 5V), CH2(사용안함), 일반분해능 모드

CH1, CH2 아날로그 출력 허가 요청
      X90                                                    U9\
    0 -|↑|-+-------------------------------------[MOV   H2    G0    ]
           |
           +-------------------------------------[SET         Y99   ]

아날로그 출력 허가 요청 완료
      X90     Y99     X99
  112 -| |-----| |-----|/|-----------------------[RST         Y99   ]

CH1 아날로그 출력 OUT 허가
      SM400
  133 -| |---------------------------------------------------(Y91   )

CH1의 아날로그 출력 전압값을 FND에 표시
      X2
  151 -|/|-+-------------------------[*     D0     K5     D10   ]
           |
           +-------------------------[/     D10    K4     D12   ]
           |
           +-------------------------------[BCD    D12    K4Y40 ]

CH1의 아날로그 출력을 인버터 출력 주파수 값으로 변환
      X2
  184 -| |-+-------------------------[*     D0     K6     D10   ]
           |
           +-------------------------[/     D10    K4     D12   ]
           |
           +-------------------------------[BCD    D12    K4Y40 ]

CH1 설정값 증가 및 감소
      X0
  224 -|↑|--[<    D0    K4000  ]---------------[+    K100    D0   ]
      X1
  245 -|↑|--[>    D0    K0     ]---------------[-    K100    D0   ]
```

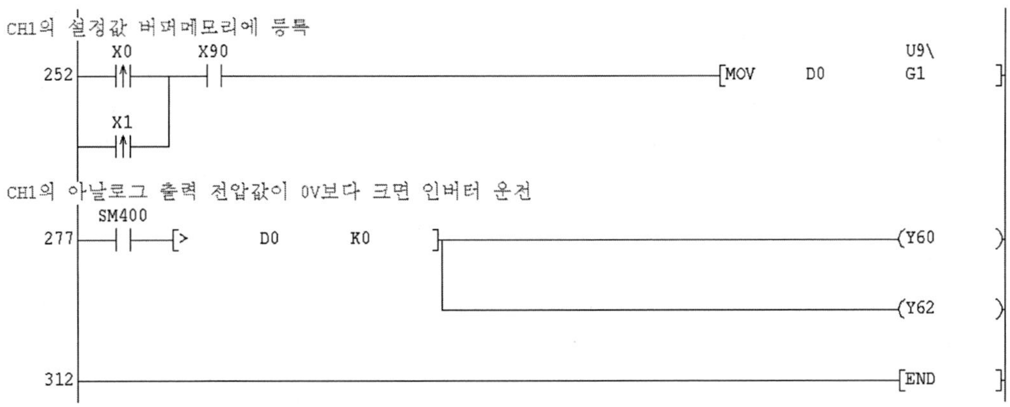

프로그램 2-5 D/A모듈 출력 전압을 이용한 인버터 제어

2-6 실습과제 아날로그 출력 전압을 이용한 인버터 제어 3

D/A모듈과 인버터를 이용해 선풍기를 만들어보자. 무더운 여름을 시원하게 보내기 위해서 가정집에 한두 대 정도의 선풍기가 있을 것이다. 이번 과제에서는 한 여름을 시원하게 보낼 선풍기를 만들어보자.

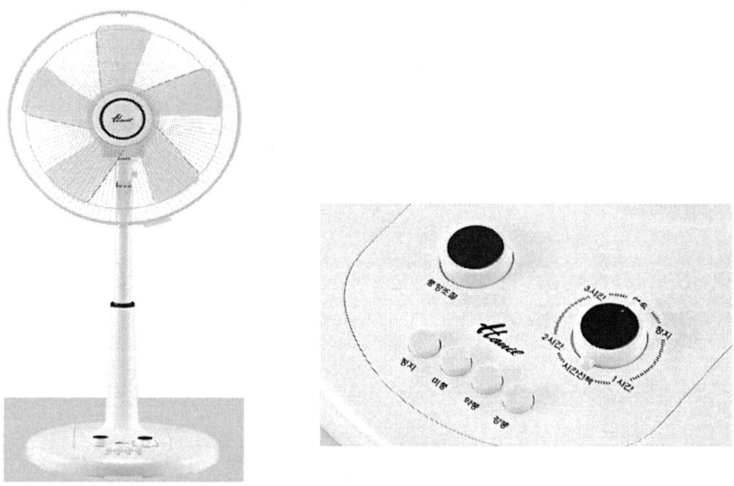

그림 2-33 선풍기 외형

[그림 2-33]은 선풍기 외형과 선풍기를 제어하기 제어판 외형을 나타낸 것이다. 선풍기는 선풍기 본체 자체에 설치되어 있는 단수 설정 버튼을 이용해 풍향을 조절할 수 있도록 되어 있다. 이번 과제에서는 풍향 단수를 설정할 수 있는 조건의 선풍기를 만들어 보자.

1. 조작패널

그림 2-34 선풍기 조작패널

표 2-28 PLC 입출력 번지 할당표

입력번호	기능	출력번호	기능
X00	시작/정지	Y60	STF ON
X01	미풍	Y61	STR ON
X02	약풍	Y62	인버터 아날로그 전압
X03	강풍	Y4F~Y40	FND표시

【동작조건】

① 시작/정지 버튼을 누를 때마다, 인버터는 RUN과 정지 상태를 반복한다. 정시상태에서 시작/정지 버튼을 누르면 인버터는 RUN상태가 되고, 인버터 RUN상태에서 시작/정지 버튼을 누르면 인버터는 정지한다.

② 시작/정지 버튼을 눌러서 인버터가 RUN상태가 되면 미풍의 속도로 회전한다. 인버터가 RUN상태에서는 미풍, 약풍, 강풍 버튼의 누름에 따라 인버터에 연결된 유도전동기의 회전속도는 변경된다.

③ 미풍, 약풍, 강풍의 설정에 따라 [표 2-29]에 주어진 속도로 인버터가 동작할 수 있도록 D/A모듈 CH1의 버퍼메모리에 디지털 설정 값을 설정한다.

표 2-29

단수표시	정지	미풍(1단)	약풍(2단)	강풍(3단)
인버터 출력주파수	0Hz	20Hz	40Hz	60Hz
디지털 설정값	0	1333	2667	4000

【PLC프로그램】

프로그램명 : D/A모듈 사용
프로그래머 : 정 완 보
작 성 일 : 2010. 9. 16

사용조건 : CH1(0 ~ 5V), CH2(사용안함), 일반분해능 모드

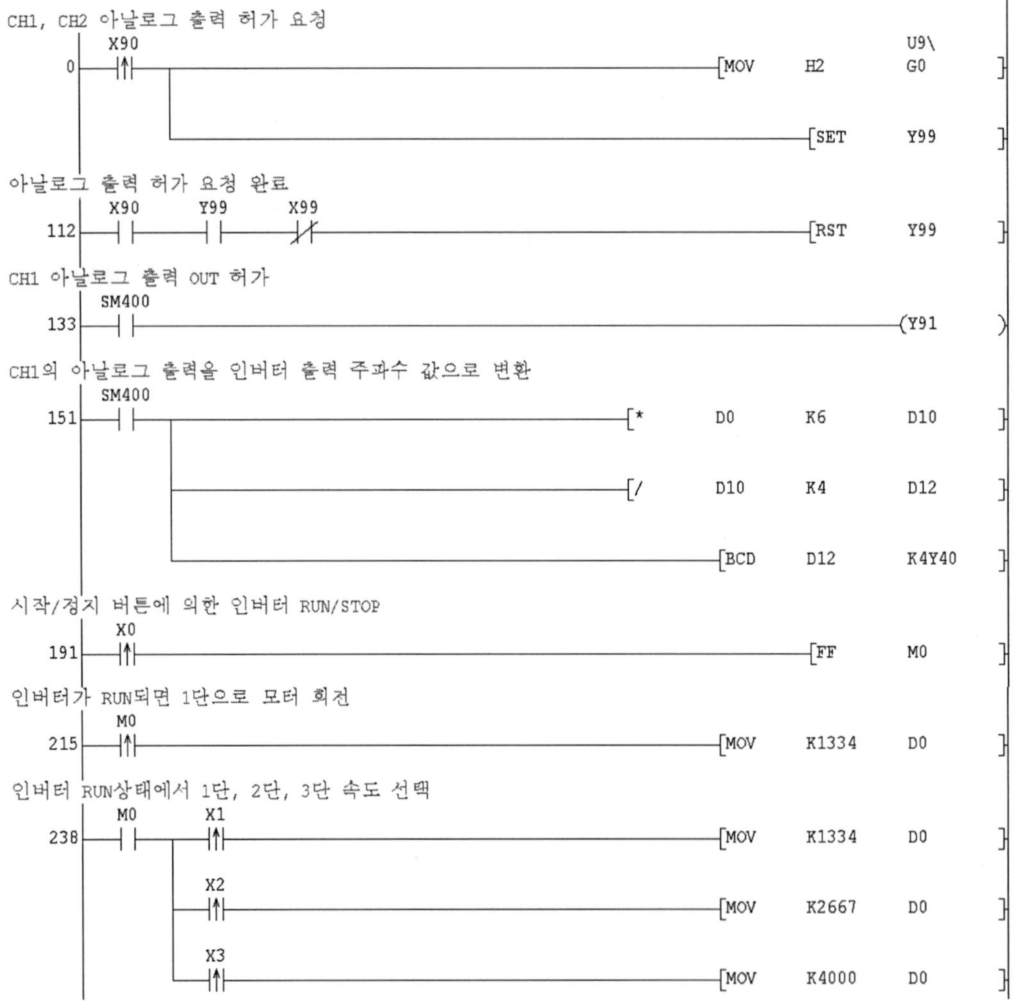

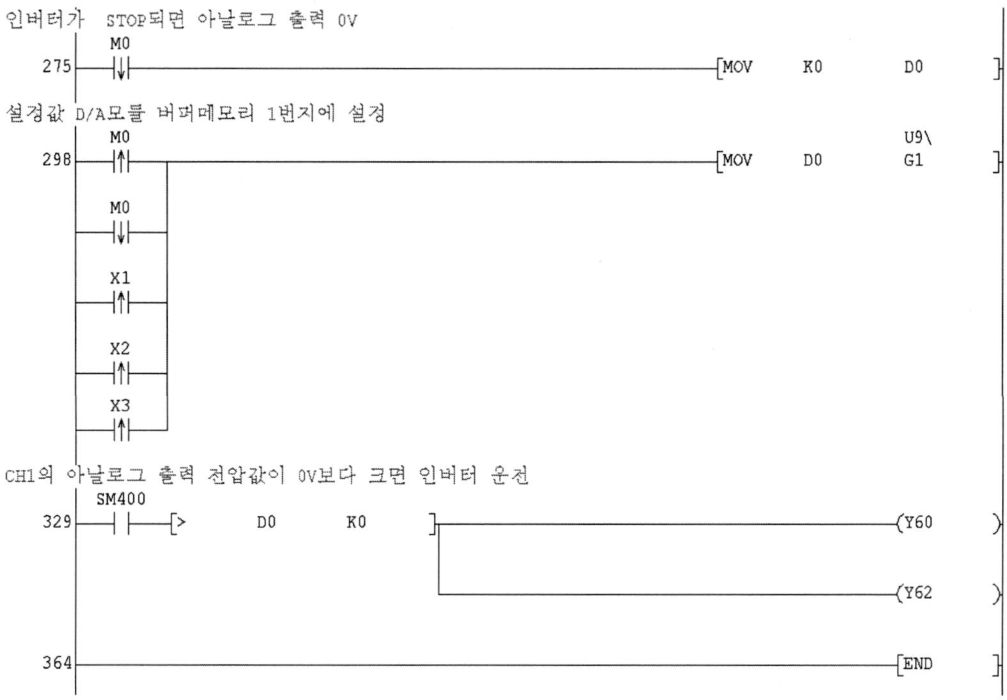

프로그램 2-6 D/A모듈 출력 전압을 이용한 인버터 제어

프로그램 라인 191번은 시작/정지 버튼 하나를 가지고 인버터를 RUN/STOP하기 위해 플립플롭 명령어 "FF"를 사용했다. M0비트가 ON되는 순간 D/A모듈의 버퍼메모리 1번지에 아날로그 출력을 위한 디지털 값을 설정하고 있다.

프로그램 라인 275번은 인버터가 STOP될 때, D/A모듈의 아날로그 출력을 0V로 만들기 위한 것이다.

2-7 실습과제 아날로그 출력 전압을 이용한 인버터 제어 4

이번 과제에서는 스마트한 기능을 가진 선풍기 동작을 D/A모듈과 인버터를 이용해서 구현해보자. [그림 2-35]와 같은 고급형 선풍기는 여러 가지의 기능을 가지고 있는데 한 개의 푸시버튼을 이용해 다양한 기능을 구현 하도록 되어있다. 예를 들어 선풍기의 리모컨의 "바람세기" 버튼을 누를 때 마다 선풍기의 바람세기는 미풍에서 강풍으로 단계적으로 변경된다. 과제에서는 선풍기를 예를 들고 있지만 이러한 기능은 산업현장에서 널리 사용되고 있는 기능이다. 건물의 공조를 위해 사용하는 팬의 속도조절 또는 기계장치의 냉각을 위해서 냉각수를 순환하는 냉각펌프의 속도조절 등에 사용할 수 있다.

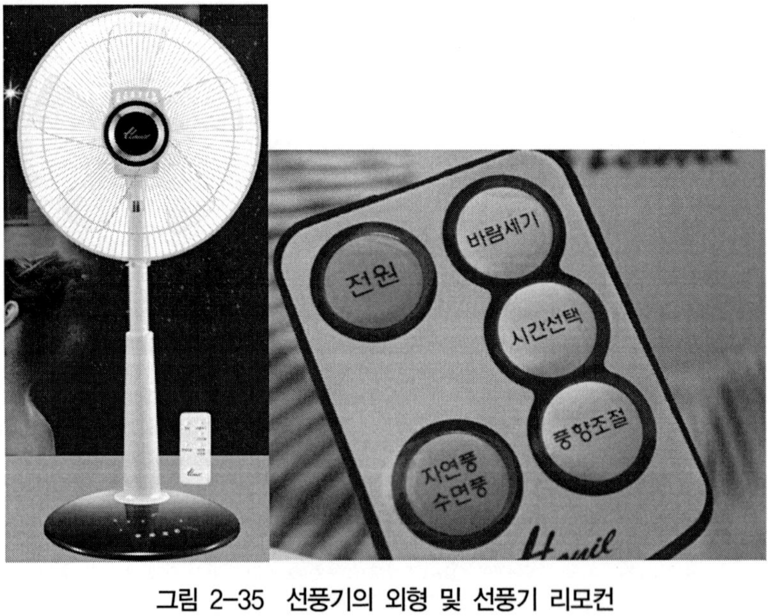

그림 2-35 선풍기의 외형 및 선풍기 리모컨

[그림 2-35]의 선풍기 제어를 위한 리모컨을 살펴보면 5개의 푸시버튼이 있음을 알 수 있다. 선풍기의 다양한 기능을 제어하기 위해 여러 개의 푸시버튼이 필요하지만 하나의 버튼에 여러 가지 기능을 부여함으로써 푸시버튼의 개수를 줄이고 기능은 다양하게 구현할 수 있다. 예를 들면 리모컨의 바람세기 버튼을 누를 때마다 선풍기의 풍속은 미풍 → 약풍 → 강풍 → 미풍 순으로 순환하면서 변경된다. PLC프로그램으로 이러한 기능을 구현해보자.

1. 조작패널

그림 2-36

표 2-30 PLC 입출력 번지 할당표

입력번호	기능	출력번호	기능
X00	증가	Y60	STF ON
X01	감소	Y61	STR ON
X02	전압 표시	Y62	인버터 아날로그 전압
X03	주파수 표시	Y43~Y40	바람세기 FND표시
X04	전원	Y4B ~ Y44	시간설정 FND표시
X05	바람세기	Y4F ~ Y4C	전원표시 FND표시
X06	시간선택		
X07	자연풍/수면풍		

【동작조건】

① 선풍기는 반드시 전원이 ON된 상태에서만 동작할 수 있다. 전원의 ON/OFF상태를 나타내기 위해 첫 번째 FND에 0과 1로서 전원의 ON/OFF상태를 나타낸다. PLC의 전원이 OFF → ON이 되면 FND에는 "0000"이 표시되어 있고 선풍기는 정지된 상태에 있다. 이 상태에서 전원 스위치를 누르면 전원이 ON상태가 되고 이때 전원표시 FND에는 "1"이 표시되고 선풍기는 1단의 속도로 회전한다. 이 상태에서 선풍기 동작을 위한 버튼을 조작하면 선풍기가 동작한다. 전원이 ON상태에서 다시 전원 버튼을 누르면 전원표시 FND에는 "0"이 표시되면서 선풍기의 모든 동작은 정지하고, FND에는 "0000"이 표시된다.

② 전원이 ON상태에서 바람세기 버튼을 누를 때마다 선풍기의 풍향속도는 "정지 → 1단 → 2단 → 3단 → 정지 → 1단 → …" 순으로 선택된다. 풍향속도를 나타내기 위해 네 번째 FND에 0, 1, 2, 3을 표시해서 바람세기의 상태를 나타낸다.

단수	정지	1단	2단	3단
설정주파수	0Hz	20Hz	40Hz	60Hz

③ 전원이 ON상태에서 시간선택 스위치를 누르면 설정된 시간만큼 선풍기가 동작을 하고 정지한다. 시간 설정이 "00"인 상태에서는 전원버튼에 의해 선풍기 동작의 시작과 정지가 결정된다. 시간선택은 선풍기 전원이 ON상태에서 선풍기 동작 중에 설정할 수 있고, 시간선택 버튼을 누르면 시간은 0 → 30 → 60 → 90 → 0 → 30 → …순으로 변경된다. 시간 설정이 되면 선풍기는 설정된 시간만큼 동작하고 자동으로 정지한다. 시간 설정이 된 상태에서 선풍기가 동작을 하면 동작시간을 표시하기 위해 설정된 동작시간에서 1초 단위로 시간이 감소하는 것을 표시한다. 동작 중에 선풍기의 전원이 OFF되면 설정된 시간은 자동으로 "00"이 된다. 설정시간의 단위는 초(sec)이다.

④ 자연풍/수면풍 버튼은 이번 과제에서는 동작을 구현하지 않는다.

【PLC프로그램】

프로그램명 : D/A모듈 사용
프로그래머 : 정 완 보
작 성 일 : 2010. 9. 16

사용조건 : CH1(0 ~ 5V), CH2(사용안함), 일반분해능 모드

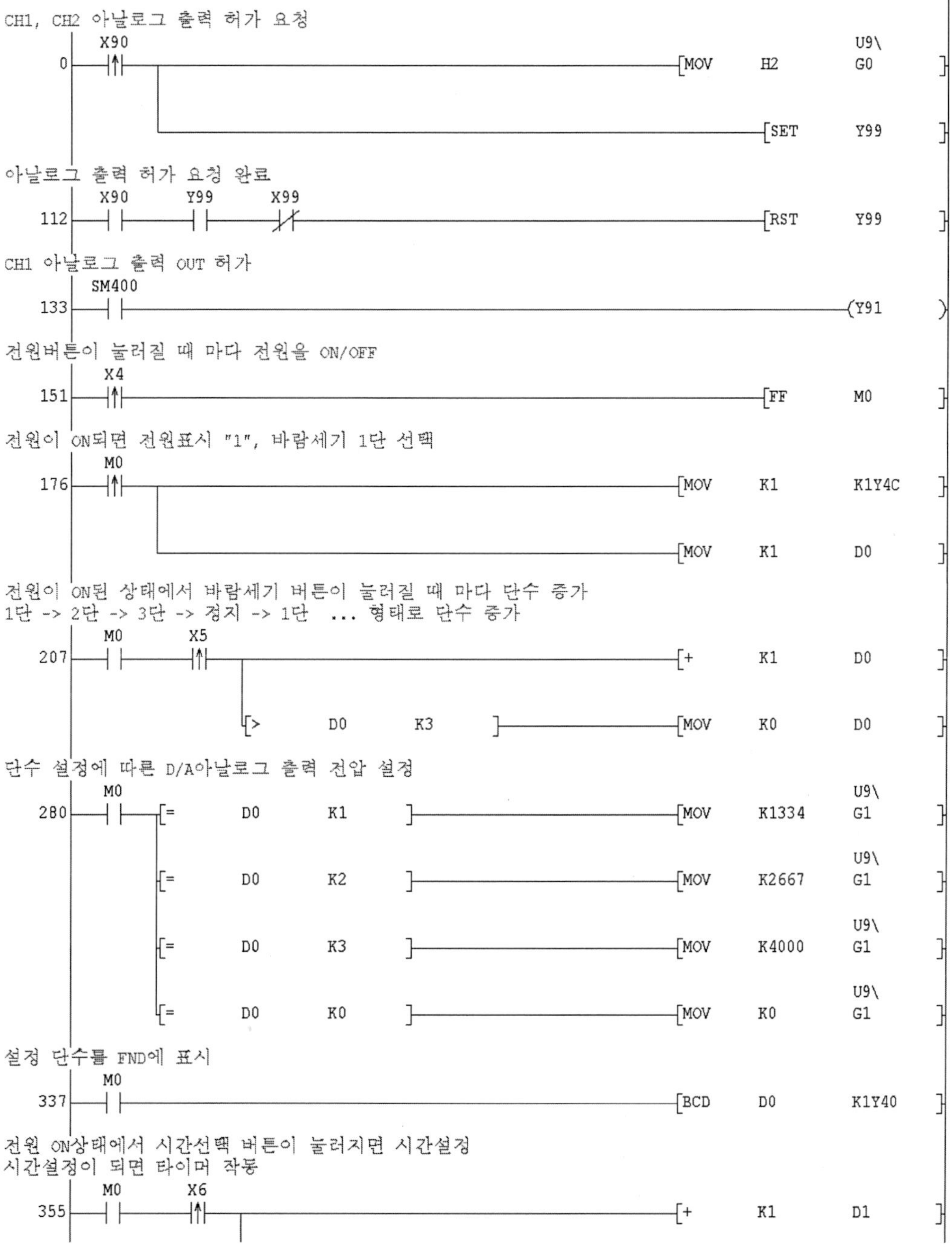

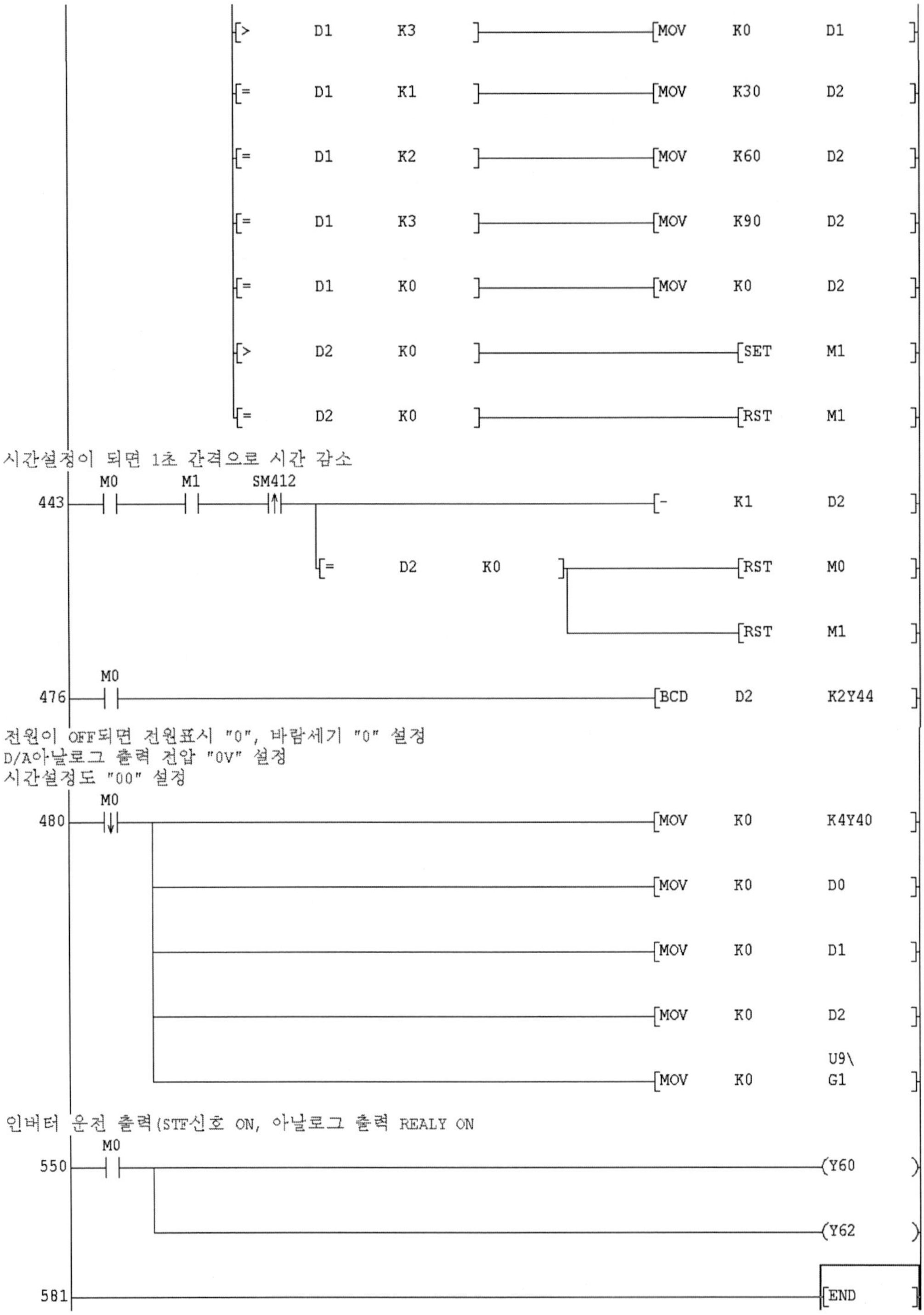
[> D1 K3] [MOV K0 D1]
[= D1 K1] [MOV K30 D2]
[= D1 K2] [MOV K60 D2]
[= D1 K3] [MOV K90 D2]
[= D1 K0] [MOV K0 D2]
[> D2 K0] [SET M1]
[= D2 K0] [RST M1]
시간설정이 되면 1초 간격으로 시간 감소
443 M0 M1 SM412 [- K1 D2]
[= D2 K0] [RST M0]
[RST M1]
476 M0 [BCD D2 K2Y44]
전원이 OFF되면 전원표시 "0", 바람세기 "0" 설정
D/A아날로그 출력 전압 "0V" 설정
시간설정도 "00" 설정
480 M0 [MOV K0 K4Y40]
[MOV K0 D0]
[MOV K0 D1]
[MOV K0 D2]
[MOV K0 U9\ G1]
인버터 운전 출력(STF신호 ON, 아날로그 출력 REALY ON
550 M0 (Y60)
(Y62)
581 [END]

그림 225

프로그램 라인 176번은 전원버튼이 눌러져 전원이 ON되면 FND에 "1"을 표시하고 1단으로 회전하기 위한 설정 값인 "1"을 D0에 설정한다.

프로그램 라인 207번은 전원 ON상태에서 단수 증가 버튼이 눌러질 때마다 단수를 증가하기 위해 D0의 설정값을 1씩 증가시킨다.

프로그램 라인 280번은 D0의 설정 값에 따라 D/A모듈의 채널 1번의 아날로그 전압값을 변경하기 위해 D/A모듈 버퍼메모리에 설정 값을 등록하는 부분이다.

프로그램 라인 355번은 시간설정 부분으로 시간선택 버튼이 눌러지면 타이머의 동작시간을 설정하는 부분이다. 타이머의 설정시간이 "00"이면 시간설정에 관계없이 전원 버튼에 의해 인버터의 동작이 ON/OFF되어야 한다. 따라서 타이머의 설정시간 부분을 D1을 이용해서 "0, 1, 2, 3"으로 설정한 후 비교 연산을 통해서 D2에 타이머의 동작시간을 설정한다. 그리고 D2에 설정된 값을 비교해서 타이머를 동작여부를 결정하도록 하였다.

프로그램 라인 443번은 D2에 설정된 타이머를 동작시키기 위한 부분으로 시간설정이 되면 1초 간격으로 설정시간이 감소하다가 "00"이 되면 인버터의 동작을 OFF시키는 부분이다.

프로그램 라인 480번은 전원 버튼의 조작에 의해 OFF되는 순간 각종 설정 값을 "0"으로 초기화 하고 D/A모듈의 아날로그 출력 값도 "0"으로 설정하는 부분이다.

2-8 실습과제 아날로그 출력 전압을 이용한 인버터 제어 5

이번 과제에서는 2장에서 구현했던 선풍기 과제를 인버터의 다단속도 제어 기능을 사용하지 않고 D/A모듈의 아날로그 출력 전압을 이용해 스마트한 선풍기의 동작을 구현해 보자.

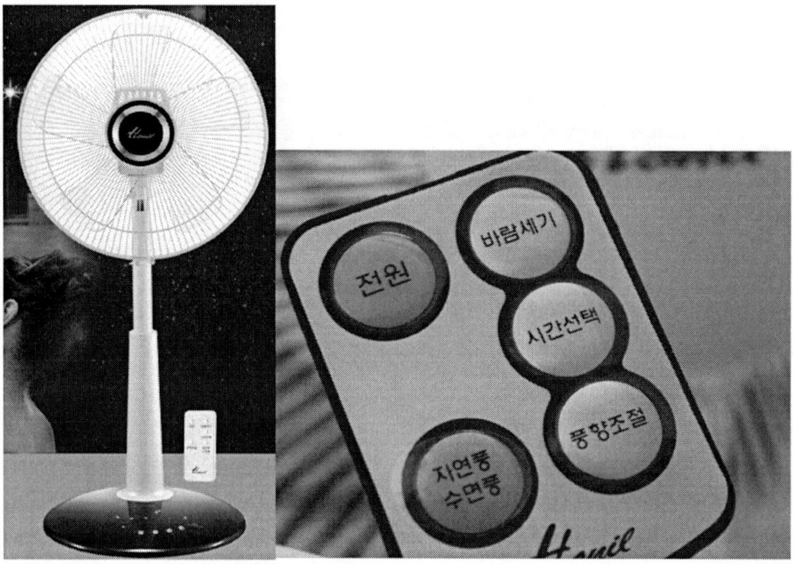

그림 2-37 선풍기의 외형 및 선풍기 리모컨

자연풍/수면풍 버튼을 조작하면 바람세기 버튼에 의해 선택된 바람의 세기가 아니라 풍향속도를 일정시간 간격으로 변경하여 자연바람과 비슷한 바람을 제공한다.

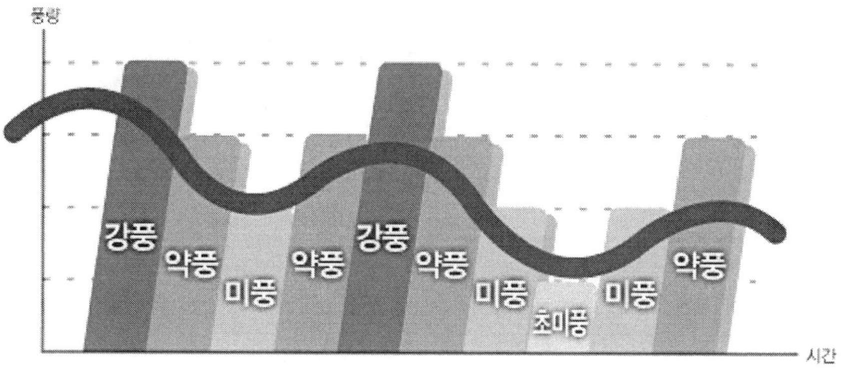

그림 2-38 자연풍/수면풍 기능일 때 선풍기 동작 패턴

자연풍은[그림 2-38]에 나타낸 것과 같이 강풍/약풍/미풍이 반복되어 나와 자연의 바람처럼 느낄 수 있게 하는 동작모드이다. 수면풍은 수면 중에 선풍기를 계속 사용하면 호흡에 문제가 생길 수 있다. 수면풍이 선택되면 미풍, 초미풍, 꺼짐이 주기에 따라 작동한다.

1) 조작패널

그림 2-39

표 2-31 PLC 입출력 번지 할당표

입력번호	기능	출력번호	기능
X00	증가	Y60	STF ON
X01	감소	Y61	STR ON
X02	전압 표시	Y62	인버터 아날로그 전압
X03	주파수 표시	Y4F~Y40	FND표시
X04	전원		
X05	바람세기		
X06	시간선택		
X07	자연풍/수면풍		

【동작조건】

① 선풍기는 반드시 전원이 ON된 상태에서만 동작할 수 있다. 전원의 ON/OFF상태를 나타내기 위해 첫 번째 FND에 0과 1로서 전원의 ON/OFF상태를 나타낸다. PLC의 전원이 OFF → ON이 되면 FND에는 "0000"이 표시되어 있고 선풍기는 정지된 상태에 있다. 이 상태에서 전원 스위치를 누르면 전원이 ON상태가 되고 이때 전원표시 FND에는 "1"이 표시되고 선풍기는 1단의 속도로 회전한다. 이 상태에서 선풍기 동작을 위한 버튼을 조작하면 선풍기가 동작한다. 전원이 ON상태에서 다시 전원 버튼을 누르면 전원표시 FND에는 "0"이 표시되면서 선풍기의 모든 동작은 정지하고, FND에는 "0000"이 표시된다.

② 전원이 ON상태에서 바람세기 버튼을 누를 때 마다 선풍기의 풍향속도는 "정지 → 1단 → 2단 → 3단 → 정지 → 1단 → …" 순으로 선택된다. 풍향속도를 나타내기 위해 네 번째 FND에 0, 1, 2, 3을 표시해서 바람세기의 상태를 나타낸다.

단수	정지	1단	2단	3단
설정주파수	0Hz	20Hz	40Hz	60Hz

③ 전원이 ON상태에서 시간선택 버튼을 누르면 설정된 시간만큼 선풍기가 동작을 하고 정지한다. 시간 설정이 "00"인 상태에서는 전원버튼에 의해 선풍기 동작의 시작과 정지가 결정된다. 시간선택은 선풍기 전원이 ON상태에서 선풍기 동작 중에 또는 선풍

기 정지 중에 설정할 수 있고, 시간선택 버튼을 누르면 시간은 0 → 30 → 60 → 90 → 0 → 30 → …순으로 변경된다. 시간 설정이 되면 선풍기는 설정된 시간만큼 동작하고 자동으로 정지한다. 시간 설정이 된 상태에서 선풍기가 동작을 하면 동작시간을 표시하기 위해 설정된 동작시간에서 1초 단위로 시간이 감소하는 것을 표시한다. 동작 중에 선풍기의 전원이 OFF되면 설정된 시간은 자동으로 "00"이 된다. 설정시간의 단위는 초(sec)이다.

④ 자연풍/수면풍 버튼을 누르면 일반모드 → 자연풍모드 → 수면풍모드 → 일반모드 순서로 모드가 변경된다. 선풍기의 동작모드를 나타내기 위해 일반모드에서는 바람세기가 1, 2, 3이 표시되고, 자연풍모드에서는 7이 표시되고 수면풍모드에서는 9가 표시된다. 일반모드에서 작동 중에 모드가 변경되었다가 다시 일반모드로 돌아오면 풍향속도는 이전의 설정과 관계없이 1단으로 동작한다.

⑤ 자연풍 모드가 선택되면 강풍(10초) → 약풍(10초) → 미풍(10초) → 약풍(10초) → 강풍(10초) → 약풍(10초) → … 순으로 동작한다.

⑥ 수면풍 모드가 선택되면 미풍(10초) → 초미풍(10초) → 꺼짐(5초) → 미풍(10초) → 초미풍(10초) → 꺼짐(5초) → 미풍(10초) → … 순으로 동작한다. 초미풍은 5Hz로 동작한다.

⑦ 자연풍 및 수면풍 모드는 선풍기의 동작시간이 설정되어 있으면 동작시간 만큼만 동작하고 정지하고, 만약 시간설정이 되어 있지 않으면 선풍기의 전원이 OFF될 때까지 동작한다.

[실습과제 2-8]은 독자들이 직접 풀어 볼 수 있도록 과제로 남겨두도록 하겠다. 1장에서 다루어본 과제이기 때문에 조금만 고민하면 해결 할 수 있는 과제이다. 필자의 경험에 의하면 PLC프로그래머의 고수가 되는 가장 빠른 지름길은 남이 해결한 과제를 가지고 공부한 것이 아니라 주어진 과제를 해결하기 위해 과제의 동작을 분석해 시스템의 동작순서를 파악하고 PLC프로그램을 작성해서 실행시켜 보고, 문제점이 발생되면 다시 원인 검토하고 PLC프로그램을 수정 및 실행하는 과정을 거쳐서 주어진 과제를 해결하는 방법이다. 여러분이 머릿속에 기억하고 있는 과거의 기억은 아주 힘든 일 또는 가장 행복했던 일만 남아있고 나머지 사소한 추억은 다 사라지고 없을 것이다. PLC프로그램 공부도 마찬가지다. 본인이 직접 고민하고 과제를 해결하면서 고생했던 내용은 오랜 시간이 지나도 잊어버리지 않는다. 하지만 교재를 가지고 쉽게 공부한 내용은 쉽게 잊어버리기 때문에 가능하면 필자가 제시한 정답을 보지 말고 실습과제의 주어진 조건을 가지고 본인이 직접 고민해 PLC프로그램을 작성해보고 실행시켜 본 후, 필자의 정답과 비교해서 어떤 점이 다른지를 파악해서 독자가 작성한 프로그램이 효율적인지 아니면 필자가 작성한

프로그램이 효율적인지를 비교 판단해보기 바란다.

PLC을 배우는데 있어서 가장 좋은 책자는 아마도 PLC를 제작하는 기업에서 발행하는 매뉴얼일 것이다. 하지만 매뉴얼 역시 초보자가 보기에는 쉽지 않고 분량도 많기 때문에 초보자들에게는 버거운 책자임에 틀림없다. 필자도 앞에서 언급한 적이 있지만 초보자 시절 매뉴얼을 보고나서도 무슨 뜻인지를 파악하지 못한 경우가 허다하다. 그래서 필자가 교재를 만든 것이다. 교재를 보고 차근차근 기본 기능을 배우고 기능을 숙달한 후에는 해당 PLC매뉴얼을 상세히 보기를 권한다. 매뉴얼에는 교재에서 언급하지 않은 많은 기능들이 설명되어 있다.

[실습과제 2-8]의 정답은 복두출판사의 게시판에 게재해놓도록 하겠다.

C/H/A/P/T/E/R 03

아날로그 제어(A/D)

1. A/D변환 모듈
2. A/D변환 모듈의 사용

실습과제 3-1~3-7

CHAPTER 3

1 A/D변환 모듈

1-1 외형 및 단자배치

멜섹Q PLC에서 사용되는 A/D모듈은 Q64AD, Q68ADV, Q68AI와 같은 종류가 있고 실습에서는 4개의 아날로그 입력 채널을 가지고 있는 Q64AD를 사용한다.

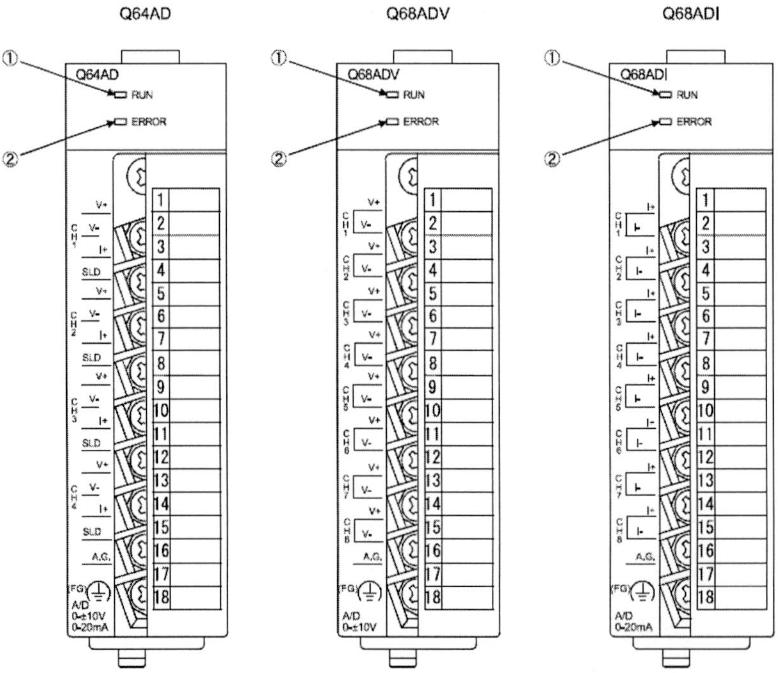

그림 3-1 A/D모듈의 외형

표 3-1 A/D모듈의 구성

번호	명칭	내용
①	RUN LED	A/D변환 모듈의 운전 상태를 표시 점등 : 정상 동작 중 점멸 : 오프셋 또는 게인 설정 모드 중 소등 : 5V전원 차단시, WDT에러 발생시, 온라인 모듈 교환
②	ERROR LED	A/D변환 모듈의 에러상태를 표시 점등 : 에러 발생 중(에러코드 확인) 소등 : 정상 동작 중 점멸 : 스위치 설정 에러(인텔리전트 기능 모듈 스위치의 "스위치5" 에 0 이외의 값 설정)

Q64AD는 4개의 전압 또는 전류를 입력 받을 수 있는 아날로그 채널을 가지고 있고, Q68ADV는 8개의 전압 입력 전용 아날로그 채널을 가지고 있고, Q68ADI는 8개의 전류 입력 전용 아날로그 채널을 가지고 있는 아날로그 모듈이다. 사용자의 사용 환경에 맞추어 선택하면 된다.

[그림 3-2]에 아날로그 입력 모듈의 단자대 기능과 Q64AD모듈의 아날로그 신호 연결 방법을 나타내었다. 전류 입력의 경우에는 반드시 V+ 와 V− 단자를 접속해야 해서 사용한다.

단자 번호	신호명					
	Q64AD		Q68ADV		Q68ADI	
1	CH1	V+	CH1	V+	CH1	I+
2		V−		V−		I−
3		I+	CH2	V+	CH2	I+
4		SLD		V−		I−
5	CH2	V+	CH3	V+	CH3	I+
6		V−		V−		I−
7		I+	CH4	V+	CH4	I+
8		SLD		V−		I−
9	CH3	V+	CH5	V+	CH5	I+
10		V−		V−		I−
11		I+	CH6	V+	CH6	I+
12		SLD		V−		I−
13	CH4	V+	CH7	V+	CH7	I+
14		V−		V−		I−
15		I+	CH8	V+	CH8	I+
16		SLD		V−		I−
17	A. G. (ANALOG GND)					
18	FG					

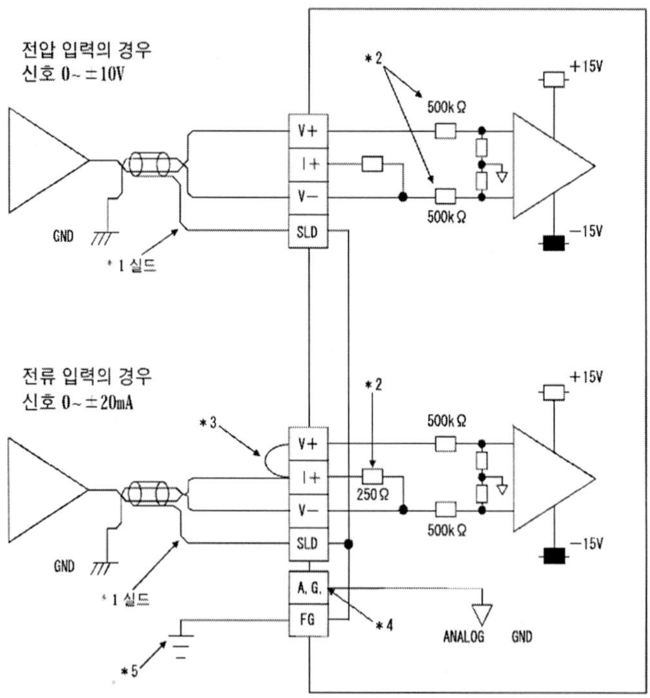

그림 3-2 아날로그 입력 모듈의 단자 기능 및 아날로그 신호 연결 방법

1-2 성능 사양

표 3-2 A/D모듈의 사양

<table>
<tr><th colspan="2">항목 \ 형명</th><th>Q64AD</th><th>Q68ADV</th><th>Q68ADI</th></tr>
<tr><td colspan="2">아날로그 입력 점수</td><td>4점(4채널)</td><td>8점(8채널)</td><td>8점(8채널)</td></tr>
<tr><td rowspan="2">아날로그 입력</td><td>전압</td><td colspan="2">DC－10~10V(입력 저항값 1MΩ)</td><td>――</td></tr>
<tr><td>전류</td><td>DC0~20mA(입력 저항값 250Ω)</td><td>――</td><td>DC0~20mA(입력 저항값 250Ω)</td></tr>
<tr><td colspan="2">디지털 출력</td><td colspan="3">16비트 부호 부착 바이너리(일반 분해능 모드 : -4096~4095, 고분해능 모드 : -12288~12287, -16384~16383)</td></tr>
<tr><td colspan="2">입출력 특성, 최대 분해능</td><td colspan="3">
<table>
<tr><th colspan="2" rowspan="2">아날로그 입력 범위</th><th colspan="2">일반 분해능 모드</th><th colspan="2">고분해능 모드</th></tr>
<tr><th>디지털 출력값</th><th>최대 분해능</th><th>디지털 출력값</th><th>최대 분해능</th></tr>
<tr><td rowspan="5">전압</td><td>0~10V</td><td rowspan="3">0~4000</td><td>2.5mV</td><td>0~16000</td><td>0.625mV</td></tr>
<tr><td>0~5V</td><td>1.25mV</td><td rowspan="2">0~12000</td><td>0.416mV</td></tr>
<tr><td>1~5V</td><td>1.0mV</td><td>0.333mV</td></tr>
<tr><td>－10~10V</td><td rowspan="2">-4000~4000</td><td>2.5mV</td><td>－16000~16000</td><td>0.625mV</td></tr>
<tr><td>사용자 영역 설정</td><td>0.375mV</td><td>－12000~12000</td><td>0.333mV</td></tr>
<tr><td rowspan="3">전류</td><td>0~20mA</td><td rowspan="2">0~4000</td><td>5μA</td><td rowspan="2">0~12000</td><td>1.66μA</td></tr>
<tr><td>4~20mA</td><td>4μA</td><td>1.33μA</td></tr>
<tr><td>사용자 영역 설정</td><td>-4000~4000</td><td>1.37μA</td><td>-12000~12000</td><td>1.33μA</td></tr>
</table>
</td></tr>
<tr><td colspan="2">정밀도
(디지털 출력값의 최대값에 대한 정밀도)</td><td colspan="3">
<table>
<tr><th colspan="2" rowspan="3">아날로그 입력 범위</th><th colspan="3">일반 분해능 모드</th><th colspan="3">고분해능 모드</th></tr>
<tr><th colspan="2">주위 온도 0~55℃</th><th rowspan="2">주위 온도 25±5℃</th><th colspan="2">주위 온도 0~55℃</th><th rowspan="2">주위 온도 25±5℃</th></tr>
<tr><th>온도 드리프트 보정 있음</th><th>온도 드리프트 보정 없음</th><th>온도 드리프트 보정 있음</th><th>온도 드리프트 보정 없음</th></tr>
<tr><td rowspan="5">전압</td><td>0~10V</td><td rowspan="8">±0.3%
(±12digit*)</td><td rowspan="8">±0.4%
(±16digit*)</td><td rowspan="8">±0.1%
(±4digit*)</td><td rowspan="2">±0.3%
(±48digit*)</td><td rowspan="2">±0.4%
(±64digit*)</td><td rowspan="2">±0.1%
(±16digit*)</td></tr>
<tr><td>－10~10V</td></tr>
<tr><td>0~5V</td><td rowspan="6">±0.3%
(±36digit*)</td><td rowspan="6">±0.4%
(±48digit*)</td><td rowspan="6">±0.1%
(±12digit*)</td></tr>
<tr><td>1~5V</td></tr>
<tr><td>사용자 영역 설정</td></tr>
<tr><td rowspan="3">전류</td><td>0~20mA</td></tr>
<tr><td>4~20mA</td></tr>
<tr><td>사용자 영역 설정</td></tr>
</table>
* digit는 디지털값을 나타냅니다.
</td></tr>
<tr><td colspan="2">변환 속도</td><td colspan="3">80μs/채널
('온도 드리프트 보정 있음' 으로 설정하면 사용 채널수에 관계없이 160μs를 더한 시간이 됩니다.)</td></tr>
<tr><td colspan="2">절대 최대 입력</td><td colspan="3">전압 : ±15V 전류 : ±30mA</td></tr>
<tr><td colspan="2">E²PROM 쓰기 횟수</td><td colspan="3">최대 10만회</td></tr>
<tr><td colspan="2">절연 방식</td><td colspan="3">입출력 단자와 PLC 전원 간 : 포토커플러 절연
채널 간 : 비절연</td></tr>
<tr><td colspan="2">절연 내압</td><td colspan="3">입출력 단자와 PLC 전원 간 : AC500V 1분간</td></tr>
<tr><td colspan="2">절연 저항</td><td colspan="3">입출력 단자와 PLC 전원 간 : DC500V 20MΩ 이상</td></tr>
<tr><td colspan="2">입출력 점유 점수</td><td colspan="3">16점(I/O 할당 : 인텔리전트 16점)</td></tr>
<tr><td colspan="2">접속 단자</td><td colspan="3">18점 단자대</td></tr>
<tr><td colspan="2">적합 전선 크기</td><td colspan="3">0.3~0.75mm²</td></tr>
<tr><td colspan="2">적합 압착 단자</td><td colspan="3">R1.25-3(슬리브 부착 압착 단자는 사용할 수 없습니다)</td></tr>
<tr><td colspan="2">내부 소비 전류(DC5V)</td><td>0.63A</td><td>0.64A</td><td>0.64A</td></tr>
<tr><td colspan="2">중량</td><td>0.18kg</td><td>0.19kg</td><td>0.19kg</td></tr>
</table>

[표 3-2]는 A/D변환 모듈의 성능 사양을 나타낸 것이다. 아날로그 입력은 전압과 전류 입력을 받을 수 있고, 분해능은 16비트 타입으로 일반 분해능과 고 분해능 모드로 구분하여 사용할 수 있다.

1-3 동작원리

[그림 3-3]은 실습에 사용할 A/D변환 모듈의 내부 구성을 나타낸 것이다. A/D변환 모듈을 사용하기 위해 A/D변환 모듈의 제어를 위한 입출력 신호와 A/D변환 모듈의 동작 특성을 설정하는 버퍼메모리에 대해 자세히 알고 있어야 한다.

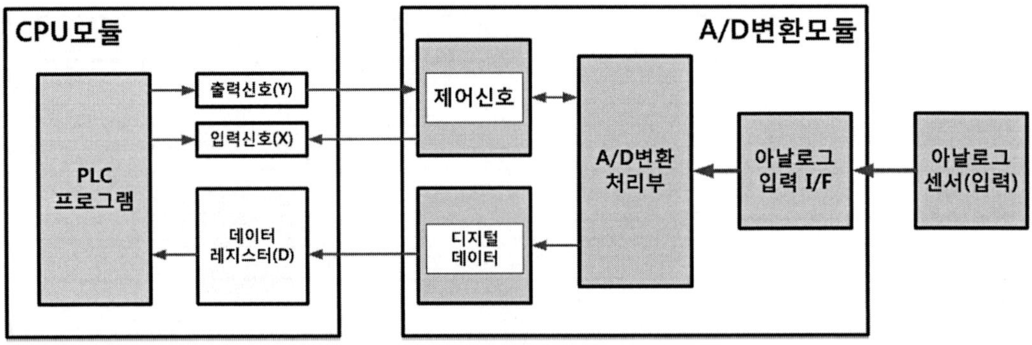

그림 3-3 A/D변환 모듈의 내부 구성

1-3-1 입출력 신호

A/D변환 모듈을 제어하기 위한 입출력 신호이다. A/D변환 모듈은 16점에 해당하는 입출력을 할당 받는다.

[표 3-3]에 A/D변환 모듈이 PLC의 베이스 슬롯 0번에 장착되어 있을 때를 기준으로 나타낸 입출력 신호이다. 입력 X신호는 A/D변환 모듈의 상태를 PLC CPU에서 확인할 때 사용하는 신호이고, 출력 Y신호는 PLC CPU가 A/D변환 모듈을 작동시킬 때 사용하는 신호이다.

표 3-3 A/D모듈의 입출력 신호

<table>
<tr><th colspan="2">A/D 변환모듈 → CPU방향으로 신호전달</th><th colspan="2">CPU → A/D변환 모듈 방향으로 신호전달</th></tr>
<tr><th>디바이스 NO.(입력)</th><th>신호명칭</th><th>디바이스 NO.(출력)</th><th>신호명칭</th></tr>
<tr><td>X0</td><td>모듈 READY</td><td>Y0</td><td rowspan="9">사용금지 영역</td></tr>
<tr><td>X1</td><td>온도 드리프트 보정상태 플래그</td><td>Y1</td></tr>
<tr><td>X2</td><td rowspan="6">사용금지 영역</td><td>Y2</td></tr>
<tr><td>X3</td><td>Y3</td></tr>
<tr><td>X4</td><td>Y4</td></tr>
<tr><td>X5</td><td>Y5</td></tr>
<tr><td>X6</td><td>Y6</td></tr>
<tr><td>X7</td><td>Y7</td></tr>
<tr><td>X8</td><td>고 분해능 상태 플래그</td><td>Y8</td></tr>
<tr><td>X9</td><td>동작조건 설정 완료 플래그</td><td>Y9</td><td>동작 조건 설정 요구</td></tr>
<tr><td>XA</td><td>오프셋 및 게인 설정모드 상태 플래그</td><td>YA</td><td>사용자 범위 쓰기 요구</td></tr>
<tr><td>XB</td><td>채널 변경 완료 플래그</td><td>YB</td><td>채널 변경 요구</td></tr>
<tr><td>XC</td><td>사용금지 영역</td><td>YC</td><td>사용금지 영역</td></tr>
<tr><td>XD</td><td>최대값, 최소값 리셋 완료 플래그</td><td>YD</td><td>최대값, 최소값 리셋 요구</td></tr>
<tr><td>XE</td><td>A/D변환 완료 플래그</td><td>YE</td><td>사용금지</td></tr>
<tr><td>XF</td><td>에러발생 플래그</td><td>YF</td><td>에러 클리어 요구</td></tr>
</table>

1) 입력신호의 상세설명

표 3-4 A/D모듈의 입력신호

디바이스 NO.	신호명칭	내용
X0	모듈 READY	① PLC의 전원 투입 시, 리셋 조작 시에 A/D변환의 준비가 완료된 시점에서 ON되는 신호 ② 모듈 READY신호가 OFF 인 경우 A/D변환 처리를 하지 않음 다음의 상태인 경우 모듈 READY신호가 OFF • 오프셋 및 게인 설정 모드 중인 경우 • A/D 변환 모듈이 WDT에러인 겨우
X1	온도 드리프트 보정상태 플레그	① A/D변환 모듈의 설정은 온도 드리프트 보정 기능 있음으로 설정했을 경우 ON되는 신호
X8	고분해능 모드 상태 플래그	① 고 분해능 모드로 설정되어 있을 경우 ON되는 신호
X9	동작조건 설정 완료 플래그	① A/D변환 허가/금지, A/D변환 빙빕 등의 A/D변환 모듈의 동작조건을 변경할 경우에 동작조건 설정 요구(Y9)출력신호를 ON하여 동작조건을 A/D변환 모듈에 등록을 하는데 정상적으로 동작조건이 등록이 되면 동작조건 설정 완료 플래그(X9)신호가 ON된다. ② 동작조건 설정 완료 플래그가 OFF인 경우 A/D변환 처리를 하지 않음. 다음의 상태인 경우 동작조건 설정 완료 플래그가 OFF • 모듈 READY(X0)신호가 OFF인 경우 • 동작조건 설정 요구(Y9)가 ON인 경우 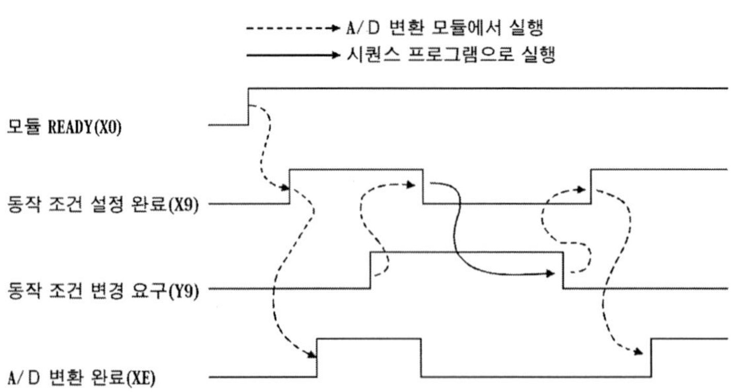

<table>
<tr><th>디바이스 NO.</th><th>신호명칭</th><th>내용</th></tr>
<tr><td rowspan="2">XA</td><td rowspan="2">오프셋 및 게인 설정모드 상태 플래그</td><td>【오프셋 및 게인 설정 모드 시】
① 오프셋 및 게인 설정이 완료된 값을 등록할 때, 사용자 영역 쓰기 요구(YA)신호를 ON/OFF하는 인터록 조건으로 사용
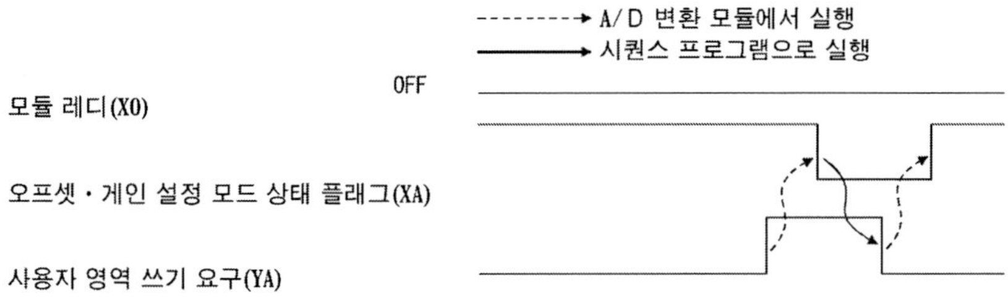
</td></tr>
<tr><td>【일반 모드 시】
① 사용자 영역 복원 시 사용자 영역 쓰기 요구(YA)신호를 ON/OFF하는 인터록 조건으로 사용
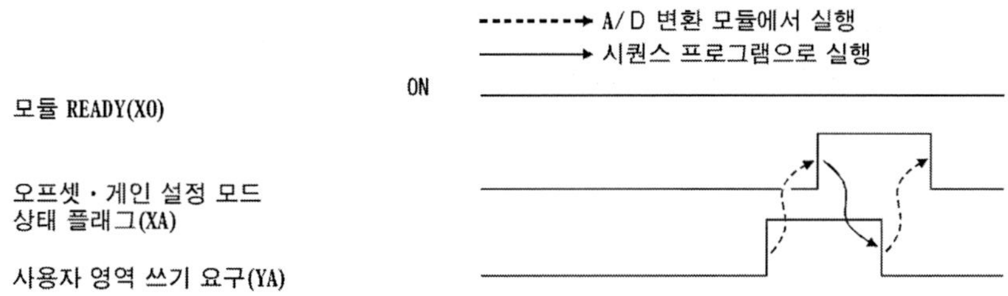
</td></tr>
<tr><td>XB</td><td>채널변경 완료 플래그</td><td>① 오프셋 및 게인 설정을 하는 채널을 변경할 때, 채널 변경요구(YB)를 ON/OFF하는 인터록 조건으로 사용
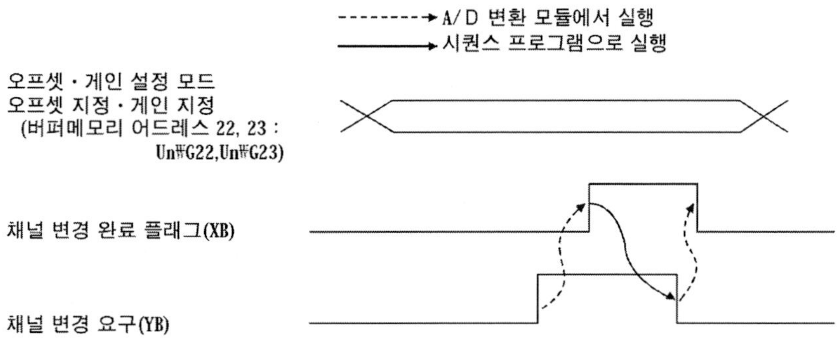
</td></tr>
</table>

디바이스 NO.	신호명칭	내용
XD	최대값 최소값 리셋 완료 플래그	① 최대값 및 최소값 리셋 요구(YD)의 ON으로 버퍼 메모리 어드레스 30~45 번지에 저장된 최대값 및 최소값이 리셋되면 ON되는 신호 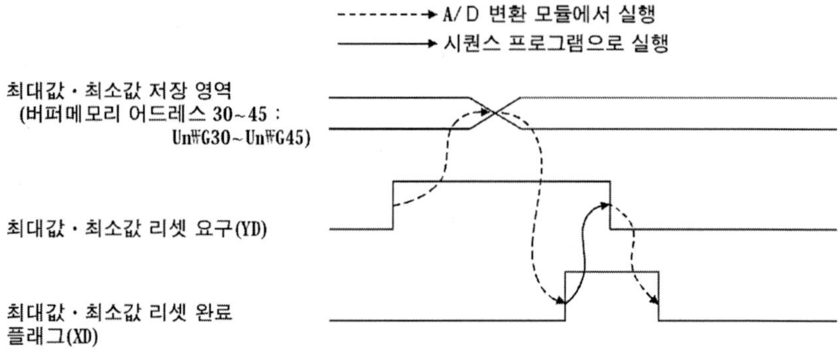
XE	A/D변환 완료 플래그	① A/D 변환 채널 전체가 변환 완료된 시점에서 ON되는 신호
XF	에러 발생 플래그	① 쓰기 에러가 발생한 경우에 ON되는 신호 ② 에러 코드의 클리어는 에러 클리어 요구(YF)신호를 ON하여 실행 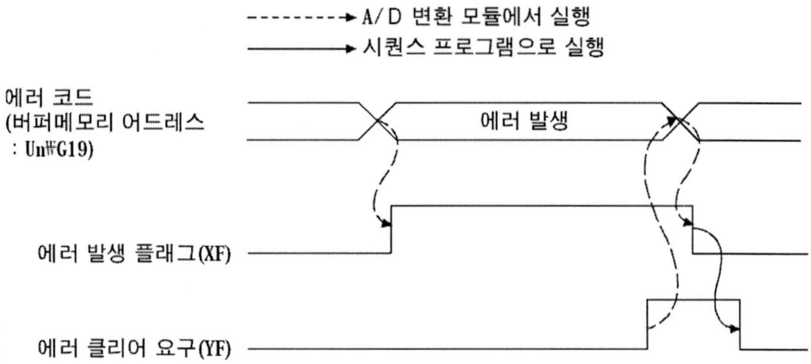

2) 출력신호의 상세설명

표 3-5 A/D모듈의 출력신호

디바이스 NO.	신호명칭	내용
Y9	동작조건 설정 요구	① A/D변환 허가/금지, 평균처리 지정, "평균처리" 가 지정된 경우의 평균시간, 횟수 등의 설정 내용을 유효하게 할 때 ON되는 신호 ② 동작조건 설정 요구 완료 플래그(X9)와 함께 사용
YA	사용자 영역 쓰기 요구	【오프셋 · 게인 설정 모드 시】 ① 오프셋 · 게인 설정을 조정한 값을 A/D변환 모듈에 등락하는 경우에 ON하는 신호 ② 오프셋 및 게인 설정모드 상태 플래그(XA)와 함께 사용
		【오프셋 · 게인 설정 모드 시】 ① 사용자 영역 복원 시 ON ② 오프셋 및 게인 설정모드 상태 플래그(XA)와 함께 사용
YB	채널 변경 요구	① 오프셋 · 게인을 설정할 채널을 변경하는 경우에 ON하는 신호 ② 채널 변경 완료 플래그(XB)와 함께 사용
YD	최대값, 최소값 리셋 요구	① 최대값 · 최소값 리셋 요구(YD)를 ON하면, 최대값 · 최소값 저장 영역(버퍼메모리 30~45번지)에 저장된 최대값 · 최소값이 클리어 ② 최대값 · 최소값 리셋 완료 플래그(XD)와 함께 사용
YF	에러 클리어 요구	① 쓰기 에러를 클리어 하는 경우에 ON ② 에러 발생 플래그(XF)와 함께 사용

1-4 버퍼메모리 구성

버퍼메모리는 A/D변환모듈의 동작을 위한 PLC CPU모듈에서 초기 정보를 저장하는 설정 데이터 영역과 동작 중에 PLC CPU모듈 간에 최신의 정보를 차례로 교환하는 제어 데이터 영역으로 구분된다.

표 3-6 A/D모듈의 버퍼메모리

어드레스 16진	어드레스 10진	내 용	R/W*1
0H	0	A/D 변환 허가/금지 설정	R/W
1H	1	CH1 평균 시간/평균 횟수 설정	R/W
2H	2	CH2 평균 시간/평균 횟수 설정	R/W
3H	3	CH3 평균 시간/평균 횟수 설정	R/W
4H	4	CH4 평균 시간/평균 횟수 설정	R/W
5H	5	시스템 영역	—
∫	∫		
8H	8		
9H	9	평균 처리 지정	R/W
AH	10	A/D 변환 완료 플래그	R
BH	11	CH1 디지털 출력값	R
CH	12	CH2 디지털 출력값	R
DH	13	CH3 디지털 출력값	R
EH	14	CH4 디지털 출력값	R
FH	15	시스템 영역	—
∫	∫		
12H	18		
13H	19	에러 코드	R
14H	20	설정 범위(CH1~CH4)	R
15H	21	시스템 영역	—
16H	22	오프셋·게인 설정 모드 오프셋 지정	R/W
17H	23	오프셋·게인 설정 모드 게인 지정	R/W

어드레스 16진	어드레스 10진	내 용	R/W*1
18H	24	시스템 영역	—
∫	∫		
1DH	29		
1EH	30	CH1 최대값	R/W
1FH	31	CH1 최소값	R/W
20H	32	CH2 최대값	R/W
21H	33	CH2 최소값	R/W
22H	34	CH3 최대값	R/W
23H	35	CH3 최소값	R/W
24H	36	CH4 최대값	R/W
25H	37	CH4 최소값	R/W
26H	38	시스템 영역	—
∫	∫		
9DH	157		
9EH	158	모드 이행 설정	R/W
9FH	159		
A0H	160	시스템 영역	—
∫	∫		
C7H	199		
C8H	200	임시 기억 데이터 종류 설정*2	R/W
C9H	201	시스템 영역	—

어드레스 16진	어드레스 10진	내 용	R/W*1
CAH	202	CH1 공장 출하 설정 오프셋값*2	R/W
CBH	203	CH1 공장 출하 설정 게인값*2	R/W
CCH	204	CH2 공장 출하 설정 오프셋값*2	R/W
CDH	205	CH2 공장 출하 설정 게인값*2	R/W
CEH	206	CH3 공장 출하 설정 오프셋값*2	R/W
CFH	207	CH3 공장 출하 설정 게인값*2	R/W
D0H	208	CH4 공장 출하 설정 오프셋값*2	R/W
D1H	209	CH4 공장 출하 설정 게인값*2	R/W

어드레스 16진	어드레스 10진	내 용	R/W*1
D2H	210	CH1 사용자 영역 설정 오프셋값*2	R/W
D3H	211	CH1 사용자 영역 설정 게인값*2	R/W
D4H	212	CH2 사용자 영역 설정 오프셋값*2	R/W
D5H	213	CH2 사용자 영역 설정 게인값*2	R/W
D6H	214	CH3 사용자 영역 설정 오프셋값*2	R/W
D7H	215	CH3 사용자 영역 설정 게인값*2	R/W
D8H	216	CH4 사용자 영역 설정 오프셋값*2	R/W
D9H	217	CH4 사용자 영역 설정 게인값*2	R/W

1-4-1 버퍼메모리의 기능

1) 버퍼메모리 0번지(A/D변환 허가/금지)

QD64AD는 4채널의 A/D변환 입력 채널을 가지고 있는데 각 채널의 사용여부(A/D변환 허가/금지)를 결정하는 값을 설정하는 버퍼메모리이다.

b15	b14	b13	b12	b11	b10	b9	b8	b7	b6	b5	b4	b3	b2	b1	b0
0	0	0	0	0	0	0	0	CH.8	CH.7	CH.6	CH.5	CH.4	CH.3	CH.2	CH.1

b4 ~ b15는 0으로 설정 / Q64AD 4채널

b8 ~ b15는 0으로 설정 / Q68ADV(I) 8채널

① 각 비트에 0을 설정하면 A/D변환 허가

② 각 비트에 1을 설정하면 A/D변환 금지

③ 버퍼메모리 0번지의 초기 값은 "0"으로 설정되어 있다. 즉 전 채널 A/D변환 허가 상태이다.

④ 버퍼메모리 0번지의 설정 값을 유효로 하기 위해서는 동작 조건 설정 요구(출력 Y89번지 비트)비트를 ON/OFF해야 한다.

【예제】 Q64AD의 A/D변환 채널 1, 2번을 A/D변환허가, 채널 3, 4번을 A/D변환 금지로 설정하기 위한 버퍼 메모리 0번지의 설정값을 구하면 아래와 같다.

b15	b14	b13	b12	b11	b10	b9	b8	b7	b6	b5	b4	b3	b2	b1	b0
0	0	0	0	0	0	0	0	1	1	1	1	1	1	0	0

b4 ~ b15는 0으로 설정 / Q64AD 4채널

b8 ~ b15는 0으로 설정 / Q68ADV(I) 8채널

위의 그림에서와 같이 A/D변환 채널 0번과 1번에 해당하는 b0, b1를 0으로 설정한다. 즉 버퍼 메모리 0번지의 설정값은 16진수로 표현하면 "00FCH"가 된다.

2) 버퍼메모리 1~8번지(각 채널의 시간/평균 회수 설정)

A/D변환 채널 1번에서 8번까지의 평균처리 지정한 채널별로 평균 시간, 평균 회수를 설정하는 버퍼 메모리이다.

① 설정가능 범위

- 회수에 의한 평균 처리 : 4~62,500회
- 시간에 의한 평균 처리 : 2~5,000ms

② 초기값은 "0"으로 설정되어 있다.

3) 버퍼 메모리 9번지(평균 처리 지정)

A/D변환 채널 1번에서 8번까지의 A/D변환 방법을 샘플링 처리, 평균처리를 선택하는 비트를 설정하는 버퍼 메모리이다.

b15	b14	b13	b12	b11	b10	b9	b8	b7	b6	b5	b4	b3	b2	b1	b0
CH.8	CH.7	CH.6	CH.5	CH.4	CH.3	CH.2	CH.1	CH.8	CH.7	CH.6	CH.5	CH.4	CH.3	CH.2	CH.1
각 채널의 A/D변환의 평균처리 및 샘플링 처리의 선택								각 채널의 평균처리 선택 시 시간평균/회수평균의 선택							

버퍼 메모리 9번지의 상위 8비트(b15~b8)는 A/D변환 채널 1번에서 8번까지의 A/D변환 방법을 선택하는 비트이다. 각 채널에 해당하는 비트를 "1"로 설정하면 평균처리, "0"으로 설정하면 샘플링 처리방식을 선택한다. 하위 8비트(b7~b0)는 A/D변환방법을 평균처리를 선택했을 경우 시간에 의한 평균처리인지 회수에 의한 평균처리를 선택하는 비트이다. "1"을 설정하면 시간평균, "0"을 설정하면 회수평균을 선택하게 된다.

【예제】 채널 1번은 샘플링 처리, 채널 2, 3번은 회수 평균처리, 채널 4번은 시간평균 처리를 하고자 할 때의 버퍼 메모리 9번의 설정값을 구하면 다음과 같다.

b15	b14	b13	b12	b11	b10	b9	b8	b7	b6	b5	b4	b3	b2	b1	b0
0	0	0	0	0	1	1	1	0	0	0	0	1	0	0	*
각 채널의 A/D변환의 평균처리 및 샘플링 처리의 선택								각 채널의 평균처리 선택 시 시간평균/회수평균의 선택							

위의 설정에서 채널 1번은 샘플링 처리를 선택했기 때문에 버퍼 메모리 9번의 b0의 설정값은 "0" 또는 "1"이 되어도 관계없기 때문에 Don't Care(0 또는 1을 설정하는 것을 의미)처리했다. 따라서 버퍼 메모리 9번이 설정 가능한 값은 16진수 "0708H" 또는 "0709H"를 설정할 수 있다.

4) 버퍼 메모리 10번지(A/D 변환 완료 플래그)

버퍼 메모리 10번지는 A/D 변환 완료 플래그가 설정되는 영역으로 각 채널의 A/D변환이 완료되면 해당 채널의 비트가 1로 설정된다. 또한 A/D변환 완료를 나타내는 입력번지 X0E(실습에서는 X8E)는 A/D변환이 허가되어 있는 모든 채널의 변환이 완료되는 시점에 ON된다. 동작조건 설정요구 출력번지 Y09(실습에서는 Y89)를 ON하면 버퍼 메모리 10번지의 모든 비트가 "0"이 되고 A/D변환이 완료되면 해당 채널의 비트가 "1"로 설정된다.

b15	b14	b13	b12	b11	b10	b9	b8	b7	b6	b5	b4	b3	b2	b1	b0
0	0	0	0	0	0	0	0	CH.8	CH.7	CH.6	CH.5	CH.4	CH.3	CH.2	CH.1

A/D 변환 완료 플래그 (b7~b0)

각 채널에 해당하는 비트의 설정 값이 "0"이면 A/D변환 중 또는 미사용이고 "1"이면 A/D변환종료를 나타낸다.

5) 버퍼 메모리 11번지~18번지(디지털 출력 값 저장 영역)

버퍼메모리 11번에서 18번까지는 A/D변환 채널 1번부터 8번까지의 A/D변환된 디지털 값을 채널별로 각각 저장하는 메모리 영역이다. A/D변환된 디지털 값은 아래와 같이 설정된 조건에 따라 16비트 부호 바이너리로 표시된다.

표 3-7 A/D모듈의 아날로그 입력 범위

<table>
<tr><th colspan="2" rowspan="2">아날로그 입력범위</th><th colspan="2">일반 분해능 모드</th><th colspan="2">고분해능 모드</th></tr>
<tr><th>디지털출력값</th><th>최대 분해능</th><th>디지털출력값</th><th>최대 분해능</th></tr>
<tr><td rowspan="5">전압</td><td>0~10V</td><td rowspan="3">0~4000</td><td>2.5㎷</td><td>0~16000</td><td>0.625㎷</td></tr>
<tr><td>0~5V</td><td>1.25㎷</td><td rowspan="2">0~12000</td><td>0.416㎷</td></tr>
<tr><td>1~5V</td><td>1.0㎷</td><td>0.333㎷</td></tr>
<tr><td>-10~10V</td><td rowspan="2">-4000~4000</td><td>2.5㎷</td><td>-16000~16000</td><td>0.625㎷</td></tr>
<tr><td>사용자 설정</td><td>0.375㎷</td><td>-12000~12000</td><td>0.333㎷</td></tr>
<tr><td rowspan="3">전류</td><td>0~20㎃</td><td rowspan="2">0~4000</td><td>5㎂</td><td rowspan="2">0~12000</td><td>1.66㎂</td></tr>
<tr><td>4~20㎃</td><td>4㎂</td><td>1.33㎂</td></tr>
<tr><td>사용자 설정</td><td>-4000~4000</td><td>1.37㎂</td><td>-12000~12000</td><td>1.33㎂</td></tr>
</table>

6) 버퍼 메모리 19번(쓰기 데이터 에러 코드)

A/D변환 모듈에서 검출한 에러코드를 저장하는 메모리이다. A/D변환 모듈의 에러발생은 PLC CPU에 데이터를 쓰거나 읽은 때에 주로 발생한다. [표 3-8]은 에러코드 일람을 나타낸 것이다.

표 3-8 A/D모듈의 알람코드

에러코드 (10진수 표시)	내용	조치
10□	GPPW에서 인텔리전트 기능 모듈 스위치로 입력 범위를 설정할 수 없는 값을 설정. □는 틀리게 설정된 채널 번호를 나타낸다.	GPPW에서 정확한 인텔리전트 기능 모듈의 스위치 값을 재설정한다.
111	기동시의 모듈 에러	전원을 다시 ON/OFF 계속해서 발생하면 모듈의 고장 의심
161	오프셋 · 게인 설정 모드 시 G.OGSTOR명령을 실행하고 있는 상태	오프셋 · 게인 설정 모드 시 G.OGSTOR명령의 실행 금지
162	• G.OGSTOR명령이 연속해서 실행 • 오프셋 · 게인 설정 시 설정값을 ROM에 26회 이상 저장	• 1모듈에 1번만 G.OGSTOR명령 실행 • 오프셋 · 게인 설정 시 1회에 1번만 설정 값을 기록
163	G.OGLOAD 명령을 실행한 기종과 다른 기종에 대해 G.OGSTOR명령을 실행	동일한 기종에 대해 G.OGLOAD, G.OGSTOR명령 실행
20□	버퍼메모리 1~8번까지의 평균시간 설정 값이 2~5000ms이외의 값으로 설정되어 있다. □는 틀리게 설정된 채널 번호를 나타낸다.	평균시간 설정값을 2~5000ms로 재설정한다.
30□	버퍼메모리 1~8번까지의 평균회수 설정 값이 4~62500회 이외의 값으로 설정되어 있다. □는 틀리게 설정된 채널 번호를 나타낸다.	평균회수 설정값을 4~62500회로 재설정한다.
40□	오프셋 값≥게인 값으로 설정되어 있다. □는 틀리게 설정된 채널 번호를 나타낸다.	오프셋 값<게인 값으로 설정을 변경
500	오프셋 및 게인 설정 중에 있는 채널이 오프셋 및 게인을 동시에 설정하거나, 또는 동시에 0으로 설정하고 있다.	버퍼 메모리 22, 23번의 내용을 재설정한다.

7) 버퍼 메모리 20번, 21번(설정범위 확인)

A/D변환 모듈의 입력전압 및 전류의 범위 값을 설정한 내용을 확인하기 위한 버퍼메모리이다. 설정범위를 나타내는 값은 [표 3-8]과 같이 각각 4비트(16진수 0~F)로 표현된다.

표 3-8 설정범위 확인

	b15~b12	b11~b8	b7~b4	b3~b0
버퍼메모리 20번	CH. 4	CH. 3	CH. 2	CH. 1
버퍼메모리 21번	CH. 8	CH. 7	CH. 6	CH. 5

입력범위	설정값(16진수 표시)
4~20mA	0_H
0~20mA	1_H
1~5V	2_H
0~5V	3_H
-10~10V	4_H
0 ~ 10V	5_H
사용자 범위	F_H

8) 버퍼 메모리 22번, 23번(오프셋 및 게인 설정 모드)

오프셋 및 게인을 설정할 채널을 지정하는데 사용되는 버퍼 메모리이다. A/D변환모듈을 사용하다보면 오프셋 및 게인 값을 설정해야하는 경우가 발생하는데 버퍼 메모리 22번은 오프셋을 조정하는 채널을 설정하는 부분이고, 버퍼 메모리 23번은 게인을 설정하는 채널을 설정하는 부분이다.

	b15	b14	b13	b12	b11	b10	b9	b8	b7	b6	b5	b4	b3	b2	b1	b0
버퍼 메모리 22번 옵셋 설정	0	0	0	0	0	0	0	0	CH.8	CH.7	CH.6	CH.5	CH.4	CH.3	CH.2	CH.1
버퍼 메모리 23번 게인 설정	0	0	0	0	0	0	0	0	CH.8	CH.7	CH.6	CH.5	CH.4	CH.3	CH.2	CH.1

복수의 채널을 동시에 설정하는 것은 가능하나 오프셋과 게인을 동시에 설정하는 것은 불가능하다. 따라서 오프셋을 설정할 때는 버퍼 메모리 22번에 오프셋 설정할 채널을 설정하고, 버퍼 메모리 23번의 게인 설정 채널 값은 전체 "0"으로 설정한다. 게인 설정 시에는 버퍼 메모리 23번에 게인 설정할 채널을 설정하고 버퍼 메모리 22번의 오프셋 설정 채널 값은 전체 "0"으로 설정한다. 만약 오프셋과 게인 설정 값을 동시에 세트하면 오프셋 및 게인 설정 모드 에러(에러코드 500번)가 발생한다.

9) 버퍼 메모리 30번~45번(최대값 및 최소값 저장)

A/D변환 채널별로 변환한 디지털 값의 최대값과 최소값을 각각 저장하는 버퍼 메모리이다.

CHAPTER 3

2 A/D변환 모듈의 사용

2-1 결선 및 파라미터 설정

멜섹Q PLC에서는 아날로그 입력 모듈을 사용하는 방법이 크게 2가지로 구분되어진다. 하나는 기존의 래더 프로그램 방식을 이용해 아날로그 입력 모듈을 사용하는 것이고, 또 다른 하나는 전용 소프트웨어를 이용해 아날로그 입력 모듈을 사용하는 방법이다. 먼저 래더 프로그램 방식을 이용한 아날로그 입력모듈의 사용법부터 배워보자. [그림 3-4]와 같이 Q64AD의 아날로그 입력 4개의 채널 중에 1번 채널과 3번 채널에 아날로그 전압이 입력되고, 2, 4번 채널은 사용하지 않는다고 가정하자.

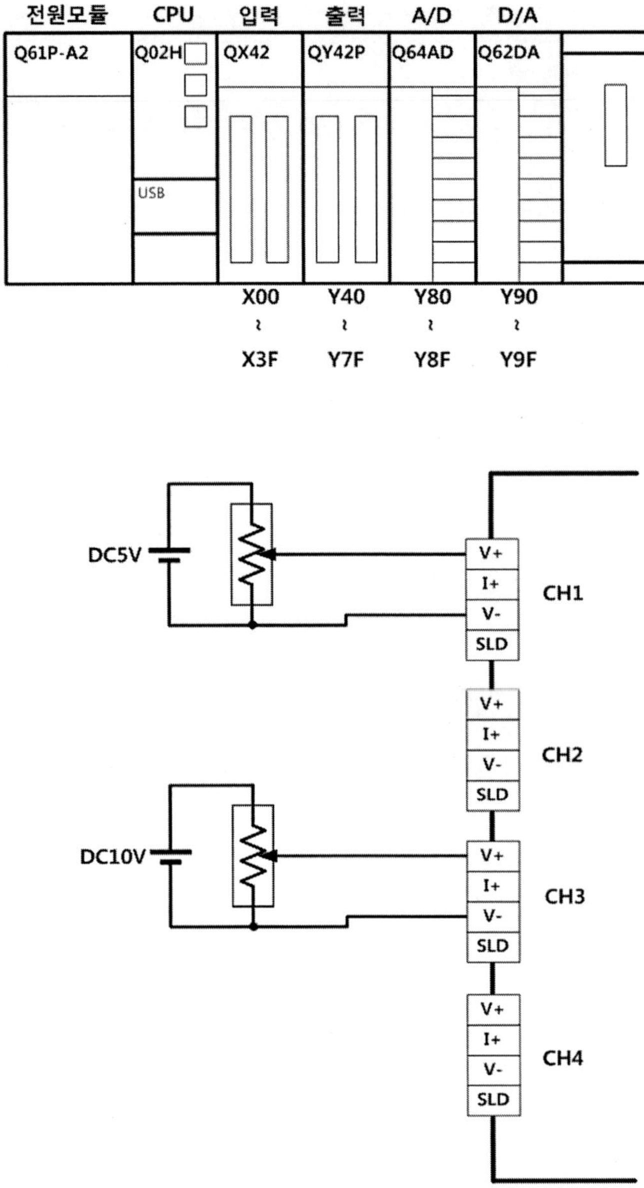

그림 3-4 PLC의 구성과 아날로그 입력 모듈의 결선

2-1-1 모듈장착 위치의 확인 및 입출력 번지 확인

PLC의 베이스 슬롯에 QD64AD 모듈을 장착한다. 본 실습에 사용할 장비에는 3번째 슬롯에 QD64AD가 장착되어 있고 설정된 입출력 번지는 X80~X8F/Y80~Y8F까지 할당되어 있다.

2-1-2 배선

Q64AD의 4개의 아날로그 채널 중 2개의 채널에 아날로그 신호를 입력한다. 채널 1번은 0~5V, 채널 3번은 0~10V의 아날로그 전압이 입력된다.

2-1-3 A/D변환 모듈의 스위치 설정

아날로그 입력모듈은 여러 종류의 아날로그 신호를 입력 받을 수 있도록 되어있다. 따라서 아날로그 입력 신호가 전류 또는 전압인지, 그리고 입력 범위가 어디까지인지를 A/D변환 모듈의 스위치 설정을 이용해 설정하도록 되어 있다. A/D변환 모듈의 스위치 설정 방법을 살펴보자.

(1) GPPW의 프로젝트 창에서 "PLC파라미터" 항목 선택

그림 3-5

(2) PLC 파라미터에서 "I/O 할당"을 선택한 후 나타낸 메뉴항목에서 "PLC 데이터 읽기"을 선택한다.

(3) Q64AD 모듈이 3번째 슬롯에 장착되어 있음을 알 수 있다. “스위치 설정”을 선택한다.

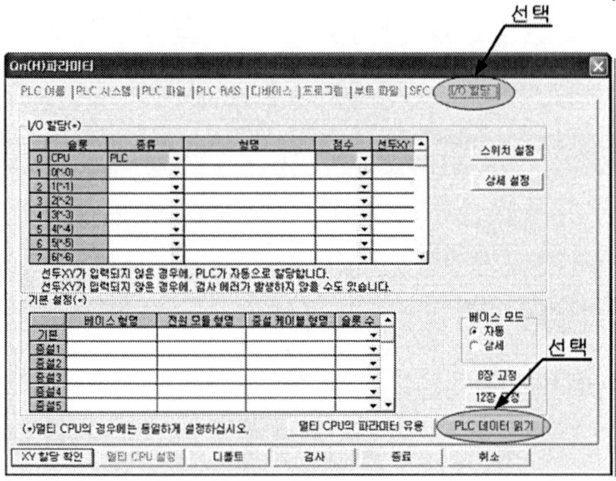

그림 3-6

(4) 3번째 슬롯에 장착된 Q64AD모듈의 스위치 설정 항목은 다음의 도표와 같다.

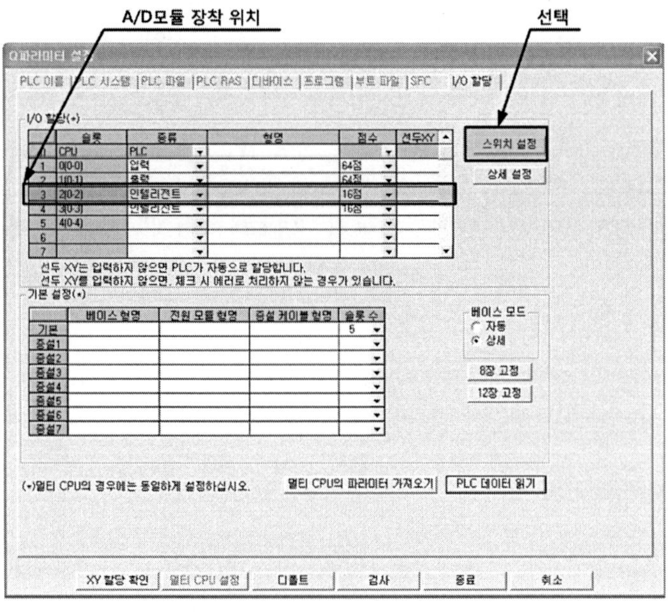

그림 3-7

표 3-9 스위치 설정

<table>
<tr><th></th><th colspan="2">설정 항목</th></tr>
<tr><td>스위치 1</td><td>입력 범위 설정
□□□□H
CH4 CH3 CH2 CH1</td><td rowspan="2"><table><tr><th>아날로그 입력 가능 범위</th><th>입력 범위 설정값</th></tr><tr><td>4～20mA</td><td>0_H*1</td></tr><tr><td>0～20mA</td><td>1_H</td></tr><tr><td>1～5V</td><td>2_H</td></tr><tr><td>0～5V</td><td>3_H</td></tr><tr><td>-10～10V</td><td>4_H</td></tr><tr><td>0～10V</td><td>5_H</td></tr><tr><td>사용자 영역 설정</td><td>F_H</td></tr></table></td></tr>
<tr><td>스위치 2</td><td>입력 범위 설정
□□□□H
CH8 CH7 CH6 CH5</td></tr>
<tr><td>스위치 3</td><td colspan="2">공백</td></tr>
<tr><td>스위치 4</td><td colspan="2">□□□□H
(하위 2자리) 00_H : 온도 드리프트 보정 있음
01～FF_H(00_H 이외의 수치)* : 온도 드리프트 보정 없음
(둘째 자리) 0_H : 일반 분해능 모드
1～F_H(0_H 이외의 수치)* : 고분해능 모드
(첫째 자리) 0_H : 일반 모드(A/D 변환 처리)
1～F_H(0_H 이외의 수치)* : 오프셋 · 게인 설정 모드</td></tr>
<tr><td>스위치 5</td><td colspan="2">0 : 고정</td></tr>
</table>

스위치 설정 항목에 의하여 스위치 1번에서 5번까지를 다음과 같이 설정한다.

① 스위치 1의 설정 : 0503

CH4	CH3	CH2	CH1
0	5	0	3

Q64AD 모듈을 A/D변환 채널 1에는 0～5V, 3번은 0～10V의 전압이 입력되고, 채널 2, 4번은 사용하지 않는다. 따라서 채널 2, 4번은 입력 범위 설정 값에서 임의의 값 하나를 설정하고 채널 1, 3번은 입력 전압에 맞는 입력 범위 설정 값을 설정한다.

② 스위치 2 : 0000

CH4	CH3	CH2	CH1
0	0	0	0

스위치 2번은 채널 5번~8번까지의 아날로그 입력범위를 설정하는 부분이지만 실습에서 사용하는 Q64AD모듈은 A/D변환 채널이 1~4번까지 있으므로 이 부분은 0000을 설정한다.

③ 스위치 3번 : 설정하지 않는다.

④ 스위치 4번 : 0000

일반 분해능 모드이고 온도 드리프트 기능은 사용하지 않는 것으로 설정한다.

⑤ 스위치 5번 : 0000

스위치 5번은 0000으로 설정한다.

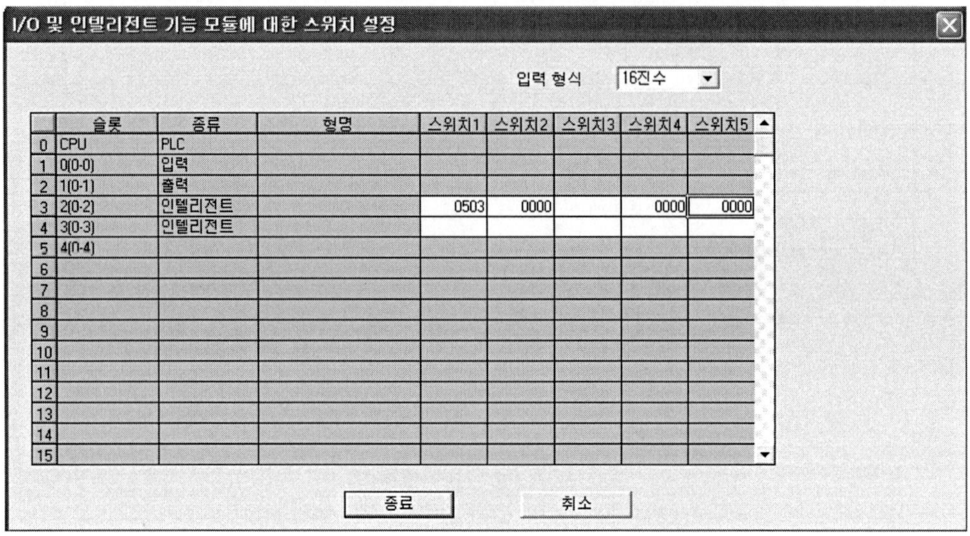

그림 3-8 A/D모듈 사용을 위한 스위치 설정

⑥ 스위치 설정을 완료한 후 "종료" 버튼을 클릭한다.

(5) PLC파라미터 전송

A/D모듈의 스위치 설정이 끝났으면 PLC CPU에 PLC파라미터 쓰기를 실행한다.

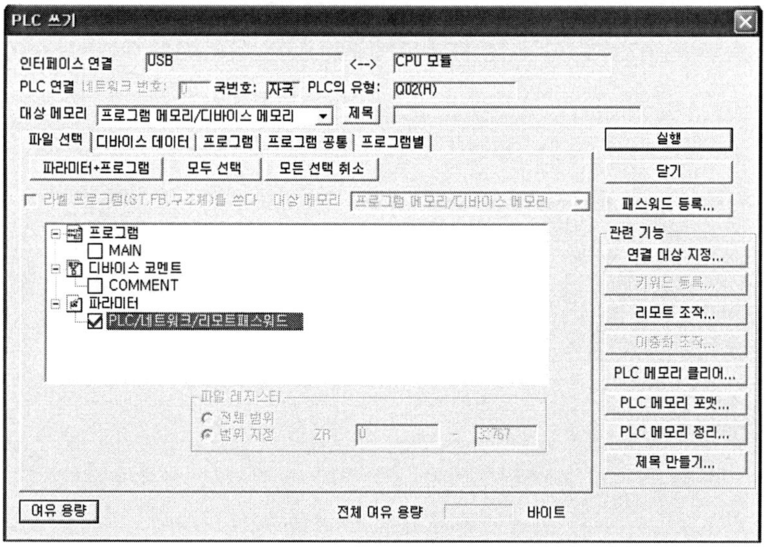

그림 3-9 PLC파라미터 전송

2-2 A/D모듈 PLC 프로그램

A/D변환 모듈 사용을 위한 하드웨어 결선 및 파라미터 설정이 끝났으면 PLC프로그램을 작성해서 A/D변환 모듈의 채널 1, 3번에 입력되는 아날로그 전압을 디지털 값으로 변환되는지 확인해보자. PLC프로그램 작성 전에 먼저 PLC프로그램에 사용될 A/D변환 모듈의 버퍼메모리를 확인해야 한다.

2-2-1 버퍼메모리 설정값

Q64AD를 사용하기 위한 조건에 맞추어 버퍼메모리의 값을 설정해야 한다. 설정해야 할 버퍼메모리 번지는 0번지, 1번지, 3번지, 9번지이다.

① 버퍼메모리 0번지

버퍼메모리 0번지는 채널 1~8번까지의 아날로그 입력 채널의 사용여부를 설정하는 부분이다. 채널 1, 채널 3만을 사용하기 때문에 설정값은 다음과 같다.

버퍼메모리 0번지 설정값 : 00FA(16진수)															
0	0	0	0	0	0	0	0	1	1	1	1	1	0	1	0

② 버퍼메모리 1번지, 3번지

버퍼메모리 1번지, 3번지는 채널 1번, 채널 3번에 대한 버퍼메모리 9번지에서 설정한 평균처리 방식에 대해 횟수를 설정하는 버퍼 메모리이다. 버퍼메모리 1번과 3번을 각각 100을 설정한다.

③ 버퍼메모리 9번지

버퍼메모리 9번지는 채널 1~8번까지의 A/D변환 방법에서 샘플링 처리 또는 평균처리를 선택하는 버퍼메모리이다. 채널 1번과 채널 3번을 평균처리에 의한 처리와 횟수에 의한 평균처리를 하도록 설정한다.

버퍼메모리 0번지 설정값 : 05FC(16진수)															
0	0	0	0	0	1	0	1	1	1	1	1	1	0	1	0

설정 값에서 사용하지 않는 채널에 대해서는 어떤 값이 설정되어 있어도 무관하나 사용하는 채널에 대해서는 사용조건을 만족하는 정확한 값이 설정되어 있어야 한다.

2-2-2 버퍼메모리 확인

A/D변환 모듈의 각 채널에 연결된 아날로그 전압 또는 전류값에 비례하는 디지털 값을 확인하기 위해서는 해당 채널의 입력 아날로그 값에 비례하는 디지털 값을 저장하고 있는 버퍼 메모리를 확인해야 한다. 실습에서 채널 1, 채널 3번을 사용하고 있기 때문에 채널 1번의 디지털 값은 버퍼메모리 11번지, 채널 3번의 디지털 값은 버퍼메모리 13번지에 저장된다. 따라서 채널별로 입력되는 아날로그 값에 대응한 디지털 값을 확인하기 위해 버퍼메모리의 확인이 필요하다.

2-2-3 A/D변환 모듈의 디지털 값을 읽기 위한 PLC프로그램

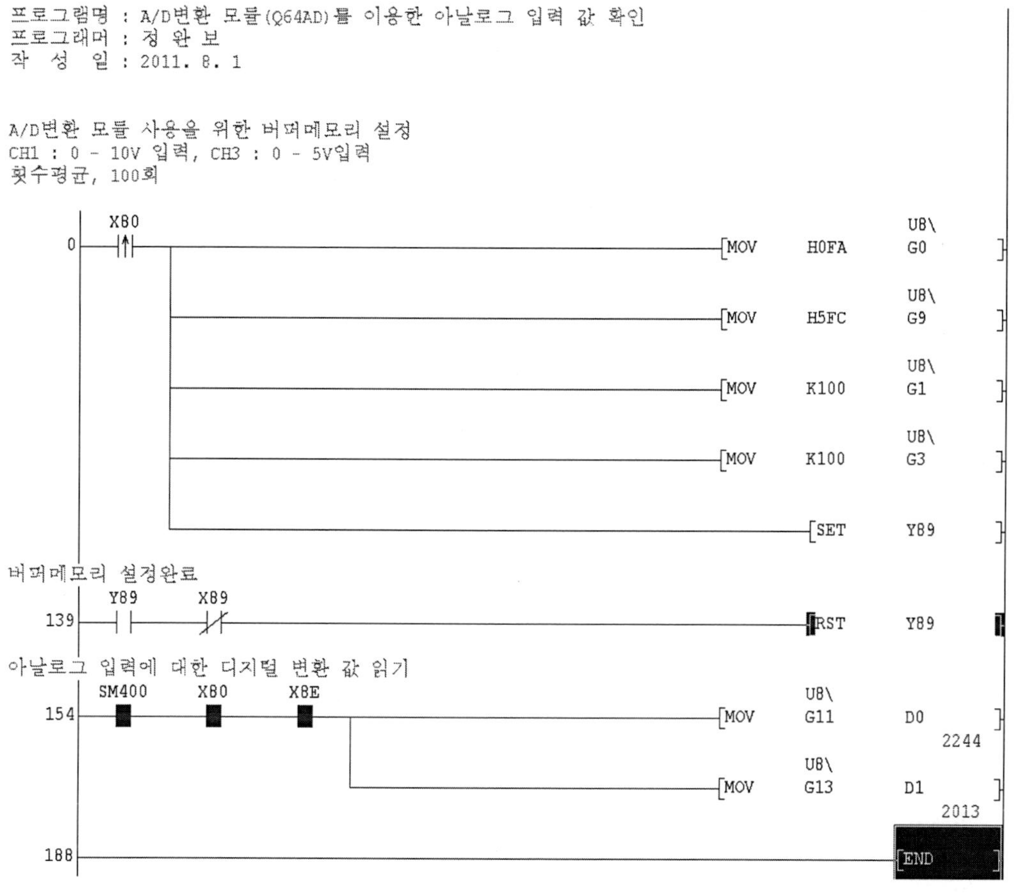

[프로그램 3-1] A/D변환 모듈의 디지털 값을 읽기 위한 PLC프로그램

[프로그램 3-1]은 A/D변환 모듈의 디지털 값을 읽기 위한 PLC프로그램이다. 채널 1번과 채널 3번에 저장된 디지털 값을 모니터링 결과를 나타내고 있다.

프로그램 라인 0번은 PLC의 전원이 OFF에서 ON으로 될 때, 또는 CPU 리셋 될 때 A/D변환 모듈의 "모듈READY" 입력신호가 ON될 때, A/D변환 모듈 사용을 위한 버퍼메모리에 값을 설정하는 부분이다. 버퍼메모리 0번지는 아날로그 채널의 사용유무를 설정하고, 버퍼메모리 9번지는 사용하는 아날로그 채널의 평균치를 구하는 방법을 설정하고, 버퍼메모리 1, 3번은 평균치를 구하기 위한 횟수를 설정하는 부분이다.

프로그램 라인 139번은 앞에서 설정한 버퍼메모리의 설정 값과 동일한 방식으로 A/D 변환 모듈은 버퍼메모리의 설정 값을 변경한다고 해서 동작조건이 변경되는 것이 아니고 반드시 "동작조건 설정 완료 플래그(Y89)"를 반드시 ON/OFF해야 한다. 버퍼메모리에 동작 변경에 대한 값을 설정한 다음 "동작조건 설정 완료 플래그(Y89)"를 ON한 후, 동작조건 변경이 완료되면 "동작조건 설정 완료 플래그(Y89)"를 OFF해 주는 부분이다. [그림 3-10]은 "동작조건 설정 완료 플래그(Y89)"를 ON/OFF해주는 부분을 나타낸 타이밍도 이다.

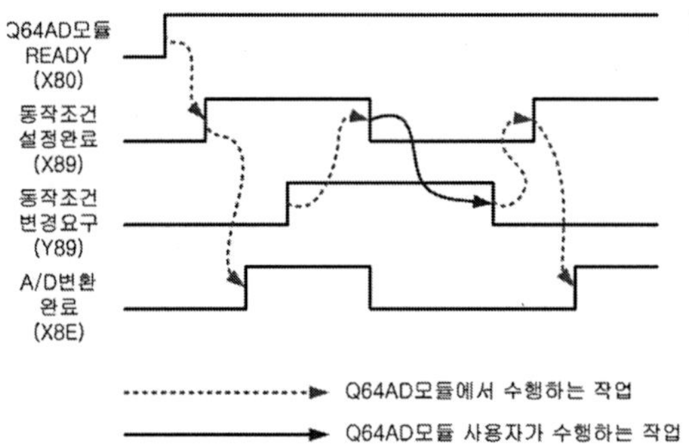

그림 3-10 동작조건 설정

[그림 3-10]을 살펴보면 PLC의 전원이 ON되면 Q64AD변환 모듈도 이상이 없으면 "모듈 READY신호(X80)"가 ON되고, "동작조건 설정완료(X89)신호가 ON된 후" A/D변환 완료(X8E) "신호가 ON된 상태"가 된다. 이 조건이 만족된 상태가 A/D변환 모듈이 정상동작 상태이다. 사용자가 A/D변환 모듈의 동작조건을 변경하기 위해 버퍼메모리에 설정 값을 기재하고 "동작조건 설정 완료 플래그(Y89)"를 ON하게 되면 A/D변환 모듈은 버퍼메모리에 설정된 값에 의해 동작조건 변경을 정상적으로 완료하게 되면 "동작조건 설정완료(X89)" 신호를 OFF하게 된다. 사용자는 X89신호가 OFF되면 "동작조건 설정 완료 플래그(Y89)"를 다시 OFF로 해야 A/D변환 모듈은 아날로그 입력을 정상적으로 디지털 값으로 변환 가능하게 된다. [그림 3-10]의 동작 타이밍도를 잘 살펴보기 바란다.

프로그램 라인 154번은 A/D변환 모듈의 채널 1, 3번에 입력된 아날로그 값을 디지털 값으로 변환하여 각 채널별 디지털 변환 값을 저장하는 버퍼메모리의 내용을 읽어서 PLC CPU의 메모리로 읽어오는 부분이다.

채널 1번의 값의 모니터링 결과 값이 2,244이다. 채널 1번의 입력 전압이 0~5V이고, 일반 분해능 모드로 설정했기 때문에 5V가 입력될 때의 디지털 값은 4,000이 된다. 따라서 채널 1번의 아날로그 전압 값은 약 2.805V가 된다.

$$\frac{2,244}{4,000} \times 5\,(V) \;=\; 2.805\,V$$

채널 3번도 채널 1번과 동일한 조건에 입력 전압이 0~10V 범위로 설정되어 있다. 따라서 채널 3번의 아날로그 입력 전압 값은 약 5.032V가 된다.

3-1 실습과제 A/D프로그램 작성 1

1. A/D모듈의 동작조건

1) 동작조건

CH1 : 0~5V 출력, CH2~CH4 미사용, 일반 분해능 모드 사용

온도 드리프트 보정기능 없음, 횟수에 의한 평균, 횟수 : 1000회

2) A/D모듈의 입출력 번지 : X80~X8F / Y80~Y8F

3) 스위치 설정

스위치번호	스위치1	스위치2	스위치3	스위치4	스위치5
설정값	0003	0000	공백(0000)	0001	0000

4) 버퍼메모리 설정

(1) 버퍼메모리 0번지(G0)설정값 : H000E

버퍼메모리 0번지 설정값 : H000E															
15	14	13	12	11	10	9	8	7	6	5	4	3	2	1	0
0	0	0	0	0	0	0	0	0	0	0	0	1	1	1	0

(2) 버퍼메모리 9번지(G9)설정값 : H0100

버퍼메모리 0번지 설정값 : H0100															
15	14	13	12	11	10	9	8	7	6	5	4	3	2	1	0
0	0	0	0	0	0	0	1	0	0	0	0	0	0	0	0

(3) 버퍼메모리 1번지(G1)설정값 : K1000

5) A/D모듈의 아날로그 전압 입력을 위한 하드웨어 구성

A/D모듈의 CH1에 0~5V의 전압을 입력하기 위해 D/A모듈 실습에서 사용한 인버터를 이용한다.

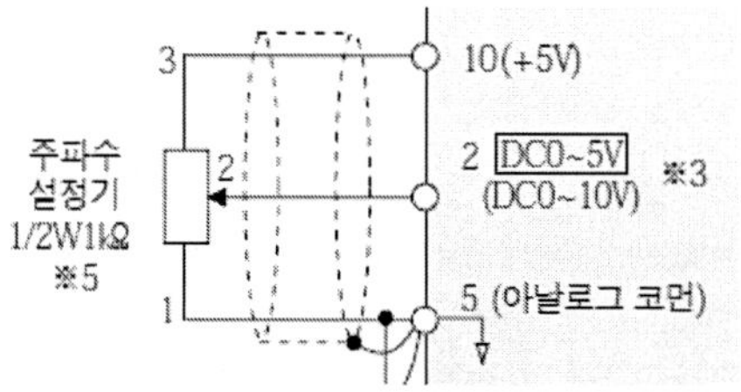

그림 3-11 전원소스

인버터의 5~10번 단자는 인버터 내부에 내장된 DC전원에 의해 DC 5V의 전압이 출력된다. 이 전압 이용해서 A/D입력 모듈의 CH1에 0~5V의 전압을 입력하도록 회로를 구성한다.

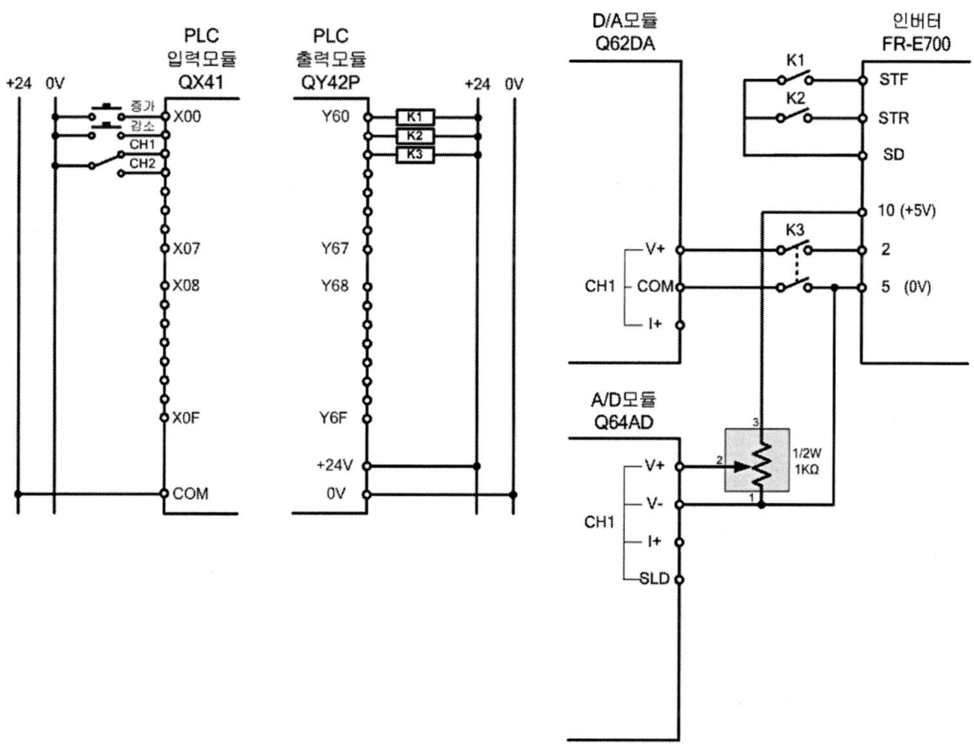

그림 3-12 A/D모듈의 CH1에 0~5V전압 입력

[그림 3-12]처럼 회로를 구성하면 A/D모듈의 CH1에 가변저항을 이용해 0~5V의 전압을 입력할 수 있다.

6) 조작패널

그림 3-13 A/D모듈 CH1의 아날로그 전압 입력값 모니터링

표 3-10 PLC 입출력 번지 할당표

입력번호	기능	출력번호	기능
X00		Y4F~Y40	FND표시
X01			

【동작조건】

① A/D모듈의 CH1에 0~5V의 전압이 입력되면 CH1의 A/D변환 디지털 값을 저장하는 버퍼메모리 11번에는 0~4,000의 디지털 값이 저장된다. 이 저장 값을 FND에 표시한다.

【PLC프로그램】

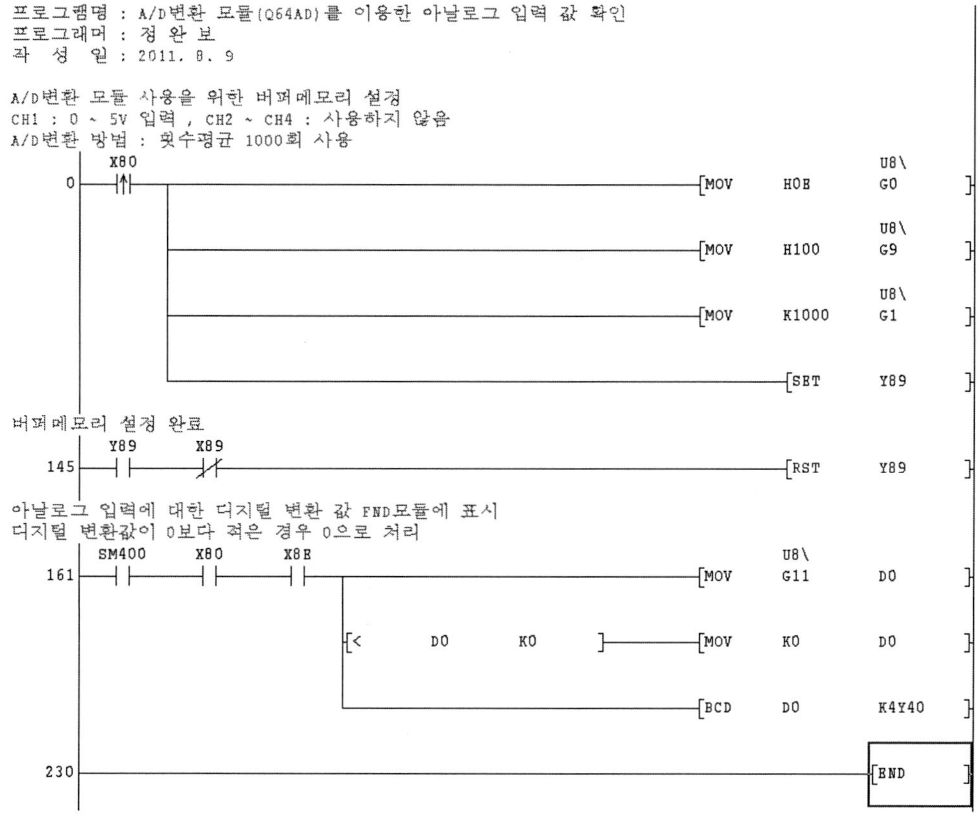

[프로그램 3-2] A/D변환 모듈 CH1의 디지털 값을 읽기 위한 PLC프로그램

[프로그램 3-2]는 A/D변환 모듈 CH1의 디지털 값을 읽기 위한 PLC프로그램이다.

프로그램 라인 0번은 PLC의 전원이 OFF에서 ON으로 될 때, 또는 CPU 리셋 될 때 A/D변환 모듈의 "모듈READY" 입력신호가 ON될 때, A/D변환 모듈 사용을 위한 버퍼메모리에 값을 설정하는 부분이다. 버퍼메모리 0번지는 아날로그 채널 1번만을 사용하기 위한 설정값을 저장하고, 버퍼메모리 9번지에 CH1번지의 A/D변환방법을 횟수평균으로 설정한 후 버퍼메모리 1번에 횟수평균을 위한 A/D변환 샘플링 값을 1000번을 누적해서 평균값을 구하기 위한 값을 설정한 후, 버퍼메모리에 설정한 방식대로 A/D변환 할 수 있게 동작변경을 요구하는 부분이다.

프로그램 라인 145번은 동작변경 요구조건이 완료되었으면 동작변경 요구신호 Y89를 해제하는 부분이다.

프로그램 라인 161번은 A/D변환 모듈이 정상적으로 동작하고 A/D변환이 완료되면

A/D변환한 디지털 값을 저장하고 있는 버퍼메모리 11번지의 값을 읽어서 FND모듈에 표시하기 위한 부분이다. A/D변환된 디지털 값은 음수가 나타날 수 있기 때문에 BCD명령으로 음수를 처리할 수 없기 때문에 버퍼메모리 11번지에 저장된 값이 음수이면 0의 변경한 후 BCD명령을 사용해서 FND에 표시하도록 하고 있다.

A/D변환된 디지털 값에 음수가 나타날 수 있고 또한 BCD명령은 음수를 처리할 경우 명령어 에러가 발생한다는 내용을 잘 파악하고 있어야 신뢰성 있는 프로그램을 작성할 수 있는 것이다. 따라서 이러한 내용은 매뉴얼을 숙지해야 알 수 있는 내용이기에 앞에서도 언급했지만 교재만 의존하지 말고 궁금하거나 의문사항에 대해서는 매뉴얼을 살펴보기 바란다.

3-2 실습과제

A/D프로그램 작성 2

A/D변환모듈에 입력된 아날로그 전압 값을 FND을 이용해 표시해보자. A/D모듈의 CH1에 0~5V의 전압이 입력될 때, CH1의 해당 버퍼메모리에는 0~4,000에 해당되는 디지털 값이 저장되는 것을 앞의 예제를 통해서 확인했다. 이제는 0~4,000을 FND모듈에 표시하는 것이 아니라 A/D모듈의 CH1에 입력되는 아날로그 전압값을 FND모듈에 표시해보자.

1. 조작패널

그림 3-14 A/D모듈 CH1의 아날로그 전압 입력 값 모니터링

표 3-11 PLC 입출력 번지 할당표

입력번호	기능	출력번호	기능
X00		Y4F~Y40	FND표시
X01			

【동작조건】

① A/D모듈의 CH1에 0~5V의 전압이 입력되면 CH1의 A/D변환 디지털 값을 저장하는 버퍼메모리 11번에는 0~4,000의 디지털 값이 저장된다. 버퍼메모리에 저장된 디지털 값을 변환하여 0.000~5.000V의 전압 값으로 FND에 표시한다.

버퍼메모리 11번의 디지털 값	FND 표시
0	0000
1000	1250
2000	2500
4000	5000

【PLC프로그램】

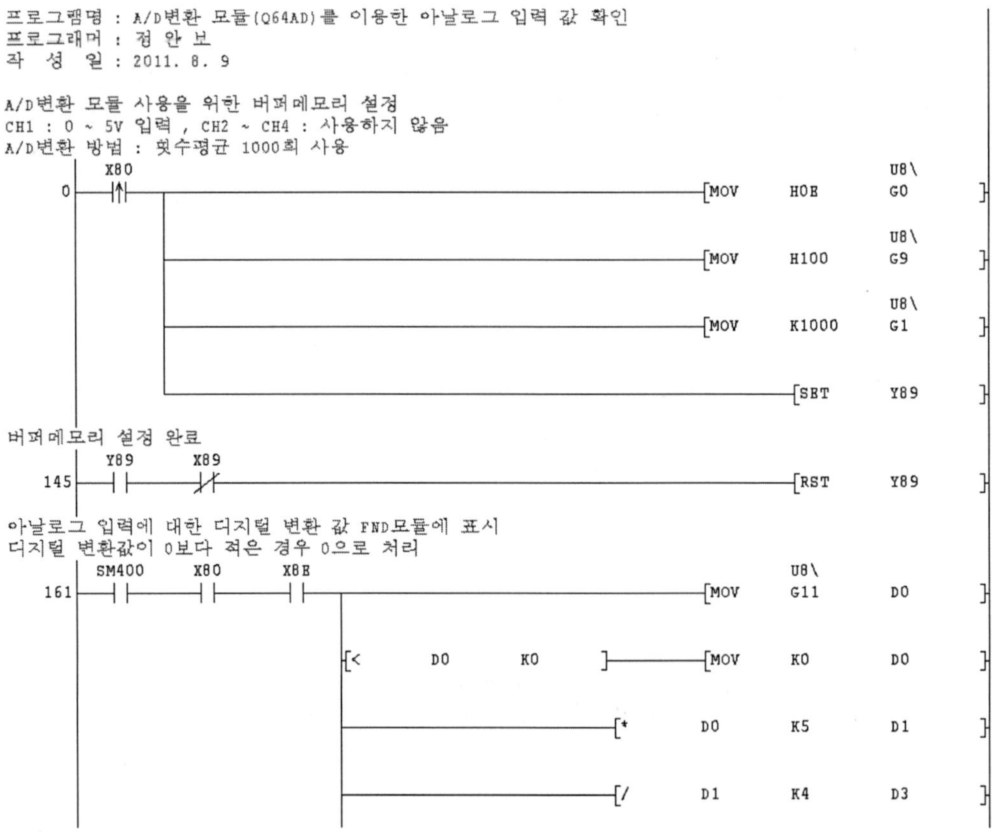

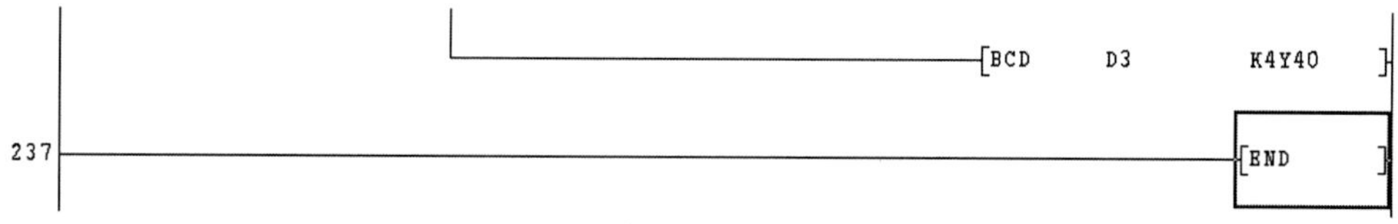

[프로그램 3-3] A/D변환 모듈 CH1의 디지털 값을 읽기 위한 PLC프로그램

프로그램 라인 161번을 살펴보면 A/D변환 디지털 값을 저장하고 있는 버퍼메모리 11번지의 디지털 값 0~4,000을 0~5,000으로 변환시키는 부분이다.

4,000을 5,000으로 변경하려면 $4,000 \times \frac{5}{4} = 5,000$으로 계산하면 된다.

따라서 D0의 값에 5을 곱해서 D1에 저장한다. 여기서 곱셈 명령어의 결과값은 32비트 크기의 데이터레지스터에 저장된다. 따라서 곱셈의 결과값은 D2, D1에 저장되는데 여기서 저장될 수 있는 최대값은 20,000이 되기 때문에 실제의 곱셈 결과값은 D1에만 저장된다고 생각하면 된다. 따라서 D1에 저장된 값을 4로 나누면 5,000의 결과값을 구할 수 있는 것이다.

3-3 실습과제 A/D프로그램 작성 3

A/D변환모듈을 이용해 에어컨 컨트롤러를 만들어보자. [그림 3-15]는 에어컨의 조작패널을 나타낸 것이다. 에어컨의 조작패널을 이용해 사용자가 원하는 온도를 설정해 놓으면 현재온도와 설정온도를 비교해서 콤프레샤 및 팬을 ON/OFF해서 실내온도를 냉방한다.

1. 조작패널

그림 3-15 에어컨 컨트롤러

표 3-12 PLC 입출력 번지 할당표

입력번호	기능	출력번호	기능
X00	전원	Y70	전원ON 램프
X01	증가	Y71	콤프동작 램프
X02	감소	Y48~Y40	현재온도 FND표시
X03	온도설정	Y4F~Y48	설정온도 FND표시

【동작조건】

(1) PLC의 전원이 ON되면 설정온도 FND에는 "18"이 표시되고, 현재온도 FND에는 A/D 모듈의 CH1에 입력되는 아날로그 전압 값에 따른 숫자가 표시된다. 그리고 램프는 모두 OFF된 상태이다.

(2) A/D모듈의 CH1에 0~5V의 전압이 입력되면 CH1의 A/D변환 디지털 값을 저장하는 버퍼메모리 11번에는 0~4,000의 디지털 값이 저장된다. 버퍼메모리에 저장된 디지털 값을 이용해 00~99로 변환한 후 현재온도를 표시하는 FND에 표시한다. 즉 A/D모듈의 CH1에 연결된 가변저항을 통해 입력되는 전압이 온도센서로부터 입력되는 전압 값이라 가정한다. A/D모듈에 CH1에 0~5V의 전압이 인가될 때 온도는 0~100.0℃로 나타내는 것을 의미한다. 에어컨 컨트롤러 패널의 온도확인 버튼을 누르면 2자리수로 표현한 현재온도는 아래의 도표와 같이 CH1의 디지털 설정값에 따른 현재 온도를 4자리 수로 표시하는 기능을 의미한다. 온도확인 버튼을 누르면 3초 동안 표시되었다가 원래의 설정온도 및 현재온도 표시로 되돌아간다. 온도확인 버튼을 눌렀을 때, FND에 표시되는 값 1000의 의미는 100.0℃를 나타내는 것이다.

버퍼메모리 디지털 값	현재온도 FND표시값	온도확인
0	00	0000
1000	24	0250
2000	49	0500
4000	99	1000

(3) 전원이 ON상태에서 증가와 감소버튼을 이용해 설정온도를 18~43 사이의 값으로 설정할 수 있다. 증가 버튼을 누르면 1씩 증가하고 최대 43까지 증가한다. 감소버튼을 누르면 1씩 감소하고 최대 18까지 감소할 수 있다.

(4) 전원버튼을 누를 때마다 전원의 ON/OFF가 반복된다. 전원이 ON된 상태이면 전원램프가 점등된다. 전원이 ON상태에서 에어컨이 동작한다.

(5) 전원이 ON상태이면 현재온도와 설정온도를 비교해서 현재온도가 설정온도보다 높으면 콤프레샤를 가동한다. 이 때 콤프레샤의 가동을 나타내기 위해 콤프동작 램프를 ON한다. 콤프레샤의 빈번한 ON/OFF동작을 방지하기 위해 콤프레샤의 동작은 현재온도가 설정온도 보다 2℃ 높을 때 동작하고, 콤프레샤의 OFF는 현재온도가 설정온도 보다 2℃낮을 때 OFF하도록 한다.

(6) A/D모듈 CH1에 연결된 가변저항을 조정하여 현재온도를 변경했을 때 에어컨 컨트롤러가 정상동작하는지 확인해보자.

【PLC프로그램】

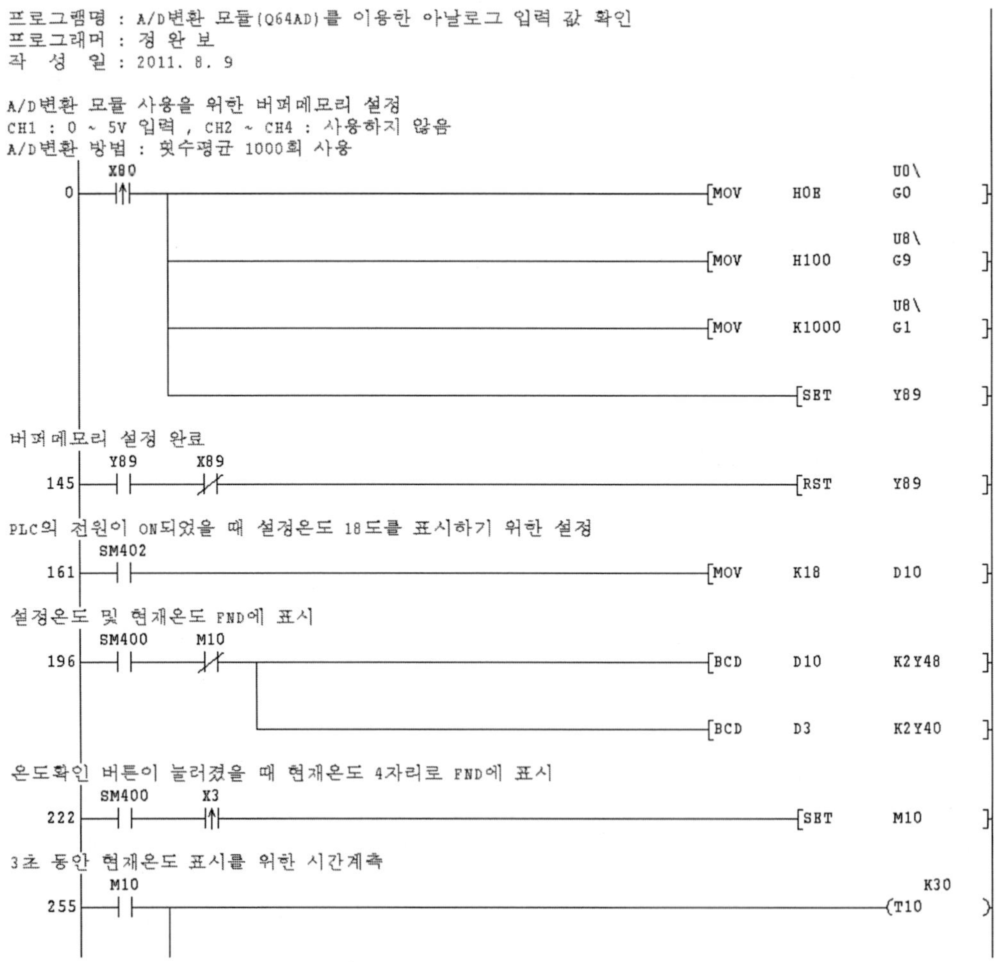

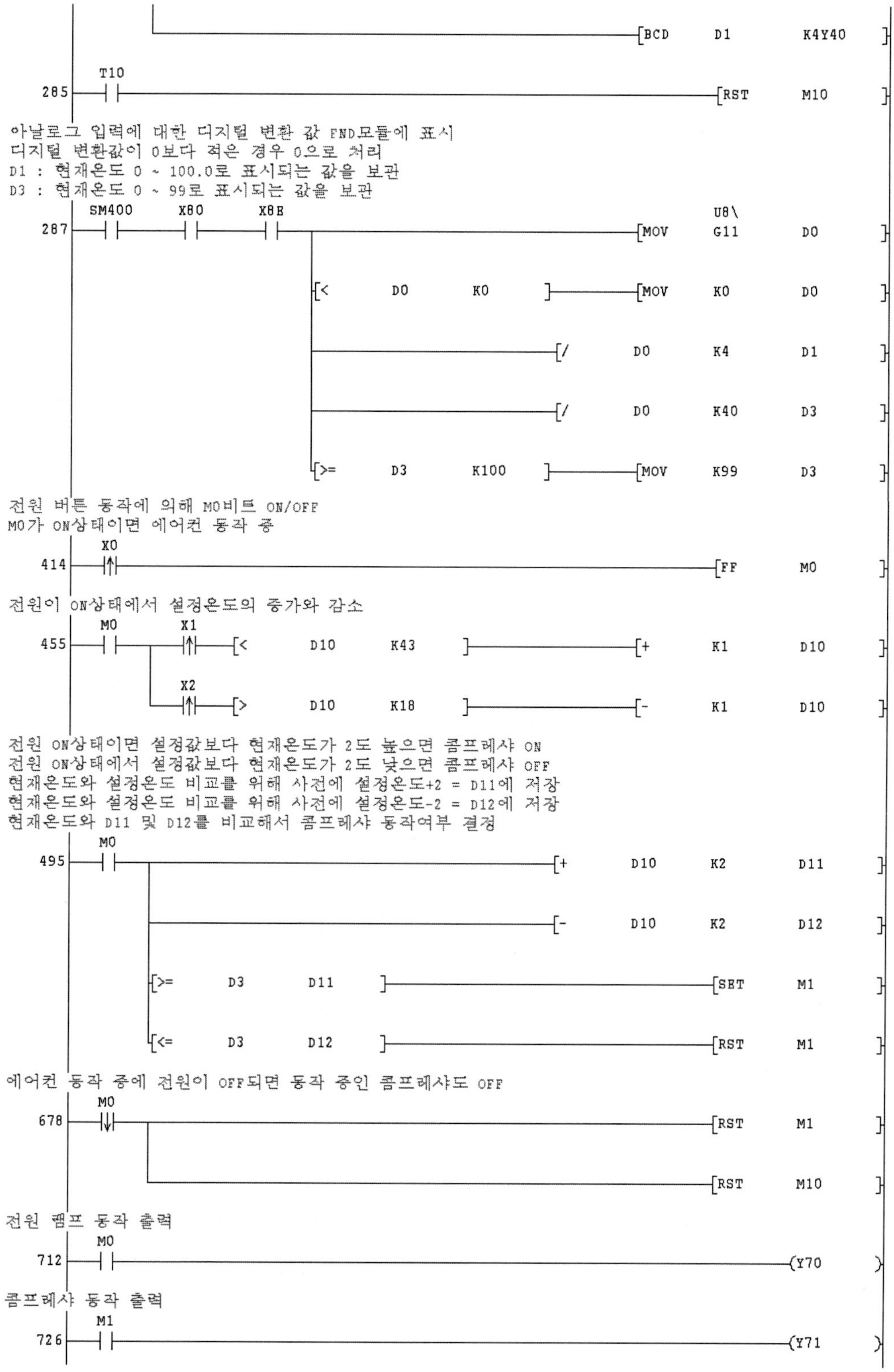
BCD D1 K4Y40
T10
285
RST M10
아날로그 입력에 대한 디지털 변환 값 FND모듈에 표시
디지털 변환값이 0보다 적은 경우 0으로 처리
D1 : 현재온도 0 ~ 100.0로 표시되는 값을 보관
D3 : 현재온도 0 ~ 99로 표시되는 값을 보관
SM400 X80 X8E
287
MOV U8\G11 D0
< D0 K0
MOV K0 D0
/ D0 K4 D1
/ D0 K40 D3
>= D3 K100
MOV K99 D3
전원 버튼 동작에 의해 M0비트 ON/OFF
M0가 ON상태이면 에어컨 동작 중
X0
414
FF M0
전원이 ON상태에서 설정온도의 증가와 감소
M0 X1
455
< D10 K43
+ K1 D10
X2
> D10 K18
- K1 D10
전원 ON상태이면 설정값보다 현재온도가 2도 높으면 콤프레샤 ON
전원 ON상태에서 설정값보다 현재온도가 2도 낮으면 콤프레샤 OFF
현재온도와 설정온도 비교를 위해 사전에 설정온도+2 = D11에 저장
현재온도와 설정온도 비교를 위해 사전에 설정온도-2 = D12에 저장
현재온도와 D11 및 D12를 비교해서 콤프레샤 동작여부 결정
M0
495
+ D10 K2 D11
- D10 K2 D12
>= D3 D11
SET M1
<= D3 D12
RST M1
에어컨 동작 중에 전원이 OFF되면 동작 중인 콤프레샤도 OFF
M0
678
RST M1
RST M10
전원 램프 동작 출력
M0
712
Y70
콤프레샤 동작 출력
M1
726
Y71

[프로그램 3-4] 에어컨 컨트롤러 PLC프로그램

프로그램을 살펴보자. 프로그램 라인 0번은 설명하지 않아도 무엇을 의미하는지 알 것이다.

프로그램 라인 161번은 PLC전원이 ON될 때 FND표시장치에 설정온도 18℃를 표시하기 위해서 D10에 18을 설정하는 부분이다.

프로그램 라인 196번은 FND모듈에 설정온도, 현재온도를 표시하는 부분이고 프로그램 라인 222번은 온도확인 버튼이 눌러졌을 때 현재온도를 4자리로 3초 동안 표시하는 부분이다.

프로그램 라인 287번은 A/D모듈의 CH1에 입력되는 아날로그 전압값에 비례한 디지털 값을 가지고 0~100.0℃ 그리고 0~99℃의 온도로 변환하는 부분이다. 어떤 값을 변환할 때에는 곱셈 또는 나눗셈 명령을 이용하면 값을 쉽게 변환할 수 있다. 특히 곱셈 명령을 사용할 때 곱셈의 결과값이 32비트의 크기로 된다는 것을 잊지 않기를 바란다. 정수형 나눗셈 연산의 결과값도 몫과 나머지로 구분된다는 것을 반드시 기억하기 바란다.

프로그램 라인 414번은 전원 버튼이 눌러지면 에어컨 동작을 위한 전원을 ON하는 부분이다.

프로그램 라인 455번은 전원이 ON상태에서 증가와 감소 버튼이 눌러지면 설정온도를 증가 또는 감소시키는 부분이다.

프로그램 라인 495번이 이 과제의 핵심 부분이라고 할 수 있다. 냉방을 위한 컴프레샤의 동작을 현재온도와 설정온도와 동일하게 두면 빈번한 콤프레샤 동작의 ON/OFF로 인해 콤프레샤가 쉽게 고장 날 수 있다. 그래서 콤프레샤의 동작은 현재온도가 설정온도 보다 2℃ 높으면 동작하고 현재온도가 설정온도 보다 2℃ 낮으면 콤프레샤의 동작을 중지하도록 한다. 이렇게 하면 설정온도에서 ±2℃의 온도편차가 있기 때문에 콤프레샤는 안정적으로 동작하게 된다. 실제의 일반 냉난방기는 이러한 형태로 동작한다. 인버터를 채용한 고급형 에어컨의 경우에는 인버터의 기능을 이용해 콤프레샤를 ON/OFF하는 것이 아니라 콤프레샤의 모터의 회전속도를 조절해서 에너지 절감과 함께 기능을 고급화하는 추세이다.

프로그램 라인 678번은 전원이 OFF될 때 콤프레샤의 동작과 온도표시 부분을 강제로 OFF하게 하는 부분이다.

2-3 에러발생 처리 PLC 프로그램

이번에는 A/D변환 모듈에 에러가 발생했을 때, 에러처리 부분을 살펴보자. A/D변환 모듈에 에러가 발생하면 A/D변환 모듈의 "에러 발생 플래그(X8F)" 신호가 ON되고 이와 함께 버퍼메모리 19번지에 에러코드가 저장된다. 따라서 사용자는 A/D변환 모듈의 "에러 발생 플래그(X8F)"의 상태를 모니터링 해서 ON되면 알람을 발생시키고, 버퍼메모리 19번지의 코드를 확인해서 해당 에러를 해제하면 된다. 에러코드 번호에 따른 에러 해제 조치를 마친 후, "에러 클리어 요구(Y89)"를 ON하여 에러 해제를 요구한다.

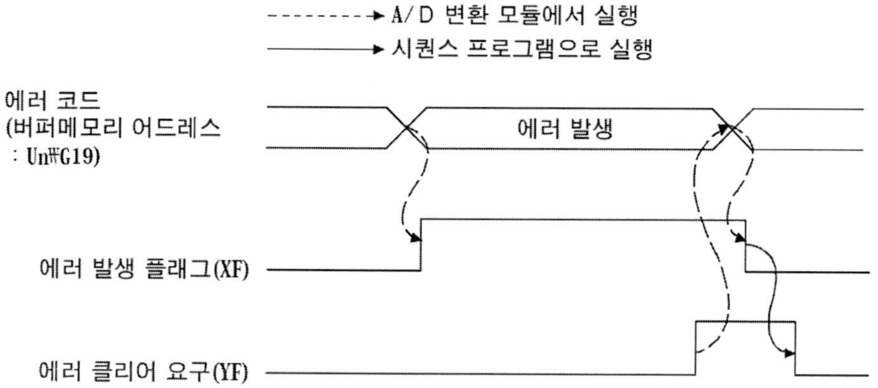

그림 3-16 에러 발생 및 에러 클리어 동작 타이밍도

[그림 3-16]은 에러 발생 및 에러 클리어 동작을 나타낸 타이밍도이다. A/D변환 모듈에 에러가 발생되면 버퍼메모리 19번지에 에러코드를 저장한 후 에러 발생 플래그(X8F) 신호를 ON한다. 사용자가 에러 해제 조치를 취한 후, 에러 클리어 요구(Y8F)신호를 ON하면 에러가 정상적으로 해제되었을 때에는 에러 발생 플래그신호가 자동으로 OFF하게 된다. 이 때 사용자는 에러 발생 플래그 신호가 OFF되는 것을 확인한 후 에러 클리어 요구 신호를 OFF하면 된다.

실습과제를 통해서 A/D변환 모듈의 에러 발생 시 에러 코드 표시 방법과 에러 해제 방법에 대해 살펴보자.

3-4 실습과제 A/D모듈의 에러처리

이번 실습과제에서는 평상시에는 채널 1번, 3번의 아날로그 입력 값을 표시하다가 A/D변환 모듈에 에러가 발생했을 때, 에러 코드를 FND모듈에 표시하고 램프 점멸을 통해서 에러 발생 상황을 표시한다. 에러 조치를 취한 후 에러 해제 버튼을 클릭하면 에러가 해제 되어야 한다.

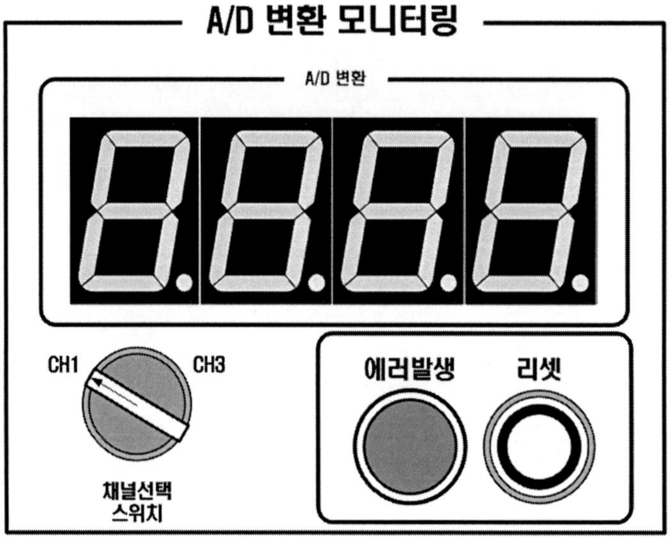

그림 3-17

표 3-13 PLC 입출력 번지 할당표

입력번호	기능	출력번호	기능
X00	CH1 선택	Y4F~Y40	FND표시
X01	CH2 선택		
X02	리셋(에러해제)	Y50	에러발생 램프

【동작조건】

(1) 정상 동작 시에는 채널 선택 스위치에 의해 FND모듈에 채널 1, 채널 3번의 디지털 값이 표시된다.

(2) 에러가 발생되면 에러발생 램프가 1초 간격으로 점멸 동작하고 FND모듈에는 에러코드가 표시된다.

(3) 에러 리셋 버튼을 누르면 에러가 해제와 함께 에러발생 램프는 소등되고 FND에는 채널 선택 스위치에 의한 디지털 값이 표시된다.

【PLC프로그램】

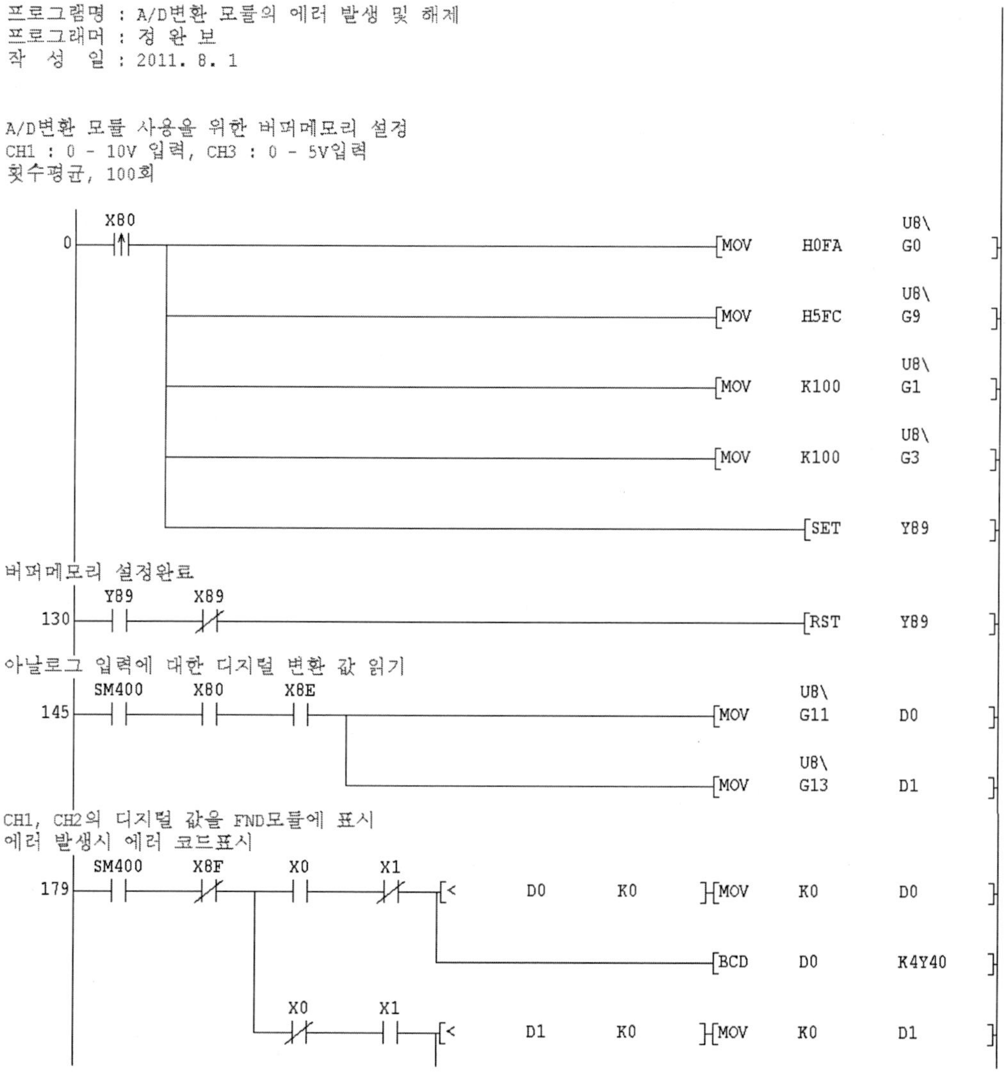

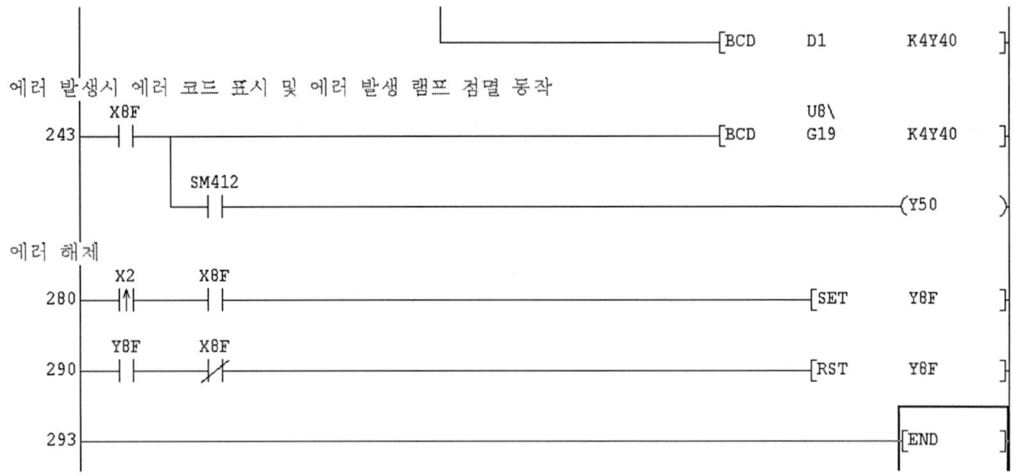

[프로그램 3-5] 에러 발생 및 해제

프로그램 라인 179번에 에러가 발생하면 에러코드를 FND모듈에 표시하기 위해 A/D변환 모듈의 디지털 값을 표시하지 않도록 X8F의 B접점을 삽입해 놓았다.

프로그램 243번은 A/D변환 모듈의 에러 발생 시, 에러코드 표시와 함께 에러발생 램프를 점멸한다.

프로그램 라인 280번은 에러 해제 부분이다. 에러 리셋 버튼이 눌러지면 에러 클리어 요구 플래그(Y8F)을 ON시켜 에러 해제를 요청하는 부분이다.

에러를 고의적으로 발생하기 위해

프로그램 라인 0번에서 버퍼메모리 1번지의 설정 값을 아래와 같이 "[DMOV K65000 U8\G1]" 변경한 후 PLC프로그램을 PLC로 전송한다. 전송 후, 버퍼메모리 1번지의 변경 값을 적용하기 위해 PLC CPU를 리셋한다.

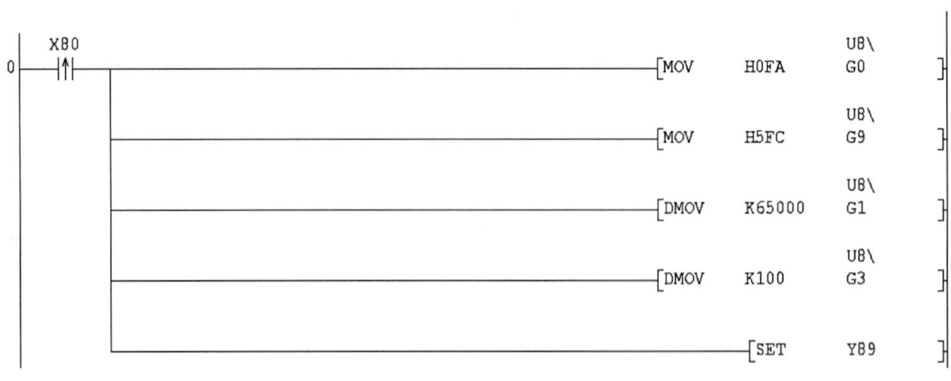

그림 3-18 A/D변환 모듈의 에러 발생 프로그램

CPU를 리셋하면 즉시 A/D변환 모듈에는 에러가 발생된다. 이 때 FND모듈에 표시된 에러코드를 보면 "0301"이 표시된다. 교재의 앞에서 A/D변환 모듈의 에러코드를 살펴보면 채널 1번의 평균 횟수의 설정 값이 잘못되었다는 것을 확인할 수 있을 것이다.

에러코드를 확인했으면 버퍼메모리 1번지의 설정 값을 "[MOV K100 U9\G1]으로 변경한 후 PLC CPU에 재전송한 후 에러리셋 버튼을 누르면 에러해제와 함께 다시 정상동작하게 된다.

2-4 A/D모듈의 오프셋 값 및 게인 값 설정방법

A/D변환 모듈의 아날로그 입력 신호는 전압 또는 전류이고, 아날로그 입력의 범위를 살펴보면 [표 3-14]와 같이 A/D변환 모듈의 스위치 설정에 의해 사전에 정해진 아날로그 입력의 범위를 선택하여 사용할 수 있도록 시스템이 구성되어 있다.

표 3-14 A/D변환 모듈의 입력 범위

입력범위	설정값
4~20mA	0_H
0~20mA	1_H
1~5V	2_H
0~5V	3_H
-10~10V	4_H
0~10V	5_H
사용자 영역 설정	F_H

[표 3-14]의 입력범위 중에서 "사용자 영역 설정" 부분이 있다. 사용자 영역 설정 부분은 A/D변환 모듈의 오프셋 값과 게인 값을 조정하여 사용자가 필요로 하는 아날로그 입력 신호에 대한 디지털 값을 구하는 것을 의미한다.

예를 들면 물의 온도를 측정하기 위해 사용한 온도센서가 0℃~150℃의 온도는 측정할 수 있고 0℃~150℃까지 온도가 변화할 때 아날로그 전압이 0.3V~4.7V로 변환된다고 가정하자. 프로그램 작성 시 가장 쉬운 방법이 0.3V의 입력일 때, 디지털 값을 0으로,

4.7V의 입력일 때, 디지털 값을 4,000으로 변화하게 하면 수식을 이용해 아날로그 입력 값에 비례한 온도를 쉽게 계산 할 수 있다. 만약 온도센서의 아날로그 입력 값에 비례한 디지털 출력 값이 2,457이면 온도는 92.14℃이다.

$$\frac{2,457}{4,000} \times 150℃ = 92.14℃$$

사용자 영역 설정을 통해 아날로그 입력 값의 범위를 조정하기 위해 사용하는 방법이 오프셋과 게인을 조정한다. 오프셋이란 A/D변환 모듈의 아날로그 입력에 비례한 디지털 출력 값이 "0"이 되는 아날로그 입력 값(전류 또는 전압)을 의미하고 게인 값이란 디지털 출력 값이 최대 값(일반 분해능 모드 4,000, 고분해능 모드는 12,000 또는 16,000)이 되는 아날로그 입력 값(전류 또는 전압)을 의미한다.

오프셋 값과 게인 값을 조정하면 아날로그 입력 범위를 사용자가 원하는 범위내로 설정할 수 있다. 오프셋과 게인 값은 아래의 범위를 초과하지 않도록 설정되어야 한다.

전압입력의 경우

(게인값 − 오프셋값) 〉 A
일반분해능 모드일 때 A의 값 : 1.5V
고분해능 모드일 때 A의 값 : 4.0V

전류입력의 경우

(게인값 − 오프셋값) 〉 A
일반분해능 모드일 때 A의 값 : 5.5mA
고분해능 모드일 때 A의 값 : 16.0mA

2-4-1 오프셋과 게인 값 조정을 위한 필요장비

A/D변환 모듈 또는 D/A변환 모듈을 이용한 PLC시스템을 구성할 때에는 [그림 3-18]에 나타낸 표준 캘리브레이터(Calibrator)장비를 갖추고 있으면 각종 테스트를 효율적으로 수행할 수 있다.

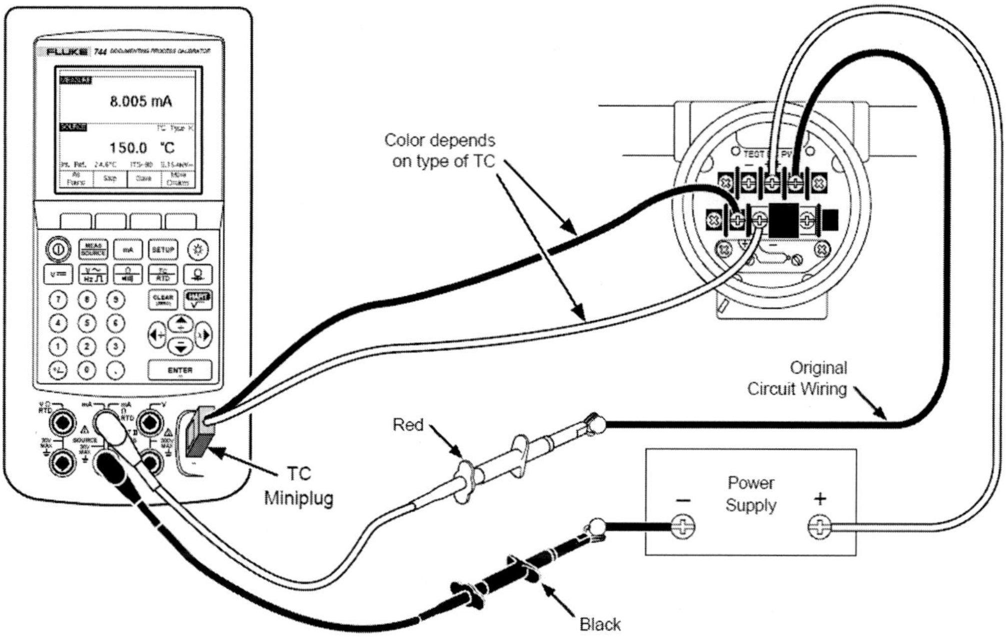

그림 3-18 캘리브레이터 장비를 이용한 온도센서의 동작 테스트

[그림 3-18]은 FLUKE-744 다기능 프로세서 캘리브레이터를 이용해 온도계측기의 동작을 교정하는 것을 나타낸 것이다. 표준 캘리브레이터는 온도(TC/RTD), 압력, mA, 저항, 주파수, 전압 등의 다양한 형태의 아날로그 신호를 출력할 수 있는 장비이다. [그림 3-18]에서 온도센서 TC(Thermocouple)를 대신해 캘리브레이터에서 설정온도에 따른 TC의 저항값을 변경해서 온도계측기에 입력했을 때, 입력 TC의 저항 값에 비례한 온도계측기의 전류 출력 값이 제대로 출력되는지 테스트하는 모습이다. 이와 같이 캘리브레이터를 갖추고 있으면 A/D변환 모듈에 센서를 직접연결하지 않고도 캘리브레이터를 이용해 원하는 설정 값을 A/D변환 모듈에 입력할 수 있는 장비이다. 가격은 고가이지만 A/D, D/A 변환 모듈을 이용한 다양한 제어를 하는 경우에 이러한 장비를 갖추고 있으면 업무의 효율성을 높일 수 있다.

2-4-2 A/D변환 모듈의 오프셋과 게인의 설정 방법

[그림 3-19]에 A/D변환 모듈의 오프셋과 게인을 설정을 변경하는 방법에 대한 순서를 나타내었다. 순서도는 복잡하게 구성되어 있지만 PLC프로그램을 구현해보면 간단하게 구현된다. 지금부터 오프셋과 게인 설정 변경 방법에 대해 살펴보자.

실습에 사용하는 A/D변환 모듈의 채널 4번에 온도센서가 연결되어 있다. 이 온도센서는 0℃~150℃의 온도가 계측될 때, 아날로그 전압 0.3V~4.7V의 전압이 출력된다고 가정하자. 0.3V전압이 입력될 때 A/D변환 모듈의 디지털 출력값이 "0", 4.7V의 전압이 입력될 때, 디지털 출력 값이 "4,000"이 되도록 오프셋과 게인 값을 변경해보자.

1) PLC파라미터에서 A/D변환 모듈의 스위치 변경

① 채널 1번은 0~5V, 채널 3번은 0~10V, 채널 4번은 사용자 범위 설정으로 사용하기 때문에 A/D변환 모듈의 스위치 설정은 [표 3-15]와 같다.

표 3-15 A/D변환 모듈의 스위치 설정 값

스위치번호	스위치1	스위치2	스위치3	스위치4	스위치5
설정값(16진수)	F503	0000	공란	1001	0000

② PLC파라미터를 PLC CPU로 전송한 후, PLC CPU를 리셋한다.

③ A/D변환 모듈의 RUN LED램프가 점멸하는지 확인한다. RUN LED램프가 점멸동작을 하면 오프셋 및 게인 설정모드가 선택되었다는 것을 의미한다.

2) 오프셋과 게인 설정을 위한 PLC프로그램 작성 시 필요한 사항

오프셋과 게인 설정 모드로 변경되었으면 나머지는 PLC프로그램을 작성해서 실행한다. PLC프로그램 작성하기 전에 필요한 사항을 살펴보자.

① 오프셋과 게인 설정을 위한 버퍼메모리 확인

A/D변환 모듈의 버퍼메모리 22, 23번이 오프셋 및 게인 설정을 하고자 하는 A/D변환 모듈의 채널 선택을 설정하는 부분이다. 보다 자세한 사항은 앞에서 학습한 A/D변환 모듈의 버퍼메모리 기능 부분을 다시 살펴보기 바란다.

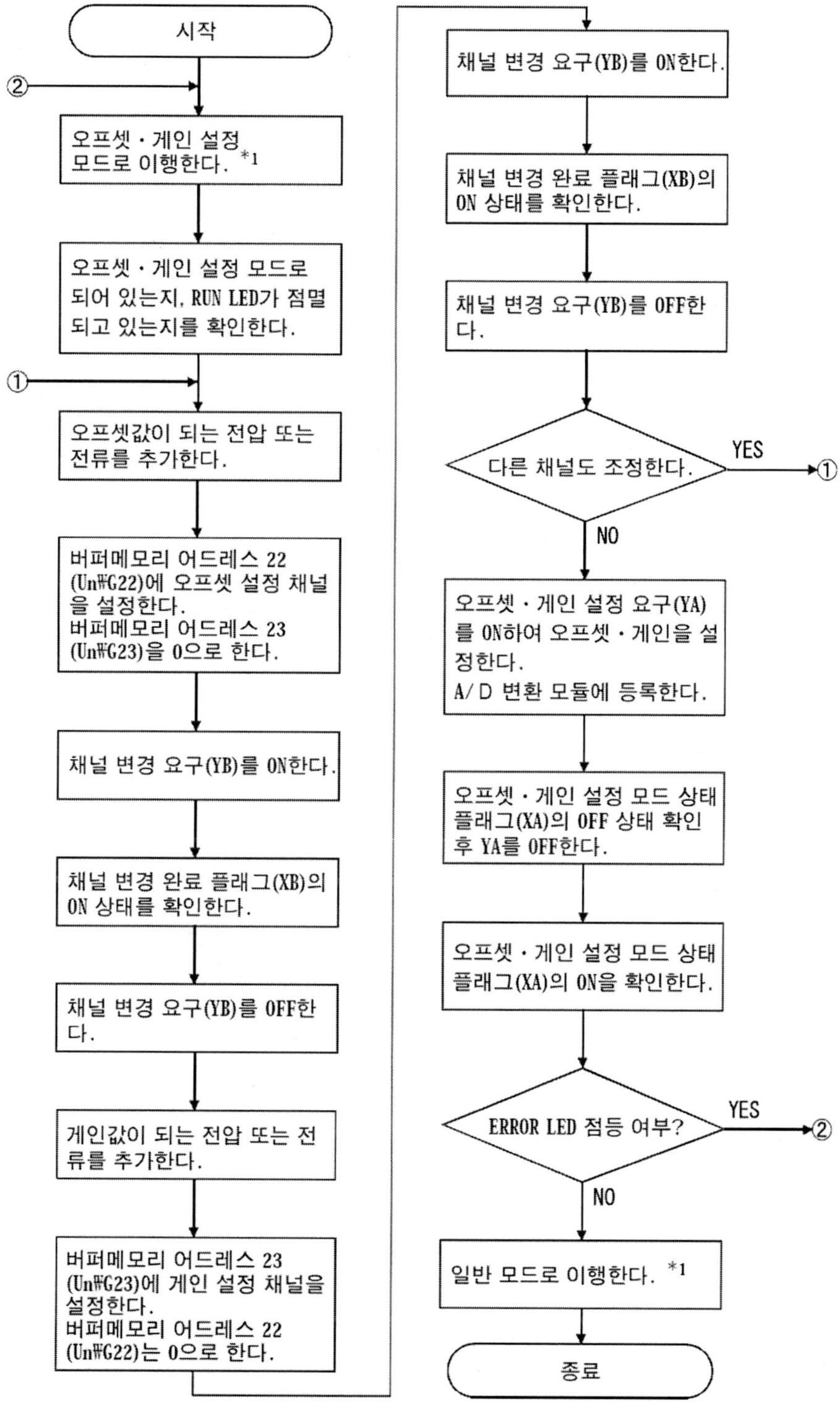

그림 3-19 A/D변환 모듈의 오프셋 및 게인 설정

② 오프셋 게인 설정을 위한 A/D변환 모듈의 입출력 동작 조건

[그림 3-20]은 오프셋 및 게인 설정을 위한 A/D변환 모듈의 아날로그 입력 채널을 선택하는 부분이다. 버퍼메모리 22, 23번에 오프셋 및 게인 설정을 위한 아날로그 입력 채널을 설정한 후 채널 변경 요구를 해야 한다. 보다 자세한 사항은 PLC프로그램 작성한 후 살펴보자.

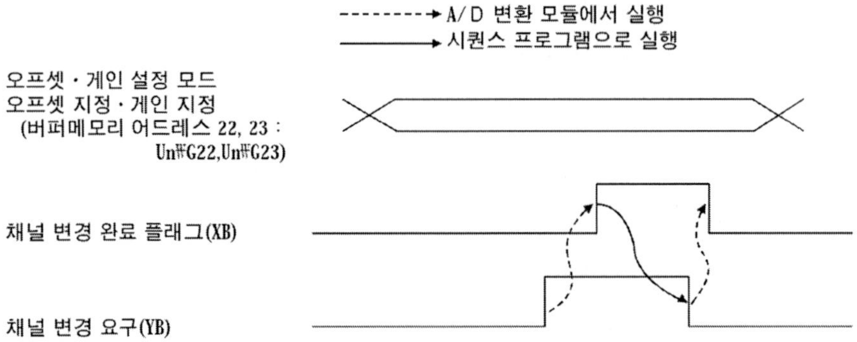

그림 3-20 오프셋 및 게인 설정을 위한 채널 변경 요구

[그림 3-21]은 오프셋 및 게인 설정을 마친 후 버퍼메모리에 오프셋 및 게인 값을 등록할 때, 입출력의 동작조건을 나타낸 것이다.

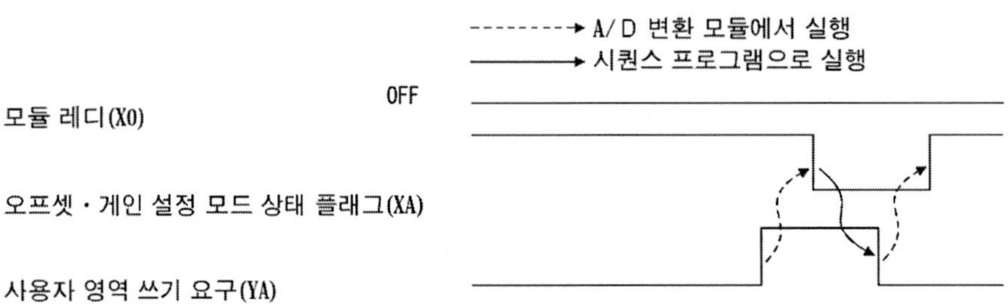

그림 3-21 오프셋 및 게인 값 등록을 위한 입출력 동작 조건

3-5 실습과제 사용자 영역 설정을 위한 오프셋 및 게인 설정

이번 실습과제에서는 채널 4번을 사용자 영역 설정을 위한 오프셋 및 게인 설정을 위한 PLC프로그램 작성에 대해 살펴보자.

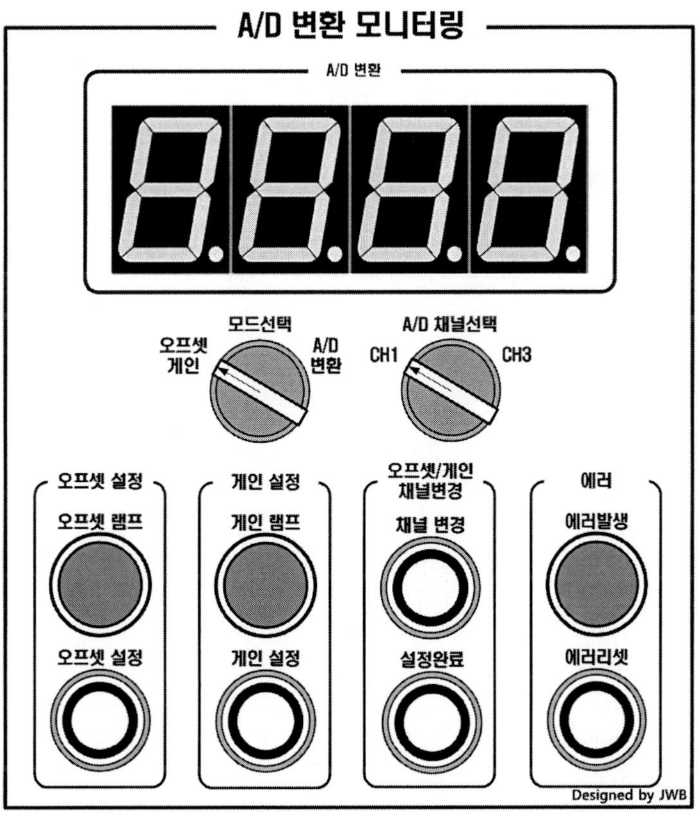

그림 3-22 조작 패널

표 3-16 PLC 입출력 번지 할당표

<table>
<tr><th>입력번호</th><th colspan="2">기능</th><th>출력번호</th><th>기능</th></tr>
<tr><td>X00</td><td colspan="2">CH1 선택</td><td>Y4F~Y40</td><td>FND표시</td></tr>
<tr><td>X01</td><td colspan="2">CH2 선택</td><td></td><td></td></tr>
<tr><td>X02</td><td colspan="2">리셋(에러해제)</td><td>Y50</td><td>에러발생 램프</td></tr>
<tr><td>X03</td><td>오프셋 게인</td><td rowspan="2">모드 선택</td><td>Y51</td><td>오프셋 램프</td></tr>
<tr><td>X04</td><td>A/D변환</td><td>Y52</td><td>게인 램프</td></tr>
<tr><td>X05</td><td colspan="2">오프셋 설정</td><td></td><td></td></tr>
<tr><td>X06</td><td colspan="2">게인 설정</td><td></td><td></td></tr>
<tr><td>X07</td><td colspan="2">채널 변경</td><td></td><td></td></tr>
<tr><td>X08</td><td colspan="2">설정 완료</td><td></td><td></td></tr>
</table>

【동작조건】

오프셋과 게인 설정에 대해서만 PLC프로그램을 작성한다.

(1) 모드선택 스위치(X03)가 오프셋/게인이 선택되면 FND모듈에는 "0001"이 표시된다. "0001"은 A/D변환 모듈의 아날로그 입력 채널 1번이 선택되었다는 뜻이다.

(2) 이 상태에서 채널 변경 스위치을 누를 때마다 FND모듈에는 "0001 → 0002 → 0003 → 0004 → 0001 → …" 순으로 변경된다. A/D변환 모듈의 아날로그 입력 채널 1~4번이 선택되었다는 것을 나타낸 것이다.

(3) 오프셋 설정버튼을 누르면 오프셋 설정모드가 선택되고, 오프셋 설정모드를 나타내기 위해 오프셋 램프가 점등된다. 오프셋 설정모드가 선택된 상태에서 해당 아날로그 채널에 오프셋 전압 또는 전류를 입력한 상태에서 설정완료 버튼을 누르면 오프셋 설정이 완료되고 오프셋 램프는 자동 소등된다.

(4) 게인 설정 버튼을 누르면 게인 설정모드가 선택되고, 게인 설정모드를 나타내기 위해 오프셋 램프가 점등된다. 게인 설정모드가 선택된 상태에서 해당 아날로그 채널에 게인 전압 또는 전류를 입력한 상태에서 설정완료 버튼을 누르면 게인 설정이 완료되고 게인 램프는 자동 소등된다.

동작조건을 글로 표현하면 굉장히 어렵게 느껴지는 것 같다. 하지만 PLC프로그램을 작성해보면 크게 어렵지 않게 작성할 수 있는 프로그램이다. 뒤 부분에서 설명하겠지만 사실 Configurator-AD라는 A/D변환 모듈 전용 소프트웨어를 사용하면 앞에서 배운 여러 가지의 설정부분을 손쉽게 해결할 수 있다. 하지만 현장의 특성 또는 사용자의 요구에 의해 전용 소프트웨어를 사용하지 못하는 경우도 많이 있기에 PLC프로그램으로 A/D변환 모듈의 설정부분을 구현하려는 것이다.

한번만 해보면 어렵지 않게 누구나 쉽게 할 수 있지만 한 번도 해보지 않고 경험해보지 않은 사람에게는 어렵게 느껴지는 부분이 파라미터 설정 또는 이러한 변수 설정 부분이다. 힘들더라도 한번만 해보자.

자, 그럼 주어진 동작 조건을 만족하는 PLC프로그램을 살펴보자.

【PLC프로그램】

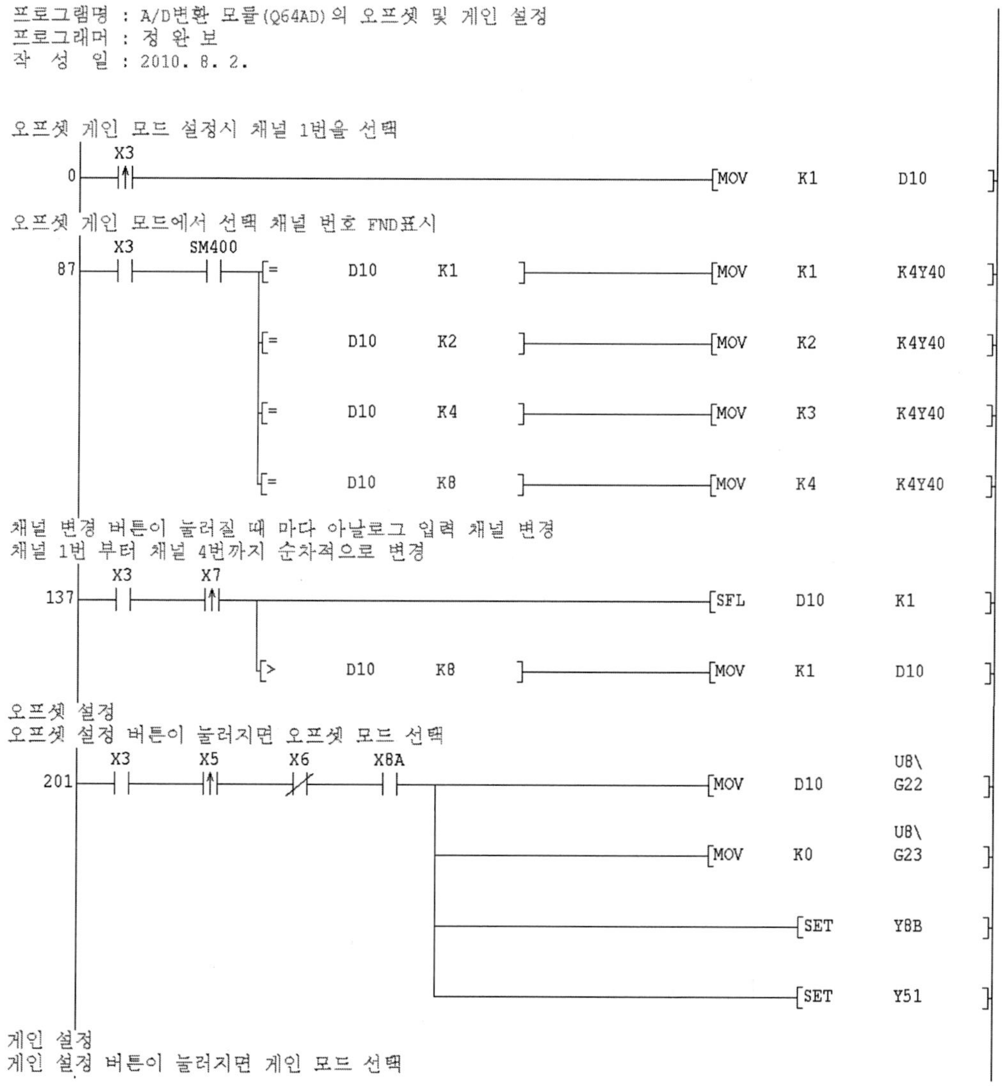

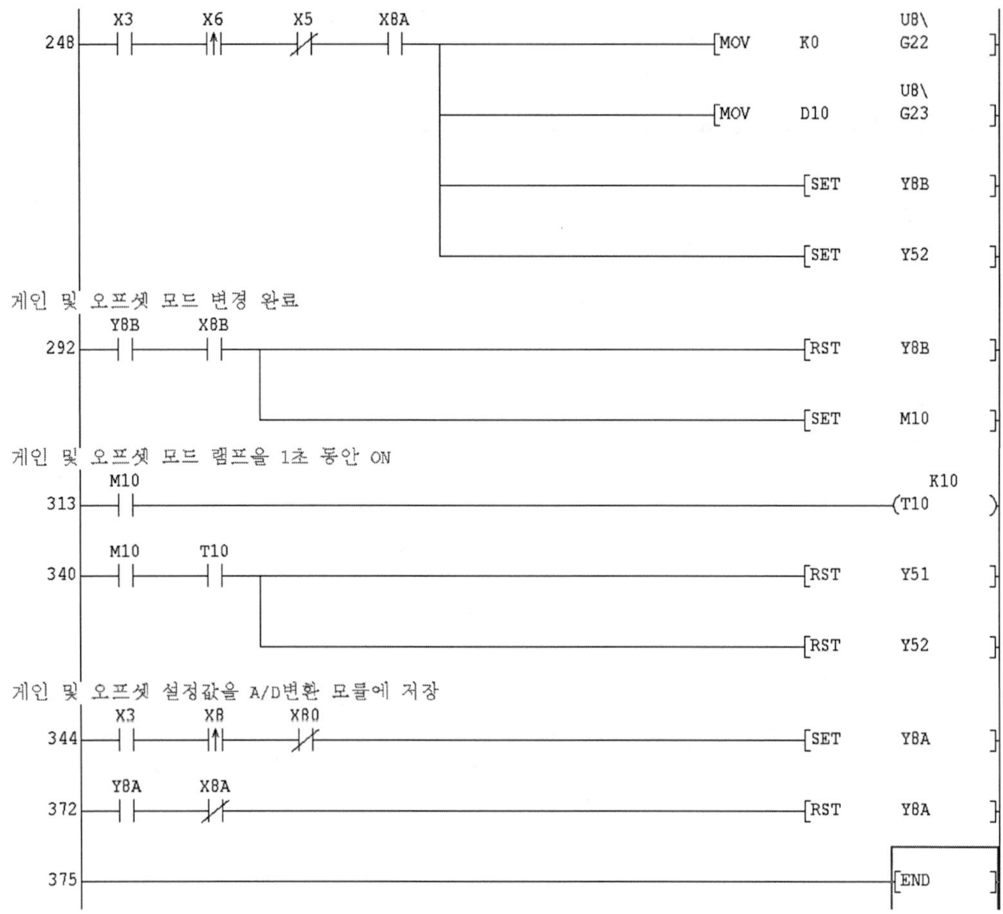

[프로그램 3-6] 오프셋 및 게인 설정

A/D변환 모듈의 오프셋 및 게인 설정을 하는 PLC프로그램을 살펴보자.

프로그램 라인 0번은 모드선택 스위치가 오프셋 및 게인이 선택되었을 때, FND모듈에 채널 1번이 선택되어져 있다는 것을 나타내기 위한 것이다.

프로그램 라인 87번은 채널의 번호를 FND에 표시하기 위한 부분이다. 채널 선택을 위해 시프트 명령을 사용하기 때문에 채널 선택을 위한 D10의 설정 값과 FND모듈에 표시될 값이 다르기 때문에 비교연산을 사용하고 있다.

프로그램 라인 137은 채널 변경 버튼이 눌러지면 시프트 명령어를 사용하여 D10에 저장된 데이터의 값을 좌측으로 1비트씩 이동시킨다. 그 이유는 [표 3-17]에 표시한 것처럼 버퍼메모리 22, 23번에 설정할 오프셋 및 게인 선택 채널 설정 값에 맞추기 위한 것이다.

표 3-17 버퍼메모리 22, 23번의 설정값

채널번호	버퍼메모리 22, 23번의 설정값															
채널 1번	0	0	0	0	0	0	0	0	0	0	0	0	0	0	0	1
채널 2번	0	0	0	0	0	0	0	0	0	0	0	0	0	0	1	0
채널 3번	0	0	0	0	0	0	0	0	0	0	0	0	0	1	0	0
채널 4번	0	0	0	0	0	0	0	0	0	0	0	0	1	0	0	0

프로그램 라인 201번은 오프셋 설정부분이다. 오프셋 및 게인 변경을 선택한 채널에 A/D변환 모듈의 디지털 출력 값이 0이 되는 아날로그 전압 값을 입력한 후에 오프셋 설정버튼을 누르면 오프셋이 자동으로 설정된다. 오프셋을 설정하기 위해 버퍼메모리 22번에 오프셋 설정을 하기 위한 아날로그 입력 채널을 선택하고 버퍼메모리 23번에는 0을 설정한 후 채널 변경 요구(Y8B)를 한다. 이 때 오프셋 설정 중이라는 것을 나타내기 위해서 오프셋 램프를 1초 동안 ON한다.

프로그램 라인 292번은 게인 설정부분이다. 오프셋과 마찬가지로 게인을 변경할 아날로그 입력 채널에 게인에 해당되는 전압 또는 전류를 설정한 후 게인 설정버튼을 누르면 게인이 설정된다. 이 때 게인 설정 중이라는 것을 나타내기 위해 게인 램프를 1초 동안 ON한다.

프로그램 라인 292번은 오프셋 및 게인의 채널 변경요구에 대해 채널 변경 완료를 확인하는 부분이다.

프로그램 라인 313번은 오프셋과 게인 램프를 1초 동안 ON하기 위한 부분이다.

프로그램 라인 344번은 앞에서 설정한 오프셋과 게인 값을 A/D변환 모듈에 등록하기 위한 것이다.

앞에서 나열한 방법으로 오프셋과 게인을 설정한 후에는 A/D변환 모듈의 스위치 설정을 변경해서 오프셋 및 게인 설정모드를 해제하고 일반 모드로 변경해야 한다. 따라서 앞에서 설정한 스위치 설정 값을 변경한 후, PLC파라미터를 PLC CPU에 재전송한 후, PLC CPU를 리셋한 후 오프셋과 게인 설정한 채널의 A/D변환한 디지털 값이 정상적으로 변경되었는지를 확인해보자.

3-6 실습과제 오프셋 및 게인 설정과 A/D변환

이번 실습과제에서는 실습과제 3에서 설정한 채널 4번의 A/D변환이 정상적으로 이루어지고 있는지를 확인해보자.

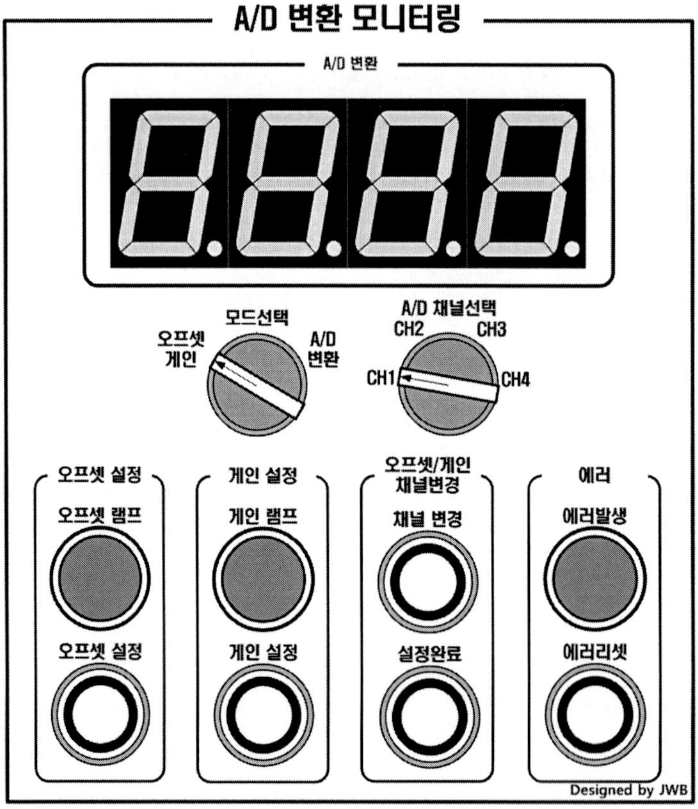

그림 3-23 조작패널

표 3-18 PLC 입출력 번지 할당표

<table>
<tr><th>입력번호</th><th colspan="2">기능</th><th>출력번호</th><th>기능</th></tr>
<tr><td>X00</td><td colspan="2">CH1 선택</td><td>Y4F~Y40</td><td>FND표시</td></tr>
<tr><td>X01</td><td colspan="2">CH2 선택</td><td></td><td></td></tr>
<tr><td>X02</td><td colspan="2">리셋(에러해제)</td><td>Y50</td><td>에러발생 램프</td></tr>
<tr><td>X03</td><td>오프셋 게인</td><td rowspan="2">모드 선택</td><td>Y51</td><td>오프셋 램프</td></tr>
<tr><td>X04</td><td>A/D변환</td><td>Y52</td><td>게인 램프</td></tr>
<tr><td>X05</td><td colspan="2">오프셋 설정</td><td></td><td></td></tr>
<tr><td>X06</td><td colspan="2">게인 설정</td><td></td><td></td></tr>
<tr><td>X07</td><td colspan="2">채널 변경</td><td></td><td></td></tr>
<tr><td>X08</td><td colspan="2">설정 완료</td><td></td><td></td></tr>
<tr><td>X09</td><td colspan="2">CH3 선택</td><td></td><td></td></tr>
<tr><td>X0A</td><td colspan="2">CH4 선택</td><td></td><td></td></tr>
</table>

【동작조건】

(1) 모드선택 스위치(X03)가 오프셋/게인이 선택되면 FND모듈에는 "0001"이 표시된다. "0001"은 A/D변환 모듈의 아날로그 입력 채널 1번이 선택되었다는 뜻이다.

(2) 이 상태에서 채널 변경 스위치을 누를 때마다 FND모듈에는 "0001 → 0002 → 0003 → 0004 → 0001 → …" 순으로 변경된다. A/D변환 모듈의 아날로그 입력 채널 1~4번이 선택되었다는 것을 나타낸 것이다.

(3) 오프셋 설정버튼을 누르면 오프셋 설정모드가 선택되고, 오프셋 설정모드를 나타내기 위해 오프셋 램프가 점등된다. 오프셋 설정모드가 선택된 상태에서 해당 아날로그 채널에 오프셋 전압 또는 전류를 입력한 상태에서 설정완료 버튼을 누르면 오프셋 설정이 완료되고 오프셋 램프는 자동 소등된다.

(4) 게인 설정 버튼을 누르면 게인 설정모드가 선택되고, 게인 설정모드를 나타내기 위해 오프셋 램프가 점등된다. 게인 설정모드가 선택된 상태에서 해당 아날로그 채널에 게인 전압 또는 전류를 입력한 상태에서 설정완료 버튼을 누르면 게인 설정이 완료되고 게인 램프는 자동 소등된다.

(5) 모드선택 스위치가 A/D변환이 선택되면 A/D채널 선택 스위치에 의한 해당 채널의 A/D변환된 디지털 값이 FND모듈에 표시되어야 한다.

(6) A/D변환 모듈 동작 중에 에러가 발생되면 에러 발생램프가 1초 간격으로 점멸동작을 하고 이 때, FND모듈에는 에러코드가 표시된다.

(7) 에러 발생 원인을 해제한 후, 에러리셋 버튼을 누르면 에러가 해제되고 에러램프가 소등되고 FND모듈에는 선택된 모드에 의한 값이 표시된다.

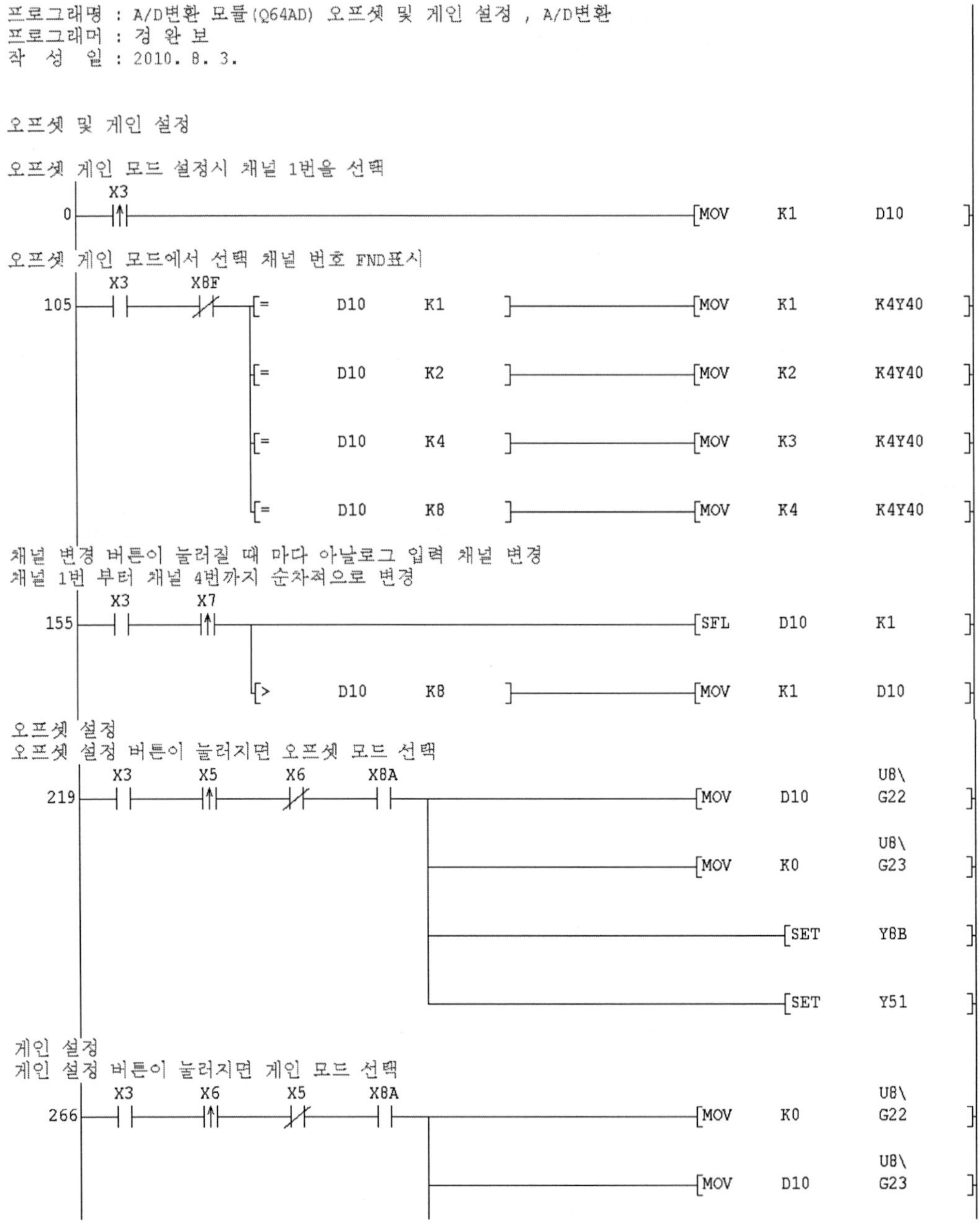

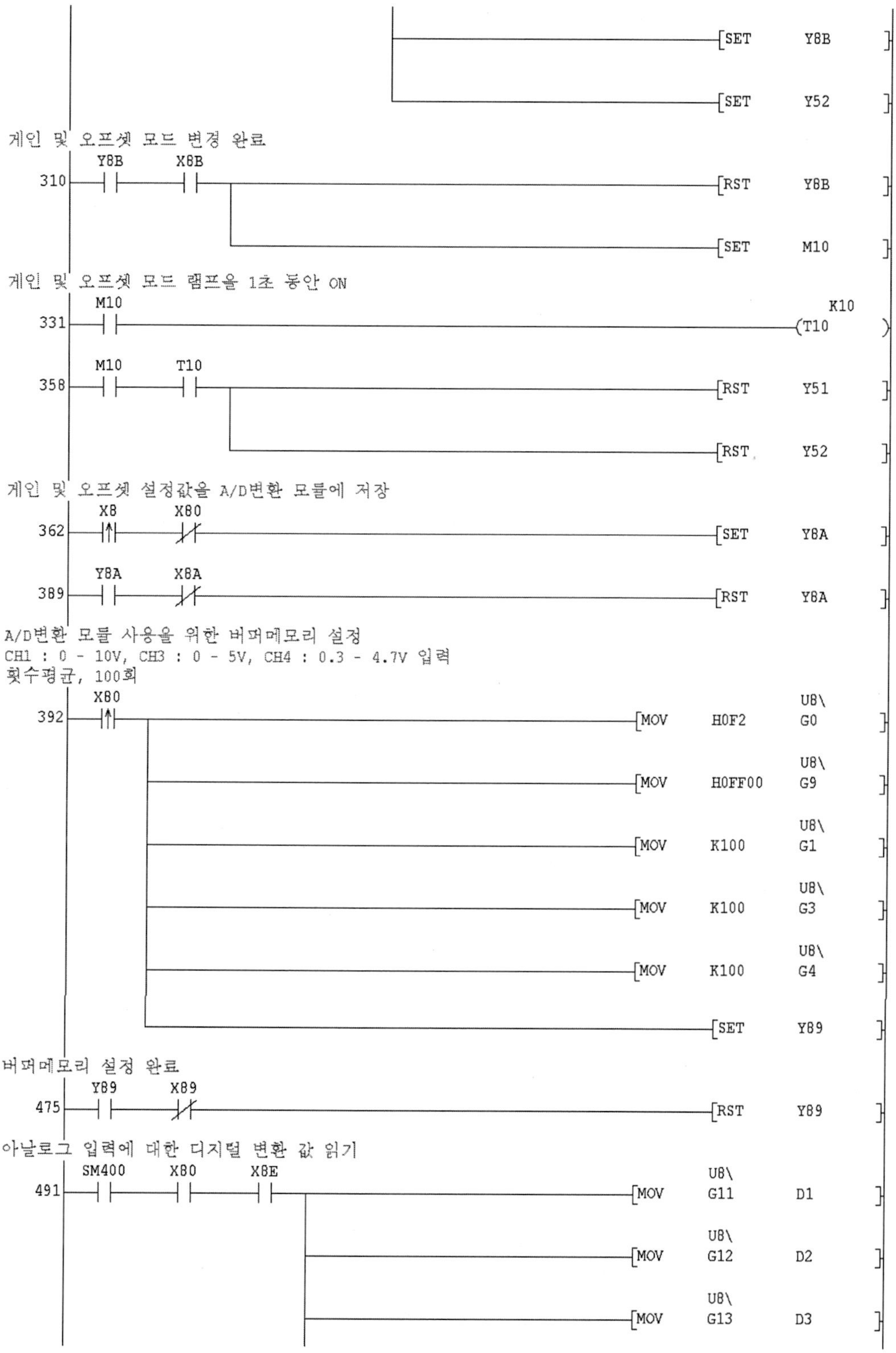
SET Y8B
SET Y52
게인 및 오프셋 모드 변경 완료
310 Y8B X8B
RST Y8B
SET M10
게인 및 오프셋 모드 램프을 1초 동안 ON
331 M10
K10
T10
358 M10 T10
RST Y51
RST Y52
게인 및 오프셋 설정값을 A/D변환 모듈에 저장
362 X8 X80
SET Y8A
389 Y8A X8A
RST Y8A
A/D변환 모듈 사용을 위한 버퍼메모리 설정
CH1 : 0 - 10V, CH3 : 0 - 5V, CH4 : 0.3 - 4.7V 입력
횟수평균, 100회
392 X80
MOV H0F2 U8\ G0
MOV H0FF00 U8\ G9
MOV K100 U8\ G1
MOV K100 U8\ G3
MOV K100 U8\ G4
SET Y89
버퍼메모리 설정 완료
475 Y89 X89
RST Y89
아날로그 입력에 대한 디지털 변환 값 읽기
491 SM400 X80 X8E
MOV U8\ G11 D1
MOV U8\ G12 D2
MOV U8\ G13 D3

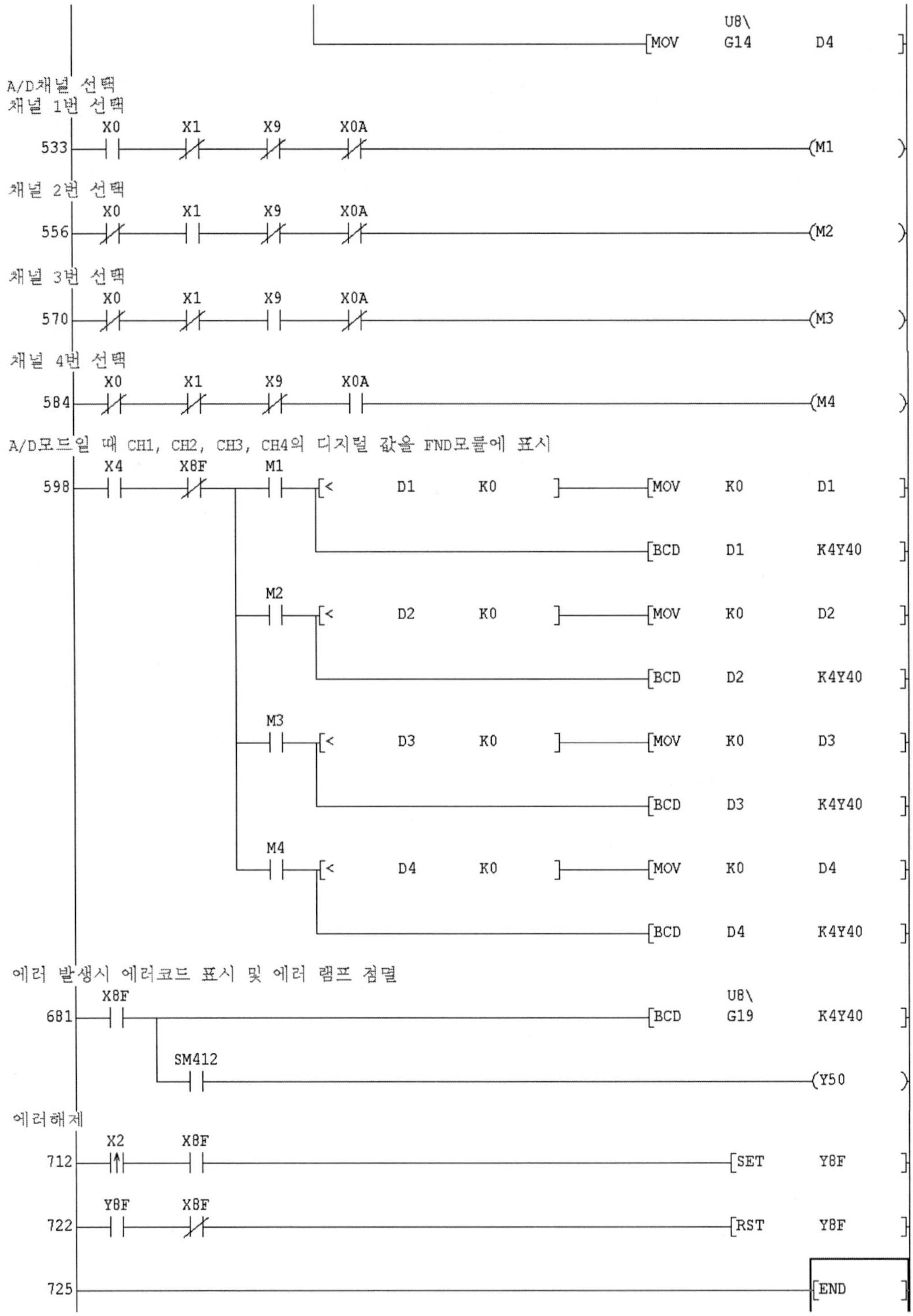

[프로그램 3-7] 오프셋 및 게인 설정과 A/D변환

3-7 실습과제 D/A모듈, A/D모듈을 이용한 프로그램 작성

A/D모듈과 D/A모듈 각각을 가지고 사용하는 방법에 대해 살펴보았다. 이제는 A/D와 D/A모듈을 조합하여 사용해보자. 이번 과제는 D/A모듈의 실습에서 구현해봤던 선풍기를 또 다시 만들어보자.

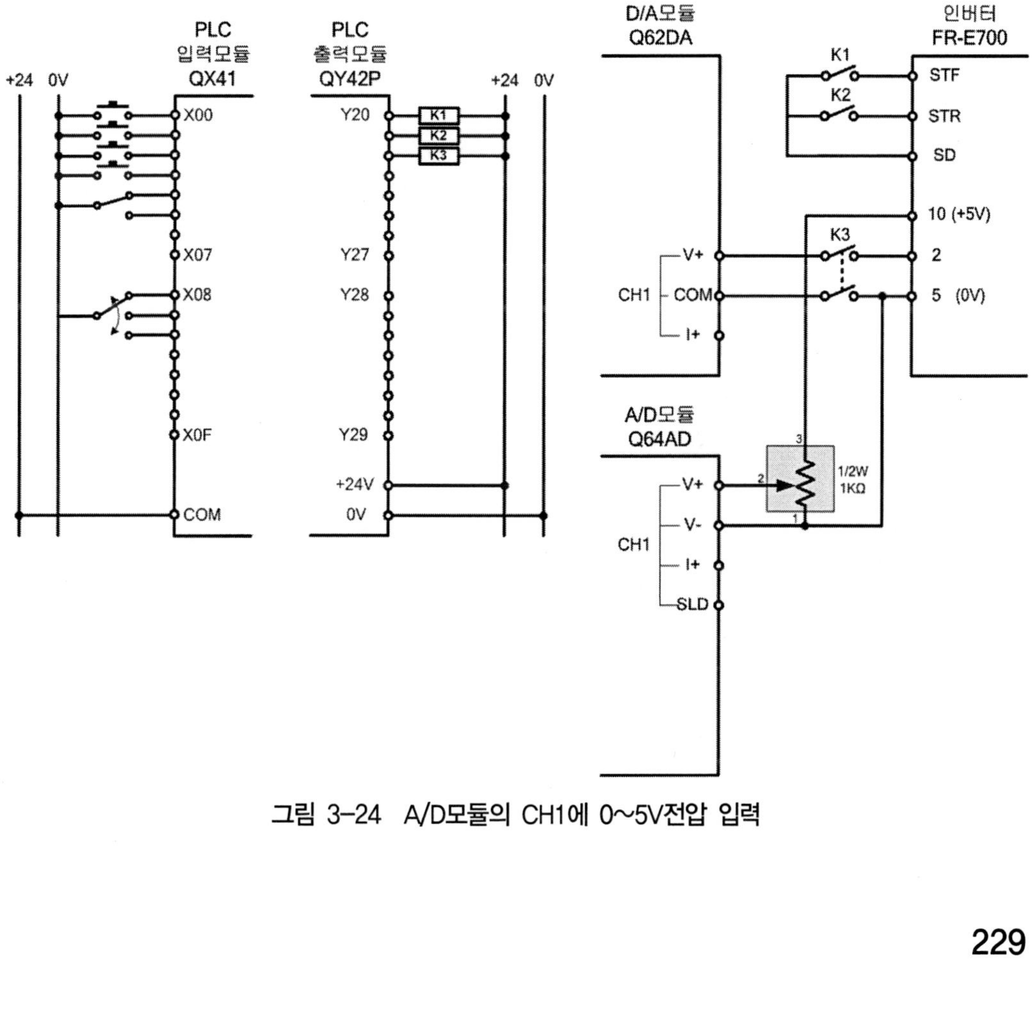

그림 3-24 A/D모듈의 CH1에 0~5V전압 입력

[그림 3-24]와 같이 PLC의 시스템을 새롭게 구성한다. 그림에서 FND모듈의 연결은 생략하였지만 Y40~Y4F의 출력에는 FND가 설치되어 있어야 한다. [그림 3-25]의 조작패널을 살펴보면 동작모드 및 표시모드 선택 스위치가 있다. 동작모드 선택 스위치는 동작모드를 선택하는 것으로 단수가 선택되면 1단, 2단, 3단에 의해 인버터의 속도가 정해지는 것을 의미한다. 동작모드가 가변이 되면 가변저항에 의해 인버터의 속도가 무단으로 변속되는 동작을 의미한다.

표시모드는 선택 스위치를 이용해 FND에 표시되는 값을 사용자가 선택해서 볼 수 있도록 한다. A/D가 선택되면 A/D모듈의 CH1에 입력되는 전압 값을 표시하고, D/A가 선택되면 D/A모듈이 출력하는 아날로그 전압 값을 표시한다. 그리고 FRE.가 선택되면 인버터의 출력 주파수를 표시한다.

1. 조작패널

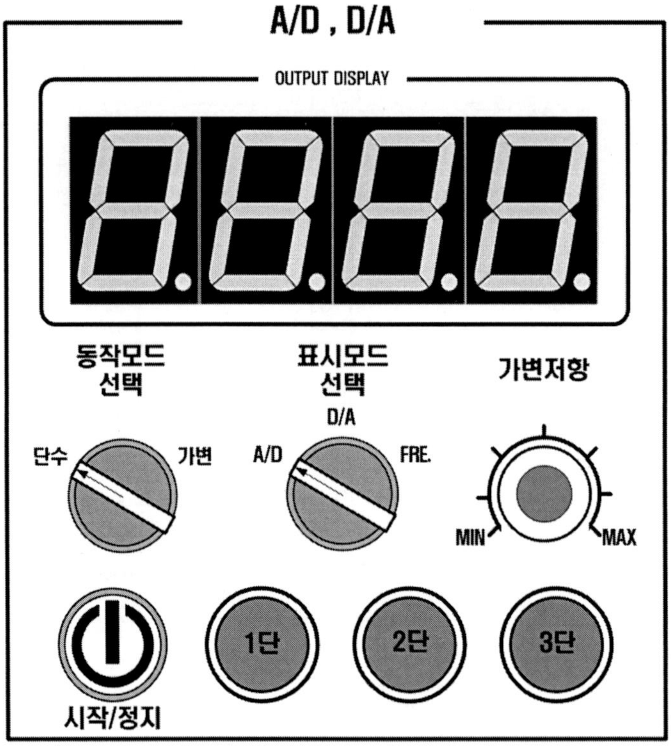

그림 3-25 조작패널

표 3-19 PLC 입출력 번지 할당표

입력번호	기능		출력번호	기능
X00	시작/정지		Y4F~Y40	FND표시
X01	1단			
X02	2단			
X03	3단			
X04	동작모드 선택	단수		
X05		가변		
X08	표시모드 선택	A/D		
X09		D/A		
X0A		FRE.		

【동작조건】

(1) PLC의 전원이 ON되면 설정온도 FND에는 "0000"이 표시되고, 인버터는 정지된 상태를 유지한다.

(2) 시작/정지 버튼이 눌러질 때마다 시작과 정지가 반복 동작한다. 정지상태가 되면 FND는 "0000"이 표시되고 인버터는 정지상태가 된다. 시작 상태가 되면 동작모드 선택 스위치의 선택에 의한 동작을 한다.

(3) 동작모드가 단수인 상태에서 시작/정지 버턴이 눌러져 시작상태가 되면 인버터는 1단의 속도로 회전한다. 단수 상태에서는 1, 2, 3단의 버튼에 의한 인버터의 속도제어가 이루어지고 가변저항에 의한 인버터의 속도제어는 안 된다. 단수 동작 상태에서 정지가 되면 인버터는 즉시 정지한다.

단수	인버터 동작 주파수
1단	20.00Hz
2단	40.00Hz
3단	60.00Hz

(4) 동작모드가 가변 상태에서 시작/정지 버턴이 눌러져 시작상태가 되면 인버터는 가변저항의 설정값에 의해 무단으로 회전한다. 정지상태가 되면 인버터는 즉시 정지한다.

(5) 표시모드에서 동작모드에 관계없이 A/D가 선택되면 가변저항을 통해 입력되는 A/D모듈의 CH1의 아날로그 전압 값을 표시하고, D/A가 선택되면 현재 D/A모듈에서 출력되는 전압 값을 표시하고, FRE가 선택되면 인버터의 출력 주파수를 표시한다.

[실습과제 3-7]은 독자들이 고민하고 풀어보기 바란다. 해답은 복두출판사의 게시판에 게재해놓도록 하겠다.

A/D와 D/A을 사용하기 위한 PLC프로그램 작성법에 대해서 배웠다. 어떠한가? 사실 알고보면 별 것 아니지만 모르면 정말 어려운 것이 PLC프로그램이다. 본 교재에서는 A/D와 D/A의 사용에 중점을 주어 교재를 집필하다 보니 다양한 사용법에 대한 예제를 충분히 제시하지 못한 점이 아쉽지만 다음에 기회가 되면 A/D, D/A을 이용해 다양한 액추에이터를 제어하는 방법에 대한 교재를 집필해서 독자들에게 찾아가도록 하겠다.

C/H/A/P/T/E/R 04

CC-Link통신을 이용한 리모트 I/O제어

1. CC-Link통신
2. CC-Link의 적용분야
3. CC-Link통신을 이용한 리모트 I/O제어

실습과제 4-1~4-5

CHAPTER 4

1 CC-Link 통신

CC-Link는 일본 미쓰비시에서 제안한 필드버스의 일종으로 산업 기기의 통합 네트워크 시스템을 의미한다. 멜섹Q PLC의 네트워크를 다루다 보면 필연적으로 접해야 하는 PLC 통신이다.

과거에는 대부분 제어대상 시스템의 규모가 크지 않고 단순하므로 간단한 제어이론을 응용한 단일 제어기로 제어가 가능했으나, 근래에 와서는 발전, 정유, 화학, 비료, 제지, 자동차 등 중대형 플랜트가 건설되고 그 안에 투입되는 계기 및 구동기기 등이 정밀해지고 성능이 향상되었으며 그 수가 증가하는 추세에 있다. 따라서 플랜트를 제어할 때 고려해야 하는 대상의 수가 증가하고, 처리해야 하는 정보의 양도 늘어나게 되어 과거와 같이 단일 제어기를 이용한 방식에는 한계가 나타나고 있다.

과거의 각종 산업현장의 필드장치는 50년대에는 유공압을 이용하여 제어하였으며, 80년대까지는 4~20㎃의 변조신호를 사용하는 Twisted pair cable에 의해 주로 일대일(1:1)로 연결되어 왔다. 이러한 연결 방식은 전자파 노이즈에 덜 민감하고 오류의 감지가 쉬워서 제어시스템에 많이 사용되긴 하지만 길게 연결된 수많은 전선다발, 노이즈, 열, 설치비용, 관리 문제 그리고 시스템 업그레이드의 어려움 등의 문제점을 안고 있었다. 이러한 문제점을 해결하기 위해 개발된 것이 각 필드 기기간의 직렬 공통 버스 통신 시스템인 필드버스이다. 필드버스는 배선을 획기적으로 간소화하고, 제어공정 제어나 공장자동화 등에서의 신속한 처리가 요구되는 다량의 데이터를 효과적으로 처리할 수 있으며 필드 기기의 추가나 변경이 쉽고 시스템의 형태나 구성에 유연성을 제공한다. 필드버스는 단순히 아날로그 신호를 대체하는 것으로 끝나는 것이 아니라 훨씬 다양한 부가적인 기능을 필드 기기에 부가하였다. 디지털 통신을 사용함으로써 높은 정확성을 얻을 수 있는데, 필드버스는 마이크로프로세서와 컨트롤러 간에 서로 직접 통신을 하기 때문에 보다 정확한 통신이 가능하게 되었다. 그리고 필드버스는 측정 데이터와 제어 데이터를 함께 전송할 수 있으며, 이 데이터가 과연 신뢰할 수 있는 정보인지 아닌지도 판단할 수 있다. 필드버스는 4~20㎃아날로그 신호를 대체할 새로운 디지털 통신방식으로 지능형 현장기기(Intelligent Field Device)나 자동화 시스템간의 연결에 사용한다.

현재 필드버스 기술을 이용한 센서나 구동기기 등의 인터페이스 장치를 계측 및 제어에 적용할 경우 초기설비 구축비용 감소, 유지비용 감소, 시스템 성능개선비용 감소 등의 많은 이점을 가지고 있다.

필드버스의 주요 특징 중 하나는 배선비용의 감소이다. 필드버스를 사용하면 각각의 프로세스 Cell은 여러 개의 Cell이 접속할 수 있는 Main Cable까지 신호를 전달하기 위해 한 가닥의 신호선 만을 필요로 한다. 필드버스 시스템에서 배선은 Multi-Drop방식으로 기존의 일대일(Point to Point)방식에 비해 1/5로 감소된다. 또한 설치 시 노동력뿐만 아니라 설치에 필요한 재료를 감소하게 한다. 또한 필드버스 시스템의 디자인 시 설계도면의 수도 줄일 수 있다. 이것은 시스템 설계를 빠르고 간단하게 할 수 있게 한다.

필드버스 시스템은 시스템을 간략화한 버스 시스템으로 장기적으로 시스템의 신뢰성을 향상시킨다. 필드버스 시스템에서는 시스템에 포함된 모든 장치들을 운전원이 쉽게 확인할 수 있을 뿐만 아니라 개별 장치간의 상호동작을 쉽게 할 수 있게 한다. 이것은 어떤 문제 발생 시 원인의 발견을 용이하게 하고, 전체적으로는 시스템의 문제해결 시간을 감소시켜 준다. 즉, 필드버스는 현장 기기 각각에 대해 온라인 자기진단을 가능하게 함으로써 시스템정비와 디버깅을 향상시킨다. 온라인 자기진단은 계측기기의 단선 체크 기능, 정비 예측, 보다 쉬운 기기 교정(Calibration) 및 상세한 Device정보를 입수 할 수 있는 기능을 제공한다.

1) 디지털 데이터 전송을 함으로써 강한 내 잡음성을 가지고 있다.
2) 통신을 이용한 Multi-target/Multi-control이 가능하다.
3) 시스템 신뢰도, 유연성, 확장성 증가를 기대할 수 있다.
4) 시스템 설치 및 유지보수가 용이하다.
5) 스마트 센서를 사용함으로써 센세 레벨까지 분산화가 가능하다.
6) 양방향 통신을 통하여 필드기기 모니터링 및 제어를 할 수 있다.
7) 소프트 PLC와 같은 PC기반의 제어기법 구축을 위한 기반 기술이다.
8) 센서 및 액추에이터의 주기적 교정으로 시스템 유지 보수비용 절감이 가능.

1-1 필드버스(Field Bus)의 종류

생산 현장에서 사용되는 프로그램 가능 로직 제어기(PLC)나 개인용 컴퓨터(PC) 기반의 하드웨어 통신 제어 시스템을 의미하는 용어이다. 산업 현장을 뜻하는 'Field' 와 통신을 뜻하는 'Bus' 의 합성어로, 주로 생산 라인에 적용할 수 있는 통신 시스템 전체를 이르는 용어이다. ISO와 IEC가 11개 필드버스를 표준으로 정의하고 ISO 15735란 규격을 만들었다. 필드버스에는 Profibus, ControlNet, WorldFip, P-Net, InterBus, Ethernet-IP, DeviceNet, CAN Open, CAN Kingdom, ADS-Net, FL-Net 등 11개의 표준 이외에도 많은 방식이 존재하고 있는데 국내에서 많이 사용되는 필드버스는 CC-Link, Profibus, DeviceNet 등이 있다.

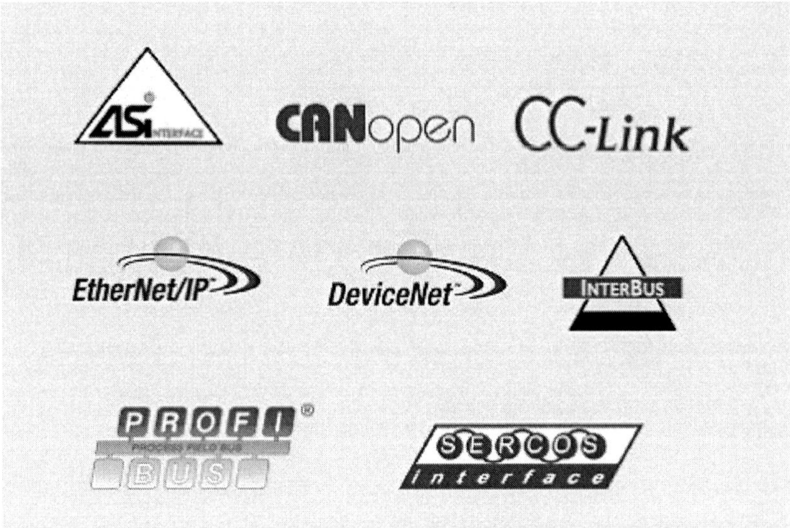

그림 4-1 필드버스의 종류

필드버스(field bus)는 네트워크의 일종으로, 공장 내에서의 계측 및 제어용 기기간의 통신에 이용하는 디지털 네트워크이다. 즉, 검출단(센서) 또는 조작단과 제어 기기와의 통신, 또는 제어 기기끼리의 통신에 특화한 네트워크이다. 전화망이나 인터넷, LAN이나 WAN도 네트워크이지만 필드버스와 가장 다른 점은 정보 내용 및 정보 종류의 차이와 리얼타임 유무의 차이이다. 즉, 정보계에서는 텍스트 및 메시지 정보, 화상 음성 등의 멀티미디어 정보 혹은 프로그램 정보가 전송 대상이지만, 필드버스에서는 온도, 압력, 유량 등의 계측 데이터, 모터 속도 제어 등의 조작 신호 혹은 개폐 상태 및 개폐 조작 신호등 주로 계측 제어 정보(필드 정보)를 취급한다. 또, 정보계에서는 전송 요구가 있고 나서 처리 및 전송 완료할 때까지의 시간은 일정하지 않지만, 필드버스에서는 이러한 일은 반드시 일정시간 내에 처리가 되어야 한다. 즉 시간 엄수의 리얼타임(Deterministic Real-time)이 강조되는 네트워크이다. 이들 필드버스를 한층 더 형태 분류하면 다음과 같이 분류할 수 있다.

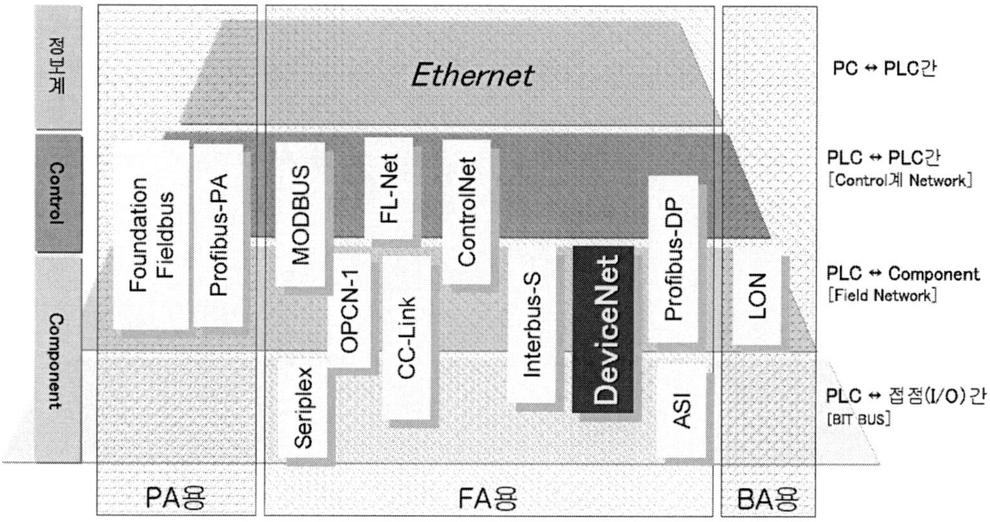

그림 4-2 산업용 Network 체계

1-1-1 컨트롤 버스의 종류

컨트롤 버스는 PLC, DCS 또는 제어용 PC · HMI(Human Machine Interface) 상호의 정보교환에 이용되는 네트워크이다. 컨트롤러 상위 네트워크라고도 한다. 컨트롤 버스의 종류는 다음과 같다.

(1) ControlNet

PLC, DCS(Distributed Control System), HMI(Human-Machine Interface) 간의 데이터 교환을 목표로 규정된 콘트롤러 상위의 네트워크이다.

(2) CANopen

자동차 업계나 자동차 내부의 전자제어 시스템의 통신용으로 사용되는 CAN(필드버스(field bus)~센서 버스 레벨)의 상위 네트워크이다. CAN의 실적을 근거로 하고 있어 구미에서는 자동차 업계, 빌딩 자동 제어 장치로의 실적이 많이 있다.

(3) FL-net

당초, 자동차공업회가 생산 현장에 적절한 네트워크를 제안한 것을 시작으로 현재는 일본 전기 공업회(JEMA)의 규격에 제정되어 있다.

(4) Modbus

Modbus란 미국의 MODICON이라는 회사에서 자사의 PLC를 위하여 개발된 PLC접속 프로토콜로써, PLC와 외부기기와의 인터페이스를 위하여 고안된 통신방식이다. 주로 PC 상에서 운영되는 SCADA소프트웨어등과 PLC, Remote-I/O 등과 통신하는 목적으로 사용한다. 현재 시판중인 대다수의 PC용 HMI, SCADA 소프트웨어에서 MODBUS를 지원하고 있을 정도로 널리 사용되고 있는 통신 프로토콜이다.

(5) Modbus Plus

Modbus의 상위 네트워크로, 속도는 1Mbps, 광섬유를 사용할 수 있는 등, 콘트롤러 상위에서 하위까지 연결할 수 있고 자기 진단, 자동 구성 등 인텔리전트 기능이 우수하다.

1-1-2 필드버스(field bus)의 종류

필드버스는 종래의 PLC, DCS 또는 아날로그형의 제어 기기와 필드 기기간의 접속을 디지털화 및 네트워크화한 것 이다. 이 레벨은 한층 더 FA계(Factory Automation)와 PA계(Process Automation)로 분류된다. 컨트롤러 하위 네트워크 혹은 필드 네트워크라고도 한다.

(1) FA용 필드버스의 종류

① DeviceNet

미 Allen Bradley가 개발한 FA용 필드버스(field bus)로 현재 국내 자동화 업체에서 CC-Link와 함께 널리 사용하고 있다. 물리층, 데이터 링크층을 CAN과 같게 하고 있다. 미국 Allen-bradley 및 일본의 OMRON을 주축으로 개발 발전되었다. 국내에서 DeviceNet은 미국에서 수입되는 장비나, LCD, 반도체, 유리 등의 단독 제어 설비 등에 많이 사용되고 있다. 다른 필드버스 대비 부속품(Trunk Cable, Drop Cable, T-분기, Male/Female 커넥터 등)의 종류가 여러 가지가 있어서 비용이 추가되는 단점을 가지고 있다.

② PROFIBUS-DP

고속 대용량의 통신을 구현한 FA용 필드버스이다. 필드버스의 규격화 중에서 비교적 빨리 제정되어 참가 기업 수, 사용 실적이 가장 많다. 주로 국내에서는 유럽에서 설비를 도입한 제철, 제지, 자동차 업체에 많이 사용되고 있다.

③ CC-Link

미쓰비시 전기가 개발한 FA용 필드버스이다. 주로 국내에서는 미쓰비시 PLC을 많이 사용하는 반도체 및 LCD장비에 주로 사용한다.

④ Interbus

독일의 연결기 메이커 Phoenix Contact사가 개발한 FA용 필드버스이다. 역사가 있어 유럽의 메이커 · 유저의 참가가 많아 넓게 보급되어 있다.

(2) PA용 필드버스의 종류

① PROFIBUS-PA

PA(Process Automation)용 필드버스로 종래의 공업 계기가 취급하고 있던 아날로그 신호를 주로 취급하고, FA용과 비교해 고속성은 요구되지 않는 반면, 방폭성, 2선식(필드 계기의 전원 공급선과 신호선이 공통)이 요구된다. PROFIBUS-PA는 PROFIBUS-DP의 아키텍처를 베이스로 PA신호 전송에 적절한 구성을 가지는 필드버스이다.

② Foundation Fieldbus

PROFIBUS-PA와 함께 널리 사용되는 통신 버스이다. 2000년에 제정되었기 때문에, PROFIBUS-PA와 비교하고 보급이 늦지만 고도의 기능을 갖추고 있다(예 : 펑션 블록 기능에 의해, 필드 기기에 제어 기능을 분산화 한다).

1-1-3 센서 버스의 종류

센서 신호, 액추에이터 신호(검출단 및 조작단의 온 오프 신호, 접점 신호, 또는 아날로그 입출력 신호)를 고속으로 전송하는 네트워크를 의미한다. 디바이스 버스, 비트 버스 혹은 센서 레벨 네트워크라고도 한다. 센서 버스의 종류는 다음과 같다.

(1) AS-Interface

AS-i라는 명칭을 사용하기도 한다. 리밋 스위치, 릴레이 온 오프 등 디지털 신호의 전송에 적절한 네트워크이다. 단독으로 이용되는 경우도 있지만 대부분의 경우 상위의 FA용 필드버스(field bus)의 하위 버스로서 AS-i를 사용한다.

(2) CAN

자동차공업의 생산 현장, 자동차 내부의 전자제어 시스템의 연결 등에 넓게 사용되고 있는 버스로 보쉬(Bosch)에서 개발하였다. CANopen, DeviceNet 통신의 베이스가 되었다.

(3) EC-NET

마이크로 넷, 안 페일, MTT가 컨소시엄을 짜 개발한 간소 · 염가 · 고속의 리모트 IO이다. 자기 진단 등의 기능은 없지만, 간단하게 사용하기 쉬운 점이 이점이다.

1-2 CC-Link의 적용 분야

미쓰비시전기에서 처음으로 제안한 CC-Link(Control & Communication Link의 약칭)는 국제표준의 필드버스이다. 산업현장에서 사용되는 다양한 네트워크 중에서 CC-Link가 차지하는 위치를 살펴보면 [그림 4-3]에 나타낸 것과 같이 가장 하위계층을 차지하고 있으며 최근에서 센서 및 입출력 접점의 상태를 제어하기 위한 CC-Link/LT도 널리 사용되고 있다.

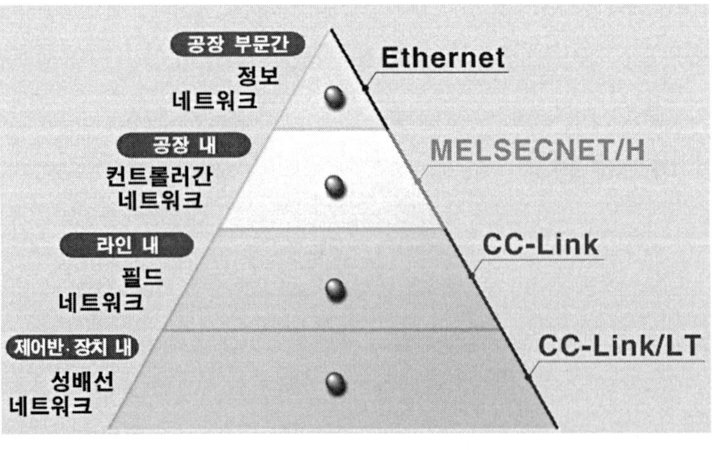

그림 4-3 PLC네트워크 구성에서 CC-Link의 위치

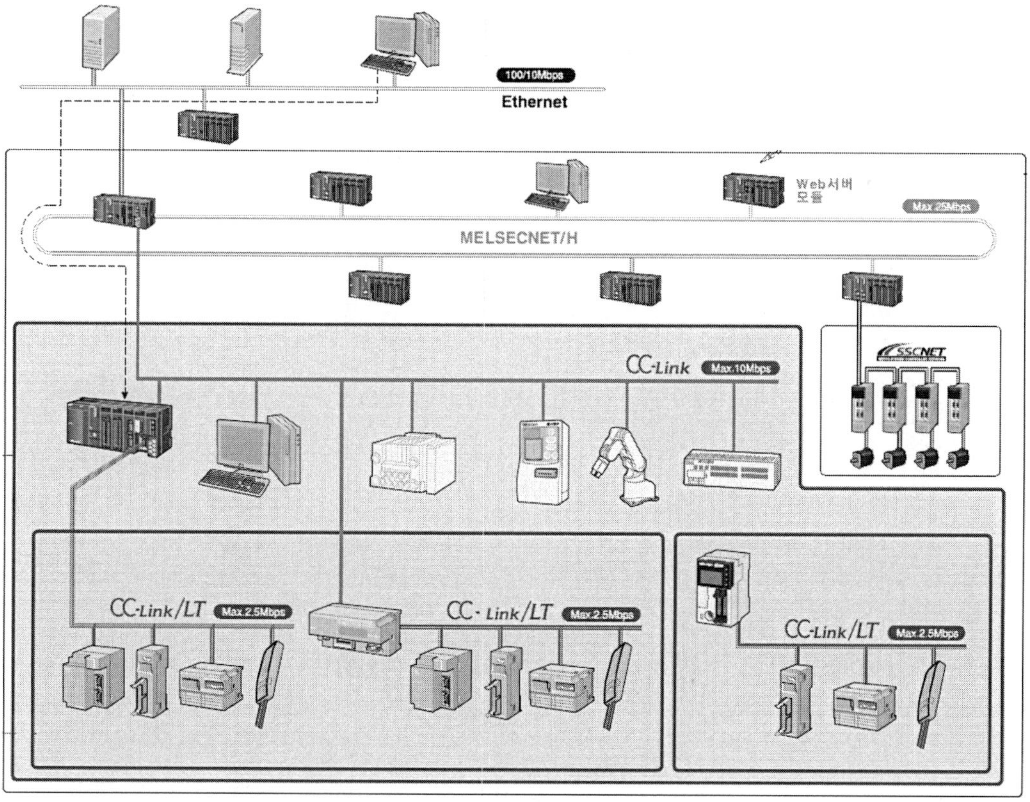

그림 4-4 미쓰비시 PLC의 네트워크 구성

[그림 4-4]에서 미쓰비시 PLC의 산업용 네트워크 전체구성을 살펴보면 공장 내부 전체 정보관리를 위해 이더넷 통신을 사용하고 공장 내 생산 라인의 생산제어 정보를 관리하기 위해 MELSECNET/H통신을 사용한다. CC-Link통신은 생산라인에 설치되어 있는 기계장치를 제어하기 위해 사용하고, CC-Link/LT는 기계장치의 제어반 내 또는 장치 내의 기기 또는 I/O를 제어하기 위해 사용하는 통신이다. CC-Link는 공장자동화 분야뿐만 아니라 프로세서 제어 분야, 빌딩자동화 분야 등에서도 널리 사용되고 있는 추세이다. CC-Link의 사용 예를 살펴보면 다음과 같다.

1-2-1 물류 시스템 분야

CC-Link가 사용되는 물류분야를 크게 구분하면 택배 물품 분류 장치, 가전품 물류창고 반송 라인, 공항 수화물 반송 시스템, 인쇄물 반송 시스템 등에 사용되고 있다. [그림 4-5]는 자동창고 시스템에 CC-Link을 적용한 사례를 나타낸 것이다. 자동창고와 같은 시스템은 물류를 이송하는 거리가 길고 각 구간별 이송되는 물류를 분류하기 위한 다양한 입출력 기기들이 설치되어야 한다. 이러한 시스템에 CC-Link을 사용하면 보다 배선절감의 효과와 함께 효율적인 시스템을 구성할 수 있다.

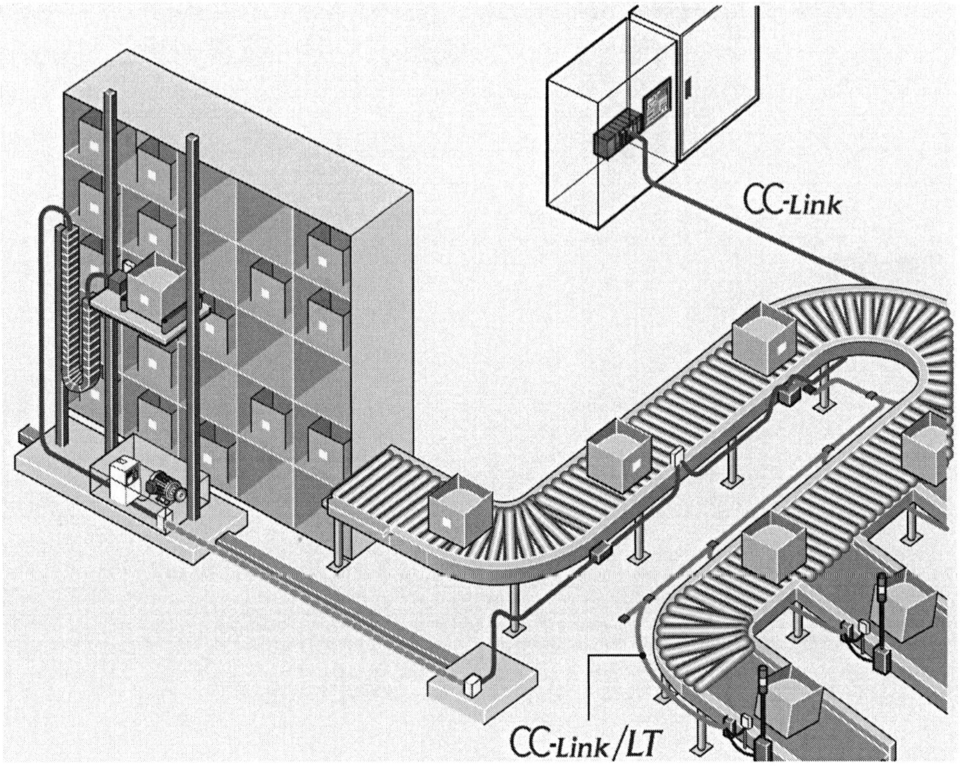

그림 4-5 CC-Link을 적용한 자동창고

1-2-2 빌딩 및 공장 유틸리티 자동화

빌딩 및 공장 유틸리티의 자동화 분야에서 설비의 특성상 장거리 전송, 원격 모니터링 기능, 시공성의 향상 등의 기능이 요구된다. 따라서 주로 빌딩 공조 시스템 또는 빌딩내의 전력 감시 시스템 등에 널리 사용된다.

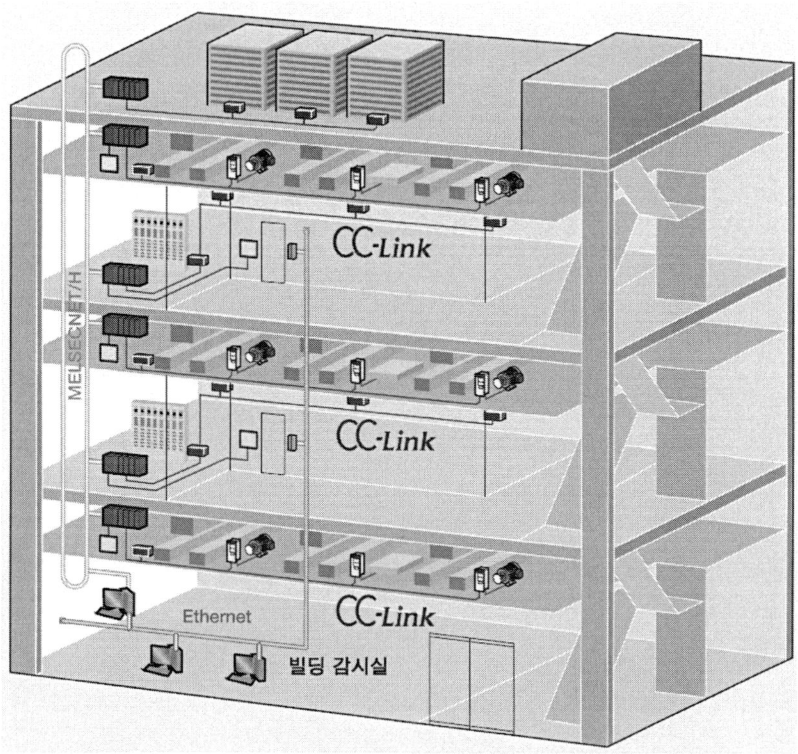

그림 4-6 CC-Link를 이용한 빌딩 및 공장 유틸리티 자동화

1-2-3 반도체 및 전자 부품 제조

반도체 제조 장비와 같이 복잡한 기계구조 등으로 인하여 전선의 직접 배선이 어려운 경우에 배선 및 공간 절감을 위해 CC-Link통신을 이용한다.

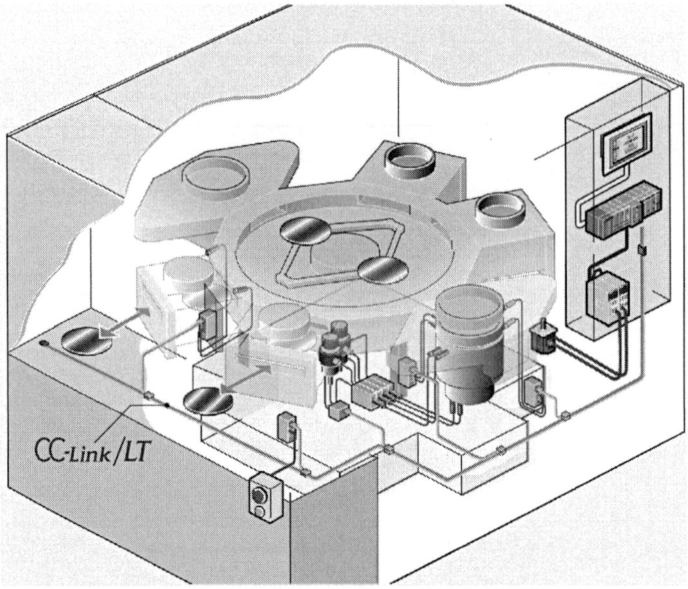

그림 4-7 CC-Link를 적용한 반도체장비

1-2-4 주차 시스템

대도시 대형상가의 넓은 주차공간에 차량의 주차 유무를 손쉽게 파악하기 위한 주차 설비 시스템에 CC-Link을 이용하면 배선의 절감과 설치의 간편성이 증가한다.

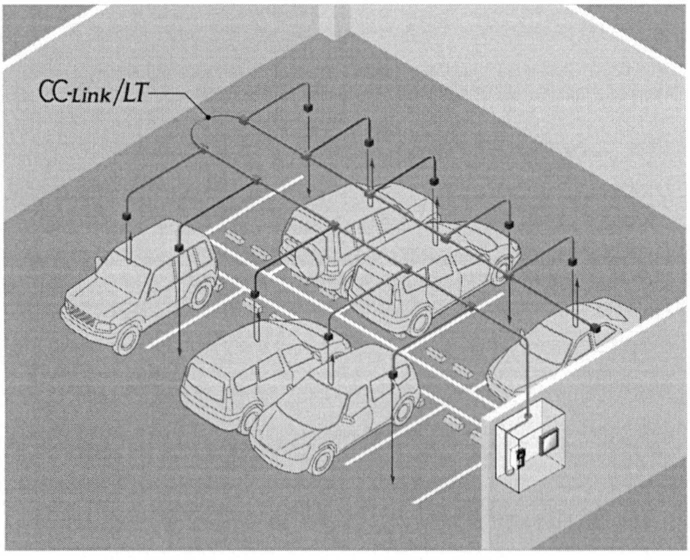

그림 4-8 CC-Link를 적용한 자동 설비

1-2-5 CC-Link시스템의 전체 구성

[그림 4-9]는 CC-Link시스템의 전체 구성을 나타낸 것이다. CC-Link는 마스터/로컬 모듈 이외에도 다양한 입출력 및 인텔리전트 기능모듈을 가지고 있다. 또한 CC-Link통신을 표준으로 한 다양한 입출력 기기를 갖추고 있기 때문에 시스템의 구성에 필요한 구성품 중 CC-Link통신을 지원하는 부품이 있는지 사전에 조사해 볼 필요가 있다.

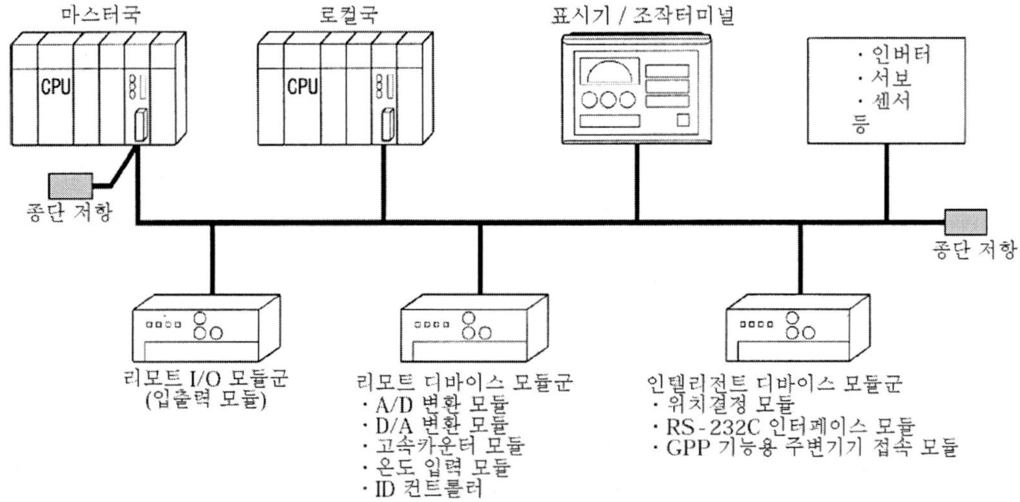

그림 4-9 CC-Link시스템의 구성

1) 마스터국

마스터/로컬 모듈을 베이스 모듈에 장착하여, CC-Link시스템 전체를 관리 및 제어하는 국. 모듈의 형명은 Q시리즈에는 QJ61BT11, QnA시리즈에는 AJ71QBT11, A1SJ61QBT11, A시리즈에는 AJ61BT11, A1SJ61BT11이 있다.

2) 로컬국

마스터/로컬 모듈을 베이스 모듈에 장착해서 마스터국이나 다른 로컬국과 교신할 국을 의미한다. 모듈은 마스터 모듈과 공통으로 사용함.

3) 리모트국

입출력 모듈, 특수 기능 모듈에 해당되며, 실제로 입출력을 실행하는 국 또는 기타 기기(인버터, 표시기, 센서 등)국이 있다. 리모트 국은 리모트 I/O국과 리모트 디바이스국(특수 기능 모듈에 해당, 인버터, 표시기, 센서 등)으로 구분할 수 있다.

4) 인텔리전트 디바이스국

트랜전트 전송(메시지 전송)에 의해 데이터 통신을 실행할 수 있는 국(RS232C 인터페이스 모듈, 위치결정 모듈, 표시기 등)이 있다.

1-3 CC-Link를 적용했을 때의 장점

1) 분산에 의한 배선 절감, 공간 절감

대량의 제어 선과 긴 동력선을 사용해 구축하고 있던 복잡한 생산 라인을 버스형 네트워크(CC-Link)에 의해, 컨베어 라인이나 기계장치 등의 설비 기기에 각 모듈을 분산하여 설치할 수 있어, 시스템 전체의 배선을 절감할 수 있고, 효율적인 배치로 설치 공간을 소형화 할 수 있다.

2) 안심하고 사용할 수 있는 오픈필드 네트워크에 대응

수많은 필드 기기 메이커의 풍부한 다양한 상품 중에서 유저의 FA환경에 최적인 기기를 선택 할 수 있는 환경이 구성되어 있다.

3) 고속 입출력 응답

데이터 전송속도가 156kbps~10Mbps로 사용자 환경에 맞는 전송속도를 선택해 고속으로 데이터의 전송이 가능하다.

4) 전송거리의 확장

CC-Link의 총연장 거리는 최대 1.2km(156kbps시)까지 가능하다. 또, 리피터(T분기) 유닛과 광 리피터 유닛을 사용해 한층 더 전송 거리를 연장할 수도 있고 국간 케이블 길이는 일률 20cm 이상이다.(Ver.1.10 사양)

5) 충실한 RAS기능

RAS는 Reliability(신뢰성), Availability(가동성), Serviceability(서비스성)을 의미하는 것으로 다양한 기능을 가지고 있다.

(1) 리모트국의 이상 발생 시 자동 분리 기능

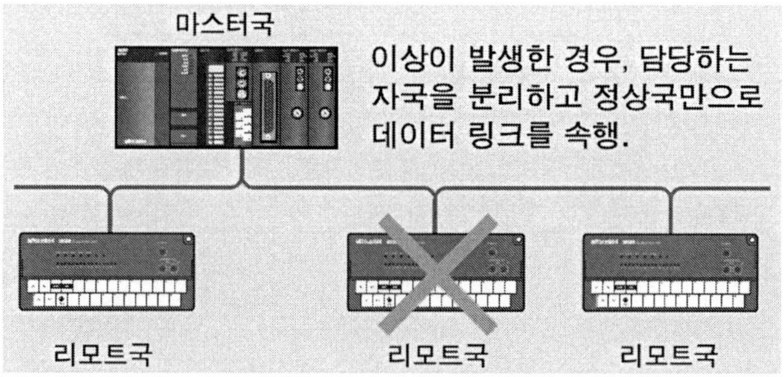

그림 4-10 리모트국 분리 기능

(2) 리모트국의 자동복귀 기능

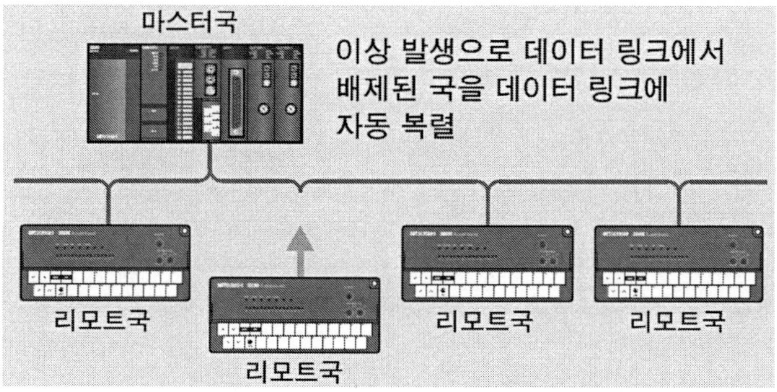

그림 4-11 리모트국의 자동복구 기능

(3) 대기 마스터국 기능

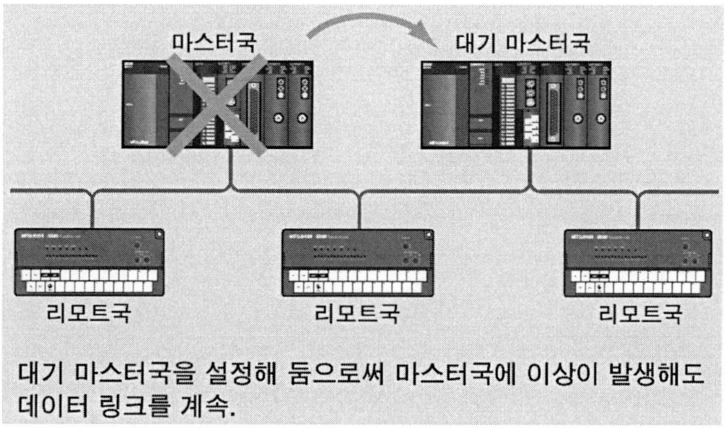

그림 4-12 대기 마스터국

(4) CC-Link시스템을 정지하지 않고 모듈 교환이 가능한 2피스 단자대

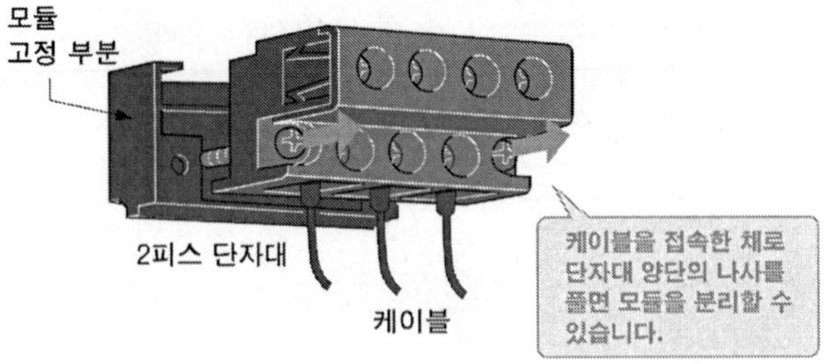

그림 4-13 2피스 단자대

CHAPTER 4

2 CC-Link 시스템의 사양

CC-Link시스템의 사용 구성을 살펴보면 [그림 4-9]에서 나타낸 것과 같이 마스터/로컬 모듈, 리모트 I/O모듈, 리모트 디바이스모듈, 인텔리전트 기능모듈 등으로 구성되어 있다. [표 4-1]은 CC-Link통신 규격을 나타낸 것이다. 통신 속도는 최대 10Mpps이고, 접속대수는 최대 64국까지이다.

2-1 마스터/로컬모듈(QJ61BT11N)

[그림 4-14]는 멜섹 Q PLC에서 마스터/로컬모듈로 사용되는 QJ61BT11N의 외형과 기능을 나타낸 것이다. CC-Link의 마스터/로컬모듈은 PLC의 기종에 따라 지원하는 모듈이 다르기 때문에 사용시 업체에서 발간한 데이터 북을 참조한다. 본 교재에서는 멜섹 Q PLC을 기본으로 사용하기 때문에 해당 모듈만 살펴본다.

표 4-1 CC-Link통신 사양

<table>
<tr><th colspan="2">항목</th><th>사양</th></tr>
<tr><td rowspan="2">제어사양</td><td>최대 링크점수</td><td>리모트 입출력(RX, RY) : 각 2048점
리모트 레지스터(RWw) : 256워드
리모트 레지스터(RWr) : 256워드</td></tr>
<tr><td>1국당 링크점수</td><td>리모트 입출력(RX, RY) : 각 32점
리모트 레지스터(RWw) : 4워드
리모트 레지스터(RWr) : 4워드</td></tr>
<tr><td rowspan="12">통신사양</td><td>통신속도</td><td>10M / 5M / 2.5M / 625k / 156kbps</td></tr>
<tr><td>전송방식</td><td>브로드캐스팅 폴링 방식</td></tr>
<tr><td>동기방식</td><td>프레임 동기 방식</td></tr>
<tr><td>부호화 방식</td><td>NRZI방식</td></tr>
<tr><td>전송로 형식</td><td>버스형식(EIS 485표준)</td></tr>
<tr><td>전송 포맷</td><td>HDLC 표준</td></tr>
<tr><td>오류제어 방식</td><td>CRC(X16+X12+X5+1)</td></tr>
<tr><td>접속대수</td><td>64대(아래의 조건을 만족하는 경우)
$(1\times a) + (2\times b) + (3\times c) + (4\times d) \leq 64$
a: 1국 점유 모듈 대수, b: 2국 점유 모듈 대수
c: 3국 점유 모듈 대수, d: 4국 점유 모듈 대수</td></tr>
<tr><td>리모트국번</td><td>1~64</td></tr>
<tr><td>최대 케이블 총연장
국간 케이블 길이</td><td>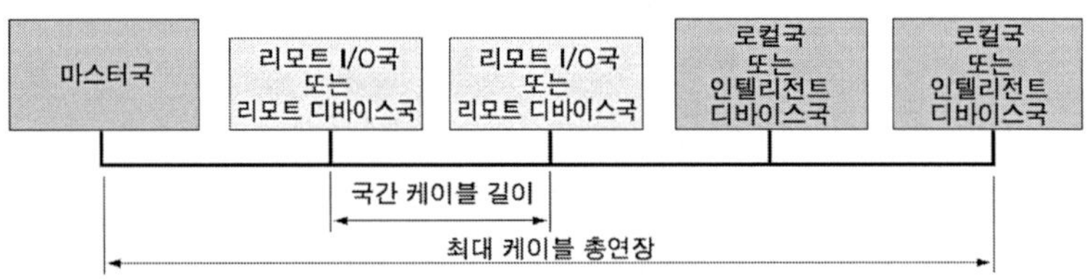

<table>
<tr><th>통신 속도</th><th>국간 케이블 길이</th><th>최대 케이블 총연장</th></tr>
<tr><td>156kbps</td><td rowspan="5">20cm 이상</td><td>1200m</td></tr>
<tr><td>625kbps</td><td>900m</td></tr>
<tr><td>2.5Mbps</td><td>400m</td></tr>
<tr><td>5Mbps</td><td>160m</td></tr>
<tr><td>10Mbps</td><td>100m</td></tr>
</table></td></tr>
<tr><td>접속케이블</td><td>CC-Link Ver. 1.10대응 전용 케이블</td></tr>
</table>

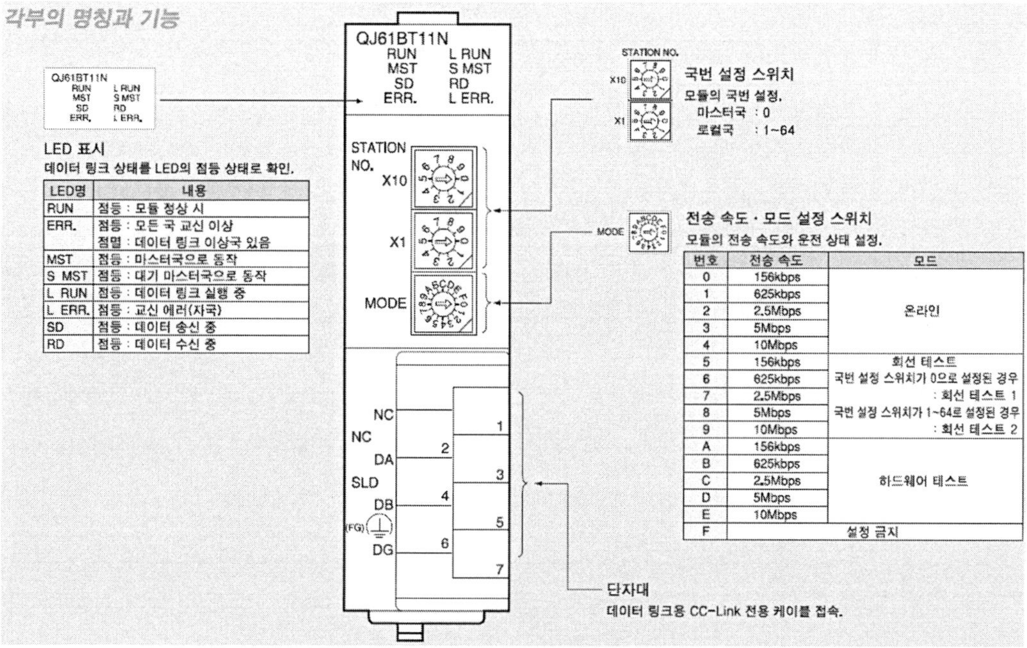

그림 4-14 마스터/로컬모듈

2-1-1 마스터/로컬모듈 각부의 명칭

1) LED표시

마스터/로컬모듈의 상태를 표시하는 창으로 총 8개의 LED램프를 이용하여 상태를 표시한다.

LED명칭	내 용
RUN	점등 : 모듈 정상 , 소등 : WDT에러
ERR.	점등 : CC-Link통신 에러 ■ 스위치의 설정 이상 ■ 동일 회선상에 마스터국의 중복 ■ 파라미터 설정 이상 ■ 데이터링크 감시 타이머 동작 ■ 케이블 단선 및 노이즈 점멸 : CC-Link통신 이상국 발생
MST	점등 : 마스터국으로 동작(데이터링크 동작 중)

LED명칭	내 용
S MST	점등 : 대기 마스터국으로 동작
L. RUN	점등 : 데이터 링크 실행 중
L. ERR.	점등 : 통신에러(자국) 일정 간격 점멸 : 전원 ON중에 국번 및 전송속도 스위치 변경 부정 간격 점멸 : 종단저항 미 부착, 외부 노이즈 영향
SD	점등 : 데이터 송신 중
RD	점등 : 데이터 수신 중

2) 국번 설정 스위치

모듈의 국번을 설정하는 스위치로 10진수 로터리 디지털 스위치로 구성되어 있다. 2개의 디지털 스위치를 이용하여 "00~64"까지의 숫자로 국번을 설정한다.

국번설정 스위치	내용
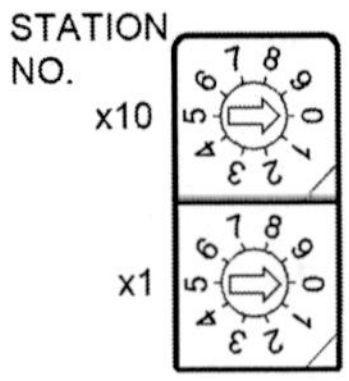	모듈의 국번을 설정 00 : 마스터국 01~64 : 로컬국 / 대기 마스터국 0~64 이외의 번호를 설정한 경우에는 ERR. LED가 점등된다.

3) 통신속도/모드 설정 스위치

통신속도와 모드를 설정하는 스위치로 16진수 로터리 디지털 스위치로 구성되어 있다. 설정에 따라 통신속도와 모드가 선택된다.

스위치 선택 번호	전송속도 설정	모드
0	전송속도 156kbps	온라인
1	전송속도 625kbps	
2	전송속도 2.5Mbps	
3	전송속도 5Mbps	
4	전송속도 10Mbps	
5	전송속도 156kbps	회선테스트
6	전송속도 625kbps	
7	전송속도 2.5Mbps	
8	전송속도 5Mbps	
9	전송속도 10Mbps	

스위치 선택 번호	전송속도 설정	모드
A	전송속도 156kbps	
B	전송속도 625kbps	
C	전송속도 2.5Mbps	하드웨어 테스트
D	전송속도 5Mbps	
E	전송속도 10Mbps	
F	설정금지	

4) 통신 케이블 연결 단자대

CC-Link통신을 위한 CC-Link전용 케이블을 접속하는 단자대이다. 사용자가 사용하는 CC-Link시스템에서 국번 0번과 최종 국번의 단자대에는 [그림 4-15]처럼 약 110Ω 정도의 저항 크기를 가진 종단저항을 반드시 설치해야 한다. 자세한 사항은 실습에서 다시 설명한다.

단자대	내용
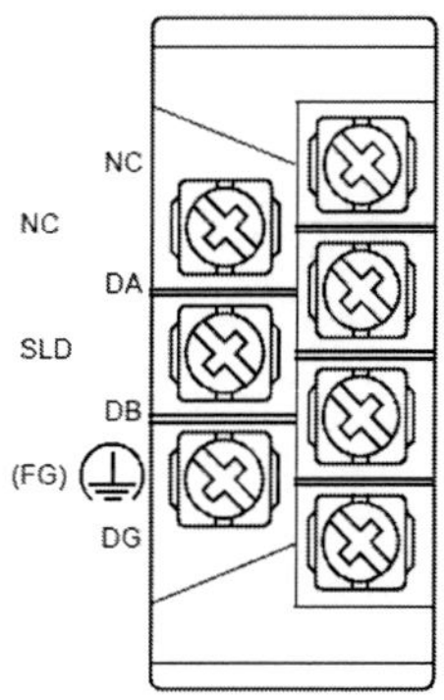	단자명 SLD와 FG는 모듈 내부에서 연결되어 있다..

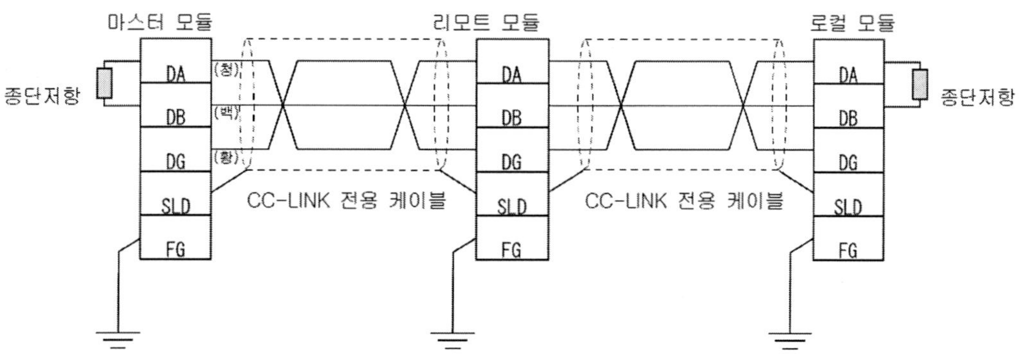

그림 4-15 종단저항 설치 방법

2-2 CC-Link 통신용 전용 케이블

CC-Link통신용 전용 케이블의 전기적 특성은 EIA규격의 RS486에 준거한 실드부착 트위스트 케이블을 사용한다. [그림 4-16]은 CC-Link케이블의 모습을 나타낸 것으로 사용 장소 및 용도에 맞게 선택하여 사용한다.

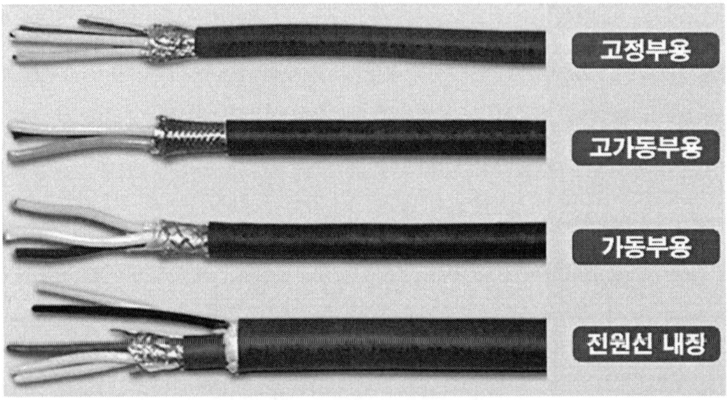

그림 4-16 CC-Link전용 케이블

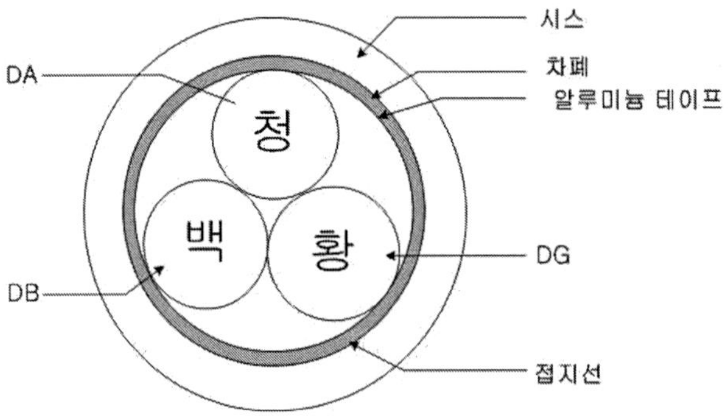

그림 4-17 케이블 단면도

표 4-2 CC-Link전용 케이블의 전기적 특성

항목	단위	특성	조건
도체저항	Ω/km	37.8	상온
내전압	V/1min	500V에 1분간 견딤	공기 중
절연저항	MΩ/km	10,000 이상	상온
정전용량	nF/km	50 이하	1kHz
특성임피던스	Ω	110(±15)	1MHz
	Ω	110±6)	5MHz

CHAPTER 4

3 CC-Link통신을 이용한 리모트 I/O제어

CC-Link통신의 리모트 I/O제어는 통신케이블에 연결된 입출력 모듈을 입출력 신호 ON /OFF동작을 한다고 생각하면 된다. PLC을 이용해 입출력을 제어하기 위해서는 PLC베이스 보드에 입출력 모듈을 장착되고 입력모듈에 스위치 및 센서를 연결하고, 출력에는 램프 및 릴레이와 같은 출력 장치를 연결한 후 입출력에 할당된 입출력 번지를 이용해서 PLC프로그램을 작성하면 된다.

CC-Link I/O모듈은 베이스보드에 장착되는 입출력 모듈처럼 통신케이블로 연결되는 입출력 모듈이다. 일반 입출력 모듈은 베이스 보드의 장착 커넥터를 통해서 입출력 모듈 동작에 필요한 전원과 데이터 교환을 위한 통신선로가 연결되지만 CC-Link의 리모트 I/O 입출력 모듈은 동작을 위한 전원 연결과 데이터 교환을 위한 통신 케이블이 연결되어야 한다. 또 CPU와 직접 연결되는 것이 아니기 때문에 통신을 위한 신호를 만들고 CPU와 데이터 교환을 위한 마스터 모듈이 필요하게 된다. 따라서 마스터 모듈과 리모트 I/O간에 통신케이블이 연결되면 통신을 위한 통신 규칙이 필요하게 된다. 통신규칙은 마스터 모듈의 통신케이블에 연결된 리모트 모듈의 종류와 리모트 모듈의 입출력번지가 어떻게 할당되는지를 사용자가 정의하도록 되어 있다. 이것이 네트워크 파라미터 설정이다. 이러한 일련의 작업을 마치고 나면 리모트 I/O모듈이나 리모트 디바이스 모듈은 PLC의 베이스보드에 장착된 일반적인 입출력 모듈처럼 동일한 방법으로 사용하는 것이 가능하게 되는 것이다.

3-1 리모트 I/O제어

스위치의 ON/OFF 또는 램프의 ON/OFF를 제어하기 위해 CC-Link 리모트 I/O 모듈을 이용해 제어하는 방법을 의미한다.

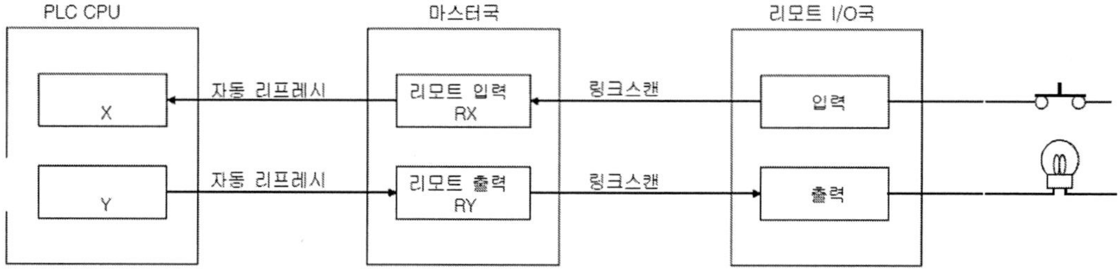

그림 4-18 리모트 I/O제어

[그림 4-18]과 같이 PLC CPU의 입출력 메모리에 CC-Link 마스터 모듈을 통해 CC-Link 통신으로 연결된 리모트 I/O국간 ON/OFF정보를 읽고, 쓰는 동작이 리모트 I/O제어이다. 리모트 I/O제어 동작에 대해 좀 더 자세히 살펴보자.

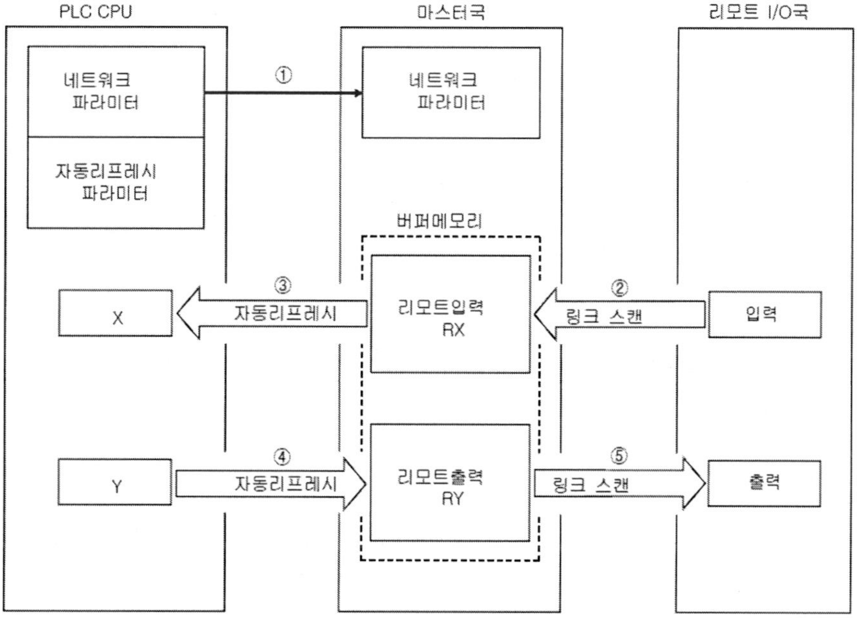

그림 4-19 CC-Link통신을 이용한 리모트 I/O 제어 방법

[그림 4-19]는 CC-Link통신을 이용한 리모트 I/O제어 방법을 그림으로 나타낸 것이다. 리모트 I/O국과의 통신에는 스위치의 ON/OFF나 램프의 ON/OFF의 비트정보를 리모트 입력 RX, 리모트 출력 RY의 CC-Link마스터국 입출력 메모리를 이용해 통신을 한다. 통신이 되는 동작 순서는 [그림 4-18]에 표기한 번호의 순서와 같다.

① PLC시스템의 전원을 ON하면 PLC CPU에서 설정한 네트워크 파라미터가 마스터국에 전송되어 자동으로 CC-Link시스템이 기동된다.

[입력신호]

② 리모트 I/O국의 입력상태가 자동(링크스캔 마다)으로 마스터국의 버퍼메모리 "리모트 입력 RX"에 저장된다.

③ 버퍼메모리 "리모트입력 RX"에 저장되어 있는 입력상태가 자동 리프레시 파라미터에서 설정한 CPU의 입력 디바이스에 저장된다.

[출력신호]

④ 자동 리프레시 파라미터에서 설정한 CPU의 출력 디바이스의 ON/OFF정보가 버퍼메모리 "리모트입력 RY"에 저장된다.

⑤ 버퍼메모리 "리모트입력 RY"에 저장되어 있는 출력상태가 자동(링크스캔 마다)으로 리모트 I/O국에 출력된다.

3-1-1 CC-Link통신용 리모트 I/O 모듈 사양

CC-Link통신용 입출력 모듈은 여러 종류가 시판되고 있으며 [표 4-3]에 제품의 형명에 따른 구분 방법을 나타내었다.

표 4-3 형명에 따른 CC-Link용 입출력 모듈의 구분방법

AJ65□BT□-□□□

- 입출력 타입
  - E : 입력 마이너스 코몬(소스)타입/ 출력 소스 타입
- 입출력 사양
  - A : AC100V 입력
  - D : DC24V 입력
  - R : 릴레이 출력
  - S : 트라이악 출력
  - T : 트랜지스터 출력
  - DT : DC24V 입력, 트랜지스터 출력 혼합
  - DR : DC24V 입력, 릴레이 출력 혼합
- 입출력 점수
  - 8 : 8점
  - 16 : 16점
  - 32 : 32점
- 외부 부하 접속 방식
  - A2 : M12 방수 커넥터 8개 부착 출력 2선식
  - A4 : M12 방수 커넥터 8개 부착 입력 2~4선식
  - A42 : M12 방수 커넥터 8개 부착 입력 2~4선식/출력 2선식
  - B1 : 단자대 1선식
  - B2 : 단자대 2선식
  - B3 : 단자대 3선식
  - B32 : 단자대 입력 3선식 출력 2선식
  - C1 : FCN 커넥터 1선식(표준 타입)/ 원터치 커넥터 1선식(소형 타입)
  - C4 : 원터치 커넥터 4선식
  - CF1 : FCN 커넥터 1선식
  - CU2 : 원터치 커넥터 2선식
  - CU3 : 원터치 커넥터 3선식
  - W4 : 방수 커넥터 4선식
  - L1N : 리드 타입 1선식
- 케이블 사양
  - T : 트위스트 케이블(CC-Link 전용 케이블)
- 모듈 타입
  - F : 박형 방수 타입
  - S : 소형 타입
  - V : 커넥터 타입 소형
  - 없음 : 표준 타입
  - M : 모듈 타입

1) CC-Link용 리모트 I/O 입력모듈의 사양

CC-Link통신 실습에 사용할 입력모듈의 형명은 "AJ65SBTCF1-32D"이다. 입력모듈의 성능 사양은 [표 4-4]와 같다.

표 4-4 리모트 I/O 입력모듈의 성능사양

입력 형식	입력 점수	절연 방식	정격 입력전압	동작전압		입력 응답시간	커먼 접속	내부 소비전력
				ON전압	OFF전압			
DC입력 (싱크/소스공용)	32점	포토 커플러	DC24V	14V이상	6V이하	1.5ms	32점 1커몬	45mA

리모트 I/O입력모듈 "AJ65SBTCF1-32D" 포토커플러 입력방식의 DC전원 입력모듈로 입력신호의 연결 방법을 사용자의 필요에 따라 싱크 방식과 소스방식을 선택하여 사용할 수 있는 제품이다.

2) 각 부의 명칭과 설정

[그림 4-20]은 입력모듈 AJ65SBTCF1-32D의 외형을 나타낸 것이다. 그림에서 알 수 있듯이 (1)~(7)까지의 일련번호를 부여하여 각 기능별로 구분하여 놓았다.

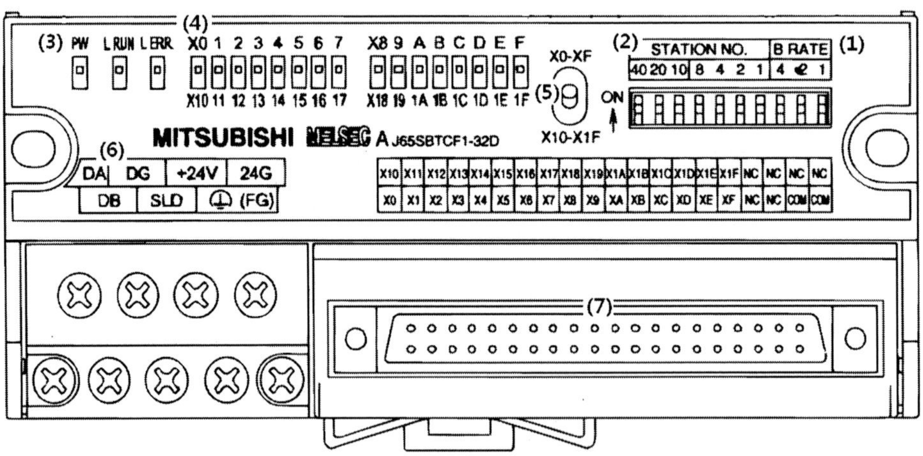

그림 4-20 입력모듈 AJ65SBTCF1-32D의 외형

(1) 전송 속도 설정 스위치

CC-Link통신의 통신 속도를 설정하는 스위치로 PLC에 장착된 CC-Link마스터 모듈에서 설정한 통신 속도와 동일한 통신 속도가 설정되어야 한다.

표 4-5 통신 속도 설정

스위치 설정(R. RATE)			통신 속도
4	2	1	
OFF	OFF	OFF	156kbps
OFF	OFF	ON	625kbps
OFF	ON	OFF	2.5Mbps
OFF	ON	ON	5.0Mbps
ON	OFF	OFF	10Mbps

(2) 국번 설정 스위치

해당 입력 모듈의 국번을 설정하는 스위치로 국번 1~64번까지 설정할 수 있다. "10", "20", "40"으로 표기된 해당 스위치로 10단위의 국번을 설정하고 "1", "2", "4", "8"로 표기된 해당 스위치로 1단위의 국번을 설정한다. [표 4-6]에 국번 설정 스위치의 ON/OFF 조건에 따른 국번 설정을 나타내었다.

표 4-6 국번 설정

국번 설정 스위치							설정국번
40	20	10	8	4	2	1	
OFF	OFF	OFF	OFF	ON	OFF	ON	5
OFF	OFF	ON	ON	OFF	OFF	ON	19
OFF	ON	ON	OFF	ON	ON	ON	27
ON	ON	OFF	OFF	OFF	OFF	OFF	60

(3) 동작 표시 LED

입력 모듈의 동작 상태를 나타내는 LED 램프이다.

표 4-7 동작 표시 LED

LED명	내용
PW	입력 모듈에 전원이 인가되면 ON한다.
L.RUN	마스터국으로부터 정상적인 데이터를 수신한 경우에 점등한다.
L.ERR	전송에러(CRC에러)에 의해 점등한다. 국번설정 및 통신 속도 설정이 잘못되면 점등한다. 국번설정 및 통신 속도 설정이 동작 중에 변경되면 점멸한다.

(4) 입력 신호 ON/OFF 표시등

입력의 ON/OFF상태를 표시하는 LED램프이다. ON일 때 점등, OFF일 때 소등.

(5) 입력 표시 전환 스위치

입력 신호 ON/OFF의 상태를 나타내는 LED램프가 16개 밖에 되지 않기 때문에 입력 표시 전환 스위치를 사용하여 다른 16개의 입력 신호 ON/OFF의 상태를 표시할 때 사용하는 스위치이다.

(6) 단자대

입력 모듈의 전원, CC-Link통신 케이블을 연결하는 단자대이다.

(7) 커넥터

입력 신호 접속용 커넥터이다.

3) 입력 모듈의 내부 회로도

[그림 4-21]은 입력 모듈의 내부 회로도를 나타낸 것이다.

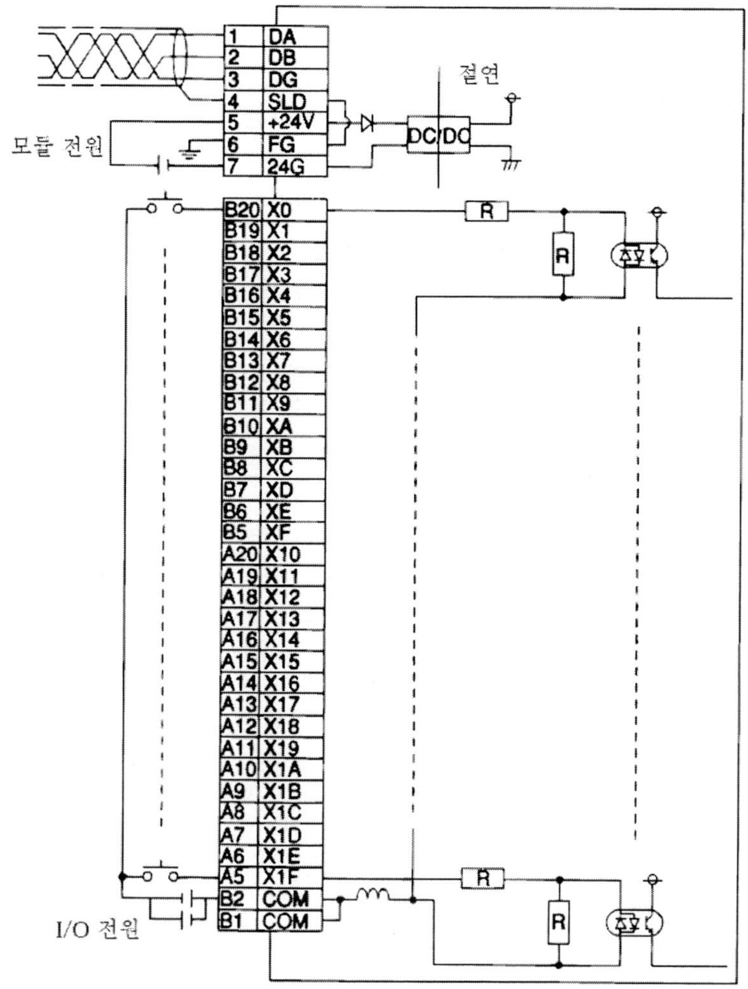

그림 4-21 입력 모듈의 내부 회로도

3-1-2 출력모듈 사양

1) 성능 사양

CC-Link통신 실습에 사용할 출력 모듈의 형명은 "AJ65SBTCF1-32T" 이다. 출력 모듈의 성능 사양은 [표 4-8]과 같다.

표 4-8 출력모듈의 성능사양

출력 형식	출력 점수	절연 방식	정격 부하전압	최대부하전류		출력응답시간		커몬 접속	내부 소비전력
				1점	1커몬	0→1	1→0		
트랜지스터 출력 (싱크타입)	32점	포토 커플러	DC24V	14V 이상	6V 이하	0.5ms	1.5ms	32점 1커몬	60mA

2) 각 부의 명칭과 설정

[그림 4-22]는 출력모듈 AJ65SBTCF1-32T의 외형을 나타낸 것이다. 출력모듈의 각 부분의 명칭과 기능도 입력모듈과 동일하기 때문에 별도의 설명은 하지 않는다.

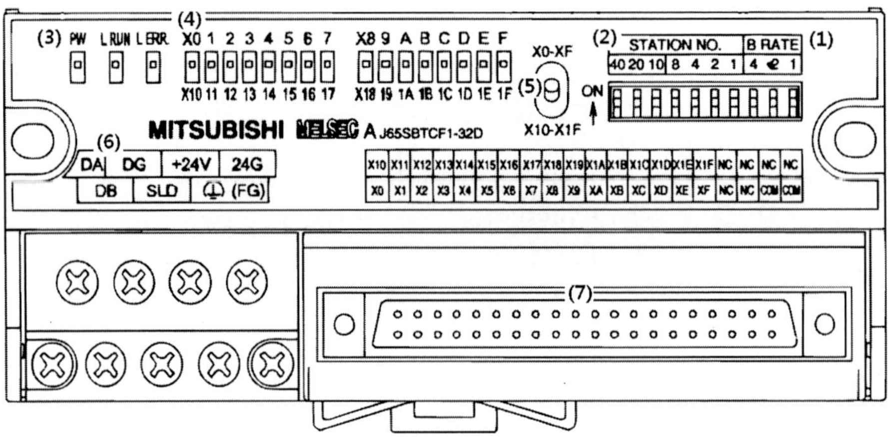

그림 4-22 입력모듈 AJ65SBTCF1-32D의 외형

3) 출력 모듈의 내부 회로도

[그림 4-23]은 출력 모듈의 내부 회로도를 나타낸 것이다.

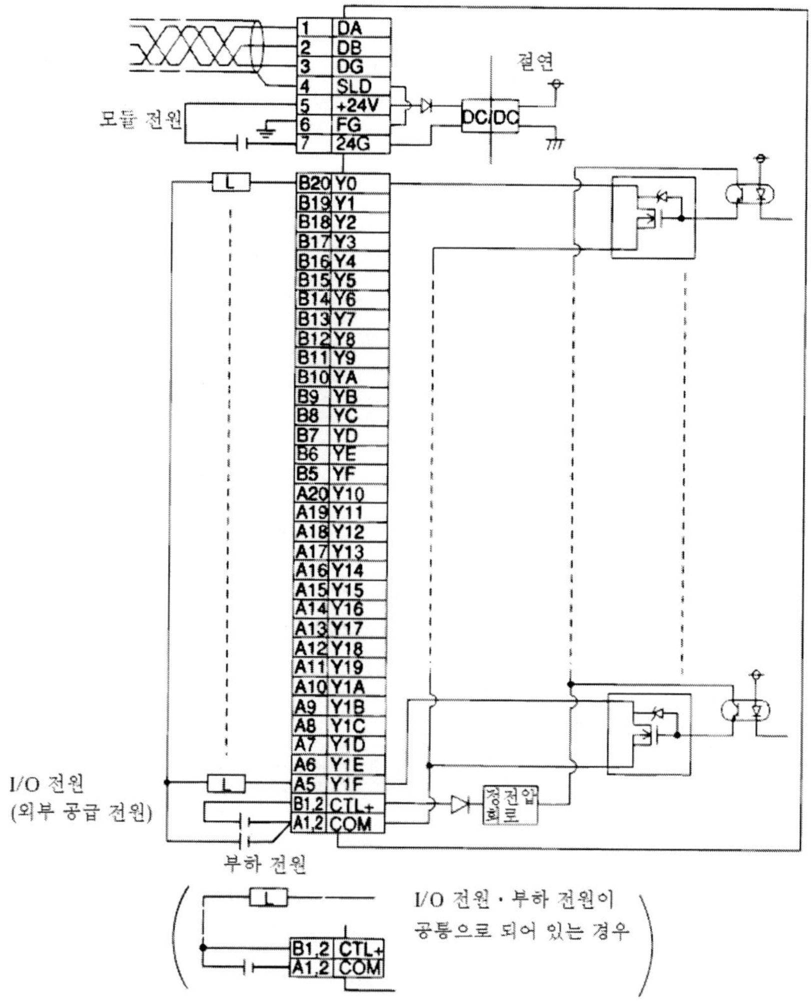

그림 4-23 출력 모듈의 내부 회로도

3-2 리모트 I/O제어 실습

실습을 통해 CC-Link의 리모트 I/O 제어에 대해 살펴보자. 먼저 실습을 위한 시스템을 구성을 살펴보자.

3-2-1 리모트 I/O제어를 위한 시스템 구성

[그림 4-24]는 리모트 I/O제어를 위한 CC-Link시스템 구성이고 [그림 4-25]는 전체 시스템의 구성이다.

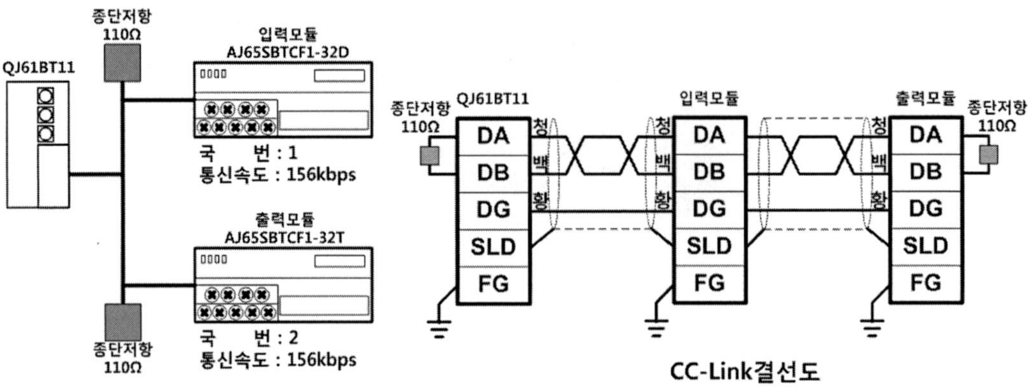

그림 4-24 CC-Link 결선도 및 구성도

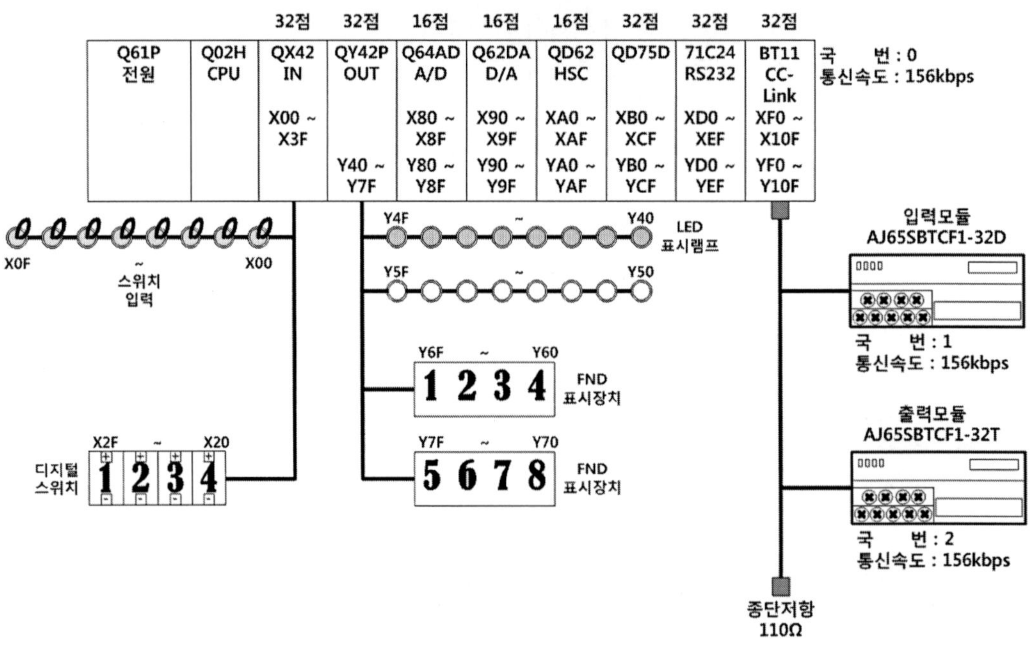

그림 4-25 PLC시스템 구성

3-2-2 CC-Link통신을 이용해 입출력 제어를 위한 메모리 할당

[그림 4-25]에서 알 수 있듯이 멜섹Q PLC의 CC-Link 마스터용 QJ61BT11모듈에 입출력 모듈 각각 1대, 총 2대의 리모트 I/O모듈이 연결되어 있음을 알 수 있다. 리모트 I/O모듈은 CC-Link통신에서 1국을 점유하는 리모트 I/O이다. 리모트 I/O국은 1국당 32비트 크기의 입출력 메모리와 16비트의 데이터를 읽고 쓰기위한 16비트 디바이스 메모리가 각각 4워드가 할당된다.

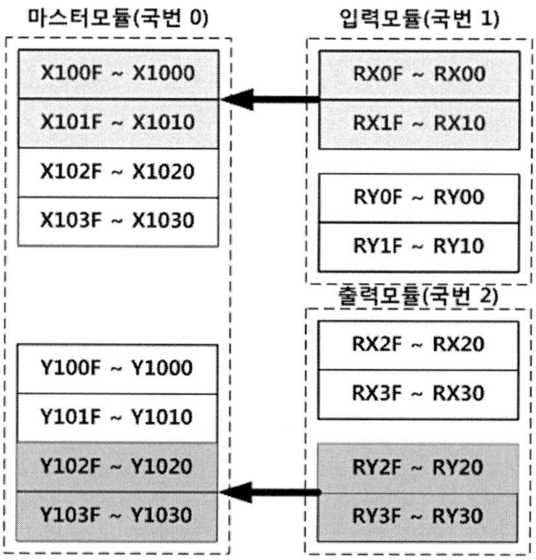

그림 4-26 리모트 I/O제어 메모리 할당

[그림 4-26]에서 회색영역이 입출력 모듈의 메모리가 할당된 모습이다. 입출력 모듈은 각각 32비트 크기의 입력과 출력 비트 메모리를 가지고 있기 때문에 순서대로 입출력 32비트 크기의 메모리가 할당되어야 한다. 하지만 입력모듈은 입력 비트 메모리만 가지고 있기 때문에 해당 출력 비트 메모리를 공백으로 비워두어야 한다. 출력 모듈도 입력 모듈과 동일하게 출력 비트 메모리만을 가지고 있기 때문에 입력 비트 메모리를 공백으로 비워두고 출력 메모리만 할당되고 있음을 알 수 있다.

3-2-2 PLC 네트워크 파라미터 설정

CC-Link를 이용한 리모트 I/O제어를 위한 통신 케이블 연결이 끝나고, 통신국번 및 통신속도 설정이 끝났으면 PLC에서 CC-Link통신을 위한 PLC네트워크 파라미터를 설정해야 한다. PLC네트워크 파라미터 설정에서 CC-Link통신을 위한 파라미터 설정을 살펴보자.

1) GX Developer의 프로젝트 창에서 "파라미터"를 선택한 후 하위 메뉴에서 "네트워크 파라미터"를 선택한다.

그림 4-27 네트워크 파라미터 선택

2) 네트워크 파라미터 설정창에서 "CC-Link" 버튼을 클릭한다.

그림 4-28

3) [그림 4-28]과 같은 CC-Link네트워크 파라미터 설정창이 나타나면 다음과 같이 설정한다.

모듈 장수 [1 ▼] 장 공백 : 설정 없음

	1	2
선두 I/O No	00F0	
동작 설정	동작 설정	
종류	마스터국 ▼	▼
데이터 링크 종류	마스터국 CPU 파라미터 자동 기동 ▼	▼
모드 설정	리모트 네트워크-Ver.1모드 ▼	▼
총 접속 대수	2	
리모트 입력(RX)리프레시 디바이스	X1000	
리모트 출력(RY)리프레시 디바이스	Y1000	
리모트 레지스터(RWr)리프레시 디바이스	D1000	
리모트 레지스터(RWw)리프레시 디바이스	D2000	
Ver.2 리모트 입력(RX)리프레시 디바이스		
Ver.2 리모트 출력(RY)리프레시 디바이스		
Ver.2 리모트 레지스터(RWr)리프레시 디바이스		
Ver.2 리모트 레지스터(RWw)리프레시 디바이스		
특수 릴레이(SB)리프레시 디바이스	SB0	
특수 레지스터(SW)리프레시 디바이스	SW0	
재시도 횟수	3	
자동 복렬 장수	1	
대기 마스터 국번		
CPU 다운 지정	정지 ▼	▼
스캔 모드 지정	비동기 ▼	▼
지연 시간 설정	0	
국 정보 설정	국 정보	
리모트 디바이스국 이니셜 설정	초기 설정	
인터럽트 설정	인터럽트 설정	

필수 설정(설정 안함 / 이미 설정됨) 필요에 따라 설정(설정 안함 / 이미 설정됨)

설정 항목 상세 내용: 16점 단위로 CC-Link가 설치된 선두 I/O No.를 입력하십시오.

[XY 할당 확인] [클리어] [검사] [종료] [취소]

그림 4-29 CC-Link네트워크 파라미터 설정창

(1) 모듈장수

PLC의 베이스 모듈에 설치된 CC-Link모듈의 개수를 의미한다. 본 실습에서는 CC-Link 모듈이 한 장만 설치되어 있으므로 "1"로 설정한다.

(2) 선두I/O No

CC-Link모듈이 설치된 입출력 선두번호를 설정하는 부분이다. 베이스 모듈에 여러 개의 CC-Link모듈이 설치된 경우 각각의 CC-Link모듈을 구분하기 위한 설정이다. 본 실습에서는 설치된 CC-Link모듈의 입출력 선두번지는 00F0번지이므로 "00F0"을 설정한다.

(3) 동작설정

① 종류 : CC-Link모듈이 어떤 형태로 동작하는지를 설정하는 부분으로 종류로는 마스터국, 로컬국, 대기마스터국이 있다. 실습에서는 마스터국으로 설정한다.

② 데이터 링크 종류 : 종류를 "마스터국"으로 설정하면 "마스터국 CPU파라미터 자동기동"으로 자동 설정된다.

③ 모드설정 : 네트워크 모드를 설정하는 부분으로 리모트모듈이 I/O모듈로만 구성되어 있을 때는 "리모트 I/O네트워크 모드"를 설정하고 리모트모듈이 디바이스 모듈 또는 인텔리전트 모듈 등을 함께 사용할 때는 "리모트 네트워크 모드"를 설정한다. 본 실습에서는 "리모트 네트워크 모드"를 설정한다.

④ 총접속 대수 : CC-Link모듈에 연결된 리모트 모듈의 개수를 설정하는 부분이다. 본 실습에서는 2개의 모듈(32점 INPUT모듈 1EA, 32점 OUTPUT모듈 1EA)이 CC-Link에 연결되어 있다. 따라서 본 실습에서는 총 접속 대수를 "2"로 설정한다.

⑤ 리모트 입력(RX)리프레시 디바이스 : 리모트 I/O모듈의 입력데이터를 저장할 PLC CPU의 입력 메모리의 시작번지를 설정하는 부분이다. 본 실습에서는 "X1000"으로 설정한다.

⑥ 리모트 출력(RY)리프레시 디바이스 : 리모트 I/O모듈의 출력 데이터를 저장할 PLC CPU의 출력 메모리의 시작번지를 설정하는 부분이다. 본 실습에서는 "Y1000"으로 설정한다.

⑦ 리모트 레지스터(RWr)리프레시 디바이스 : 리모트 디바이스 모듈의 내부 디바이스(16비트 워드 메모리)에 저장된 데이터를 지정된 PLC CPU의 데이터레지스터 디바이스 번지에 값을 기재하는 디바이스를 설정하는 부분이다. 본 실습에서는 "D1000"을 설정한다.

⑧ 리모트 레지스터(RWw)리프레시 디바이스 : 리모트 디바이스 모듈의 내부 디바이스(16비트 워드 메모리)에 기록할 값을 기재하는 PLC CPU의 데이터레지스터 디바이스 번지를 설정하는 부분이다. 본 실습에서는 "D2000"을 설정한다.

⑨ 특수 릴레이(SB)리프레시 디바이스 : CC-Link모듈 및 리모트 모듈의 상태를 나타내는 비트 정보를 저장하는 PLC CPU의 링크 특수릴레이 비트 메모리의 번지를 설정하는 부분이다. 본 실습에서는 "SB0"을 설정한다.

⑩ 특수 레지스터(SW)리프레시 디바이스 : CC-Link모듈 및 리모트 모듈의 상태를 나타내는 16비트 크기의 워드 정보를 저장하는 PLC CPU의 링크 특수 레지스터의 메모리의 번지를 설정하는 부분이다. 본 실습에서는 "SW0"을 설정한다.

⑪ 재시도 횟수 : CC-Link통신에 연결된 리모트 I/O 모듈, 리모트 인텔리전트 모듈, 로컬 모듈 등에 문제가 발생했을 때 통신을 하기 위한 재시도 횟수를 설정하는 부분이다.

⑫ 자동 복렬 장수

⑬ 대기 마스터 국번

⑭ CPU다운 지정

⑮ 스캔모드 지정

⑯ 지연시간 설정

(4) 국 정보 설정

국 정보 설정이라고 된 우측부분에 분홍색 글자로 표시된 "국 정보" 버튼을 클릭하면 국 정보를 설정하기 위한 별도의 창이 생성된다.

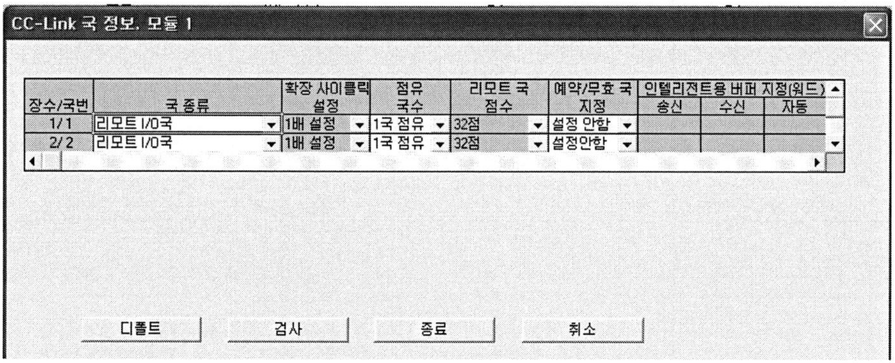

그림 4-30 국정보 설정 창

CC-Link의 국 정보를 설정하는 창이다. 국 정보는 CC-Link모듈에 연결된 리모트 I/O, 리모트 인텔리전트 모듈, 로컬국 등의 정보를 설정하는 창이다. 본 실습에서는 2개의 리모트 I/O모듈을 사용하기 때문에 "동작설정의 총 접속대수를 2"로 설정해 국 정보의 입력항목이 2개가 생겼음을 알 수 있다. CC-Link에 연결된 국 종류와 점유 국수를 연결된 국번 번호와 일치되게 설정한다. 1번국 2번국이 동일한 리모트 I/O국이므로 국 종류는 "리모트 I/O국", 점유국수는 "1국 점유"로 설정한다.

(5) 리모트 디바이스국 이니셜 설정

리모트 디바이스국(A/D, D/A, RS232통신 모듈 등)을 사용할 때 설정하는 부분이다.

3-3 리모트 I/O 사용을 위한 준비완료 확인

CC-Link통신을 사용하기 위한 CC-Link네트워크 파라미터 설정을 마쳤으면 CC-Link 모듈에 연결된 리모트 I/O가 정상적으로 동작하는지를 확인하는 테스트 프로그램을 작성한 후 CC-Link의 동작 상태를 확인하여 정상적으로 CC-Link통신이 이루어지고 있는지를 확인한다. CC-Link네트워크 파라미터 설정에서 설정한 리모트 I/O와 메모리와 링크된 PLC CPU의 내부 입출력 메모리의 연결 상태는 다음의 그림과 같다.

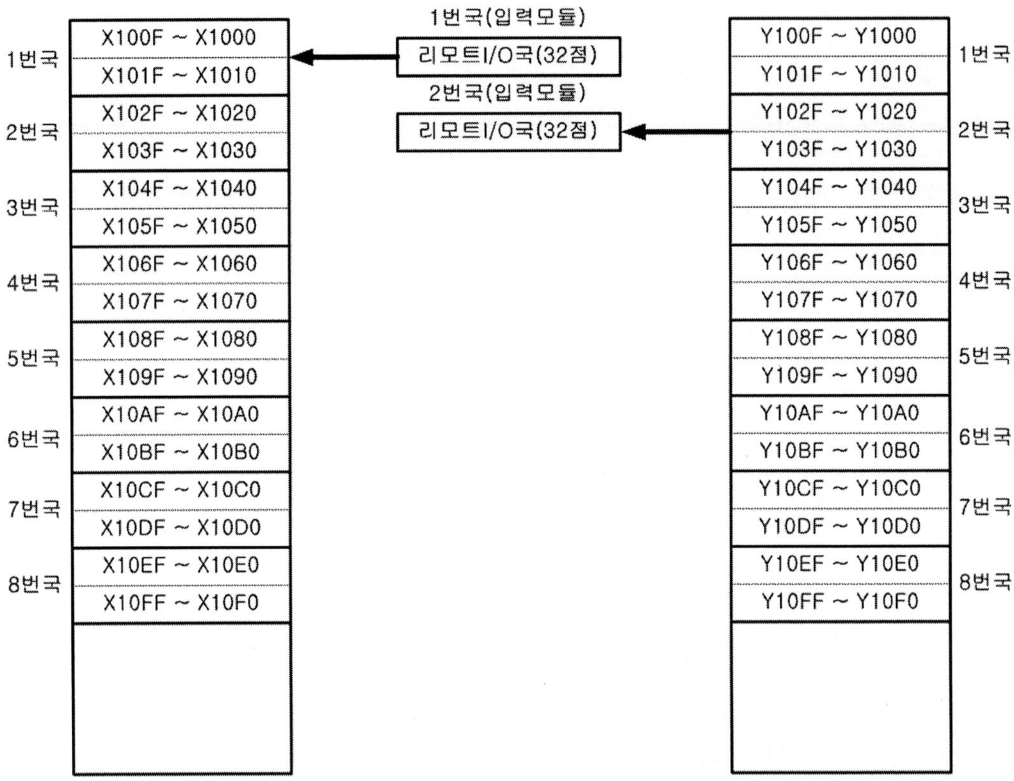

그림 4-31 실습을 위한 리모트 I/O의 PLC메모리 할당

[그림 4-31]에서 알 수 있듯이 1번국의 리모트 I/O국의 입력 32점의 ON/OFF상태는 PLC CPU의 입력 메모리 X1000~X101F에 저장된다. 2번국의 리모트 I/O국의 출력 32점의 ON/OFF상태는 PLC CPU의 출력메모리 Y1020~Y103F번지의 상태에 따라 결정되는 것을 알 수 있다.

3-3-1 CC-Link통신을 통한 리모트 I/O모듈의 정상동작 연결 테스트

리모트 I/O모듈의 입력과 출력모듈을 각각 국번 1번과 2번을 할당하고, 통신 속도를 설정하고, PLC의 네트워크 파라미터를 설정한 후 통신케이블의 정상연결과 리모트 I/O모듈이 정상적으로 동작하고 있는지를 확인해보자.

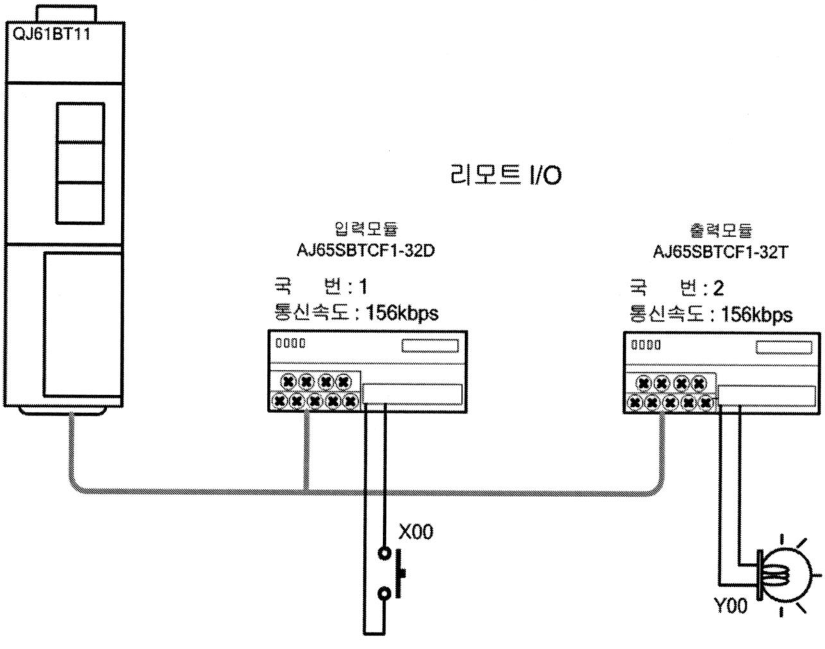

그림 4-32 리모트 I/O 정상동작 연결 테스트

1) PLC 네트워크의 파라미터 설정

GX Developer를 이용하여 PLC네트워크 파라미터 설정의 CC-Link설정에서 "리모트 입력(RX)리프레시 디바이스"를 "X1000", "리모트 출력(RY)리프레시 디바이스"를 "Y1000"으로 설정한다.

2) 입력신호의 확인

① 국번 1번의 입력모듈에 X0에 연결한 스위치를 ON상태가 되도록 조작한다.
② GX Developer의 메인메뉴에서 "온라인" → "모니터" → "디바이스 일괄"에서 디바이스에 "X1000"을 설정하고 "모니터 시작"을 클릭한다.
③ 모니터창에서 "X1000"의 상태가 ON되어 있다면 입력모듈과 외부 기기와의 결선 및 CC-Link통신이 정상적으로 이루어지고 있는 것이다.

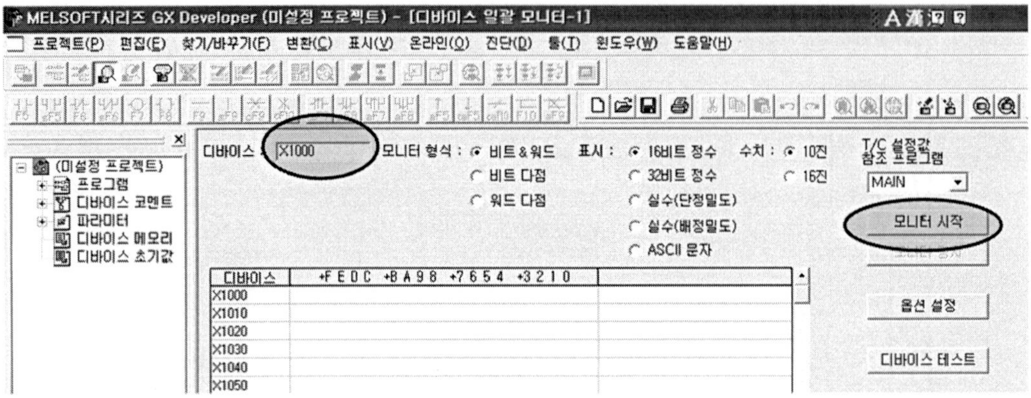

그림 4-33 입력신호의 모니터링 방법

3) 출력신호의 확인

① 국번 2번의 리모트 I/O 출력모듈의 Y0 단자에 램프를 연결한다.

② GX Developer의 메인메뉴에서 "온라인" → "디버그" → "디바이스 테스트"에서 "비트 디바이스"의 "디바이스"에 "Y1020"을 설정하고 "강제ON"을 클릭한다.

③ 출력모듈과 외부기기와의 결선 및 CC-Link통신이 정상적으로 이루어지고 있으면 리보트 I/O 출력모듈 "Y00" 단자에 연결된 램프가 ON된다.

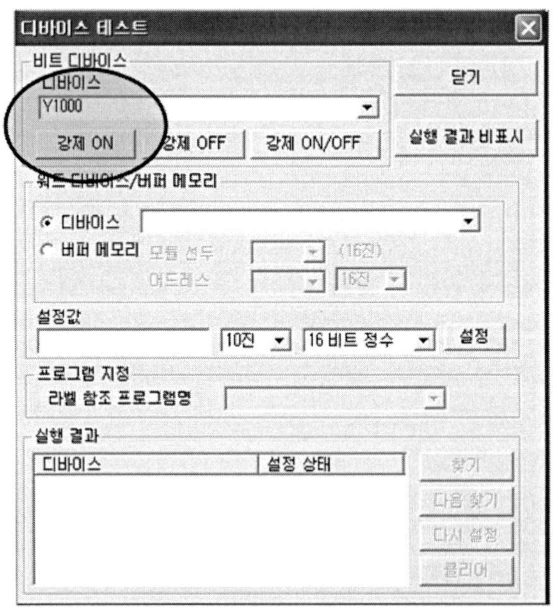

그림 4-34 출력신호의 모니터링 방법

3-4 CC-Link 통신 프로그래밍 관련사항

CC-Link통신을 사용한 프로그램을 작성할 때에는 [그림 4-35]에 나타낸 것처럼 리모트 I/O국, 디바이스국, 로컬국, 인텔리전트 디바이스국 및 대기 마스터국의 데이터 링크 상태를 검출하고 인터록을 취하는 동작을 포함해야 한다. CC-Link통신에 연결된 국간의 데이터 링크 상태를 확인하기 위한 특수릴레이 및 특수레지스터가 존재한다. 이들 메모리는 PLC의 네트워크 파라미터의 CC-Link파라미터 설정에서 "특수 릴레이(SB)리프레시 디바이스"와 "특수 레지스터(SW)리프레시 디바이스"를 설정한 것을 기억하는가? "SB"와 "SW"는 CC-Link통신과 MELSECNET/H통신의 데이터 링크를 확인하기 위한 특수메모리이다. CC-Link통신을 하기 위해 SB는 "SB0", SW는 "SW0"로 설정했다. 이들 메모리에 대해 보다 자세한 사항을 알고 싶으면 매뉴얼 "CC-Link시스템 마스터 로컬 모듈 - 사용자매뉴얼(상세편)"을 참고하기 바란다. SB와 SW을 설정할 때 CC-Link와 MELSECNET/H 통신을 함께 사용한다면 이들 메모리의 번지가 중복되지 않도록 네트워크 파라미터 설정할 때 주의해야 한다.

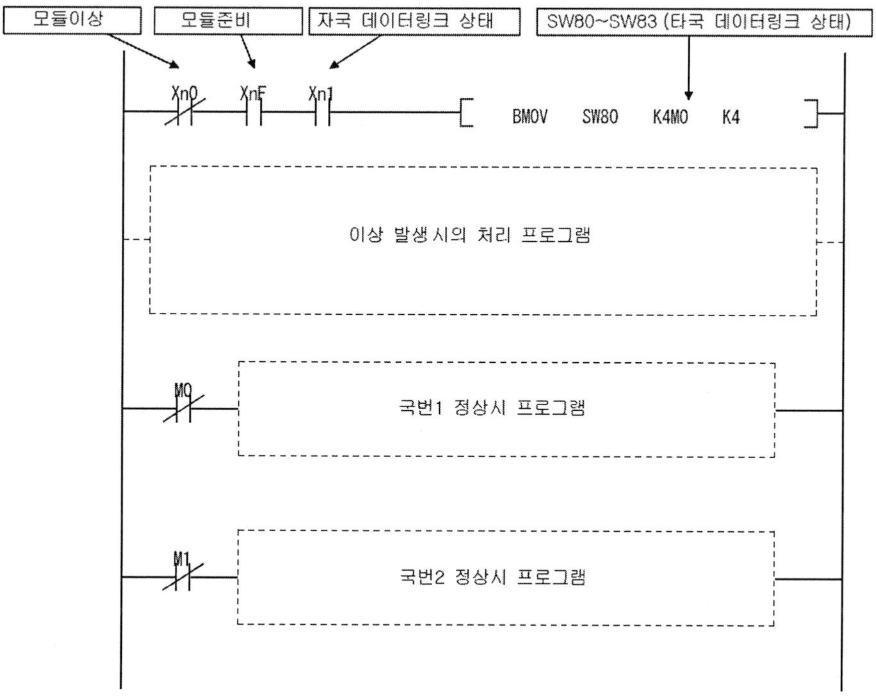

그림 4-35 CC-Link통신 프로그램 작성 양식

3-4-1 CC-Link마스터 모듈의 입출력 신호 일람

CC-Link마스터 모듈도 다른 PLC모듈과 동일하게 입출력 신호를 가지고 PLC CPU와 교신한다. [표 4-9]에 입출력 신호 일람표를 나타내었다. 본 교재의 실습에서는 CC-Link마스터 모듈의 입출력 번지는 "X0F0~X10F, Y0F0~Y10F"로 할당되어 있다. 따라서 [그림 4-35]의 모듈이상 Xn0의 입력신호는 "X0F0"에 해당되고 모듈준비는 "X0FF"에 해당된다. 자국데이터 링크 상태는 "X0F1"에 해당된다.

표 4-9 CC-Link모듈의 입출력 신호 일람

신호방향 PLC CPU←마스터・로컬모듈				신호방향 PLC CPU→마스터・로컬모듈			
입력번호	신호명칭	사용 가.부		출력번호	신호명칭	사용 가.부	
		마스터국	로컬국			마스터국	로컬국
Xn0	모듈이상	○	○	Yn0	사용금지	—	—
Xn1	자국 데이터링크 상태	○	○	Yn1			
Xn2	사용금지	—	—	Yn2			
Xn3	타국 데이터링크 상태	○	○	Yn3			
Xn4	사용금지	—	—	Yn4			
Xn5				Yn5			
Xn6				Yn6			
Xn7				Yn7			
Xn8				Yn8			
Xn9				Yn9			
XnA				YnA			
XnB				YnB			
XnC				YnC			
XnD				YnD			
XnE				YnE			
XnF	모듈준비	○	○	YnF			
X(n+1)0	사용금지	—	—	Y(n+1)0			
X(n+1)1				Y(n+1)1			
X(n+1)2				Y(n+1)2			
X(n+1)3				Y(n+1)3			
X(n+1)4				Y(n+1)4			
X(n+1)5				Y(n+1)5			
X(n+1)6				Y(n+1)6			
X(n+1)7				Y(n+1)7			
X(n+1)8				Y(n+1)8			
X(n+1)9				Y(n+1)9			
X(n+1)A				Y(n+1)A			
X(n+1)B				Y(n+1)B			
X(n+1)C				Y(n+1)C			
X(n+1)D				Y(n+1)D			
X(n+1)E				Y(n+1)E			
X(n+1)F				Y(n+1)F			

○ : 사용가능 — : 사용불가

3-4-2 특수 레지스터(SW)리프레시 디바이스

[그림 4-35]의 PLC프로그램에서 BMOV명령어를 이용하여 SW80~SW83의 내용을 M0~M62에 복사하고 있다. SW80~SW83은 CC-Link 마스터국에 연결된 각 국의 데이터링크 상태가 저장되는 메모리 영역이다. 이들 메모리 영역의 비트를 조사하면 해당 국번의 데이터 링크가 정상적으로 이루어지고 있는지를 확인할 수 있기 때문에 데이터 링크의 상태를 확인하기 위한 인터록 비트로 사용하기 위한 동작이다. 해당 비트가 "0"일 때, 데이터 링크가 정상상태이기 때문에 [그림 4-35]의 국번 1번의 프로그램 작성할 때, M0의 비트 상태가 OFF일 때 국번 1번의 PLC프로그램이 처리될 수 있도록 했다. SW80~SW83의 레지스터에 할당된 국번을 [표 4-10]에 나타내었다. 통신은 언제든 통신에러가 발생할 수 있는 확률이 높은 기기이기 때문에 통신 프로그램을 작성할 때에는 통신 상태를 확인하는 절차를 필요로 한다.

표 4-10 데이터 링크 상태를 나타내는 특수 레지스터(SW)리프레시 디바이스

	b15	b14	b13	b12	~	b3	b2	b1	b0
SW80	16	15	14	13	~	4	3	2	1
SW81	32	31	30	29	~	20	19	18	17
SW82	48	47	46	45	~	36	35	34	33
SW83	64	63	62	62	~	52	51	50	49

해당 비트상태가 0 : 정상, 1 : 데이터링크 이상 발생
도표의 1~64는 국번을 나타낸다.

4-1 실습과제 리모트 I/O제어_1

[그림 4-25]와 같이 리모트 I/O를 CC-Link통신을 이용해 제어하고자 한다. 먼저 CC-Link마스터 모듈과 리모트 I/O국간에 CC-Link통신케이블을 이용해 서로의 통신선로를 연결하고 리모트 I/O을 동작시키기 위한 DC24V 전원을 연결한다. CC-Link통신 케이블이 없으면 일반 전선으로 연결해도 실습에는 지장이 없다 대신에 통신속도는 5Mbps가 아닌 156Kbps로 설정한다. 현장에서는 반드시 CC-Link전용 통신케이블로 연결해야 한다는 것을 잊지말자. CC-Link통신을 위한 국번 설정과 통신 속도를 설정해야 한다. 아래의 도표와 같이 마스터국과 리모트 I/O국의 국번과 통신속도를 설정한다.

구분	마스터 모듈	리모트 입력모듈	리모트 출력모듈
국번	0	1	2
통신 속도	5.0Mbps	5.0Mbps	5.0Mbps

1. 국번 및 통신속도 설정

(1) 마스터 모듈

아래의 그림은 CC-Link마스터 모듈의 국번 설정과 통신 속도를 설정하기 위한 디지털 스위치를 나타낸 것이다. 앞에서 주어진 조건에 따른 국번과 통신 속도를 설정하기 위한 필요한 설정 값을 살펴보자.

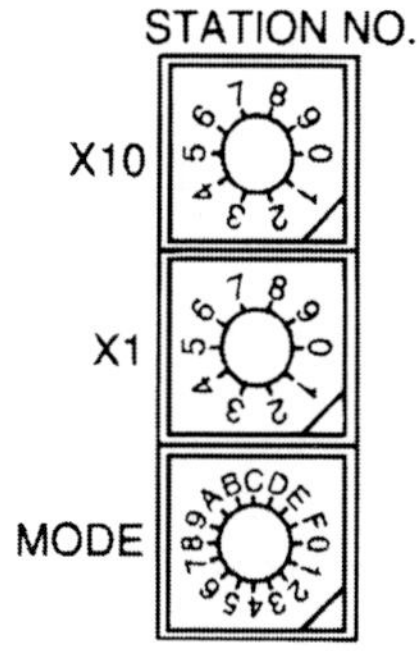

그림 4-36

① 통신국번 설정을 위한 X10과 X1 디지털 스위치는 둘다 "0"을 설정해야 한다, 그 이유는 마스터로 동작하기 위해서이다.
② 통신속도 설정을 위해 MODE 디지털 스위치는 "3"을 설정해야 한다.

(2) 리모트 I/O모듈

리모트 I/O모듈도 CC-Link통신을 하기 위해서는 국번 설정 스위치와 통신 전송 속도 설정 스위치를 설정해야 한다.

구분	STATION NO.							B. RATE		
	40	20	10	8	4	2	1	4	2	1
리모트 입력	0	0	0	0	0	0	1	0	1	1
리모트 출력	0	0	0	0	0	1	0	0	1	1

2. 네트워크 파라미터 설정

국번과 통신속도 설정을 끝냈으면 CC-Link통신을 위한 네트워크 파라미터를 설정해야 한다. [그림 4-37]에 나타낸 것처럼 설정하고, 국정보도 함께 설정한 후 PLC에 파라미터를 전송한다. 리모트 입력 리프레시 디바이스가 X1000번지, 출력 리프레시 디바이스가 Y1000번지를 할당했기 때문에 리모트 I/O의 입력모듈은 국번 1번이기 때문에 X101F~X1000까지 입출력 번지가 할당되고 리모트 I/O의 출력모듈은 국번 2번이기 때문에 Y103F~Y1020까지의 출력번지가 할당된다.

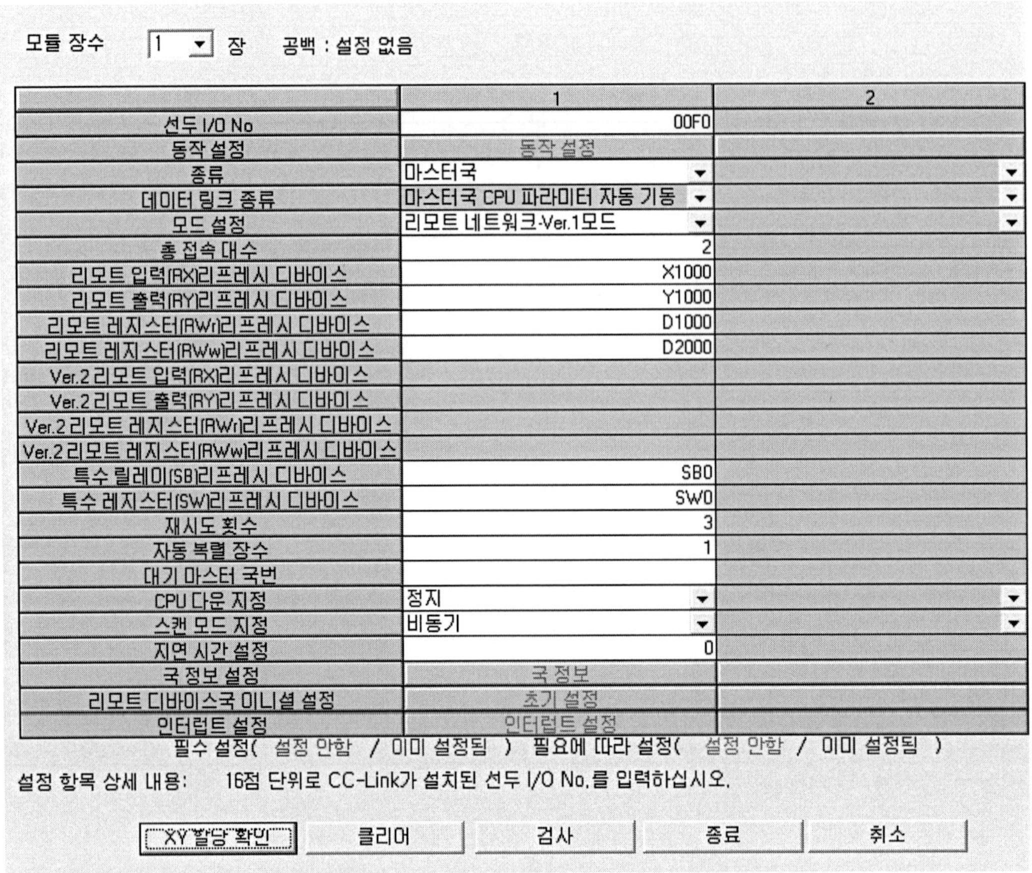

그림 4-37 CC-Link네트워크 파라미터 설정창

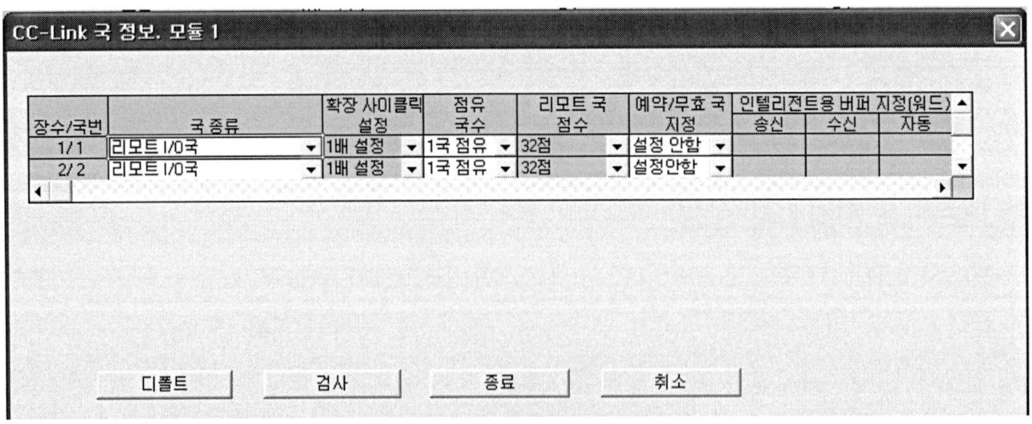

그림 4-38 국정보 설정 창

CC-Link통신을 위한 설정을 다 마쳤으면 CC-Link 리모트 I/O모듈을 이용해 [그림 4-39]와 같은 조작 패널을 구성하고 주어진 동작조건을 만족하는 PLC프로그램을 작성하라.

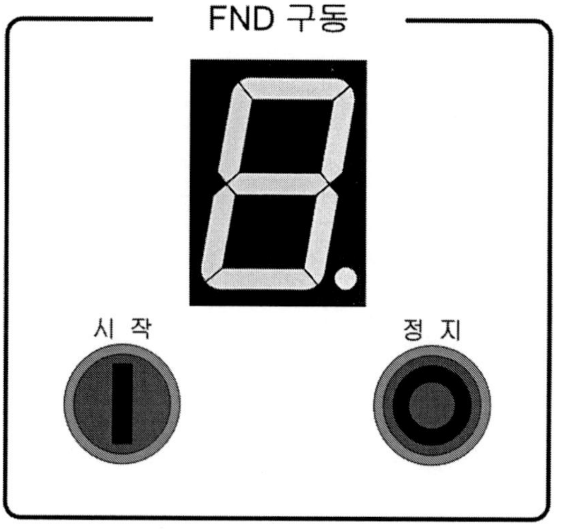

그림 4-39 조작패널

표 4-11 PLC 입출력 번지 할당표

리모트 I/O 입력번호	기능	리모트 I/O 출력번호	기능
X1000	시작 버튼	Y1023~Y1020	FND표시
X1001	정지 버튼		

CC-Link의 리모트 I/O모듈의 입력모듈의 X0와 X1에 푸시버튼 2개를 연결하고 출력모듈 Y0~Y3에 오토닉스의 디스플레이모듈을 연결하여 주어진 패널처럼 시스템을 구성하면 PLC프로그램을 작성할 때의 리모트 I/O모듈의 입출력 번지는 [표 4-11]처럼 할당된다.

【동작조건】

① PLC의 전원을 ON했을 때, FND에는 "0"이 표시된다.

③ 시작버튼(X1000)을 누르면 FND의 표시가 0.1초 간격으로 0~9까지의 숫자를 순차적으로 표시한다. 표시숫자가 9에서는 다시 0으로 변경된다.

④ 정지버튼(X1001)을 누르면 FND에 "0"을 표시하고 동작을 즉시 정지한다.

【PLC프로그램】

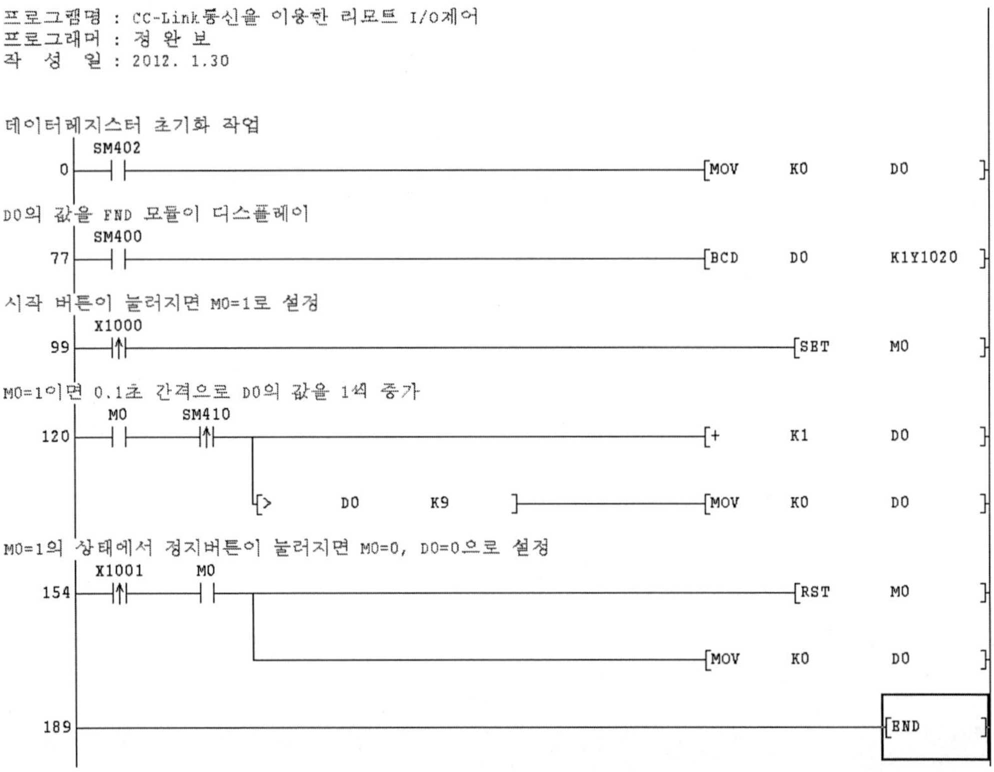

[프로그램 4-1] 숫자 증가 및 감소

[프로그램 4-1]을 살펴보면 입출력 번지만 CC-Link 리모트 I/O모듈에 할당된 번지를 사용했다는 것을 제외하고는 PLC의 일반 입출력 모듈의 프로그램과 차이가 전혀 없다. 이처럼 CC-Link통신은 네트워크 파라미터에서 설정한 리모트 I/O번지만 정확하게 설정하면 일반 입출력 PLC프로그램과 차이가 전혀 없다.

4-2 실습과제

국번 설정 및 입출력 번지 할당

[그림 4-40]처럼 2개의 리모트 I/O국과 1개의 리모트 디바이스국, 1개의 인텔리전트 디바이스국으로 구성된 CC-Link시스템이 있을 때, CC-Link모듈에 할당되어야 할 국번과 PLC프로그램 작성에 필요한 CC-Link모듈의 입출력 번지와 데이터 레지스터 번지가 어떻게 할당되는지를 살펴보자.

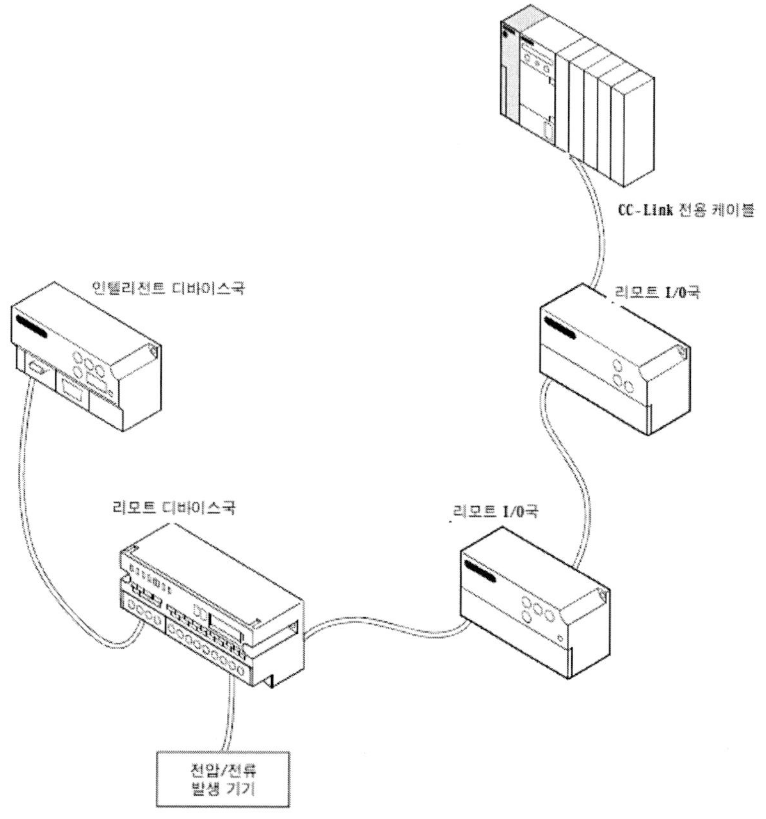

그림 4-40 CC-Link시스템의 구성

CC-Link시스템의 국번과 입출력번지를 할당을 위해서 먼저 해야 할 일은 CC-Link모듈의 데이터 북(Data Book)을 참고해서 각 모듈이 차지하는 국번을 확인해야 한다. CC-Link모듈은 제품의 종류에 따라 1국을 차지하는 제품부터 4국을 차지하는 제품이 있다.

CC-Link 파라미터 설정에서 아래와 같이 디바이스 번지가 설정되었을 때 CC-Link모듈에 할당되는 리모트 입출력 번지와 데이터 레지스터의 번지가 어떻게 되는지 확인해보자.

- 리모트 입력(Rx)리프레시 디바이스 : X500
- 리모트 출력(Ry)리프레시 디바이스 : Y500
- 리모트 레지스트(RWw) 리프레시 디바이스 : D500
- 리모트 레지스트(RWr) 리프레시 디바이스 : D1000

제품명	점유 국수	할당 국번	리모트 입출력 번지		리모트 데이터레지스터	
			입력(Rx)	출력(Ry)	RWw	RWr
마스터국		00번	-	-	-	-
리모트 I/O국(입력)	1국	01번	X51F ~ X500	-	-	-
리모트 I/O국(출력)	1국	02번	-	Y53F ~ Y520	-	-
리모트 디바이스국	2국	03번	X57F ~ X540	Y57F ~ Y540	D515 ~ D508	D1015 ~ D1008
인텔리전트 디바이스국	4국	05번	X5FF ~ X580	Y5FF ~ Y580	D531 ~ D516	D1031 ~ D1016

위의 도표가 CC-Link네트워크 파라미터 설정에 의해서 각 CC-Link모듈에 할당된 리모트 입출력 및 리모트 레지스터 리프레시 디바이스의 번지를 나타낸 것이다.

리프레시 디바이스 번지를 할당할 때 기억해야 할 것은 CC-Link모듈에 할당된 국번 1국당 리모트 입력 32점, 리모트 출력 32점, 읽기 전용 리모트 레지스터 4점, 쓰기 전용 리모트 레지스터 4점이 무조건 할당된다는 것이다.

위의 도표에서 1번 국으로 할당된 리모트 I/O국(입력)은 입력만 있기 때문에 입력번지만 32점 할당된다. 그리고 리모트 디바이스국 및 인텔리전트 디바이스국은 입출력번지와 리모트 레지스터 번지가 다 사용되기 때문에 점유 국수에 따라 번지를 할당하면 된다. 5번 국으로 설정된 인텔리전트 디바이스국은 점유국수가 4국을 차지하기 때문에 입력번지 32점×4국=128점, 출력번지 32점×4국=128점, 리모트 레지스터 각각 4점×4국=16점의 번지가 각각 할당되는 것이다.

CC-Link통신을 사용하는데 있어서 주의할 점은 각 모듈의 점유국수의 정확한 확인을 통한 국번설정 그리고 프로그램 작성에 필요한 입출력 번지를 확인하는 것이다.

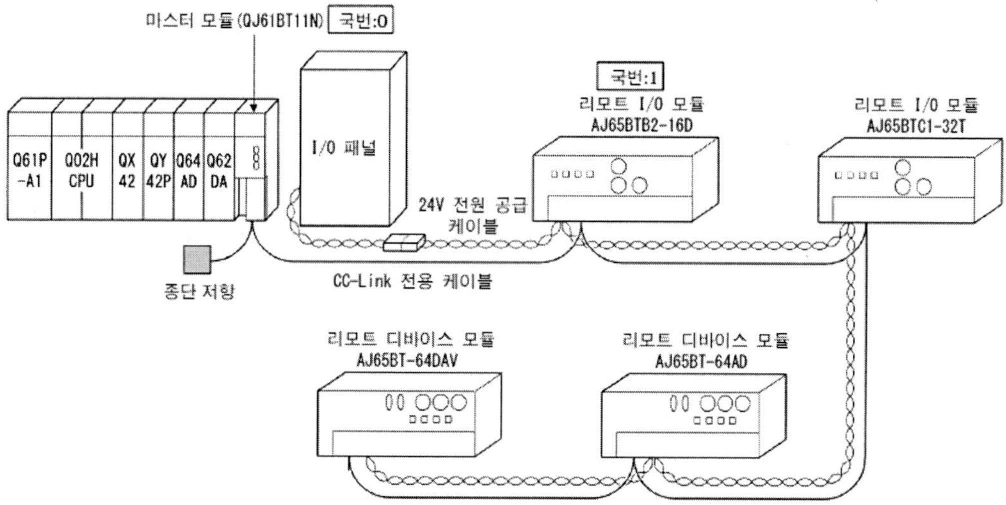

그림 4-41 CC-Link시스템의 구성

[그림 4-41]처럼 CC-Link시스템이 구성되어 있고, CC-Link 파라미터 설정에서 아래와 같이 디바이스 번지가 설정되었을 때 CC-Link모듈에 할당되는 리모트 입출력 번지와 데이터 레지스터의 번지가 어떻게 되는지 확인해보자.

- 리모트 입력(Rx)리프레시 디바이스 : X1000
- 리모트 출력(Ry)리프레시 디바이스 : Y1000
- 리모트 레지스트(RWw) 리프레시 디바이스 : D1000
- 리모트 레지스트(RWr) 리프레시 디바이스 : D2000

제품명	점유 국수	할당 국번	리모트 입출력 번지		리모트 데이터레지스터	
			입력(Rx)	출력(Ry)	RWw	RWr
마스터국 QJ61BT11N	-	00번	-	-	-	-
리모트 I/O국(입력) AJ65BTB2-16D	1국	01번	X101F ~ X1000		-	-
리모트 I/O국(출력) AJ65BTC1-32T	1국	02번		Y103F ~ Y1020	-	-
리모트 디바이스국 AJ65BT-64AD	1국	03번	X105F ~ X1040	Y105F ~ Y1040	D1011 ~ D1008	D2011 ~ D2008
리모트 디바이스국 AJ65BT-64DAV	1국	04번	X107F ~ X1060	Y107F ~ Y1060	D1015 ~ D1012	D2011 ~ D2008

4-3 실습과제 리모트 I/O제어_2

CC-Link통신용 리모트 I/O를 이용하여 [그림 4-42]에 나타낸 패널처럼 입출력을 결선한 후 주어진 동작 조건을 만족하는 PLC프로그램을 작성하라.

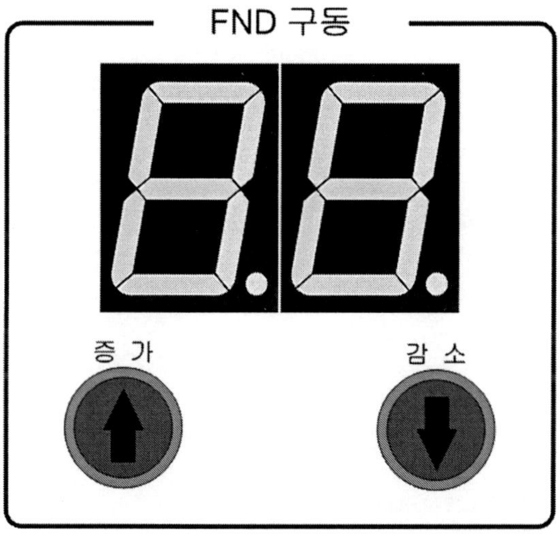

그림 4-42 조작패널

【입출력번호 할당】

표 4-12 PLC 입출력 할당표

리모트 I/O 입력번호	기능	리모트 I/O 출력번호	기능
X1000	증가 버튼	Y1023 ~Y1020	10^0 숫자표시FND
X1001	감소 버튼	Y1027 ~Y1024	10^1 숫자표시FND

【동작조건】

① PLC의 전원이 ON되면 FND에는 숫자 "00"이 표시된다.

② 증가버튼(X00)을 누르면 FND는 숫자 "0~99"까지 순차적으로 증가한다. 만약 표시숫자가 "99"가 되면 증가버튼을 눌러도 더 이상의 숫자는 증가하지 않는다. 또한 증가버튼을 1초 이상 연속해서 누르고 있으면 0.1초 간격으로 숫자가 자동 증가한다.

③ 감소버튼(X01)을 누르면 FND는 숫자 "99~00"까지 순차적으로 감소한다. 만약 표시숫자가 "00"이면 감소버튼을 눌러도 더 이상의 숫자는 감소하지 않는다. 또한 감소버튼을 1초 이상 연속해서 누르고 있으면 0.1초 간격으로 숫자가 자동 감소한다.

【PLC프로그램】

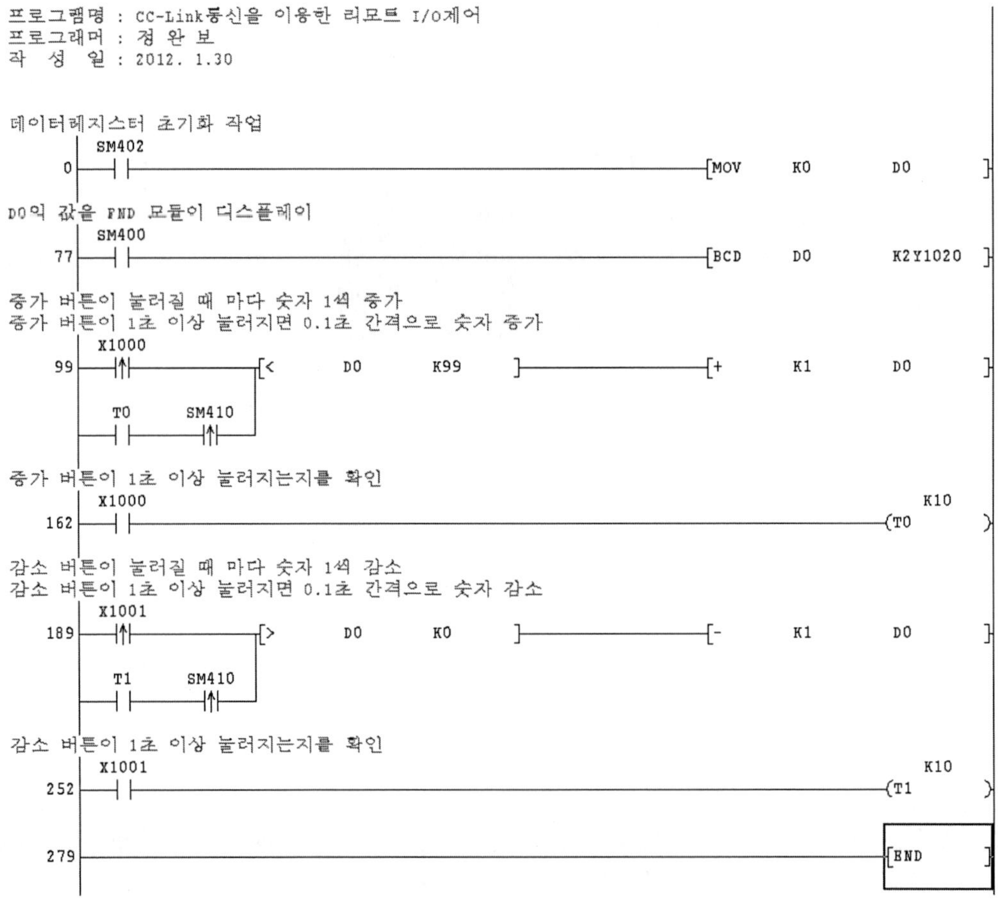

[프로그램 4-2] 숫자의 증가 및 감소 PLC프로그램

4-4 실습과제

리모트 I/O제어_3

CC-Link통신용 리모트 I/O를 이용하여 설정시간 동안 램프를 점등하는 기기를 제작하려고 한다. [그림 4-43]에 나타낸 패널처럼 입출력을 결선한 후 주어진 동작 조건을 만족하는 PLC프로그램을 작성하라.

그림 4-43 설정시간 동안 램프 점등 조작패널

【입출력번호 할당】

표 4-13 PLC 입출력 할당표

리모트 I/O 입력번호	기능	리모트 I/O 출력번호	기능
X1000	동작 버튼	Y1020	램프
X1001	정지 버튼		
X100B~X1008	10^0 디지털스위치	Y102B~Y1028	10^0 숫자표시FND
X100F~X100C	10^1 디지털스위치	Y102F~Y102C	10^1 숫자표시FND

【동작조건】

① PLC의 전원이 ON되면 램프는 소등된 상태이고 FND에는 "00" 이 표시된다.

② 디지털 스위치를 이용해 "01초~99초" 까지의 동작 시간을 설정한 다음 동작 버튼(X00)을 누르면 설정한 시간만큼 램프가 점등되었다 소등된다. 단 디지털 스위치의 설정시간이 "00" 인 상태에서 동작버튼을 누르면 램프는 정지버튼을 누를 때까지 점등되어 있다.

③ 타이머가 동작 중에는 FND모듈에 타이머의 진행시간이 표시된다.

④ 램프가 점등된 상태에서 정지 버튼(X01)을 누르면 타이머의 남은 시간에 관계없이 램프는 즉시 소등된다.

⑤ 램프가 점등된 상태에서는 설정시간을 변경해도 변경된 시간이 적용되지 않는다. 설정시간은 동작버튼을 누를 때에만 타이머에 적용된다.

【PLC프로그램】

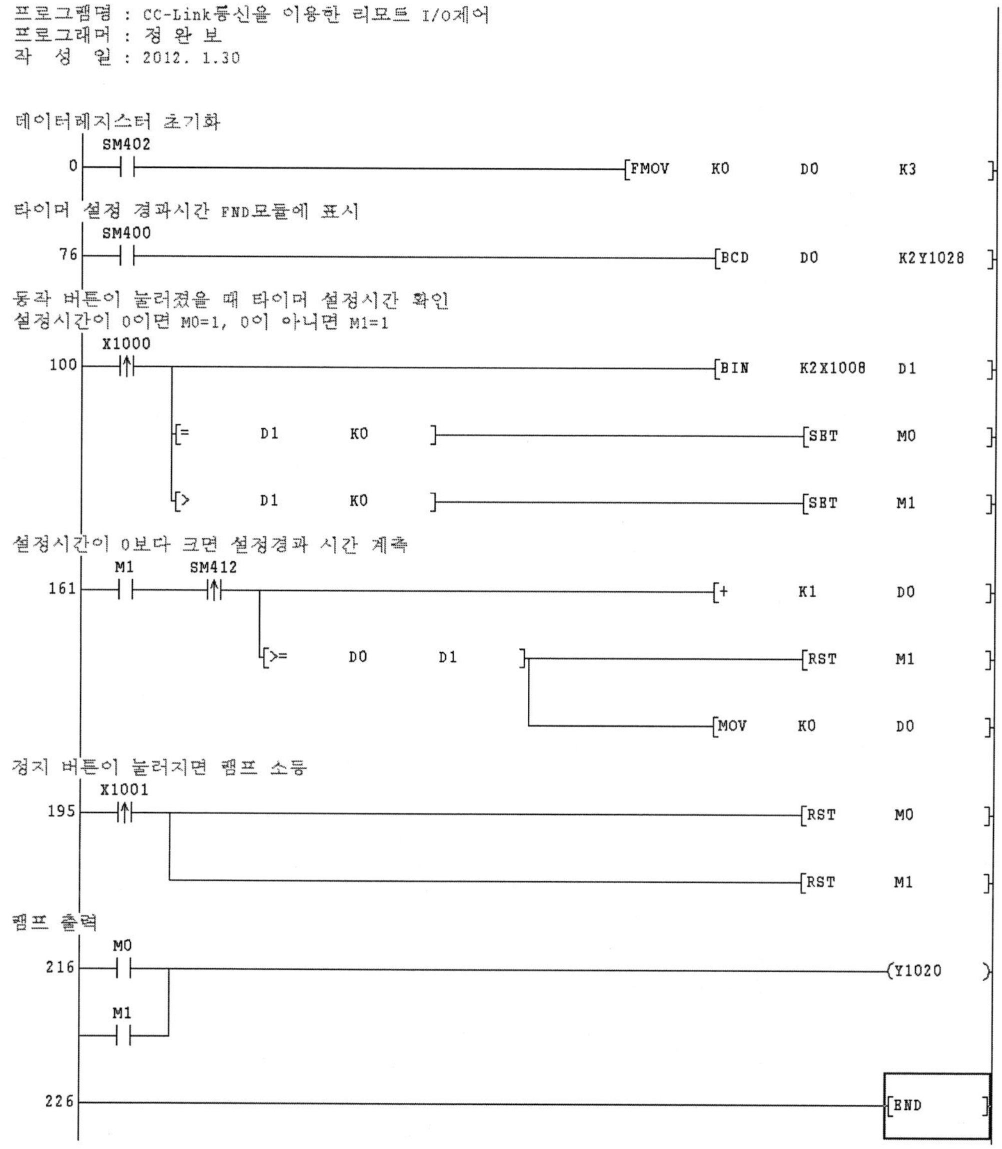

[프로그램 4-3] 설정시간 동안 램프 점등

프로그램 라인 100번을 살펴보면 동작 버튼이 눌러졌을 때 디지털 스위치에 설정된 설정시간을 D1에 BIN으로 변환해서 저장한 후 비교 연산을 통해서 램프를 연속 점등할 것인지, 아니면 설정시간 동안만 점등할 것인지 판단한다.

프로그램 라인 161번은 타이머의 설정시간이 0보다 클 때, 1초 간격으로 시간을 증가시켜 설정시간과 계측시간이 같을 때 램프를 소등한다.

4-5 실습과제 리모트 I/O제어_4

CC-Link통신용 리모트 I/O를 이용하여 알람시계를 제작하려고 한다. 무더운 여름철 선풍기는 생활필수품이다. 선풍기를 살펴보면 회전기능과 일정한 시간동안 선풍기를 동작시키기 위한 타이머 기능을 가지고 있다. 이번 실습과제에서도 시간을 설정한 다음 시작 버튼을 누르면 정해진 시간만큼만 기계를 동작시킬 수 있는 알람시계를 만들어 보자. 설정 가능한 시간은 최대 59분 59초이다.

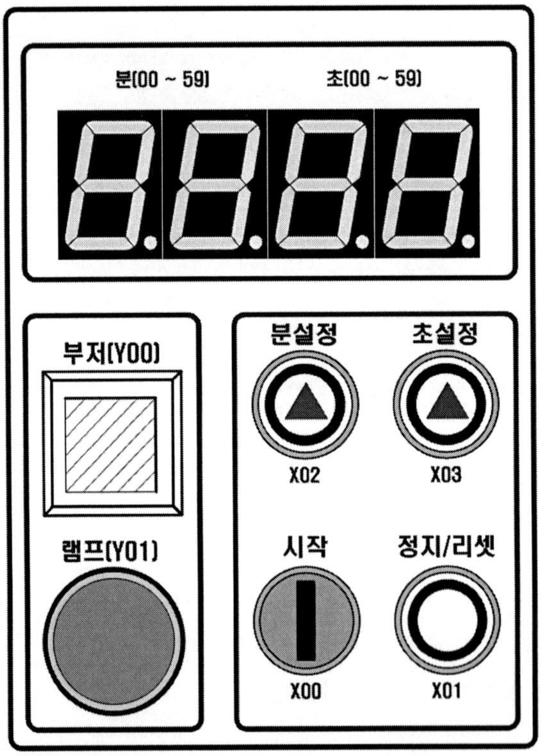

그림 4-44 알람시계 조작패널

【입출력번호 할당】

표 4-14 PLC 입출력 할당표

리모트 I/O 입력번호	기능	리모트 I/O 출력번호	기능
X1000	시작	Y1020	부저
X1001	정지/리셋	Y1021	램프
X1002	분 설정		
X1003	초 설정	Y103F~Y1030	시간표시FND

【동작조건】

① PLC의 전원이 ON되면 FND에는 "0000" 이 표시된다.

② 분 설정 버튼을 누를 때마다 1분(60초)씩 시간이 증가한다. 최대 59분 59초를 초과할 수 없다.

③ 초 설정 버튼을 누를 때마다 1초씩 시간이 증가한다. 59초에서 초 설정 버튼을 한번 더 누르면 1분 00초처럼 자동으로 자리 올림이 발생된다. 최대 59분 59초를 초과할 수 없다

④ 분 및 초 설정버튼을 1.5초 이상 길게 누르고 있으면 0.1초 단위로 자동으로 시간이 증가한다.

⑤ 시간 설정 중에 정지/리셋 버튼을 누르면 시간이 "0000" 으로 리셋된다.

⑥ 시간을 설정한 다음 시작 버튼을 누르면 설정된 시간에서 1초씩 감소되다가 남은 시간이 3초가 되면 부저와 램프가 0.5초 간격으로 ON/OFF를 계속 반복하다가 정지/리셋 버튼을 누르면 부저와 램프는 OFF된다.

⑦ 시계 동작 중 또는 램프 및 부저 동작 중에는 시간설정을 하지 못함.

⑧ 시계 동작 중에 정지/리셋 버튼을 누르면 즉시 동작을 중지하고 시간 설정은 "0000" 가 된다.

【PLC프로그램】

프로그램명 : CC-Link통신을 이용한 리모트 I/O제어
프로그래머 : 정 완 보
작 성 일 : 2012. 1.30

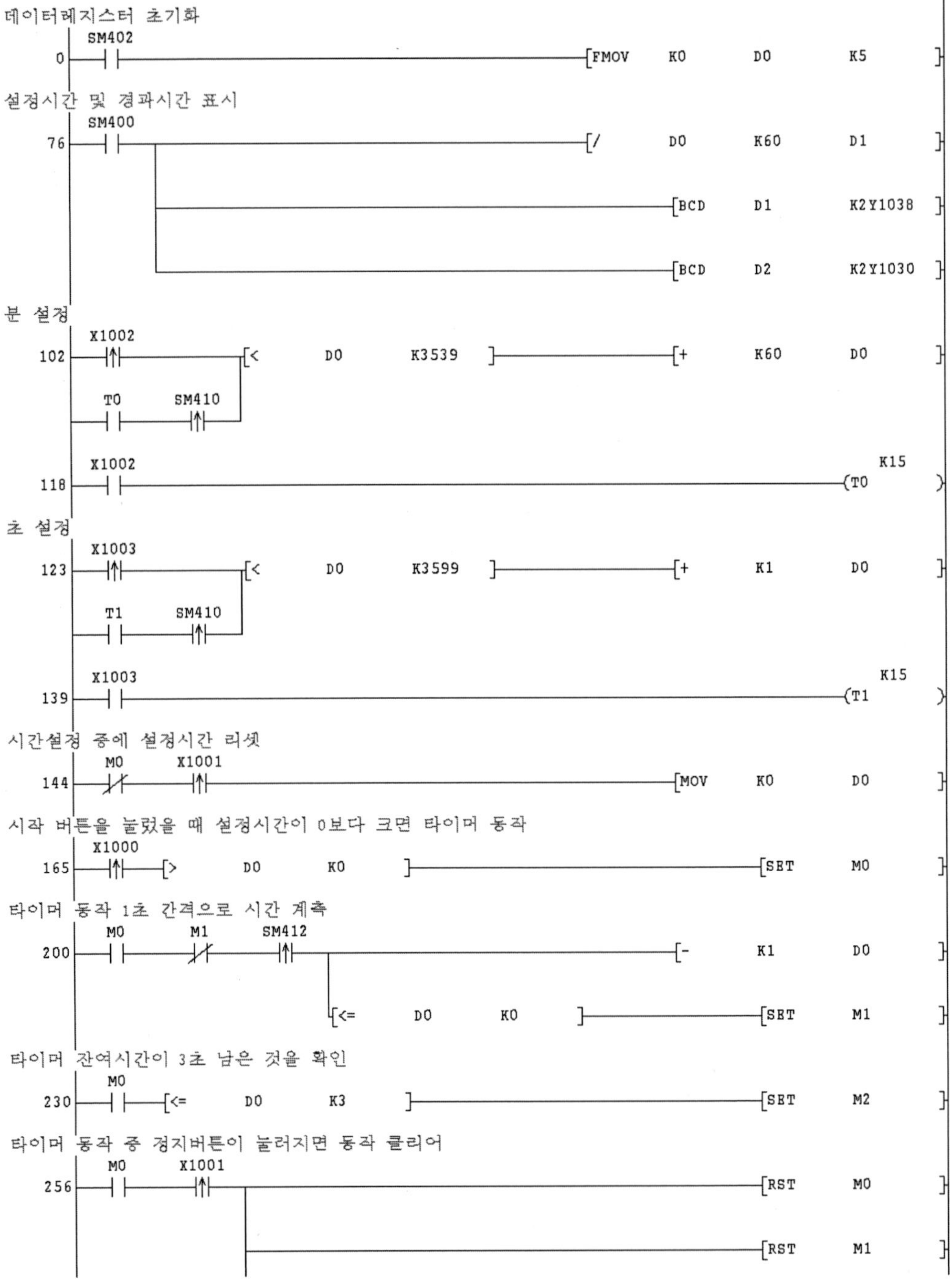

[프로그램 4-4] 설정시간 동안 램프 점등

C/H/A/P/T/E/R 05

CC-Link통신을 이용한 인버터 제어

CHAPTER 5

1 CC-Link통신을 위한 인버터 구성

이번 장에서는 CC-Link통신기능을 이용해 인버터를 제어하는 방법에 대해 학습한다. 본 교재의 실습용으로 사용할 인버터는 1장에서 다루었던 FREQROL-E700시리즈로 CC-Link통신모듈(FR-A7NC)이 옵션으로 탑재되어 있는 인버터이다. 1장에서는 다단속도 및 아날로그 전압을 이용한 인버터를 제어해보았다. 5장에서는 CC-Link통신을 이용해 인버터를 제어하는 방법에 대해 살펴보자.

1-1 CC-Link 통신 모듈

1-1-1 CC-Link통신을 위한 FR-A7NC의 장착

CC-Link통신모듈 FR-A7NC는 인버터 FREQROL-E700에 CC-Link통신을 위해서 옵션으로 장착하는 통신모듈이다.

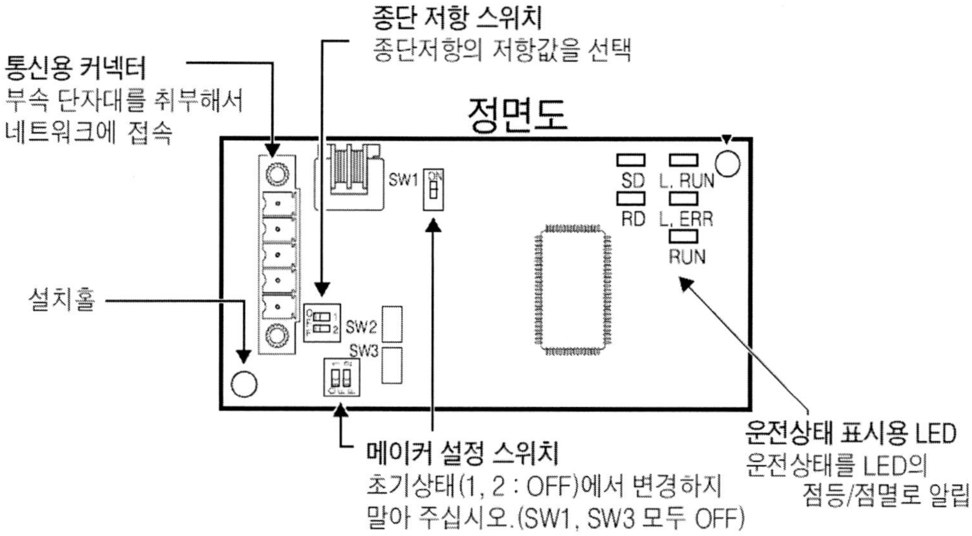

그림 5-1 FR-A7NC통신모듈

[그림 5-1]은 CC-Link통신모듈 FR-A7NC의 전면모습을 나타낸 것이다. FR-7NC통신모듈을 인버터 FREQROL-E700의 커버를 열고 해당 커넥터에 장착하고, CC-Link통신케이블을 연결하고 CC-Link통신을 위한 인버터의 파라미터 설정을 하면 CC-Link통신을 이용해 인버터를 제어할 수 있다.

1-1-2 FREQROL-E700 인버터의 CC-Link통신 사양

FREQROL-E700 인버터의 CC-Link통신 사양은 [표 5-1]과 같다.

표 5-1 FREQROL-E700 인버터의 CC-Link통신 사양

항목	사양
국 종별	리모트 디바이스국
점유국 수	1국
통신속도	156kbps ~ 10Mbps

1-1-3 CC-Link통신을 위한 인버터의 파라미터 설정

CC-Link통신을 이용해 인버터를 제어하기 위해서는 인버터의 파라미터를 CC-Link통신을 하기 위한 설정으로 변경해야 한다. 지금부터 CC-Link통신을 위한 인버터의 파라미터 설정에 대해 살펴본다.

1) CC-Link통신을 위한 인버터의 운전모드 설정

FREQROL-E700 인버터는 PU운전모드, EXT운전모드, NET운전모드를 가지고 있다. CC-Link통신을 위해서는 NET운전모드를 선택해야 한다. NET운전모드를 선택하기 위해서는 Pr.79와 Pr.340의 설정값을 변경해야 한다.

표 5-2 CC-Link통신을 위한 모드 설정용 인버터 파라미터

파라미터 번호	기능	설정값
Pr. 79	운전모드 선택	0
Pr. 340	통신시작 모드 선택	10

"Pr.79=0", "Pr.340=10"으로 설정하면 인버터는 NET운전모드가 선택되고 인버터의 조작 패널에 있는 "PU/EXT" 버튼을 이용해 PU운전모드와 NET운전모드를 선택할 수 있다.

2) CC-Link통신을 위한 인버터의 국번설정

CC-Link통신을 위해서는 인버터에 국번이 반드시 설정되어 있어야 한다. 본 실습에서는 1개의 마스터 모듈(QJ61BT11)에 1개의 FREQROL-E700을 연결하여 CC-Link통신실습을 하기 때문에 인버터의 국번은 "1"을 설정한다.

표 5-3 CC-Link통신을 위한 통신국번 설정 인버터 파라미터

파라미터 번호	기능	설정값
Pr. 542	통신국번(CC-Link)	1

3) CC-Link통신 속도 설정

CC-Link통신의 데이터 전송속도를 설정한다. 통신 속도는 [표 5-5]에 나타낸 것과 같이 5종류의 통신 속도를 선택할 수 있으며 PLC에 장착된 CC-Link통신 마스터 모듈(QJ61BT11)에도 동일한 통신 속도(통신속도 3 : 5Mpps)가 설정되어야 한다.

표 5-4 CC-Link통신을 위한 통신 속도 설정 인버터 파라미터

파라미터 번호	기능	설정값
Pr. 543	통신속도(Baudrate) 선택	3

표 5-5 통신속도 설정값

설정값	0	1	2	3	4
통신속도	156kbps	625kbps	2.5Mbps	5Mbps	10Mbps

통신속도에 따른 CC-Link통신 케이블 총 연장 길이와 국간 케이블의 길이는 [표 5-6]과 같다.

표 5-6 통신속도에 따른 케이블 길이

통신속도	국간 케이블 길이	최대 케이블 총 연장 길이
156kbps	20cm 이상	1200m
625kbps		900m
2.5Mbps		400m
5Mbps		160m
10Mbps		100m

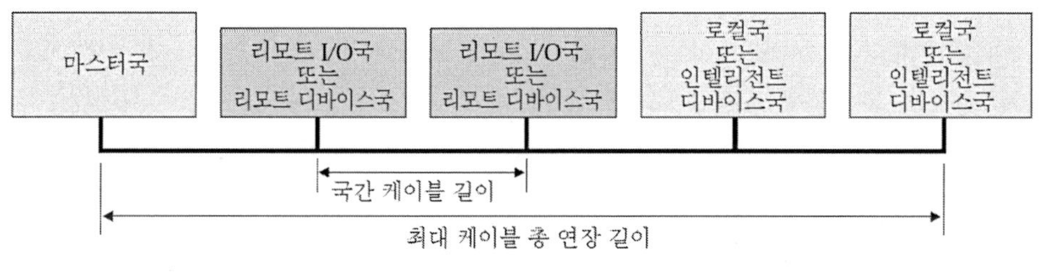

4) 인버터 운전 및 속도제어 지령권 설정

인버터를 운전하기 위해 기본적으로 필요한 제어 신호는 인버터에 연결된 모터의 정역 회전을 제어하는 운전 지령권과 모터의 회전속도를 제어하는 속도 지령권으로 구분된다. CC-Link통신에서는 두 가지의 지령권 모두를 제어할 수도 있고 각각 구분하여 지령할 수도 있다. 5장의 실습에서는 인버터의 운전 지령권 및 속도 지령권 모두를 CC-Link통신을 이용해 제어하기 위해 [표 5-7]처럼 파라미터를 설정한다.

표 5-7 CC-Link통신을 위한 인버터 운전 및 속도 지령권 설정 인버터 파라미터

파라미터 번호	기능	설정값
Pr. 338	통신 운전 지령권	0
Pr. 339	통신 속도 지령권	0

"Pr.338=0", "Pr.339=0"로 설정하면 인버터의 운전 지령권 및 속도 지령권은 CC-Link통신을 통해서 제어된다.

1-1-4 CC-Link통신 케이블 연결

PLC의 마스터 모듈과 인버터의 FR-A7NC통신모듈에 CC-Link통신 케이블을 연결한다. 단자대의 신호 배열은 [표 5-8]과 같다.

표 5-8 CC-Link통신 케이블 연결

<table>
<tr><th>단자대</th><th>통신케이블 단면도</th><th>단자번호</th><th>명칭</th><th>내용</th></tr>
<tr><td rowspan="5">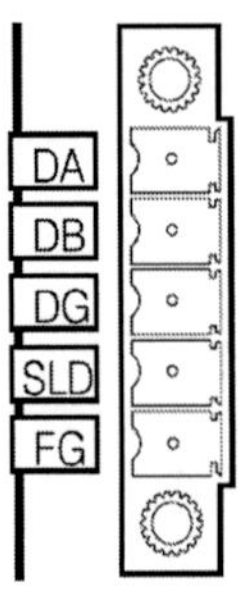</td><td rowspan="5">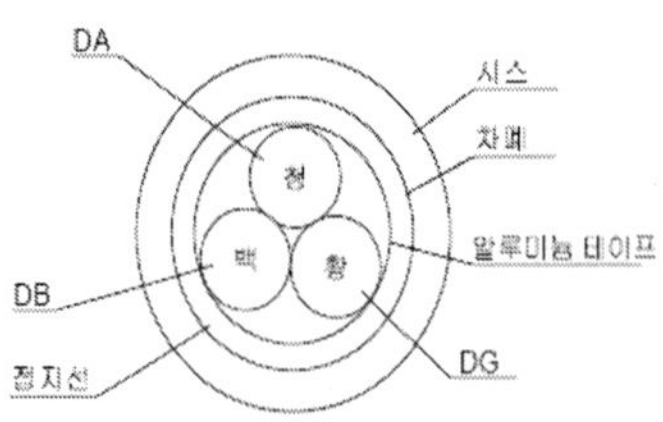</td><td>1</td><td>DA</td><td>통신데이터+</td></tr>
<tr><td>2</td><td>DB</td><td>통신데이터-</td></tr>
<tr><td>3</td><td>DG</td><td>시그널 그라운드</td></tr>
<tr><td>4</td><td>SLD</td><td>쉴드</td></tr>
<tr><td>5</td><td>FG</td><td>어스</td></tr>
</table>

1-1-5 CC-Link 통신 상태표시 LED

FR-A7NC에는 CC-Link통신 상태를 확인하기 위한 5개의 LED가 장착되어 있는데 각각의 기능은 [표 5-9]와 같다. CC-Link통신이 정상으로 이루어지면 L.ERR을 제외한 4개의 LED램프가 점등되어 있어야 한다. CC-Link통신으로 인버터를 제어하기 위한 인버터의 파라미터 설정, PLC의 네트워크 파라미터 설정, 통신케이블 연결 작업이 끝나고 PLC 및 인버터에 전원이 공급되어 통신이 정상적으로 이루어지지 않게 되면 PLC의 CC-Link마스터 모듈의 에러램프와 인버터의 FR-A7NC의 에러램프가 점멸 또는 점등되게 된다. 에러가 발생했을 경우에는 앞에서 설명한 내용을 다시한번 점검해서 이상이 없는지 확인해보기 바란다.

표 5-9 CC-Link 통신상태 LED

LED명칭	색	기능	내용
L.RUN	적색	통신 동작 중	점등 : 데이터 정상 수신 소등 : 타임오버
RD	적색	데이터 수신	점등 : 캐리어 검출 중 소등 : 캐리어 검출 없음
SD	적색	데이터 송신	점등 : 데이터 송신 중 소등 : 데이터 송신 없음
L.ERR	적색	통신에러	점등 : CRC, 설정값 에러 점멸 : 통신 중 설정값 변경

1-1-6 리모트 I/O 일람

실습에 사용하는 FREQROL-E700인버터는 CC-Link통신의 1국을 점유하는 리모트 디바이스 모듈이다. 따라서 인버터는 PLC의 리모트 I/O 32점을 이용하여 인버터를 제어하게 된다. [표 5-10]은 인버터를 제어하기 위한 리모트 I/O 32점에 대한 각각의 기능을 나타낸 것이다.

표 5-10 리모트 입출력 접점

리모트 출력 (PLC CPU → 인버터)		리모트 입력 (인버터 → PLC CPU)	
디바이스 NO.	신호명칭	디바이스 NO.	신호명칭
RY00	정회전 지령	RX00	정회전 중
RY01	역회전 지령	RX01	역회전 중
RY02	고속 운전 지령(단자 RH기능)*1	RX02	운전 중(단자 RUN기능)
RY03	중속 운전 지령(단자 RM기능)*1	RX03	주파수 도달(SU 신호)
RY04	저속 운전 지령(단자 RL기능)*1	RX04	과부하 경보 (OL 신호)
RY05	미사용	RX05	미사용
RY06	제2 기능선택(단자 RT기능)	RX06	주파수 검출(단자 FU기능)
RY07	전류입력 선택(단자 AU기능)	RX07	이상(단자 ABC기능)
RY08	미사용	RX08	미사용
RY09	인버터출력 차단(단자 MRS기능)*1	RX09	Pr. 313 할당기능(DO 0)
RY0A	미사용	RX0A	Pr. 314 할당기능(DO 1)
RY0B	리셋(단자 RES기능)*1	RX0B	Pr. 315 할당기능(DO 2)
RY0C	모니터 지령	RX0C	모니터 중
RY0D	주파수 설정 지령(RAM)	RX0D	주파수 설정 완료(RAM)
RY0E	주파수 설정지령(RAM, ROM)	RX0E	주파수 설정 완료(RAM, ROM)
RY0F	명령코드 실행요구	RX0F	명령코드 실행완료
RY10~RY17	예약	RX10~RX17	예약
RY18~RY19	미사용	RX18~RX19	미사용
RY1A	에러리셋 요구 플래그	RX1A	에러 상태 플래그
RY1B	예약	RX1B	리모트국 READY
RY1C~RY1F	예약	RX1C~RX1F	예약

*1 표시는 파라미터 P.180~P.184번의 설정변경을 통해서 기능의 변경 가능

1-1-7 리모트 레지스터

실습에 사용하는 FREQROL-E700인버터는 CC-Link통신이 가능한 "리모트 디바이스국"에 해당된다. 리모트 디바이스국은 리모트 I/O 32점과 함께 리모트 레지스터 8워드(읽기 : 4워드, 쓰기 : 4워드)를 사용하여 인버터의 제어 및 인버터의 운전 상태를 모니터링 한다. 리모트 레지스터는 각각의 기능이 사전에 설정되어 있고 [표 5-11, 12]는 인버터가 가지고 있는 리모트 레지스터의 기능에 대한 설명이다.

1) 설정용(쓰기) 리모트 레지스터

표 5-11 설정용 리모트 레지스터

리모트 레지스터	명칭	내용
RW_{w0}	모니터 코드	인버터의 상태를 모니터하기 위한 모니터 코드를 설정하는 레지스터이다. 상위, 하위 각각 8비트로 구분 사용한다.
RW_{w1}	설정 주파수	인버터의 운전주파수를 설정하기 위한 레지스터이다.
RW_{w2}	명령코드	인버터 파라미터의 읽기, 쓰기, 이상이력, 에러 리셋 등을 실행하기 위한 명령코드를 설정하는 레지스터이다.
RW_{w3}	쓰기 데이터	인버터의 파라미터의 설정 값을 변경할 때, 명령코드와 함께 사용하는 레지스터이다.

2) 모니터용(읽기) 리모트 레지스터

표 5-12 모니터용 리모트 레지스터

리모트 레지스터	명칭	내용
RW_{R0}	제1 모니터 데이터	RW_{w0}의 하위 8비트에 설정한 모니터 코드에 대응한 모니터 데이터가 저장되는 레지스터이다.
RW_{R1}	제2 모니터 데이터	RW_{w0}의 상위 8비트에 설정한 모니터 코드에 대응한 모니터 데이터가 저장되는 레지스터이다.
RW_{R2}	응답 코드	RW_{w2}에 설정한 명령코드의 실행여부의 데이터가 저장되는 레지스터이다. 정상실행 "00h", 비정상 실행 "01~03H"
RW_{R3}	읽기 데이터	RW_{w2}에 설정한 명령코드의 실행결과 데이터가 저장되는 데이터 레지스터이다.

CHAPTER 5

2 인버터 제어 시스템

2-1 인버터 제어 시스템 구성

CC-Link통신을 이용한 인버터 제어 실습에서는 앞에서 했던 I/O실습과 달리 PLC의 시스템 구성을 변경해서 실습한다. [그림 5-2]에 나타낸 것처럼 PLC의 베이스보드에 CC-Link마스터 모듈만 장착을 하고 CC-Link통신케이블을 이용해 인버터를 연결한다. 그리고 다양한 입출력 제어를 위해 터치스크린(GOT1000)을 사용한다. 터치스크린은 미쓰비시 제품이 아니어도 관계가 없지만 터치스크린의 연결 방법 등은 해당 제품의 매뉴얼을 참고하기 바란다. 실습에서의 터치스크린은 Q02H CPU의 RS-232에 연결해서 사용한다. 터치스크린 작화 및 사용법에 대해서는 여기에서는 별도로 언급하지 않기 때문에 터치스크린에 대해 설명되어진 다른 교재 또는 매뉴얼을 참고하기 바란다. 터치스크린이 준비되어 있지 못하다면 PLC베이스 보드에 입출력 모듈을 장착해서 실습과제의 입출력 번지에 일반 I/O번지를 할당해서 사용하면 된다.

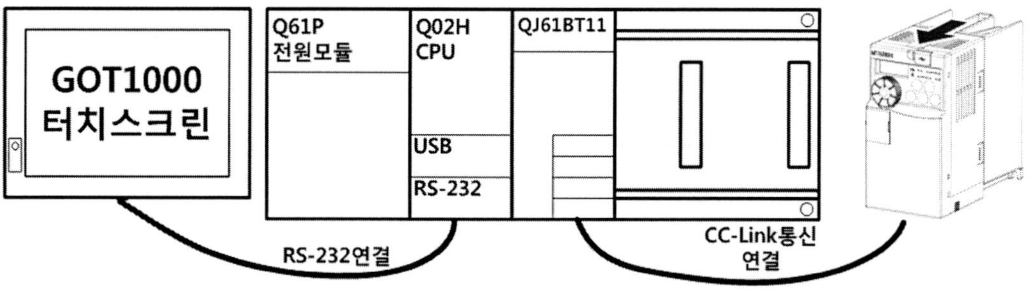

그림 5-2 CC-Link통신을 이용한 인버터제어를 위한 전체 시스템 구성

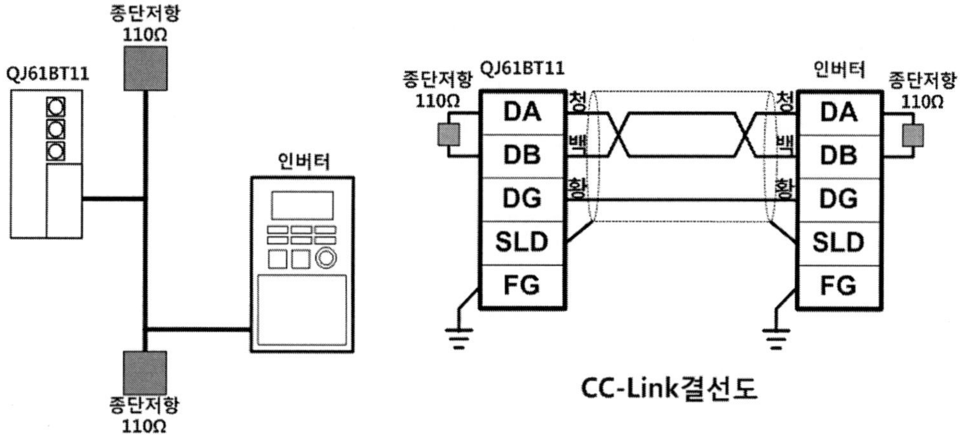

그림 5-3 CC-Link통신을 이용한 인버터제어 시스템 구성

2-1-1 CC-Link통신을 위한 메모리 할당

[그림 5-2]에서 알 수 있듯이 멜섹Q의 CC-Link모듈 QJ61BT11모듈에 1대의 인버터가 연결되어 있음을 알 수 있다. 인버터는 CC-Link통신에서 1국을 점유하는 리모트 디바이스국에 해당된다. 리모트 디바이스국은 1국 당 각각 32비트 크기의 리모트 입출력 메모리와 데이터를 읽고 쓰기 위한 각각 4개의 데이터 레지스터를 갖고 있다. [그림 5-2]의 CC-Link시스템 구성에 따른 PLC CPU와 리모트 디바이스국(인버터)의 메모리 할당을 [그림 5-4]에 나타내었다.

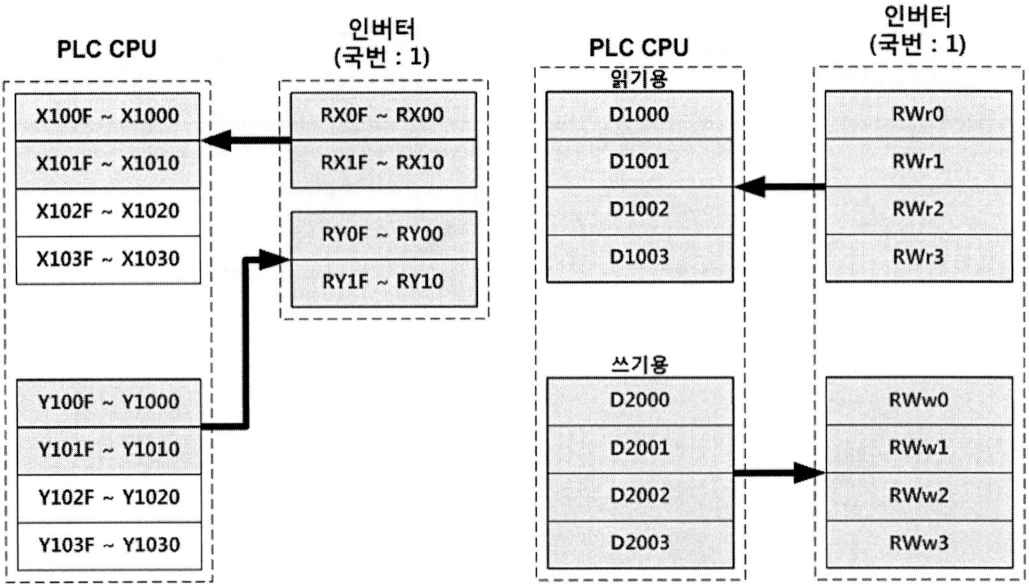

그림 5-4 CC-Link통신을 위한 인버터의 메모리 할당

2-1-2 PLC네트워크 파라미터 설정

[그림 5-2]와 [그림 5-4]에 나타낸 시스템 구성과 인버터 메모리 할당을 이용한 CC-Link통신위해 PLC네트워크 파라미터 설정에서 CC-Link통신을 위한 파라미터 설정은 [그림 5-5], [그림 5-6]과 같다.

CC-Link station information. Module 1

Station No.	Station type	Expanded cyclic setting	Exclusive station count	Remote station points	Reserve/invalid station select	Intelligent buffer select(word) Send	Receive	Automatic
1/1	Remote device station	single	Exclusive station 1	32 points	No setting			

그림 5-5 국 정보 설정

No. of boards in module 1 Boards Blank: no setting.

	1	2
Start I/O No	0000	
Operational setting	Operational settings	
Type	Master station	
Master station data link type	PLC parameter auto start	
Mode	Remote net(Ver.1 mode)	
All connect count	1	
Remote input(RX)	X1000	
Remote output(RY)	Y1000	
Remote register(RWr)	D1000	
Remote register(RWw)	D2000	
Ver.2 Remote input(RX)		
Ver.2 Remote output(RY)		
Ver.2 Remote register(RWr)		
Ver.2 Remote register(RWw)		
Special relay(SB)	SB0	
Special register(SW)	SW0	
Retry count	3	
Automatic reconnection station count	1	
Stand by master station No.		
PLC down select	Stop	
Scan mode setting	Asynchronous	
Delay infomation setting	0	
Station information setting	Station information	
Remote device station initial setting	Initial settings	
Interrupt setting	Interrupt settings	

그림 5-6 CC-Link통신 설정

5-1 실습과제 CC-Link통신을 이용한 다단속도 제어1

1장에서 실습과제를 통해 익혔던 인버터의 다단속도제어를 CC-Link통신을 이용해서 제어하는 방법에 대해 살펴보자. 과제의 특성상 1장의 실습과제와 중복되는 부분이 있지만 CC-Link통신으로 인버터를 제어하는 방법을 학습하기 위해 동일한 실습과제를 가지고 학습한다. PLC의 I/O제어와 CC-Link통신을 이용한 제어 방법이 어떻게 다른지 확인해보기 바란다.

CC-Link통신을 이용해 인버터를 제어하기 위해서는 인버터의 파라미터를 재설정해서 CC-Link통신으로 제어될 수 있도록 해야 한다. 앞에서 CC-Link통신을 위한 파라미터 설정 항목에 대해 자세히 설명했지만 [표 5-13]에 설정할 파라미터 항목과 설정값을 정리해서 표시하였다.

변경된 파라미터를 적용하기 위해서는 반드시 인버터의 전원을 OFF했다가 다시 ON해야 한다. 인버터의 파라미터 설정이 끝났으면 인버터의 전원을 OFF했다가 다시 ON한다. CC-Link통신을 위해 PLC 베이스 보드에 장착된 마스터 모듈의 통신국번은 "00"을 설정하고, 통신속도는 '3'을 설정한다.

표 5-13 CC-Link통신을 위한 인버터의 파라미터 설정 항목

파라미터 번호	기 능	설정값
Pr. 79	운전모드 선택	0
Pr. 338	통신 운전 지령권	0
Pr. 339	통신 속도 지령권	0
Pr. 340	통신 시작모드 선택	10
Pr. 542	통신국번 설정	1
Pr. 543	통신속도(Baudrate) 설정	3

[그림 5-7]에 일상생활에 사용하는 선풍기의 모습을 나타내었다. 선풍기는 그림에서와 같이 정지, 미풍, 약풍, 강풍의 4개의 버튼을 조작해 모터의 회전속도를 변경시켜 바람의 세기를 조절한다. 이러한 선풍기의 기능은 인버터의 다단속도 제어 기능을 이용하면 선풍기의 기능을 손쉽게 구현할 수 있다.

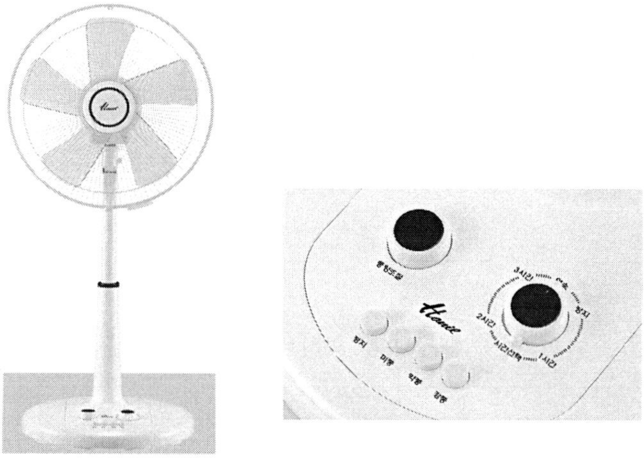

그림 5-7 선풍기 외형

인버터의 다단속도 제어 기능은 인버터에 연결된 유도전동기의 회전 속도를 사전에 인버터의 파라미터에 설정해 놓고 다기능 입력단자(RH, RM, RL)의 신호의 ON/OFF조작을 통해서 유도전동기의 회전속도를 정하는 동작을 의미한다.

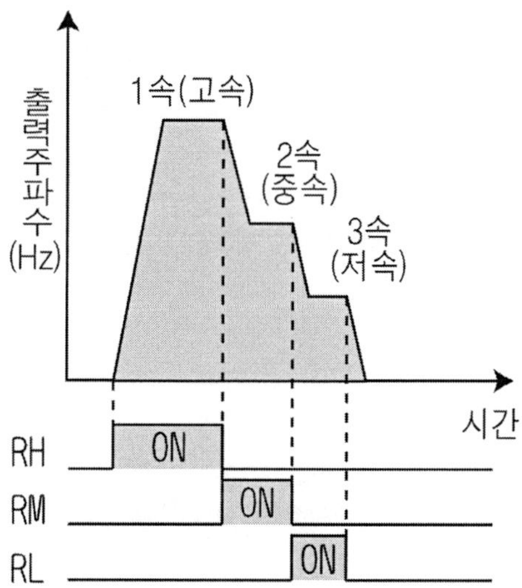

그림 5-8 다단속도제어

인버터의 다단속도 제어를 위한 설정해야 할 파라미터를 살펴보자.

표 5-14 CC-Link통신을 위한 인버터의 파라미터 설정 항목

파라미터 번호	기 능	설정값
Pr. 4	3속 설정(고속)	120.0Hz
Pr. 5	3속 설정(중속)	60.00Hz
Pr. 6	3속 설정(저속)	30.00Hz
Pr. 7	가속시간	1.0sec
Pr. 8	감속시간	1.0sec

[표 5-14]의 도표와 같이 인버터의 해당 파라미터를 주어진 설정값을 변경한다. 파라미터를 변경하기 위해서는 인버터의 모드가 반드시 "PU" 모드에 있어야 한다. 따라서 "PU/EXT" 버튼을 눌러서 PU모드로 변경해 파라미터의 설정값을 변경한 후 다시 "PU/EXT" 버튼을 눌러 NET모드로 변경한다.

다단속도 제어를 위한 인버터의 파라미터 설정이 끝났으면 주어진 조건을 만족하는 PLC프로그램을 작성해보자.

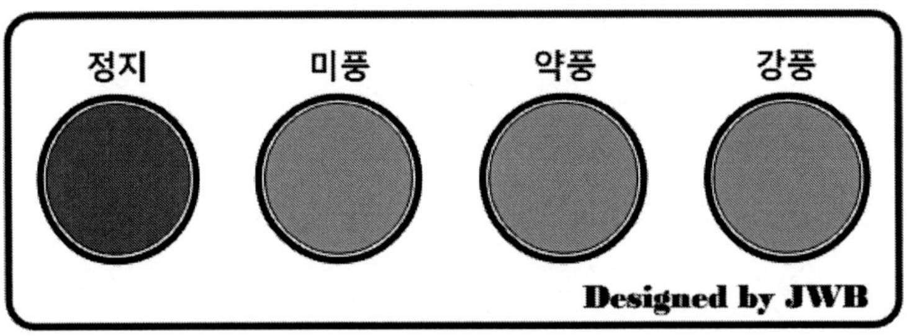

그림 5-9 다단속도 제어를 위한 조작패널

표 5-15 PLC 입출력 번지 할당표

입력번호	기능	출력번호	기능
M200	정지	Y1000	정회전 지령
M201	미풍	Y1002	고속운전지령(RH)
M202	약풍	Y1003	중속운전지령(RM)
M203	강풍	Y1004	저속운전지령(RL)
		M100	CC-Link 통신 중(램프)

【동작조건】

① PLC의 전원이 ON되면 인버터에 연결된 모터는 정지된 상태이고, CC-Link통신이 정상적으로 이루어지고 있으면 통신 중 램프(M100)가 1초 간격으로 점멸동작을 한다.

② CC-Link통신이 정상동작 중일 때, 미풍, 약풍, 강풍 버턴이 눌러지면 인버터에 연결된 모터는 사전에 설정된 주파수로 회전한다.

단수설정	미풍	약풍	강풍
설정 주파수	30.00Hz	60.00Hz	120.0Hz

③ 미풍, 약풍, 강풍 동작 중에 정지버튼을 누르면 인버터에 연결된 유도전동기는 즉시 정지한다.

【PLC프로그램】

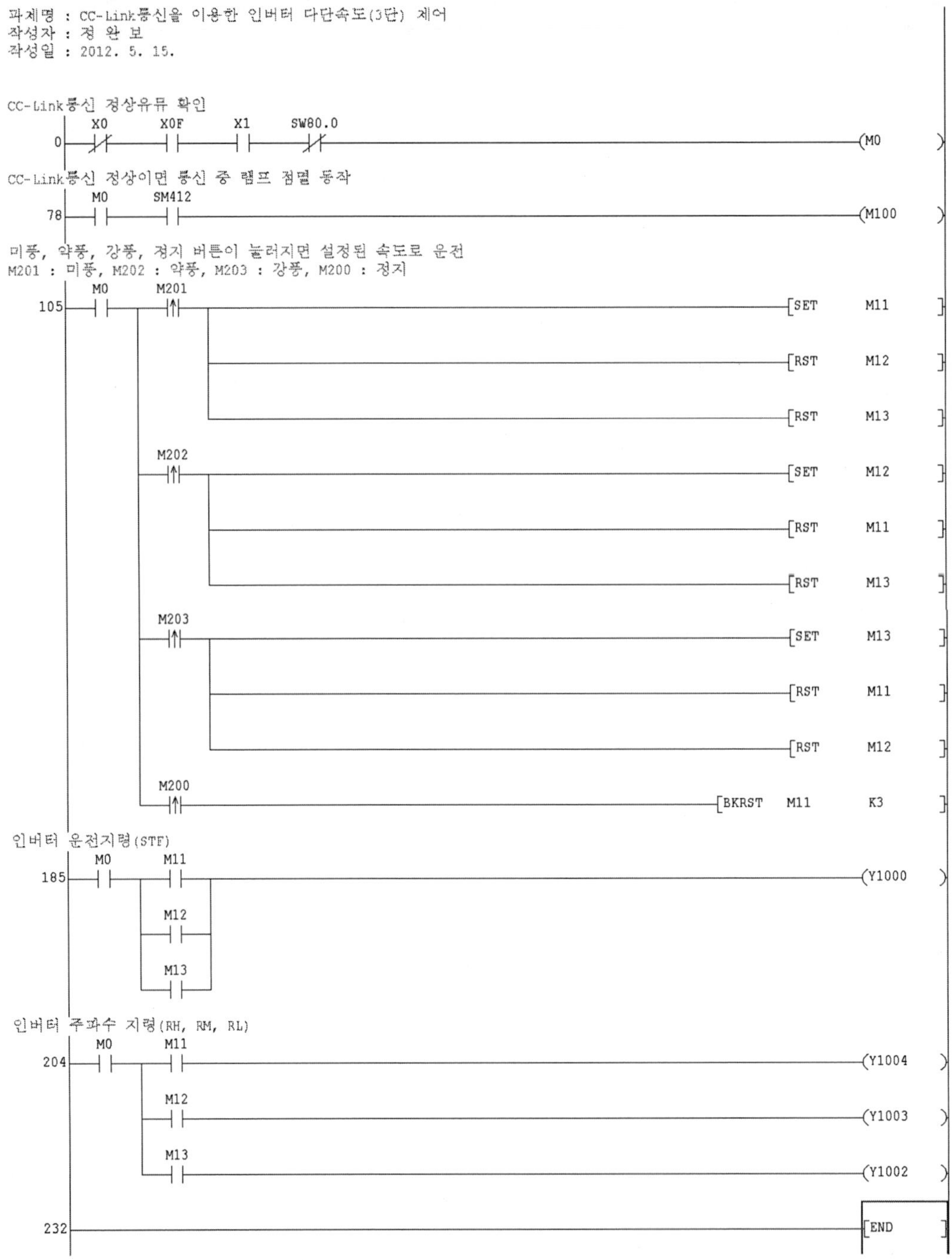

[프로그램 5-1] CC-Link통신을 이용한 인버터 다단속도 제어

[프로그램 5-1]을 자세히 살펴보자.

프로그램 라인 0번은 CC-Link마스터 모듈과 리모트 디바이스국(여기서는 인버터에 해당)간에 통신이 정상적으로 이루어지고 있는지 통신 상태를 확인하는 부분이다. CC-Link 통신이 정상상태이면 비트 M0=1상태가 되고 통신이 정상임을 표시하기 위해 SM412를 이용해 M100의 비트를 ON/OFF 동작을 하도록 한다.

프로그램 라인 105번은 사용자가 조작패널에 있는 단수 버튼을 누를 때마다 해당 단수로 인버터를 동작하도록 내부 동작비트를 제어하는 부분이다. 프로그램 라인 204번을 살펴보면 M11~M13비트가 Y1002(RH), Y1003(RM), Y1004(RL)에 연결되어 해당 출력비트를 ON/OFF하고 있음을 알 수 있다. CC-Link통신 파라미터 설정에 의해 할당된 인버터의 내부 입출력 비트 메모리의 번지를 ON/OFF함으로써 인버터의 동작을 제어할 수 있는 것이다.

프로그램 라인 185번은 인버터의 정회전 지령을 하기 위해 출력 Y1000번지를 제어하는 부분이다.

1장에서 인버터의 다기능 입력단자를 PLC의 출력모듈을 이용해서 제어하는 방법과 동일한 방법으로 제어되고 있음을 알 수 있다. 1장에서서는 인버터의 다기능 입력단자에 PLC의 출력을 연결해서 제어했지만 5장에서서는 CC-Link통신에 의해 설정된 입출력 번지를 제어한다는 것이 다를 뿐이다.

5-2 실습과제 CC-Link통신을 이용한 인버터 다단속도 제어2

[실습과제 5-1]에서 인버터의 다단속도제어 방법을 실습하였다. 이번 과제에서는 인버터의 다기능 단자(RH, RM, RL)을 이용해 1~7단까지의 속도를 제어하는 방법에 대해 실습한다.

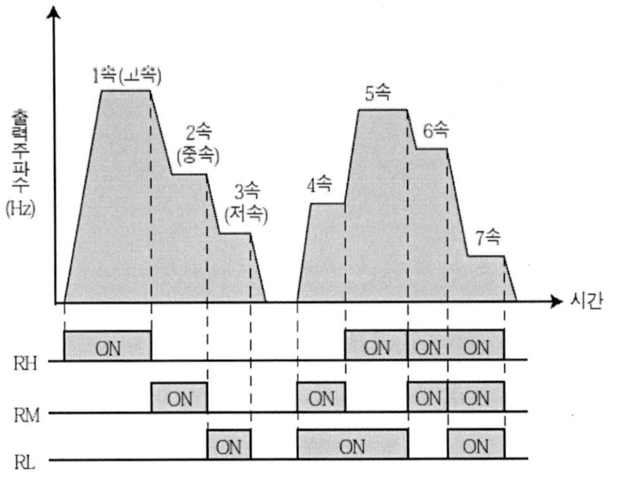

그림 5-10 다단속도 제어

[그림 5-10]은 1~7단까지의 다단속도 제어를 위한 다기능 입력 단자의 신호 상태에 따른 다단속도를 나타낸 것이다. [그림 5-10]의 내용을 [표 5-16]에 정리하였다. 인버터에 연결된 유도전동기의 속도를 1단에서 7단까지 제어하기 위해서는 다기능 입력단자의 신호를 설정단수에 맞추어 제어하면 된다.

표 5-16 1~7단 다단속 설정을 위한 입력 단자의 ON/OFF 상태

설정단수	RL	RM	RH	STF
1	0	0	1	1
2	0	1	0	1
3	1	0	0	1
4	1	1	0	1
5	1	0	1	1
6	0	1	1	1
7	1	1	1	1

다기능 입력신호의 ON/OFF제어에 의해 1~7단까지의 다단속도제어를 위해서는 1~7단의 제어속도를 인버터의 파라미터에 사전 설정해 두어야 한다. [표 5-17]에 다단속도 제어를 위한 속도값을 설정하기 위한 파라미터를 표시하였다.

표 5-17 다단속 설정을 위한 단수별 설정 속도

기능	파라미터 번호	명칭	설정범위	최소설정 단위	설정치
다단속 설정	4	다단속설정(1속)	0~400Hz	0.01Hz	10Hz
	5	다단속설정(2속)	0~400Hz	0.01Hz	30Hz
	6	다단속설정(3속)	0~400Hz	0.01Hz	50Hz
	24	다단속설정(4속)	0~400Hz	0.01Hz	70Hz
	25	다단속설정(5속)	0~400Hz	0.01Hz	90Hz
	26	다단속설정(6속)	0~400Hz	0.01Hz	110Hz
	27	다단속설정(7속)	0~400Hz	0.01Hz	120Hz

[표 5-17]과 같이 다단속도 제어를 위한 속도값을 설정한 후 주어진 조건을 만족하는 PLC프로그램을 작성해보자.

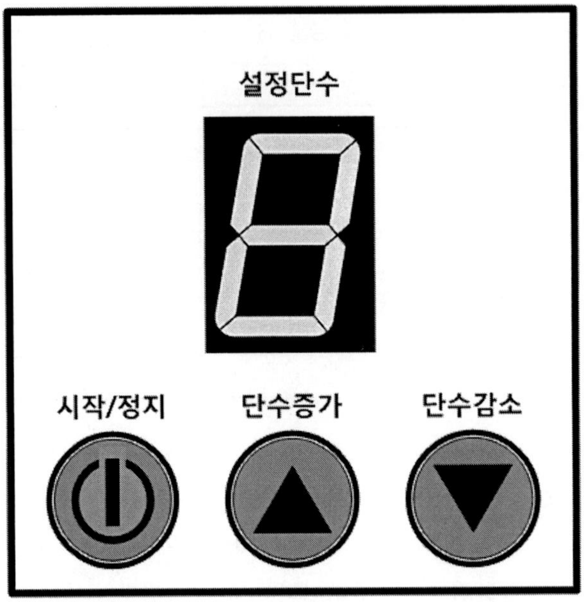

그림 5-11 다단속도 제어를 위한 조작패널

표 5-18 PLC 입출력 번지 할당표

입력번호	기능	출력번호	기능
M200	시작/정지	Y1000	정회전 지령
M201	단수증가	Y1002	고속운전지령(RH)
M202	단수감소	Y1003	중속운전지령(RM)
M203		Y1004	저속운전지령(RL)
		M100	CC-Link 통신 중(램프)
		D100	설정단수(0 ~ 7)

【동작조건】

① PLC의 전원이 ON되면 인버터에 연결된 모터는 정지된 상태이고, CC-Link통신이 정상적으로 이루어지고 있으면 통신 중 램프(M100)가 1초 간격으로 점멸동작을 한다. CC-Link통신에 문제가 발생하면 통신 중 램프는 소등한다.

② CC-Link통신이 정상동작 중이고 인버터가 정지 상태에서, 시작/정지 버튼을 누르면 설정단수 FND에는 "1"이 표시되고 유도전동기는 1단의 속도(10Hz)로 회전한다.

③ 인버터 동작 중에 단수 증가 버튼을 누를 때마다 단수가 1단씩 증가하고 이 때 단수 표시에 따른 유도전동기의 회전속도도 증가한다. 단수 증가는 최대 7까지 가능하다. "7" 상태에서는 단수 증가 버튼을 누르더라도 더 이상의 단수는 증가하지 않는다.

④ 인버터 동작 중에 단수 감소 버튼을 누를 때마다 단수가 1단씩 감소한다. 이 때 단수 표시에 따른 유도전동기의 회전속도 감소한다. 단수 감소는 최대 1까지 가능하다. "1" 상태에서는 단수 감소 버튼을 누르더라도 더 이상의 단수는 감소하지 않는다.

⑤ 인버터 동작 중에 시작/정지 버튼을 누르면 인버터는 즉시 정지하고 설정단수 표시창에는 "0"이 표시된다.

【PLC프로그램】

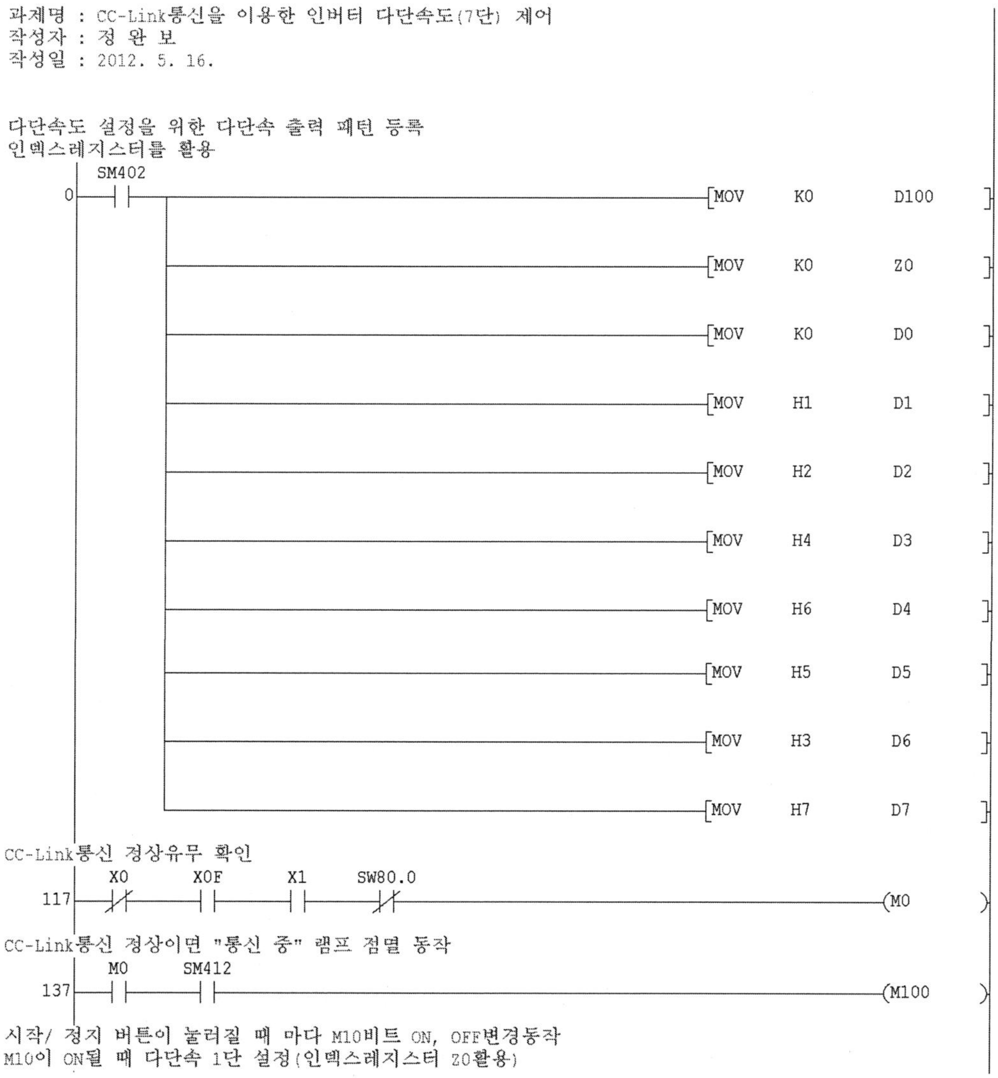

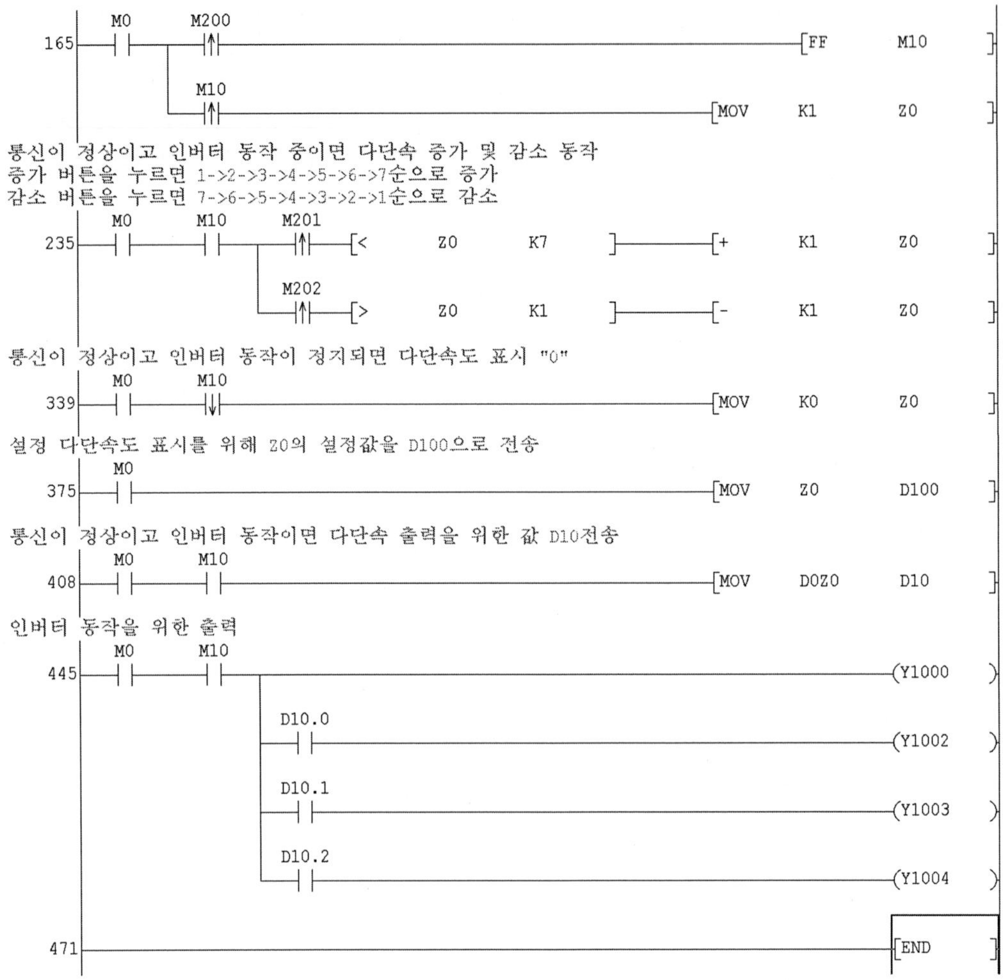

[프로그램 5-2] CC-Link통신을 이용한 인버터 다단속도 제어

[프로그램 5-2]에서는 인덱스 레지스터를 이용해 주어진 동작조건을 구현한다.

프로그램 라인 0번은 인버터의 다단속도 1~7단이 설정되었을 때 [표 5-16]에 표시된 출력을 보내기 위한 데이터를 사전에 해당 데이터 레지스터에 저장하는 부분이다.

프로그램 라인 117번은 CC-Link통신의 정상동작을 확인하는 부분이다.

프로그램 라인 165번은 시작/정지 버튼이 눌러질 때마다 M10의 비트 ON/OFF동작을 반복시켜 인버터 운전 시작, 인버터 운전 정지 부분을 구현한 것이다. 그리고 시작/정지 버튼이 눌러져서 인버터가 1단으로 동작하기 위해서 인덱스 레지스터 Z0의 값을 1로 설정한다.

프로그램 라인 235번은 인버터가 동작 중에 증가 및 감소버튼을 누르면 다단속도의 단수변경을 위해서 인덱스 레지스터의 설정값을 증가 또는 감소시키는 부분이다.

프로그램 라인 339번은 인버터의 동작이 정지될 때 인버터의 운전을 정지시키기 위해 인덱스 레지스터에 0을 설정하는 부분이다.

프로그램 라인 375번은 다단속도를 터치스크린에 표시하기 위해 다단속도 표시용 데이터 레지스터 D100에 Z0의 값을 복사하는 부분이다.

프로그램 라인 408번은 인덱스 레지스터에 설정된 값에 의해 사전에 다단속도 출력값이 저장된 데이터 레지스터의 값을 D10에 저장해서 프로그램 라인 445번에서 D10에 설정된 값을 비트로 구분해서 인버터의 다단속도 제어에 할당된 출력번지를 제어한다.

5-3 실습과제 CC-Link통신을 이용한 인버터 다단속도 제어3

[실습과제 5-2]의 실습을 통해 인버터의 1~7단까지의 다단속도제어를 살펴보았다. 이번 과제에서는 인버터의 다기능 단자 REX를 추가해 이용해 1~15단까지의 속도를 제어하는 방법에 대해 실습해보자.

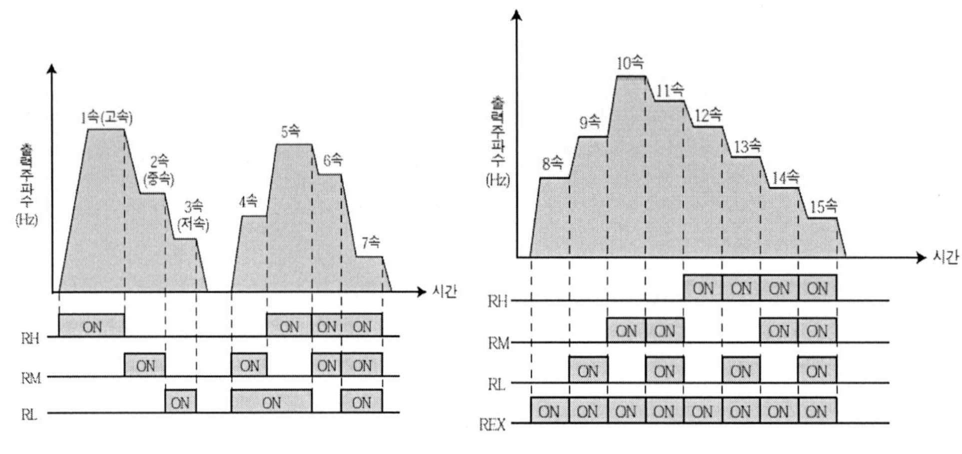

그림 5-12 1~15단 다단 속도 제어를 위한 입력 조건

표 5-19 1~15단 다단속 설정을 위한 입력 단자의 ON/OFF상태

설정단수	REX	RL	RM	RH	16진수 표현
1	0	0	0	1	H01
2	0	0	1	0	H02
3	0	1	0	0	H04
4	0	1	1	0	H06
5	0	1	0	1	H05
6	0	0	1	1	H03
7	0	1	1	1	H07
8	1	0	0	0	H08
9	1	1	0	0	H0C
10	1	0	1	0	H0A
11	1	1	1	0	H0E
12	1	0	0	1	H09
13	1	1	0	1	H0D
14	1	0	1	1	H0B
15	1	1	1	1	H0F

[그림 5-12]을 살펴보면 1~15단까지의 다단속도 제어를 위해서는 RH, RM, RL 다기능 입력단자 이외에 다기능 입력단자 REX를 추가로 사용해야 함을 알 수 있다. 앞에서 나타낸 [표 5-10]의 "리모트 입출력 접점"에서 RY09에 할당된 "인버터 출력차단(단자 MRS 기능)" 기능을 REX기능으로 변경해서 사용하도록 한다. RY09에 할당된 기능을 변경하기 위해서는 인버터의 파라미터 P.183번의 설정값을 변경하면 된다. 다른 다기능 입력단자 RH, RM, RL의 기능을 변경하려고 하면 인버터 파라미터 P.180~P.182의 설정값을 변경하면 사용자가 원하는 입력 기능을 사용할 수 있다.

표 5-20 다기능 입력단자 및 초기부여 기능

디바이스 번호	초기부여 기능	파라미터 번호	파라미터 설정값 및 기능
RY02	RH	Pr. 182	0 : RL　1 : RM　3 : RT　4 : AU　5 : JOG
RY03	RM	Pr. 181	7 : OH　8 : REX　10 : X10　12 : X12　14 : X14
RY04	RL	Pr. 180	15 : BRI　16 : X16　18 : X18　24 : MRS　25 : STOP
RY09	MRS	Pr. 183	62 : RES　65 : X65　66 : X66　67 : X67
RY0B	RES	Pr. 184	9999 : 기능없음

표 5-21 다기능 입력단자 설정값 및 기능 상세내역

신호명	내용	신호명	내용
RL	저속운전 지령	BRI	브레이크 개방 완료 신호
RM	중속운전 지령	X16	PU-외부 운전 절환
RH	고속운전 지령	X18	V/F절환
RT	제 2 기능 선택	MRS	출력 정지
AU	단자4 입력 선택	STOP	시동 자기유지 선택
JOG	JOG운전 선택	RES	인버터 리셋
OH	외부 서멀 입력	X65	PU-NET 운전 절환
REX	15속 선택(RH, RM, RL 조합)	X66	외부-NET 운전 절환
X10	인버터 운전허가 신호	X67	지령권 절환
X12	PU운전 외부 인터록	9999	기능없음
X14	PID제어 유효단자		

다기능 입력단자 RY09에 할당된 기능을 변경하기 위해서는 Pr.183의 설정값을 '8'로 설정하면 된다. 그리고 1~15단까지의 다단속도를 제어하기 위해 [표 5-23]에 나타낸 것처럼 다단속도를 설정한다.

표 5-22 1~15단 다단속도 제어를 위한 인버터 파라미터 Pr. 183 변경

파라미터 번호	초기 설정값	변경된 설정값	비고
Pr. 183	24(MRS기능 할당)	8(REX기능 할당)	1~15단 다단속도

표 5-23 다단속 설정을 위한 단수별 설정 속도

기능	파라미터 번호	명칭	설정범위	최소설정 단위	설정치
다단속설정	4	다단속설정(1속)	0~400Hz	0.01Hz	5Hz
	5	다단속설정(2속)	0~400Hz	0.01Hz	10Hz
	6	다단속설정(3속)	0~400Hz	0.01Hz	15Hz
	24	다단속설정(4속)	0~400Hz	0.01Hz	20Hz
	25	다단속설정(5속)	0~400Hz	0.01Hz	25Hz
	26	다단속설정(6속)	0~400Hz	0.01Hz	30Hz
	27	다단속설정(7속)	0~400Hz	0.01Hz	40Hz
	232	다단속설정(8속)	0~400Hz	0.01Hz	50Hz
	233	다단속설정(9속)	0~400Hz	0.01Hz	60Hz
	234	다단속설정(10속)	0~400Hz	0.01Hz	70Hz
	235	다단속설정(11속)	0~400Hz	0.01Hz	80Hz
	236	다단속설정(12속)	0~400Hz	0.01Hz	90Hz
	237	다단속설정(13속)	0~400Hz	0.01Hz	100Hz
	238	다단속설정(14속)	0~400Hz	0.01Hz	110Hz
	239	다단속설정(15속)	0~400Hz	0.01Hz	120Hz

인버터 파리미터 Pr.183번과 다단속도 설정을 위한 파라미터의 설정값 변경을 마쳤으면 주어진 조건을 만족하는 PLC프로그램을 작성해보자.

그림 5-13 1~15단의 다단속도 제어를 위한 조작패널

표 5-24 PLC 입출력 번지 할당표

입력번호	기능	출력번호	기능
M200	시작/정지	Y1000	정회전 지령
M201	단수증가	Y1002	고속운전지령(RH)
M202	단수감소	Y1003	중속운전지령(RM)
M203		Y1004	저속운전지령(RL)
		Y1009	15속 선택(REX)
		M100	CC-Link 통신 중(램프)
		D100	설정단수(0 ~ 7)

【동작조건】

① PLC의 전원이 ON되면 인버터에 연결된 모터는 정지된 상태이고, CC-Link통신이 정상적으로 이루어지고 있으면 통신 중 램프(M100)가 1초 간격으로 점멸동작을 한다. CC-Link통신에 문제가 발생하면 통신 중 램프는 소등한다.

② CC-Link통신이 정상동작 중이고 인버터가 정지 상태에서, 시작/정지 버튼을 누르면 설정단수 표시창에는 "1"이 표시되고 유도전동기는 1단의 속도(10Hz)로 회전한다.

③ 인버터 동작 중에 단수 증가 버튼을 누를 때마다 단수가 1단씩 증가하고 이 때 단수 표시에 따른 유도전동기의 회전속도도 증가한다. 단수 증가는 최대 15까지 가능하다. "15" 상태에서는 단수 증가 버튼을 누르더라도 더 이상의 단수는 증가하지 않는다.

④ 인버터 동작 중에 단수 감소 버튼을 누를 때마다 단수가 1단씩 감소한다. 이 때 단수 표시에 따른 유도전동기의 회전속도 감소한다. 단수 감소는 최대 1까지 가능하다. "1" 상태에서는 단수 감소 버튼을 누르더라도 더 이상의 단수는 감소하지 않는다.

⑤ 인버터 동작 중에 시작/정지 버튼을 누르면 인버터는 즉시 정지하고 설정단수 FND에는 "0" 이 표시된다.

【PLC프로그램】

```
과제명 : CC-Link통신을 이용한 인버터 다단속도(7단) 제어
작성자 : 정 완 보
작성일 : 2012. 5. 16.

다단속도(1~15단) 설정을 위한 다단속 출력 패턴 등록
인덱스레지스터를 활용
     SM402
0 ----| |----+----------------------[MOV   K0    D100 ]
             +----------------------[MOV   K0    Z0   ]
             +----------------------[MOV   K0    D0   ]
             +----------------------[MOV   H1    D1   ]
             +----------------------[MOV   H2    D2   ]
             +----------------------[MOV   H4    D3   ]
             +----------------------[MOV   H6    D4   ]
             +----------------------[MOV   H5    D5   ]
             +----------------------[MOV   H3    D6   ]
             +----------------------[MOV   H7    D7   ]
             +----------------------[MOV   H8    D8   ]
             +----------------------[MOV   H0C   D9   ]
```

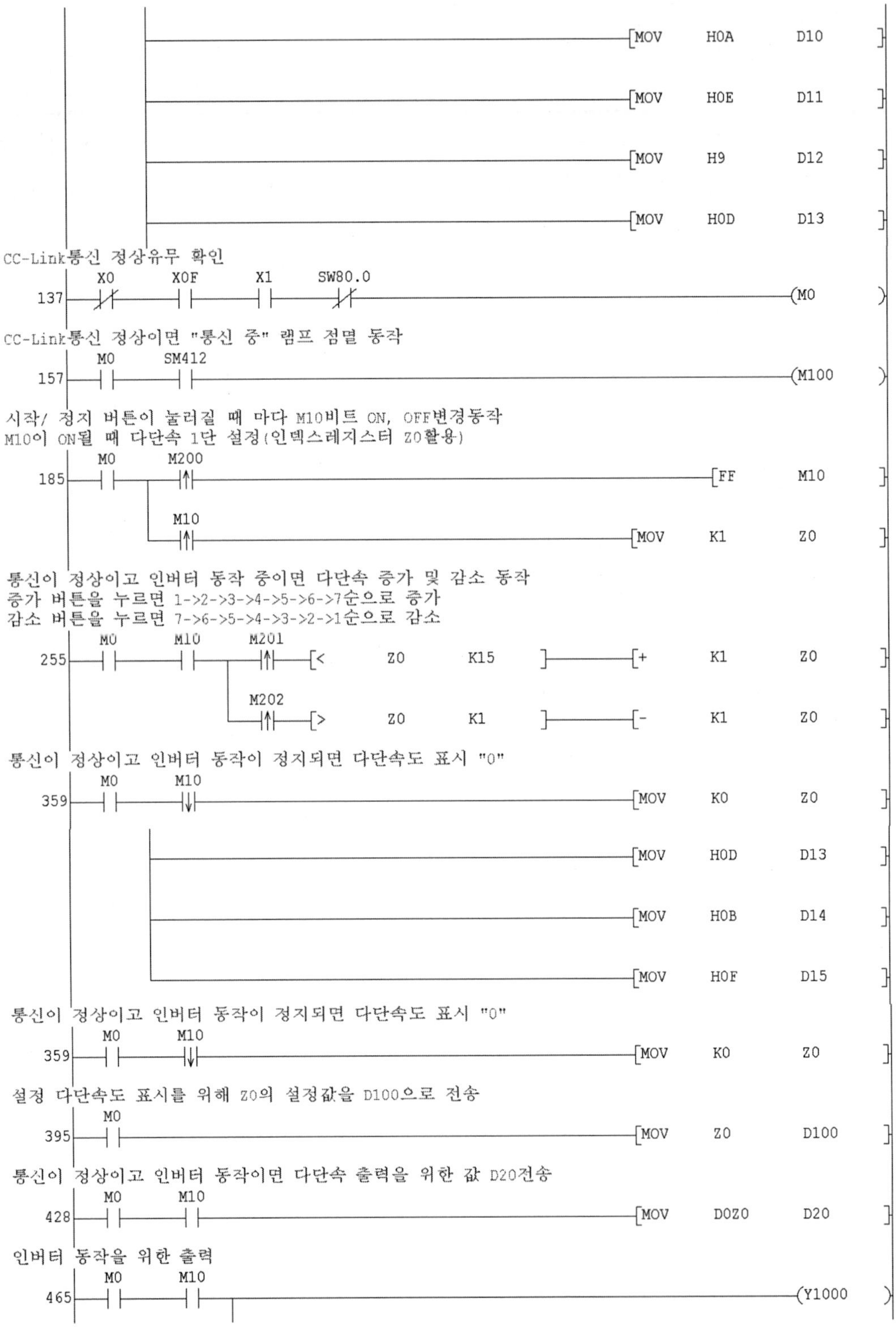
MOV H0A D10
MOV H0E D11
MOV H9 D12
MOV H0D D13
CC-Link통신 정상유무 확인
137 X0 X0F X1 SW80.0 M0
CC-Link통신 정상이면 "통신 중" 램프 점멸 동작
157 M0 SM412 M100
시작/ 정지 버튼이 눌러질 때 마다 M10비트 ON, OFF변경동작
M10이 ON될 때 다단속 1단 설정(인덱스레지스터 Z0활용)
185 M0 M200 FF M10
M10 MOV K1 Z0
통신이 정상이고 인버터 동작 중이면 다단속 증가 및 감소 동작
증가 버튼을 누르면 1->2->3->4->5->6->7순으로 증가
감소 버튼을 누르면 7->6->5->4->3->2->1순으로 감소
255 M0 M10 M201 < Z0 K15 + K1 Z0
M202 > Z0 K1 - K1 Z0
통신이 정상이고 인버터 동작이 정지되면 다단속도 표시 "0"
359 M0 M10 MOV K0 Z0
MOV H0D D13
MOV H0B D14
MOV H0F D15
통신이 정상이고 인버터 동작이 정지되면 다단속도 표시 "0"
359 M0 M10 MOV K0 Z0
설정 다단속도 표시를 위해 Z0의 설정값을 D100으로 전송
395 M0 MOV Z0 D100
통신이 정상이고 인버터 동작이면 다단속 출력을 위한 값 D20전송
428 M0 M10 MOV D0Z0 D20
인버터 동작을 위한 출력
465 M0 M10 Y1000

[프로그램 5-3] 1~15단 다단속도 제어

[프로그램 5-3]은 앞에서 학습한 [프로그램 5-2]와 동일한 프로그램이다. 단수 설정이 1~15단까지 있기 때문에 단수설정을 위한 부분만 더 추가된 것이다.

5-4 실습과제 CC-Link통신을 이용한 인버터 모니터링1

이번 과제에서는 인버터의 상태를 모니터링 하는 방법에 대해 살펴보자. [그림 5-14]에 인버터의 모니터링 순서를 나타내었다.

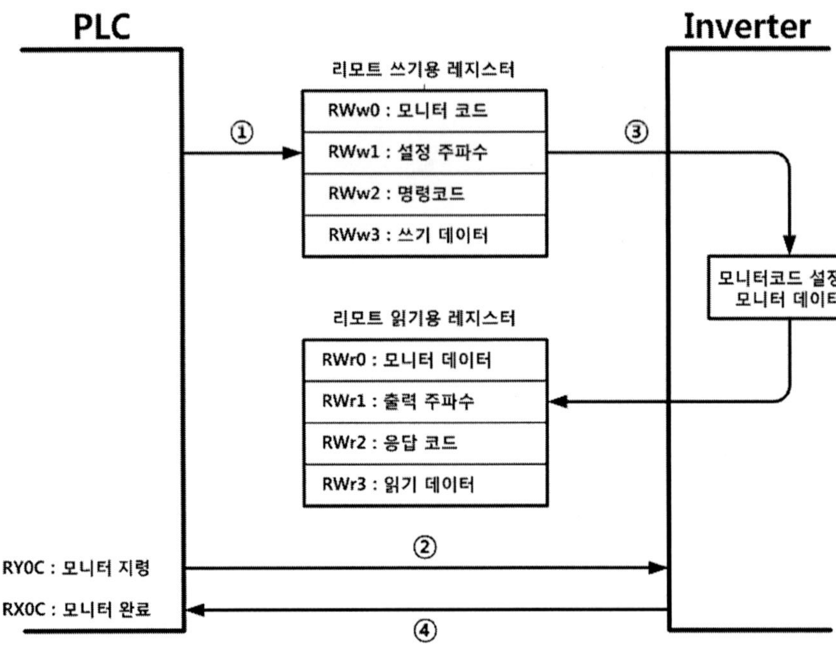

그림 5-14 인버터 모니터링 동작 순서

[그림 5-14]에서와 같이 인버터의 상태를 모니터링 하고자 하는 모니터링 코드값을 리모트 레지스터 RWW0에 설정한 후, 모니터 지령 출력신호 RY0C를 ON하면 인버터는 RWW0에 설정된 모니터링 코드값에 해당되는 모니터 값을 리모트 레지스터 RWR0, RWR1에 저장한 후 모니터 완료 입력신호 RX0C를 ON한다. 모니터 완료 입력신호 RX0C

가 ON되면 해당 리모트 레지스터에 저장된 값을 확인하면 사용자가 원하는 인버터의 모니터링 값이 저장되어 있음을 알 수 있다.

표 5-25 인버터 모니터를 위한 리모트 레지스터

리모트 레지스터	명 칭	내 용
RWW0	모니터 코드	상위 8비트(제2 모니터값 설정코드), 하위8비트(제1 모니터값 설정코드)로 모니터하고자 하는 코드값 설정
RWR0	제1 모니터값	RWW0의 하위8비트 설정된 코드에 의한 모니터링 값 보관
RWR1	제2 모니터값	RWW0의 상위8비트 설정된 코드에 의한 모니터링 값 보관

[표 5-26]은 FREQROL-E700인버터의 모니터 코드 중에서 많이 사용하는 코드를 나타낸 것이다. 모니터하고자 하는 내용에 해당되는 코드를 RWW0에 설정하면 된다.

표 5-26 인버터 모니터를 위한 모니터 코드

모니터 코드 번호	모니터 내용	단위
H01	출력주파수	0.01Hz
H02	출력전류	0.01A
H03	출력전압	0.01V
H05	설정주파수	0.01Hz
H08	컨버터 출력 전압	0.1V
H0A	전자 서멀 부하율	0.1%
H0B	출력전류 피크치	0.01A
H0C	컨버터 출력 전압 피크치	0.1V
H0D	입력 전력	0.01kW
H0E	출력 전력	0.01kW
H14	적산 통전 시간	1h
H17	실가동 시간	1h
H18	모터 부하율	0.1%
H19	적산 전력	1kWh

인버터를 모니터링 하기 위해서는 PLC의 CC-Link통신 파라미터에서 설정한 리모트 레지스터의 번지를 파악하고 있어야 한다. [표 5-27]은 인버터에 할당된 리모트 레지스터의 PLC 데이터 레지스터의 번지를 나타낸 것이다.

표 5-27 리모트 레지스터의 PLC 데이터 레지스터 번지 할당 현황

쓰기용 리모트 레지스터	PLC에 할당된 데이터 레지스터	쓰기용 리모트 레지스터	PLC에 할당된 데이터 레지스터
RWW0	D2000	RWR0	D1000
RWW1	D2001	RWR1	D1001
RWW2	D2002	RWR2	D1002
RWW3	D2003	RWR3	D1003

인버터의 PU유닛의 표시창을 통해서도 인버터의 상태를 모니터링 할 수 있는데 PU유닛의 표시창을 통해서 인버터의 상태를 모니터링 할 수 있는 값은 출력 주파수, 출력 전류, 출력 전압, 3종류이다. 하지만 CC-Link통신을 이용하게 되면 [표 5-26]에 나타낸 것처럼 인버터의 상태를 상세하게 모니터링 할 수 있다.

먼저 인버터의 출력주파수를 모니터링 해보자. 인버터의 출력주파수는 제일 중요한 모니터링 값이기 때문에 별도의 모니터링을 위한 조작 없이 리모트 레지스터를 확인하면 실시간으로 인버터의 출력주파수를 모니터링 할 수 있다. [표 5-27]에 나타낸 리모트 레지스터 RWR1에 해당되는 D1001의 데이터 레지스터에 인버터의 출력 주파수 값이 실시간으로 저장되기 때문에 사용자는 D1001에 저장된 값을 확인함으로써 인버터의 출력주파수가 얼마인지 손쉽게 확인이 가능하다.

[실습과제 5-1]에서 다루었던 다단속도 제어를 이용해서 인버터의 출력 주파수를 모니터링 해보자. 주어진 조건을 만족하는 PLC프로그램을 작성해보자.

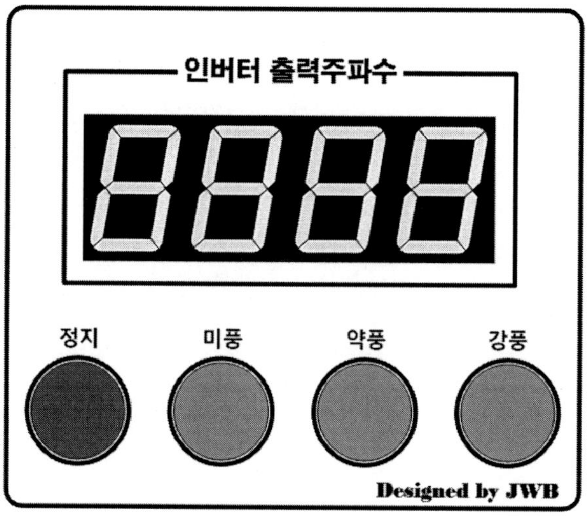

그림 5-15 다단속도 제어

표 5-28 PLC 입출력 번지 할당표

입력번호	기능	출력번호	기능
M200	정지	Y1000	정회전 지령
M201	미풍	Y1002	고속운전지령(RH)
M202	약풍	Y1003	중속운전지령(RM)
M203	강풍	Y1004	저속운전지령(RL)
		M100	CC-Link 통신 중(램프)
		D101	인버터 출력주파수

【동작조건】

① PLC의 전원이 ON되면 인버터에 연결된 모터는 정지된 상태이고, CC-Link통신이 정상적으로 이루어지고 있으면 통신 중 램프(M100)가 1초 간격으로 점멸동작을 한다.

② CC-Link통신이 정상동작 중일 때, 미풍, 약풍, 강풍 버턴이 눌러지면 인버터에 연결된 모터는 사전에 설정된 주파수로 회전한다.

단수설정	미풍	약풍	강풍
설정 주파수	30.00Hz	60.00Hz	120.0Hz

③ 미풍, 약풍, 강풍 동작 중에 정지버튼을 누르면 인버터에 연결된 유도전동기는 즉시 정지한다.

④ 인버터의 동작 중에 유도전동기에 출력하는 주파수를 실시간으로 모니터링해서 터치 화면에 표시한다.

【PLC프로그램】

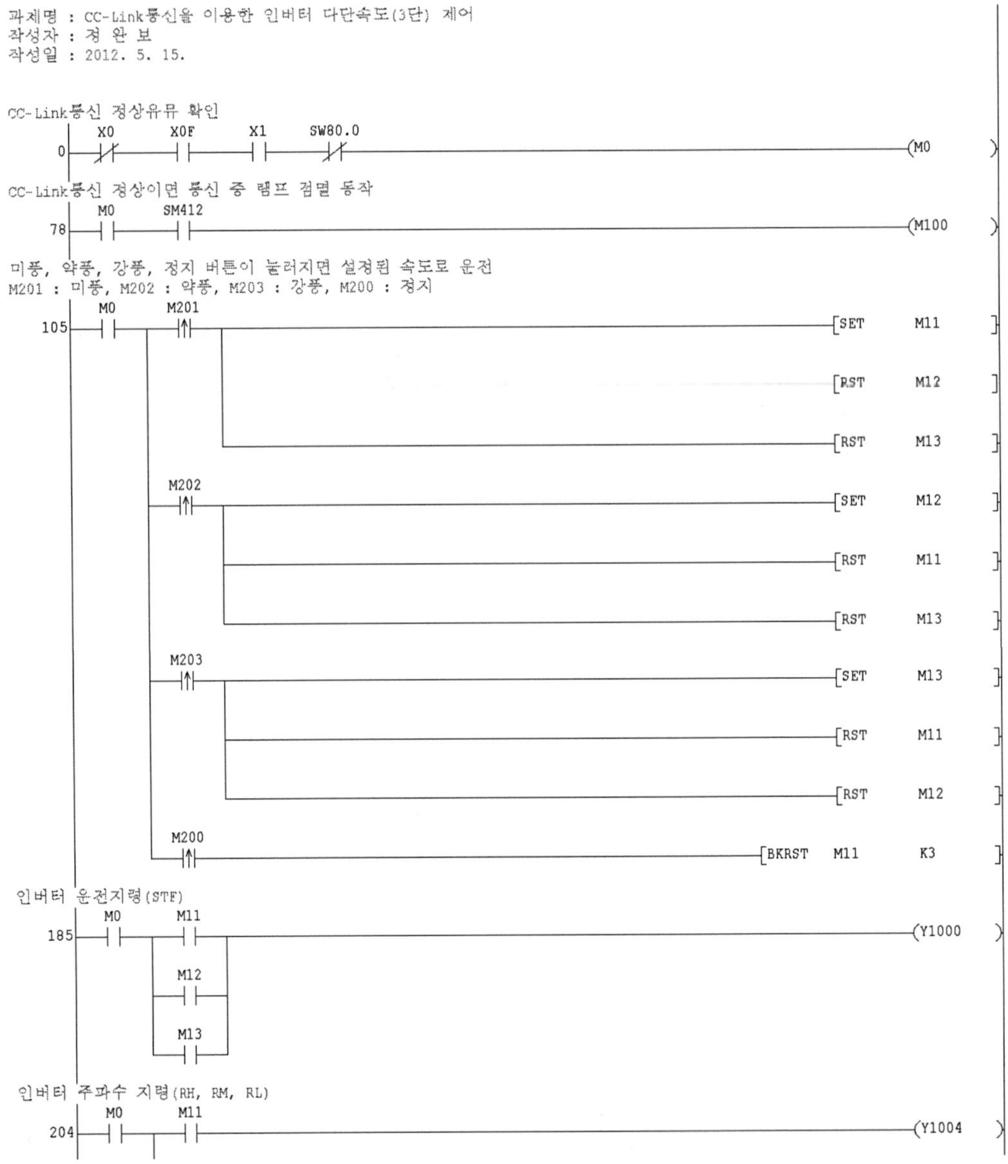

[프로그램 5-4] 다단속도 제어

[프로그램 5-4]는 [프로그램 5-1]의 내용과 동일한 프로그램이다. 프로그램 라인 232번의 END부분에 [프로그램 5-5]를 추가해보자.

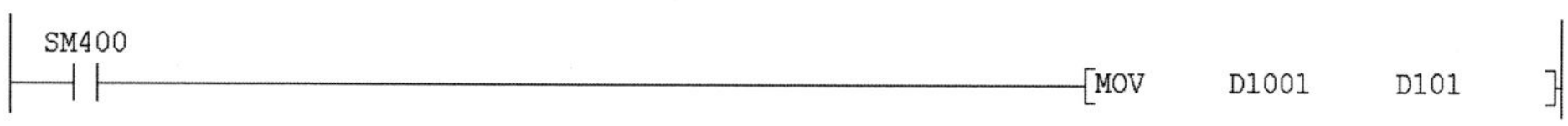

[프로그램 5-5] 인버터 출력주파수 모니터링

[프로그램 5-5]을 살펴보면 아주 간단하다. 앞에서도 설명했지만 인버터의 출력 주파수는 중요한 모니터링 값이기 때문에 항상 리모트 레지스터 D1001에 실시간으로 인버터의 출력주파수의 값이 저장되어 있다. 따라서 인버터의 출력주파수의 모니터링이 필요하면 별다른 동작 없이 D1001에 저장된 값을 읽어오면 되는 것이다.

5-5 실습과제 CC-Link통신을 이용한 인버터 모니터링2

이번 과제에서는 인버터의 출력전압을 모니터링하는 방법에 대해 살펴보자. [실습과제 5-4]에서 인버터의 출력주파수는 손쉽게 모니터링 할 수 있었다. 하지만 나머지 모니터링 값은 [그림 5-14]에 나타낸 것과 같은 절차를 거쳐야 한다. [실습과제 5-1]의 동작조건을 가지고 인버터의 출력주파수와 출력 전압을 모니터링 하는 방법에 대해 살펴보자.

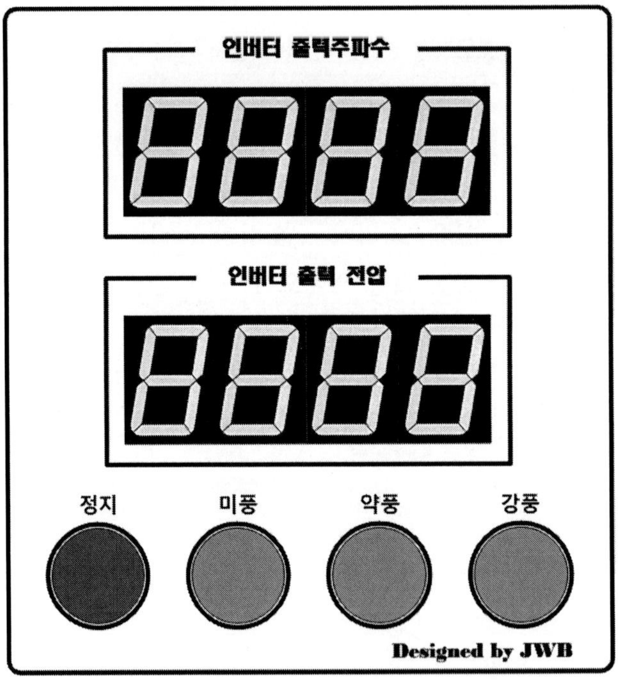

그림 5-16

인버터의 출력주파수를 모니터링 하는 방법을 [실습과제 5-4]을 통해서 살펴보았지만 별도의 특별한 동작조건 없이 지정된 리모트 레지스터의 내용을 확인하면 되었다. 하지만 인버터의 출력 전압을 모니터링 하기 위해서는 [표 5-27]에 나타낸 것처럼 사전에 지정된 모니터링 코드를 지정된 리모트 레지스터에 등록한 후 모니터링 요구를 위한 인버터의 리모트 I/O를 ON/OFF하는 동작을 거쳐야 한다. 사용할 리모트 레지스터 RWW0(여기서는 D2000번지에 해당)에 인버터 출력전압 모니터링 코드 "H03"을 설정한 후 모니터링 지령 RY0C(여기서는 Y100C에 해당)를 ON하면 된다.

이제부터 인버터를 모니터링하기 위해서 주어진 동작조건을 만족하는 PLC프로그램을 작성해보자.

표 5-29 PLC 입출력 번지 할당표

입력번호	기능	출력번호	기능
M200	정지	Y1000	정회전 지령
M201	미풍	Y1002	고속운전지령(RH)
M202	약풍	Y1003	중속운전지령(RM)
M203	강풍	Y1004	저속운전지령(RL)
		M100	CC-Link 통신 중(램프)
		D100	인버터 출력주파수
		D101	인버터 출력 전압

【동작조건】

① PLC의 전원이 ON되면 인버터에 연결된 모터는 정지된 상태이고, CC-Link통신이 정상적으로 이루어지고 있으면 통신 중 램프(M100)가 1초 간격으로 점멸동작을 한다.

② CC-Link통신이 정상동작 중일 때, 미풍, 약풍, 강풍 버턴이 눌러지면 인버터에 연결된 모터는 사전에 설정된 주파수로 회전한다.

단수설정	미풍	약풍	강풍
설정 주파수	30.00Hz	60.00Hz	120.0Hz

③ 미풍, 약풍, 강풍 동작 중에 정지버튼을 누르면 인버터에 연결된 유도전동기는 즉시 정지한다.

④ 인버터의 동작 중에 유도전동기에 출력하는 주파수와 전압을 실시간으로 모니터링해서 터치화면에 표시한다.

【PLC프로그램】

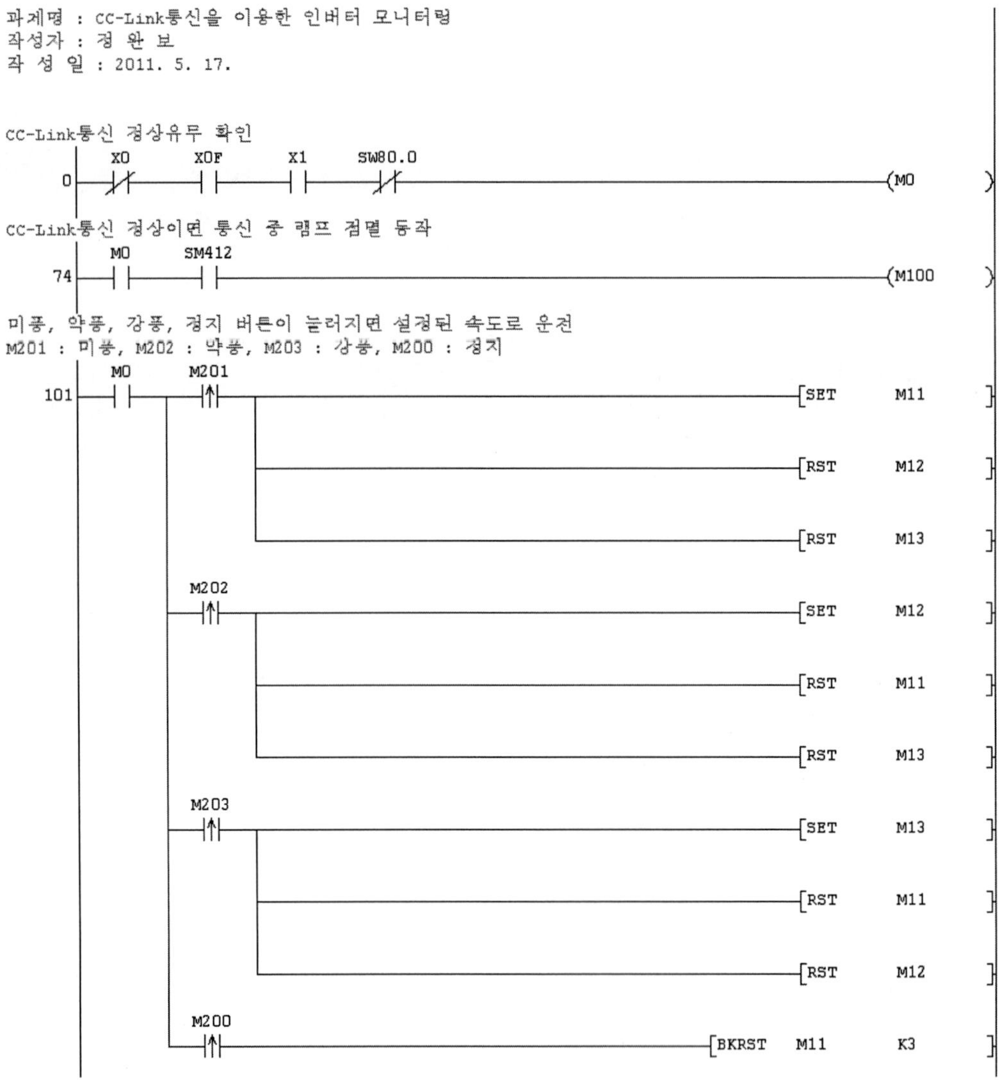

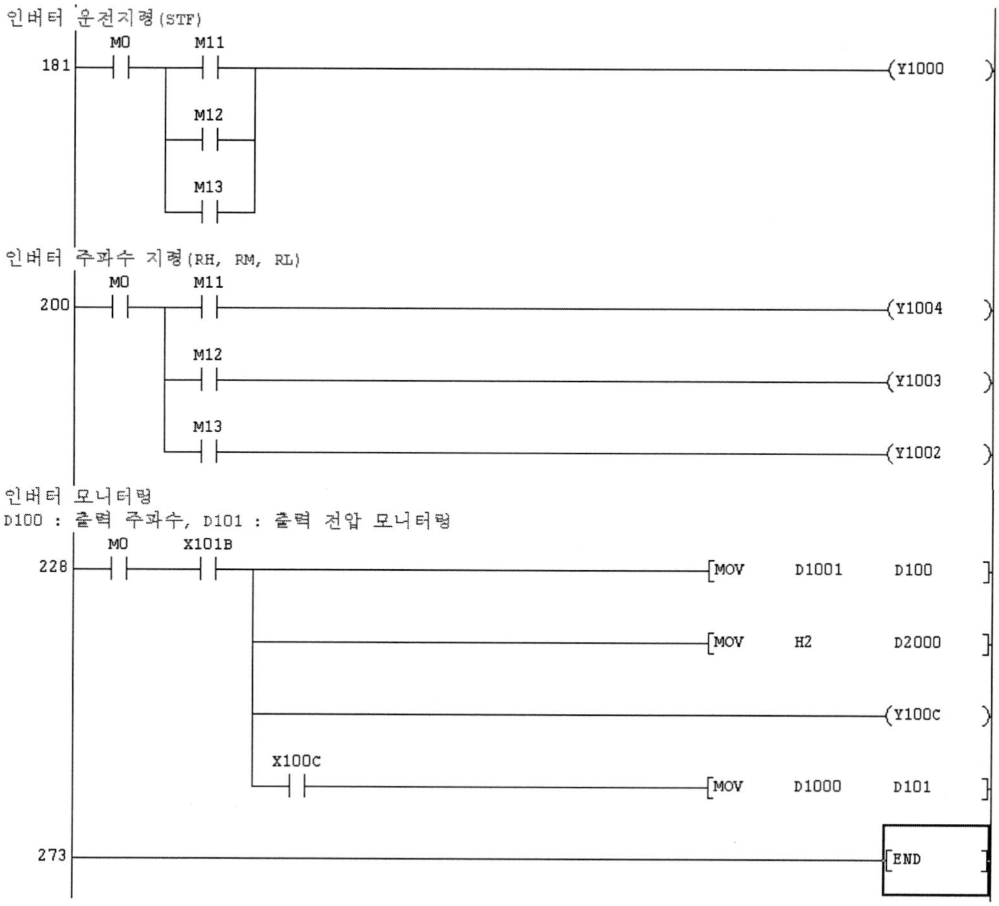

[프로그램 5-6] 인버터 출력전압 모니터링

[프로그램 5-6]에서 인버터의 출력전압을 모니터링 하는 부분은 프로그램 라인 228번부터이다. 이 부분을 살펴보면 CC-Link통신이 정상상태(M0=1)이고, 인버터가 정상동작 중(X101B=1)일 때 인버터의 출력주파수와 출력전압을 모니터링 한다.

먼저 인버터의 출력주파수를 모니터링([MOV D1001 D100])한다.

두 번째 인버터의 출력전압을 모니터링 하기 위해서 모니터링 코드 "H2"을 D2000번지에 설정한 후, 모니터 지령 신호 Y100C를 ON한다. 모니터링이 정상적으로 완료되면 인버터에서 PLC로 모니터 중 신호 X100C를 ON한다. 이 때, D1000에 저장되어진 값을 읽으면 인버터의 출력전압을 모니터링 할 수 있다. 하나의 값을 모니터링 할 때에는 [프로그램 5-6]과 같은 방법을 사용할 수 있지만 여러 개의 항목을 모니터링 하기 위해서는 [프로그램 5-6]의 방법을 변경해서 프로그램을 작성해야 한다. 다음 실습과제에서 여러 개의 값을 모니터링 하는 방법에 대해 살펴보자.

5-6 실습과제 CC-Link통신을 이용한 인버터 모니터링3

이번 과제에서는 인버터의 동작 상태를 다양하게 모니터링 하는 방법에 대해 살펴보자. [실습과제 5-5]에서는 인버터의 출력주파수와 출력전압에 대해서 모니터링 하는 방법을 살펴보았지만 실제로는 출력전압 1개 항목에 대해서만 모니터링을 한 것이다. 1개 항목에 대해서 모니터링 하는 경우에는 [실습과제 5-5]에서의 프로그램과 같은 방법을 사용하면 있지만 여러 개의 항목을 모니터링하는 경우에는 앞에서 사용했던 방법을 사용할 수 없다. 이번 과제에서는 여러 개의 항목을 모니터링 하는 방법에 대해 살펴보자.

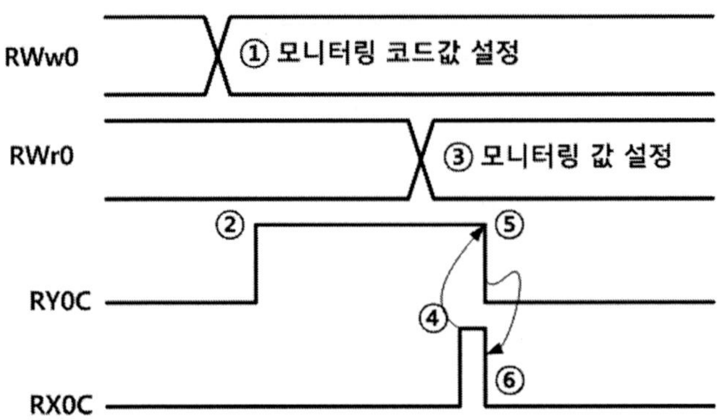

그림 5-17 CC-Link통신으로 모니터링 하는 순서

[그림 5-17]은 인버터의 상태를 모니터링 하는 동작 타이밍도이다. 타이밍도를 잘 살펴보면 PLC프로그램의 작성 순서를 파악할 수 있다.

첫째, 모니터링 하기 위한 모니터링 코드값을 해당 리모트 레지스터에 저장

둘째, 모니터링 지령 신호(RY0C)을 ON

셋째, 모니터링 지령 신호에 의해 인버터는 모니터링 코드 값을 확인한 후, 해당 모니터링 값을 해당 리모트 레지스터 RWr0에 저장함(프로그램에서 하는 역할이 아니고 해당

인버터에서 동작하는 부분으로 프로그램에서는 구현하지 않아도 됨)

넷째, PLC에서 요청한 모니터링 작업이 완료되었다는 모니터링 완료 신호(RX0C)를 ON함.

다섯째, 모니터링 완료 신호를 확인한 후 해당 리모트 레지스터의 데이터를 읽고 모니터링 지령 신호(RY0C)을 OFF함.

여섯째, 모니터링 지령 신호(RY0C)의 OFF에 의해 모니터링 완료 신호(RX0C)는 자동으로 OFF함.

인버터의 출력주파수, 출력전압, 출력전류, 출력전류 피크치를 모니터링하는 PLC프로그램을 작성해보자.

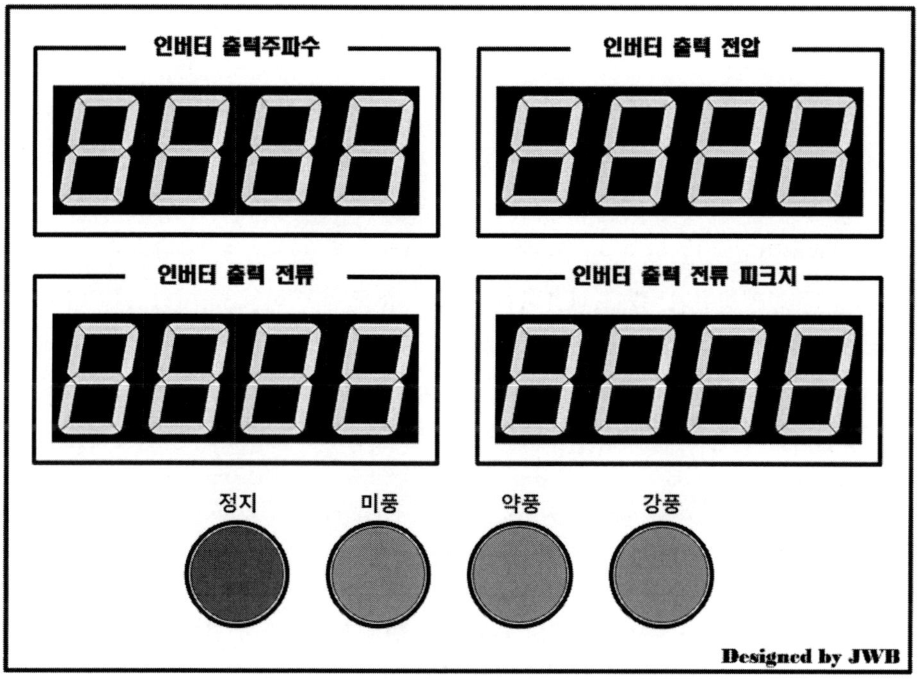

그림 5-18 인버터 모니터링를 위한 조작패널

표 5-30 PLC 입출력 번지 할당표

입력번호	기능	출력번호	기능
M200	정지	Y1000	정회전 지령
M201	미풍	Y1002	고속운전지령(RH)
M202	약풍	Y1003	중속운전지령(RM)
M203	강풍	Y1004	저속운전지령(RL)
		M100	CC-Link 통신 중(램프)
		D100	인버터 출력주파수
		D101	인버터 출력 전압
		D102	인버터 출력 전류
		D103	인버터 출력 전류 피크치

【동작조건】

① PLC의 전원이 ON되면 인버터에 연결된 모터는 정지된 상태이고, CC-Link통신이 정상적으로 이루어지고 있으면 통신 중 램프(M100)가 1초 간격으로 점멸동작을 한다.

② CC-Link통신이 정상동작 중일 때, 미풍, 약풍, 강풍 버턴이 눌러지면 인버터에 연결된 모터는 사전에 설정된 주파수로 회전한다.

단수설정	미풍	약풍	강풍
설정 주파수	30.00Hz	60.00Hz	120.0Hz

③ 미풍, 약풍, 강풍 동작 중에 정지버튼을 누르면 인버터에 연결된 유도전동기는 즉시 정지한다.

④ 인버터의 동작 중에 유도전동기에 출력하는 주파수와 전압, 전류를 실시간으로 모니터링해서 터치화면에 표시한다.

⑤ 주어진 조건을 모니터링 하기 위한 모니터 코드 번호는 아래의 도표와 같다.

모니터 코드 번호	모니터 내용	단위
H01	출력주파수	0.01Hz
H02	출력전류	0.01A
H03	출력전압	0.01V
H0B	출력전류 피크치	0.01A

【PLC프로그램】

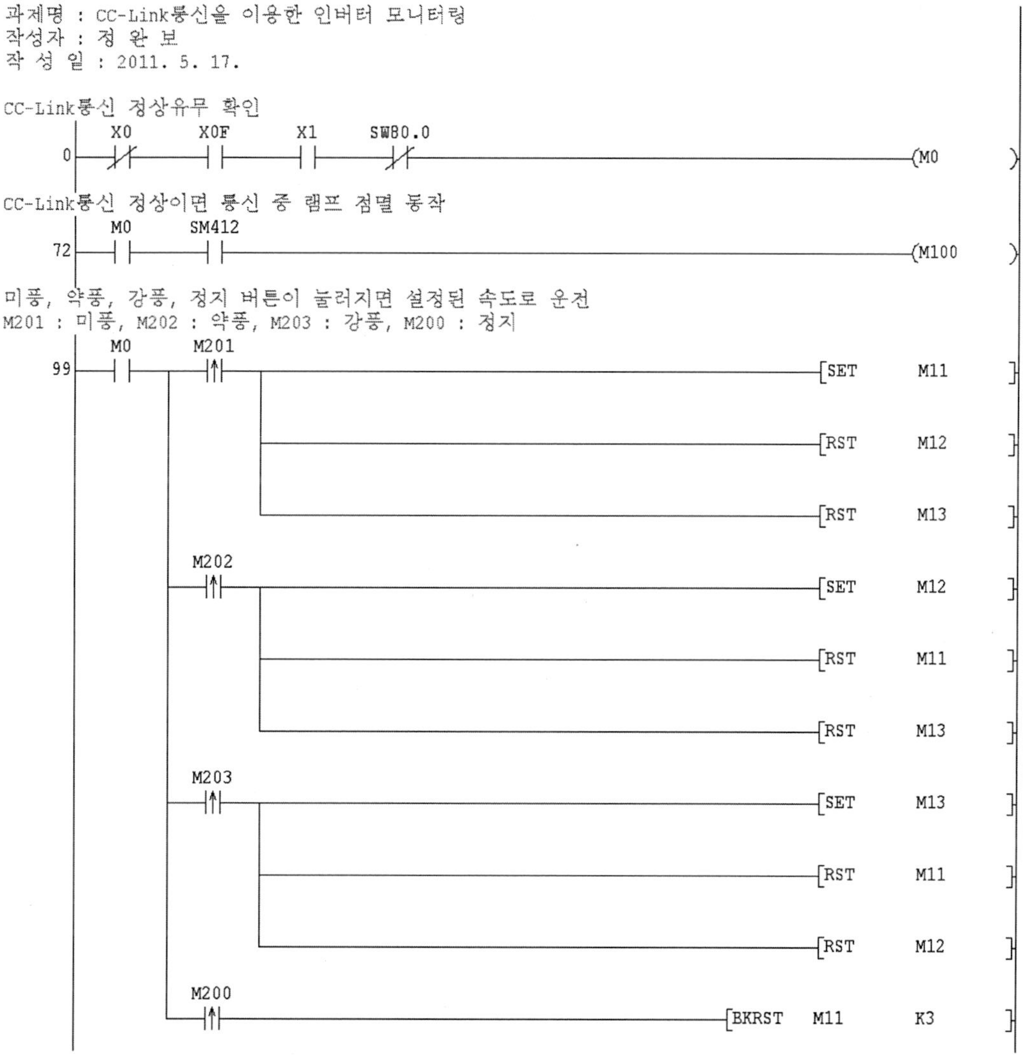

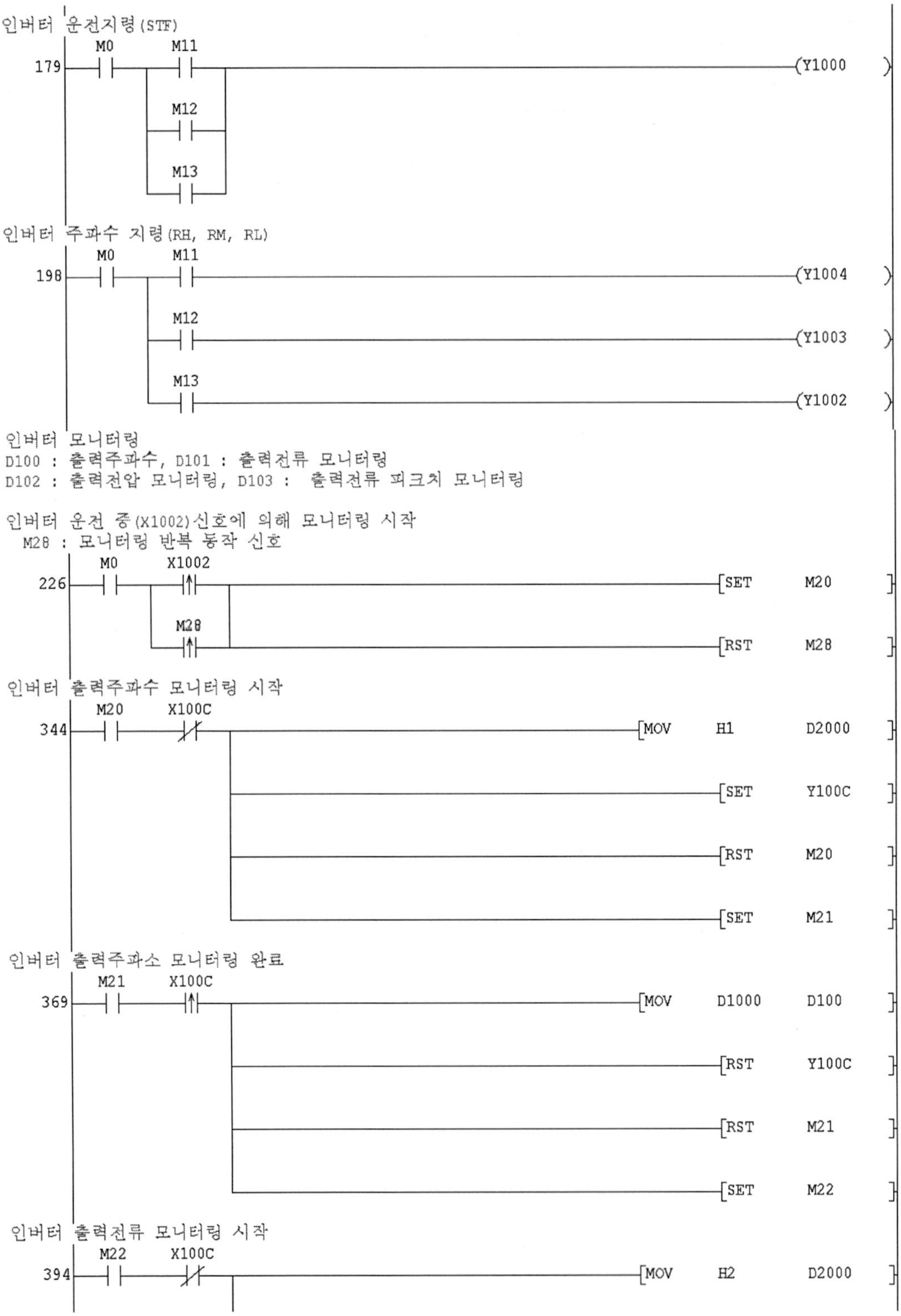
인버터 운전지령(STF)
179 M0 M11 (Y1000)
M12
M13
인버터 주파수 지령(RH, RM, RL)
198 M0 M11 (Y1004)
M12 (Y1003)
M13 (Y1002)
인버터 모니터링
D100 : 출력주파수, D101 : 출력전류 모니터링
D102 : 출력전압 모니터링, D103 : 출력전류 피크치 모니터링
인버터 운전 중(X1002)신호에 의해 모니터링 시작
M28 : 모니터링 반복 동작 신호
226 M0 X1002 [SET M20]
M28 [RST M28]
인버터 출력주파수 모니터링 시작
344 M20 X100C [MOV H1 D2000]
[SET Y100C]
[RST M20]
[SET M21]
인버터 출력주파소 모니터링 완료
369 M21 X100C [MOV D1000 D100]
[RST Y100C]
[RST M21]
[SET M22]
인버터 출력전류 모니터링 시작
394 M22 X100C [MOV H2 D2000]

```
                                              [SET   Y100C        ]
                                              [RST   M22          ]
                                              [SET   M23          ]
인버터 출력전류 모니터링 완료
     M23    X100C
419 ─┤ ├────┤↑├──────────────────── [MOV   D1000   D101  ]
                                              [RST   Y100C        ]
                                              [RST   M23          ]
                                              [SET   M24          ]
인버터 출력전압 모니터링 시작
     M24    X100C
443 ─┤ ├────┤/├──────────────────── [MOV   H3      D2000 ]
                                              [SET   Y100C        ]
                                              [RST   M24          ]
                                              [SET   M25          ]
인버터 출력전압 모니터링 완료
     M25    X100C
467 ─┤ ├────┤↑├──────────────────── [MOV   D1000   D102  ]
                                              [RST   Y100C        ]
                                              [RST   M25          ]
                                              [SET   M26          ]
인버터 출력전류 피크치 모니터링 시작
     M26    X100C
491 ─┤ ├────┤/├──────────────────── [MOV   H0B     D2000 ]
                                              [SET   Y100C        ]
                                              [RST   M26          ]
                                              [SET   M27          ]
인버터 출력전류 피크치 모니터링 완료
모니터링 동작 반복 시작(M28)
```

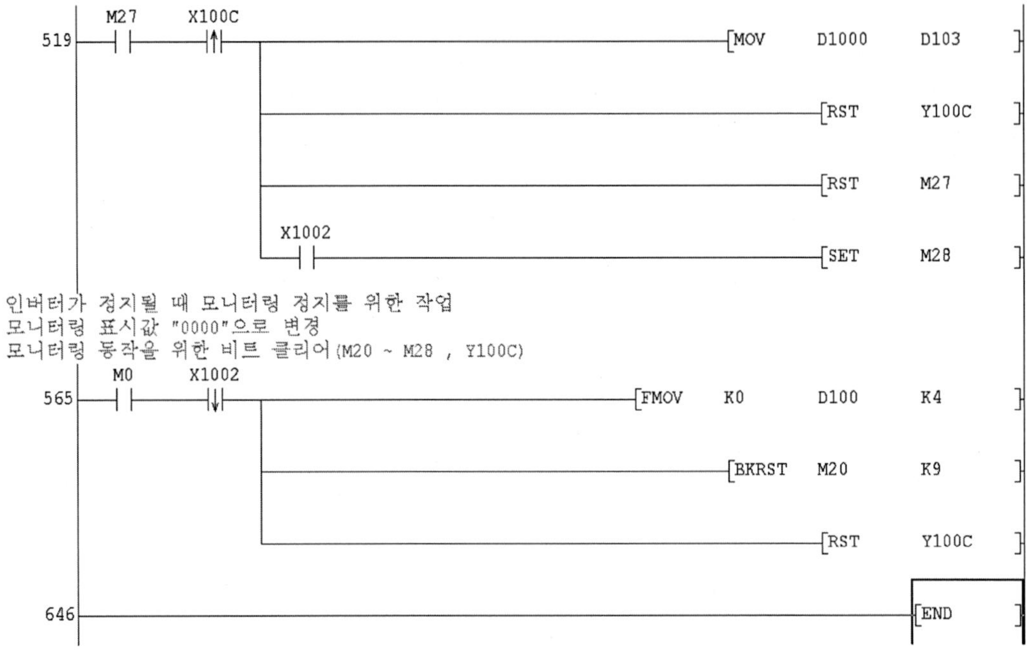

[프로그램 5-7]

[프로그램 5-7]을 살펴보자.

프로그램 라인 0번부터 198번은 인버터의 다단속도를 제어하기 위한 프로그램이다. 프로그램 라인 226번부터 인버터의 상태를 모니터링 하기 위한 부분이다. 여러 개의 인버터 값을 모니터링 하기 위해서는 매번 모니터링 설정값을 변경해주어야 한다. 프로그램 라인 226번을 살펴보면 CC-Link통신이 정상(M0=1)이고, 인버터 동작을 시작할 때(X1002) 인버터를 모니터링 하기 위해 M20=1로 설정한다. 그리고 인버터의 출력 주파수, 출력 전류, 출력 전압, 출력 전류 피크치 모니터링이 끝나면 다시 똑 같은 내용을 모니터링 하기 위해 M28=1일 때 M20=1로 설정해 모니터링을 반복동작 하게 한다.

프로그램 라인 344번은 인버터 출력 주파수를 모니터링 시작하는 부분이다. 모니터링 중 신호 X100C는 [그림 5-17]에서 살펴보았듯이 반드시 Y100C의 출력신호에 의해 반응하는 신호이다. 따라서 모니터 지령신호 Y100C가 ON되어 있지 않으면 ON될 수 없는 신호이다. 따라서 X100C신호를 여러 개의 값을 모니터링 할 때, 인터록 신호를 사용하는 것이다. 프로그램을 살펴보면 모니터링 코드 값을 D2000에 설정한 후, 모니터 지령신호 Y100C를 ON한다.

프로그램 라인 369에서 모니터링 지령신호 Y100C의 ON에 의해 모니터 중 입력신호 X100C가 ON되면 D1000에 있는 모니터 값을 읽은 후에 다음 모니터링을 위해 Y100C를 OFF하면 X100C도 자동으로 OFF하게 되어 다른 값을 모니터링 할 수 있게 한다. 이런 방법으로 인버터의 다양한 값을 모니터링 하는 것이다.

위에서 설명한 방법과 동일한 방법으로 출력전류, 출력전압, 출력전류 피크치를 모니터링하고 있다.

프로그램 라인 519번의 마지막 라인을 살펴보면 X1002=1일 때 M28=1로 설정해서 모니터링 작업이 연속해서 이루어지도록 하고 있다. 만약 모니터링 중에 인버터 동작 중 신호 X1002=0이 되면 모니터링을 중지하도록 하고 있다.

프로그램 라인 565번은 인버터 동작 중 신호 X1002=0이 되는 순간 터치스크린에 표시되는 모니터링 값 표시를 전부 "0000"으로 설정하기 위한 부분과 SET, RST명령으로 모니터링을 하고 있기 때문에 모니터링 도중에 인버터 동작이 중지되는 경우에 대비해서 강제로 모니터링에 사용되는 내부비트를 0으로 설정하는 부분이다.

여러 개의 값을 모니터링하는 방법에 대해서 이해했는가? 사실 알고 나면 쉬운 일이지만 모르면 정말로 어려운 것이 PLC프로그램이다.

5-7 실습과제 CC-Link통신을 이용한 인버터 주파수 설정

이번 과제에서는 인버터의 출력주파수를 다단속도가 아닌 사용자가 임의의 출력주파수를 설정할 수 있는 방법에 대해 살펴보자. 인버터 출력주파수 설정방법은 앞에서 학습한 인버터 모니터링 방법과 동일한 방법으로 동작한다.

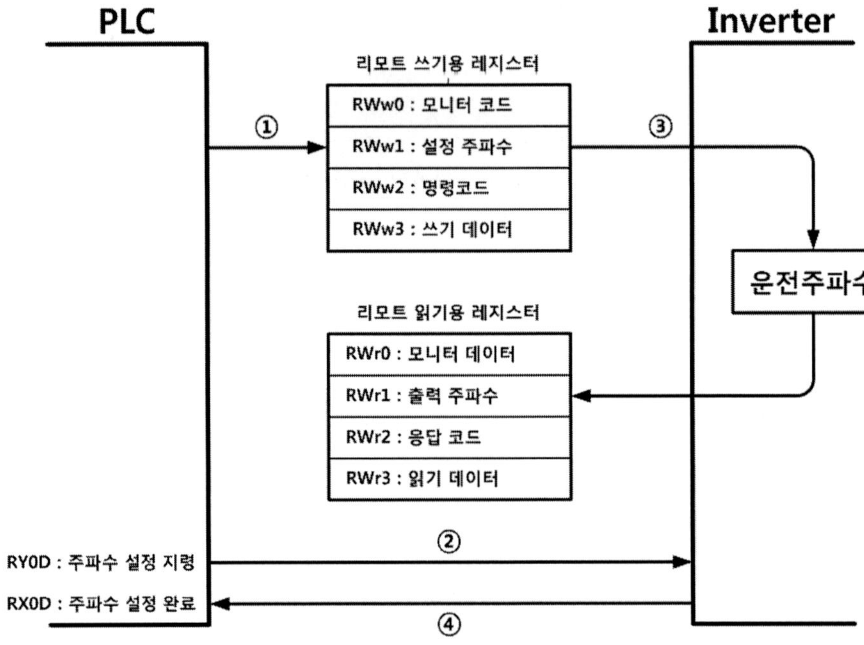

그림 5-19 인버터 출력주파수 설정 순서

[그림 5-19]에 나타낸 것처럼 리모트 쓰기용 레지스터 RWw0(설정 주파수)에 인버터의 설정주파수를 설정한 후에 주파수 설정지령(RY0D)를 ON하면 인버터의 운전주파수가 설정주파수로 변경되고, 주파수 설정완료(RX0D)신호가 ON되는 순서로 동작한다.

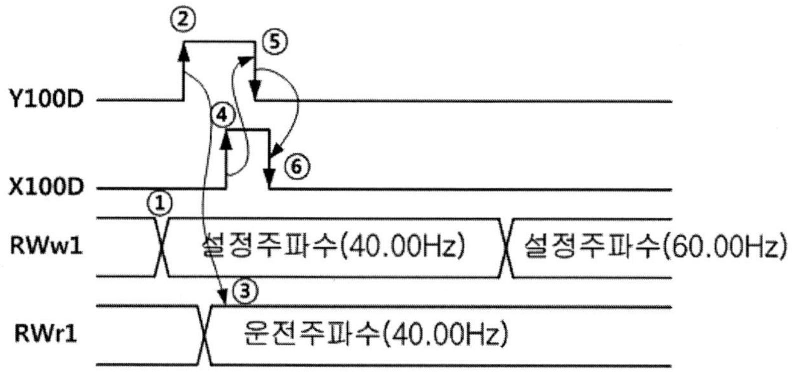

그림 5-20 인버터 출력주파수 설정 순서 타이밍도

[그림 5-20]에 [그림 5-19]의 동작조건을 타이밍도를 이용해 상세히 나타내었다. 인버터의 설정주파수를 설정할 때, 설정단위가 0.01Hz단위로 설정이 가능하다. 따라서 PLC프로그램에서 인버터의 설정주파수를 120Hz로 설정하고 싶다면 리모트 쓰기용 레지스터 RWw0(설정 주파수)에 12000을 설정해야 한다는 것을 기억하기 바란다. 주어진 동작조건을 만족하는 PLC프로그램을 작성해보자.

그림 5-21 인버터 설정주파수 조작패널

표 5-31 PLC 입출력 번지 할당표

입력번호	기능	출력번호	기능
M200	시작/정지	Y1000	정회전 지령
M201	설정주파수 증가		
M202	설정주파수 감소	D100	인버터 설정주파수
M203		D101	인버터 운전주파수

【동작조건】

① PLC의 전원이 ON되면 인버터에 연결된 모터는 정지된 상태이고, CC-Link통신이 정상적으로 이루어지고 있으면 통신 중 램프(M100)가 1초 간격으로 점멸동작을 한다. 그리고 인버터 설정주파수와 운전주파수의 표시창에는 "000.00"이 표시된다.

② 설정주파수 증가 및 감소버튼 및 설정 버튼은 인버터 동작 중에만 동작한다. 즉 인버터가 정지 상태에서는 이 버튼을 눌러도 주파수의 증가 및 감소, 설정 동작을 하지 않는다.

③ 시작/정지 버튼을 누를 때마다 인버터는 동작과 정지를 반복한다.

④ 인버터가 정지 상태에서 시작/정지 버튼을 누르면 인버터에 연결된 유도전동기는 10.00Hz로 정회전 방향으로 운전된다.

⑤ 인버터가 운전 상태에서 설정주파수 증가와 감소버튼을 누르면 1Hz단위로 주파수가 증가 또는 감소된다. 또한 증가와 감소버튼을 1.5초 이상 계속 누르고 있으면 1.5초 후에는 0.1초 간격으로 주파수가 1Hz단위로 증가 및 감소동작한다.

⑥ 설정주파수 증가와 감소버튼을 이용해 주파수를 설정한 후 설정 버튼을 누르면 설정된 주파수로 인버터의 운전주파수가 변경된다.

【PLC프로그램】

과제명 : CC-Link통신을 이용한 인버터 주파수설정
작성자 : 정 완 보
작 성 일 : 2011. 5. 20.

CC-Link통신 정상유무 확인

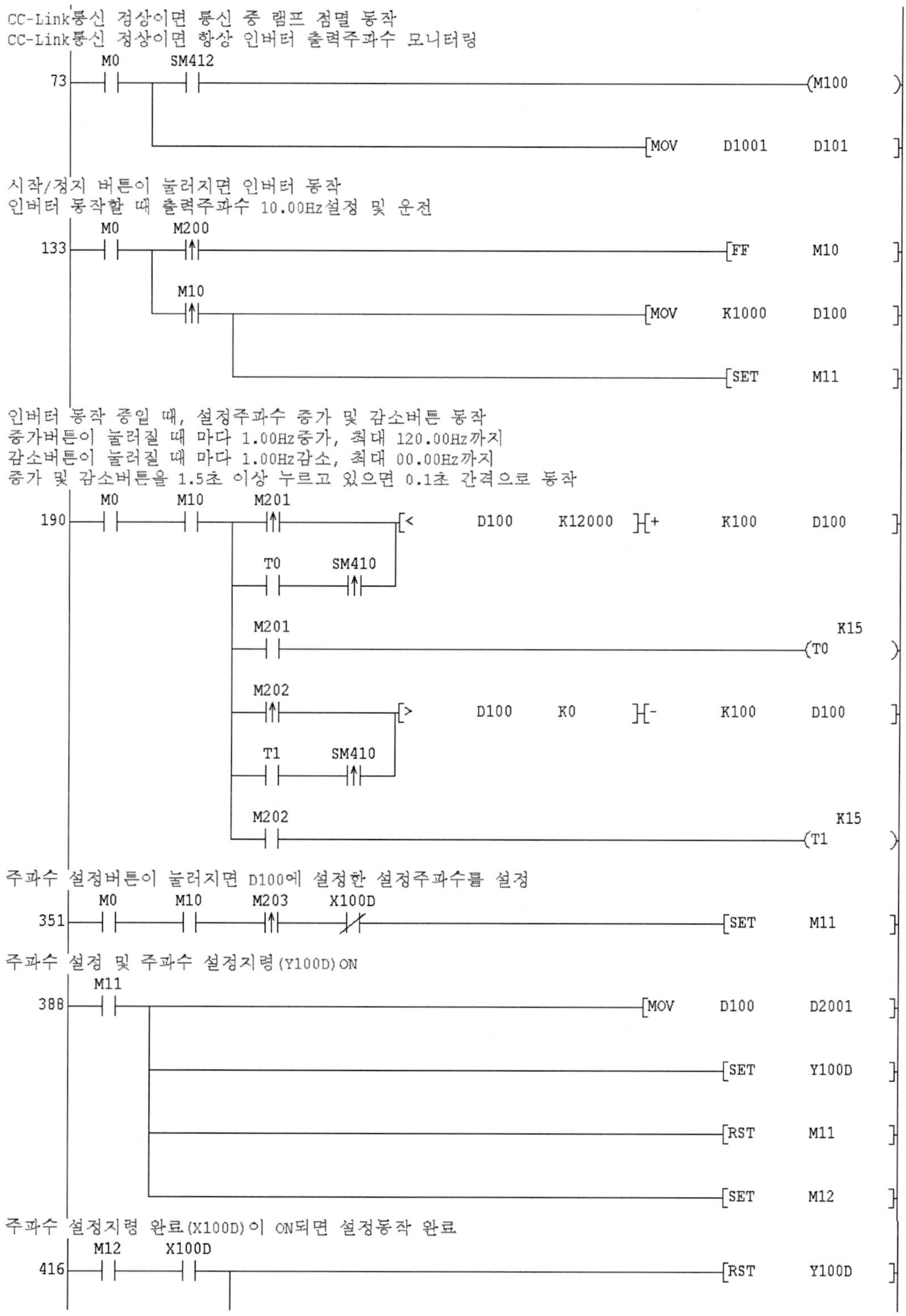
CC-Link통신 정상이면 통신 중 램프 점멸 동작
CC-Link통신 정상이면 항상 인버터 출력주파수 모니터링
73 M0 SM412 (M100)
[MOV D1001 D101]
시작/정지 버튼이 눌려지면 인버터 동작
인버터 동작할 때 출력주파수 10.00Hz설정 및 운전
133 M0 M200 [FF M10]
M10 [MOV K1000 D100]
[SET M11]
인버터 동작 중일 때, 설정주파수 증가 및 감소버튼 동작
증가버튼이 눌려질 때 마다 1.00Hz증가, 최대 120.00Hz까지
감소버튼이 눌려질 때 마다 1.00Hz감소, 최대 00.00Hz까지
증가 및 감소버튼을 1.5초 이상 누르고 있으면 0.1초 간격으로 동작
190 M0 M10 M201 [< D100 K12000][+ K100 D100]
T0 SM410
M201 K15 (T0)
M202 [> D100 K0][- K100 D100]
T1 SM410
M202 K15 (T1)
주파수 설정버튼이 눌려지면 D100에 설정한 설정주파수를 설정
351 M0 M10 M203 X100D [SET M11]
주파수 설정 및 주파수 설정지령(Y100D)ON
388 M11 [MOV D100 D2001]
[SET Y100D]
[RST M11]
[SET M12]
주파수 설정지령 완료(X100D)이 ON되면 설정동작 완료
416 M12 X100D [RST Y100D]

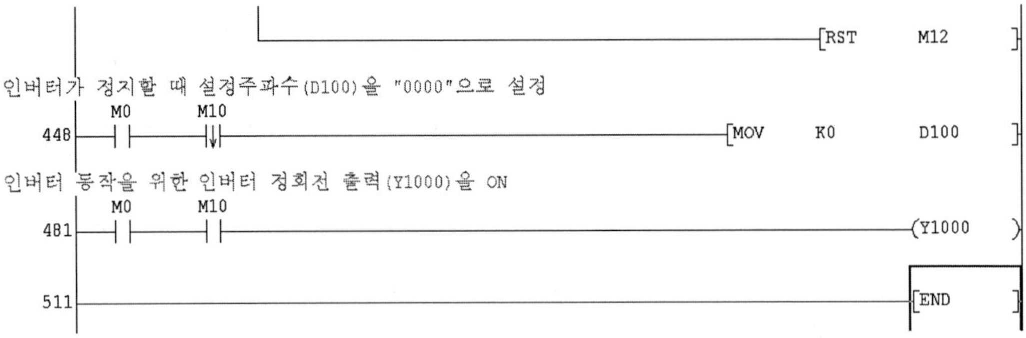

[프로그램 5-8] 인버터 설정주파수 변경

[프로그램 5-8]은 인버터의 운전주파수를 조작하기 위한 PLC프로그램이다. 인버터에 연결된 유도전동기의 회전속도를 변경하는 방법으로는 앞에서 학습한 다단속도 제어 방법과 이번에 학습하고자 하는 설정주파수 변경 방법이 있다. 다단속도제어 방법은 유도전동기의 회전속도를 사전에 설정한 1~15단까지의 속도만을 선택할 수 있지만 설정주파수 변경 방법을 이용하면 0~120.00Hz(인버터에서 설정한 최고속도)의 범위에서 0.01Hz단위로 설정할 수 있어서 정밀한 속도제어가 필요로 하는 경우에 사용할 수 있는 방법이다.

프로그램 라인 133번은 시작/정지 버튼(M200)이 눌러지면 인버터 동작을 위한 M10=1로 하고 이 때 인버터의 출력주파수가 10.00Hz가 되도록 D100에 K1000을 설정한 후 M11=1로 설정한다.

프로그램 라인 388번을 살펴보면 M11=1이면 D100에 설정된 값에 의해 인버터의 출력주파수가 변경될 수 있도록 한다. D2001번지에 설정주파수 값을 설정한 후에 주파수 설정지령 Y100D=1로 하면 D2001에 설정된 값으로 출력 주파수가 변경되면서 주파수 설정지령 완료 신호 X100D=1로 만들고 프로그램에서 X100D=1이 될 때 Y100D=0으로 만들어서 주파수 설정지령 동작을 완료하게 된다.

프로그램 라인 190번은 CC-Link통신이 정상이고 인버터 동작 중인 상태에서 주파수 증가 및 감소버튼이 눌러지게 되면 D100의 값을 1.00Hz단위로 증가 및 감소 동작을 하도록 한다.

프로그램 라인 351번은 주파수 설정버튼(M203)이 눌러지면 D100에 설정된 값으로 인버터의 출력주파수가 변경될 수 있도록 M11=1로 설정하는 부분이다.

프로그램 라인 448번은 인버터가 동작을 정지할 때 설정 주파수 값을 "0000"으로 설정하는 부분이다. 그리고 인버터가 동작하기 위해서는 반드시 정회전(Y1000) 또는 역회전 신호(Y1001)는 반드시 ON되어 있어야 한다.

5-8 실습과제 CC-Link통신을 이용한 인버터 주파수 설정 및 모니터링

이번 과제에서는 인버터의 출력주파수 설정과 함께 인버터의 동작 상태를 모니터링 하는 방법에 대해 살펴보자. 우리는 앞에서 수행한 실습과제를 통해서 인버터 동작 주파수 설정 방법과 모니터링 방법 각각에 대해 살펴보았다. 두 개의 실습과제를 주어진 조건에 맞추어 다시 작성해보자. [그림 5-22]는 인버터의 주파수 설정과 동작 상태를 모니터링하기 위한 조작패널의 모습을 나타낸 것이다. 주어진 동작조건을 만족하는 PLC프로그램을 작성해보자.

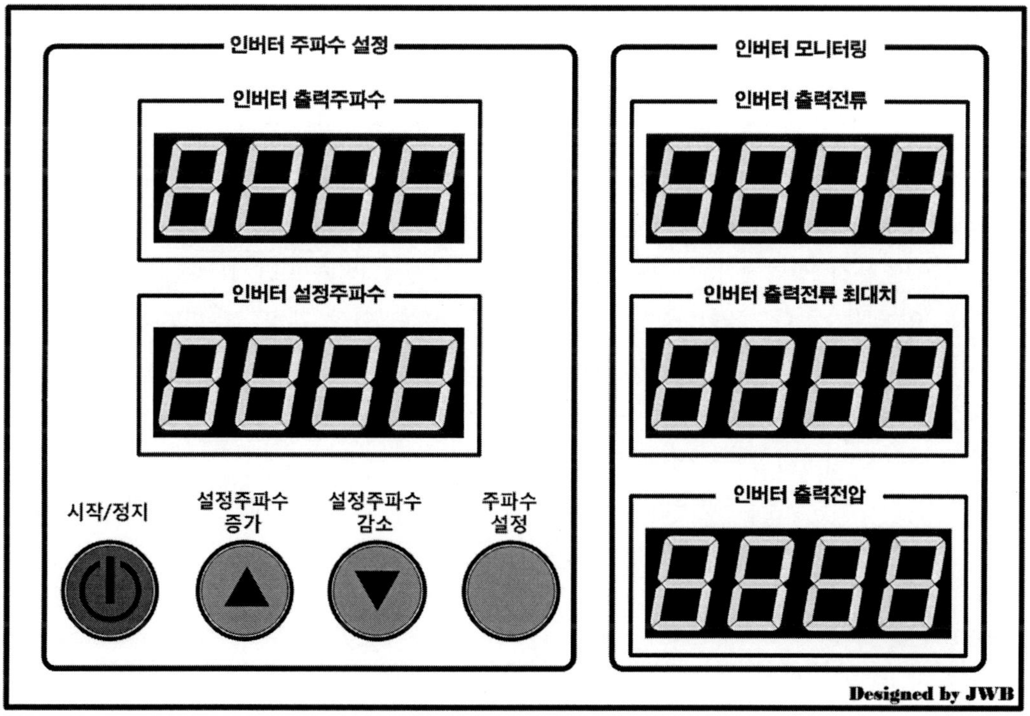

그림 5-22 인버터 조작패널

표 5-32 PLC 입출력 번지 할당표

입력번호	기능	출력번호	기능
M200	시작/정지	Y1000	정회전 지령
M201	설정주파수 증가	D100	인버터 설정주파수
M202	설정주파수 감소	D101	인버터 운전주파수
M203	주파수 설정	D102	인버터 출력전류
		D103	인버터 출력전류 최대치
		D104	인버터 출력전압

【동작조건】

① PLC의 전원이 ON되면 인버터에 연결된 모터는 정지된 상태이고, CC-Link통신이 정상적으로 이루어지고 있으면 통신 중 램프(M100)가 1초 간격으로 점멸동작을 한다. 그리고 인버터 설정주파수와 운전주파수의 표시창, 그리고 인버터의 동작 상태를 모니터링 하는 표시창에는 "000.00"이 표시된다.

② 설정주파수 증가 및 감소버튼 및 설정 버튼은 인버터 동작 중에만 동작한다. 즉 인버터가 정지 상태에서는 이 버튼을 눌러도 주파수의 증가 및 감소, 설정 동작을 하지 않는다.

③ 시작/정지 버튼을 누를 때마다 인버터는 동작과 정지를 반복한다.

④ 인버터가 정지 상태에서 시작/정지 버튼을 누르면 인버터에 연결된 유도전동기는 10.00Hz로 정회전 방향으로 운전된다.

⑤ 인버터가 운전 상태에서 설정주파수 증가와 감소버튼을 누르면 1Hz단위로 주파수가 증가 또는 감소된다. 또한 증가와 감소버튼을 1.5초 이상 계속 누르고 있으면 1.5초 후에는 0.1초 간격으로 주파수가 1Hz단위로 증가 및 감소동작 한다.

⑥ 설정주파수 증가와 감소버튼을 이용해 주파수를 설정한 후 설정 버튼을 누르면 설정된 주파수로 인버터의 운전주파수가 변경된다.

⑦ 인버터가 동작 중에는 인버터의 상태를 모니터해서 모니터링 값을 표시창에 표시한다. 인버터가 동작 정시상태에서는 모니터링을 하지 않는다.

【동작조건】

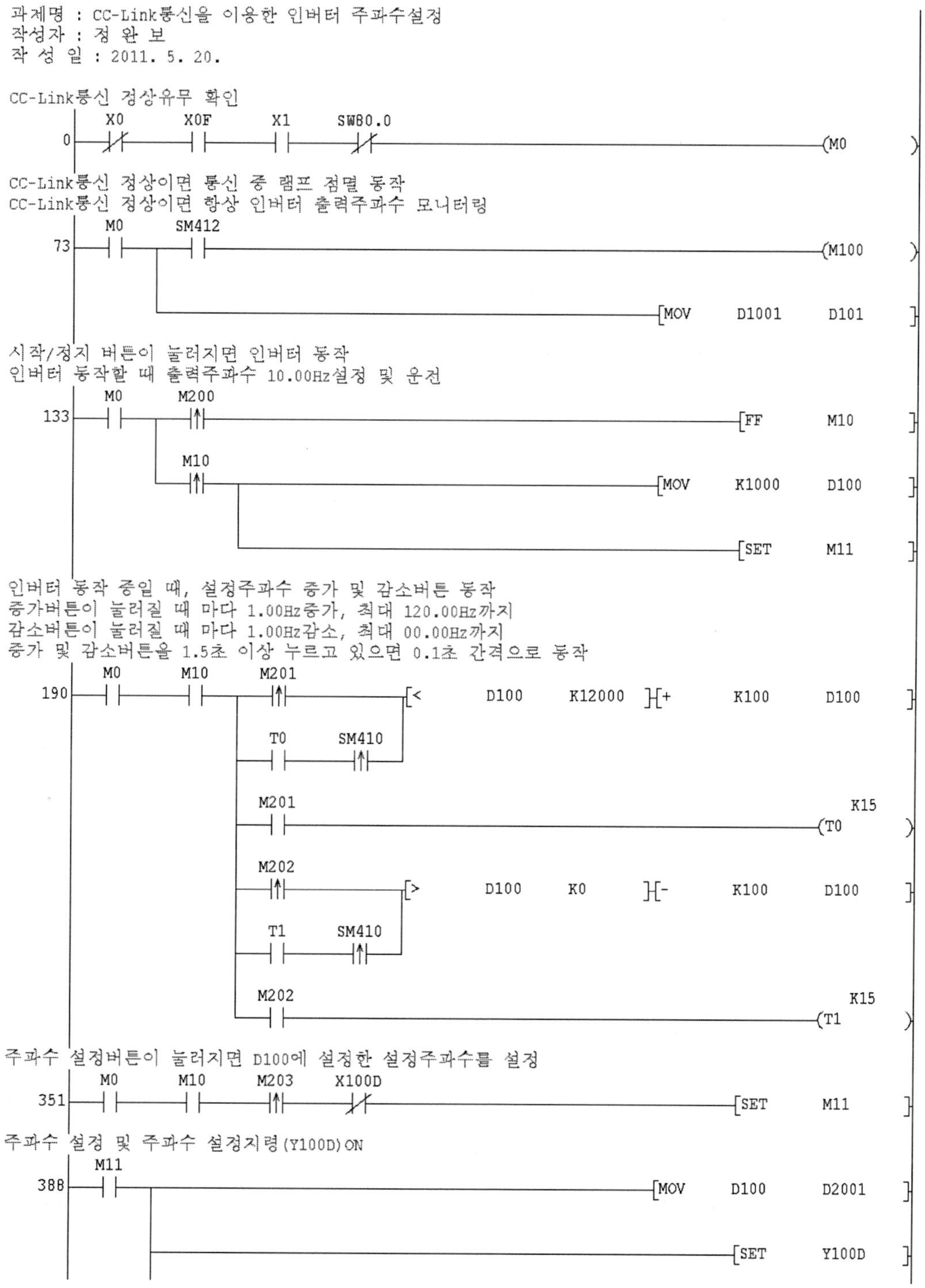
과제명 : CC-Link통신을 이용한 인버터 주파수설정
작성자 : 정 완 보
작 성 일 : 2011. 5. 20.
CC-Link통신 정상유무 확인
X0 X0F X1 SW80.0
0
M0
CC-Link통신 정상이면 통신 중 램프 점멸 동작
CC-Link통신 정상이면 항상 인버터 출력주파수 모니터링
M0 SM412
73
M100
MOV D1001 D101
시작/정지 버튼이 눌러지면 인버터 동작
인버터 동작할 때 출력주파수 10.00Hz설정 및 운전
M0 M200
133
FF M10
M10
MOV K1000 D100
SET M11
인버터 동작 중일 때, 설정주파수 증가 및 감소버튼 동작
증가버튼이 눌러질 때 마다 1.00Hz증가, 최대 120.00Hz까지
감소버튼이 눌러질 때 마다 1.00Hz감소, 최대 00.00Hz까지
증가 및 감소버튼을 1.5초 이상 누르고 있으면 0.1초 간격으로 동작
M0 M10 M201
190
< D100 K12000
+ K100 D100
T0 SM410
M201
K15
T0
M202
> D100 K0
- K100 D100
T1 SM410
M202
K15
T1
주파수 설정버튼이 눌러지면 D100에 설정한 설정주파수를 설정
M0 M10 M203 X100D
351
SET M11
주파수 설정 및 주파수 설정지령(Y100D) ON
M11
388
MOV D100 D2001
SET Y100D

```
                                                  [RST   M11   ]
                                                  [SET   M12   ]
주파수 설정지령 완료(X100D)이 ON되면 설정동작 완료
      M12    X100D
 416 ─┤ ├────┤ ├──────────────────────────────────[RST   Y100D ]
                                                  [RST   M12   ]
인버터가 정지할 때 설정주파수(D100)을 "0000"으로 설정
      M0     M10
 448 ─┤ ├────┤↓├────────────────────────[MOV   K0     D100  ]
인버터 모니터링
D102 : 인버터 출력전류, D103 : 출력전류 최대치
D014 : 인버터 출력전압

인버터 운전 중(X1002)신호에 의해 모니터링 시작
M26 : 인버터 운전 중에는 모니터링 반복 신호
      M0     X1002
 481 ─┤ ├────┤↑├──────────────────────────────────[SET   M20   ]
             M26
            ─┤↑├──────────────────────────────────[RST   M26   ]
인버터 출력전류 모니터링 시작
      M20    X100C
 589 ─┤ ├────┤/├────────────────────────[MOV   H2     D2000 ]
                                                  [SET   Y100C ]
                                                  [RST   M20   ]
                                                  [SET   M21   ]
인버터 출력전류 모니터링 완료
      M21    X100C
 613 ─┤ ├────┤↑├────────────────────────[MOV   D1000  D102  ]
                                                  [RST   Y100C ]
                                                  [RST   M21   ]
                                                  [SET   M22   ]
인버터 출력전류 최대치 모니터링 시작
      M22    X100C
 637 ─┤ ├────┤/├────────────────────────[MOV   H0B    D2000 ]
                                                  [SET   Y100C ]
                                                  [RST   M22   ]
```

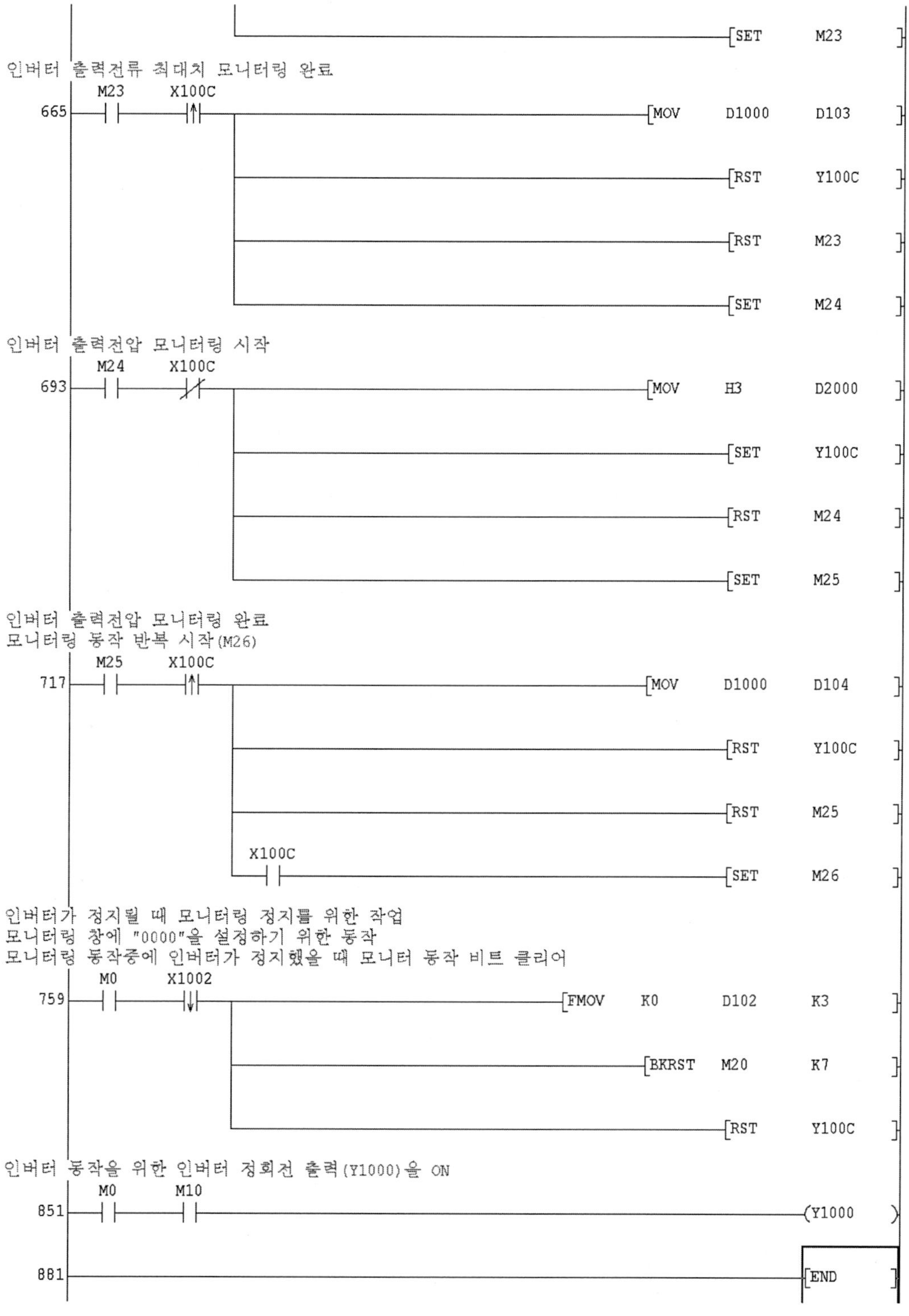

[프로그램 5-8] 인버터의 출력주파수 설정 및 모니터링

[프로그램 5-9]는 [프로그램 5-7]과 [프로그램 5-8]을 하나의 프로그램을 만든 것이다. 앞의 실습과제를 충분히 살펴보았다면 쉽게 이해할 수 있을 것으로 생각된다.

5-9 실습과제 명령코드를 이용한 인버터 파라미터의 설정값 확인

우리는 인버터의 파라미터를 설정하기 위해서는 "PU유닛"의 버튼을 조작하였다. 이제부터는 인버터의 파라미터를 CC-Link통신을 이용해 터치스크린에서 간단한 조작을 통해 파라미터의 설정값을 모니터링 하거나 설정하는 방법에 대해 살펴보자.

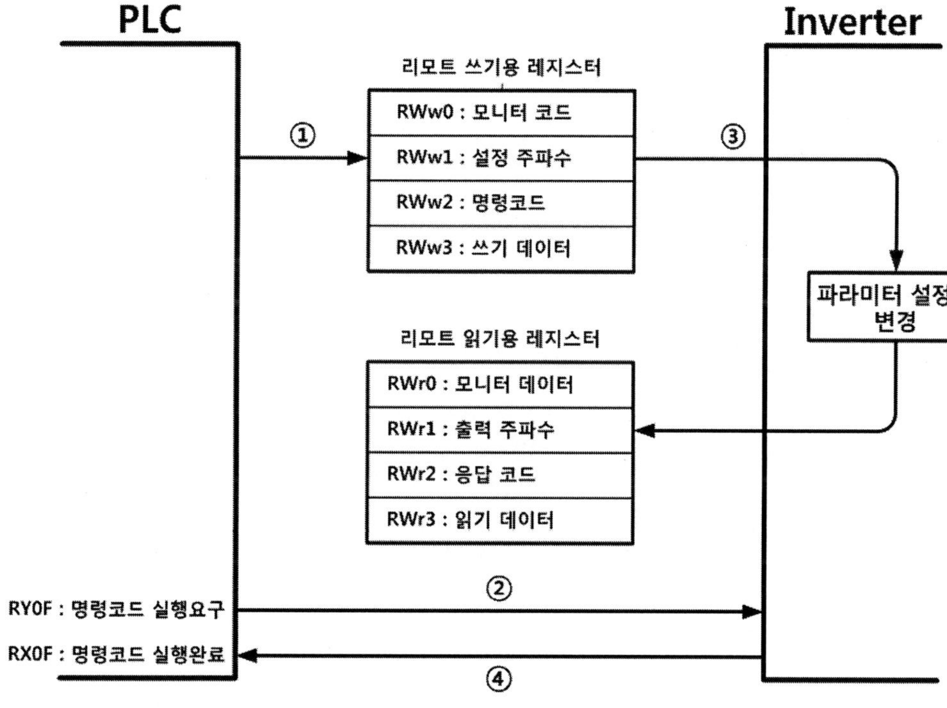

그림 5-23 인버터 파라미터 설정을 위한 명령코드 실행 순서

[그림 5-23]은 명령코드를 이용한 인버터의 파라미터 모니터링 및 변경 동작의 순서를 나타낸 것이다. 앞에서 실습을 통해서 확인한 인버터 모니터링 방법, 동작 주파수 설정방법과 동일한 방법으로 동작하고 있음을 알 수 있다.

리모트 쓰기용 레지스터 RWw2에 사전에 설정된 명령코드를 설정하고, 명령코드 실행요구(RY0F)신호를 ON하면 인버터는 해당 명령코드에 해당되는 작업을 수행하고 해당 응답코드 및 읽기 데이터를 리모트 읽기용 레지스터에 등록한 후에 명령코드 실행완료(RX0F)신호를 ON한다.

[그림 5-24]에 인버터의 파라미터를 모니터링 하기 위한 상세한 동작 조건을 타이밍도로 나타내었다. 동작 순서를 자세히 살펴보면 다음과 같다.

① 인버터의 리모트 레지스터의 명령코드 레지스터(교재에서는 D2002번지)에 실행하고자 하는 명령코드와 필요에 따라 쓰기데이터 레지스터(교재에서는 D2003번지)에 해당 데이터를 설정한다.
② 명령코드와 쓰기데이터를 설정한 후 명령코드 실행요구 플래그(교재에서는 Y100F번지)을 ON하면 명령코드에 따른 작업을 수행한다.
③ 명령코드에 따른 해당 작업을 수행하면 명령코드 실행완료 플래그(교재에서는 X100F)가 ON되면 응답코드 레지스터(교재에서는 D1002번지)에 설정된 값을 확인한 후 응답코드가 정상이면 읽기 데이터 레지스터(교재에서는 D1003번지)의 값을 확인하면 된다.

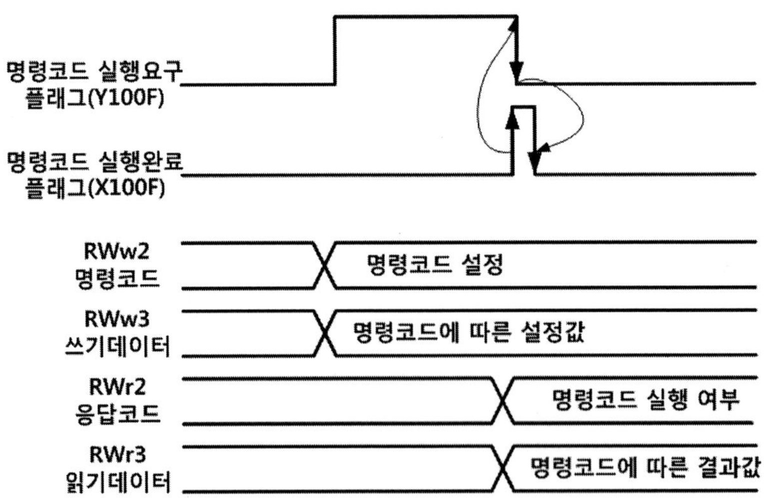

그림 5-24 명령코드 실행을 위한 타이밍도

1. 응답코드의 상세내역

인버터의 파라미터를 모니터링 또는 파라미터의 설정값을 변경하기 위해 명령코드를 해당 리모트 레지스터에 설정한 후 명령코드 실행요구를 하게 되면 인버터는 2개의 리모트 읽기용 레지스터에 결과값을 반환한다. 리모트 읽기용 레지스터 RWr2에 사용자가 지정한 명령코드에 대한 실행결과를 [표 5-33]에 나타낸 응답코드로 반환하게 된다.

표 5-33 응답코드의 상세 내역

응답코드	내용	원인
00H	정상	명령코드의 정상 수행 완료
01H	쓰기모드 에러	자세한 사항은 해당 매뉴얼 참조
02H	명령코드 불량	잘못된 명령코드 사용
03H	설정범위 에러	잘못된 정수 데이터 사용

2. 인버터의 파라미터 내역

[표 5-34]는 인버터 설정 파라미터에 대한 CC-Link통신에 사용할 명령코드를 나타낸 것이다. 본 교재에서는 Pr.13까지만 나타내었다. 보다 자세한 명령코드를 알고 싶은 사람은 미쓰비시에서 발행한 FR-E700(응용편)매뉴얼의 p.54를 참고하면 된다.

[표 5-34]의 인버터 파라미터에 대한 명령코드를 살펴보면 읽기 명령코드와 쓰기명령코드가 각각 다르다는 것을 확인할 수 있다. 따라서 인버터는 파라미터의 설정값을 확인하기 위한 동작과 아니면 쓰기위한 동작을 명령코드로서 구분하게 되는 것이다.

표 5-34 인버터 파라미터 일람표

파라미터 번호	명령코드		명칭	설정범위	최소설정 단위	출하시 설정
	읽기	쓰기				
0	H00	H80	토크 부스터	0~30%	0.1%	6.0%
1	H01	H81	상한 주파수	0~120Hz	0.01Hz	120.00Hz
2	H02	H82	하한 주파수	0~120Hz	0.01Hz	0Hz
3	H03	H83	기저 주파수	0~400Hz	0.01Hz	60.00Hz
4	H04	H84	3속 설정(고속)	0~400Hz	0.01Hz	60.00Hz
5	H05	H85	3속 설정(중속)	0~400Hz	0.01Hz	30.00Hz
6	H06	H86	3속 설정(저속)	0~400Hz	0.01Hz	10.00Hz
7	H07	H87	가속 시간	0~360S	0.1S	5.0s
8	H08	H88	저속 시간	0~360S	0.1S	5.0s
9	H09	H89	전자 서멀	0~500A	0.01A	2.55A
10	H0A	H8A	직류제동 동작 주파수	0~120Hz	0.01Hz	3.00Hz
11	H0B	H8B	직류제동 동작 시간	0~10s	0.1s	0.5s
12	H0C	H8C	직류제동 동작 전압	0~30%	0.1%	4.0%
13	H0D	H8D	시동 주파수	0~60Hz	0.01Hz	0.50Hz

앞에서 설명한 내용을 가지고 인버터의 파라미터 설정값을 모니터링 또는 변경하는 PLC프로그램을 작성해보자.

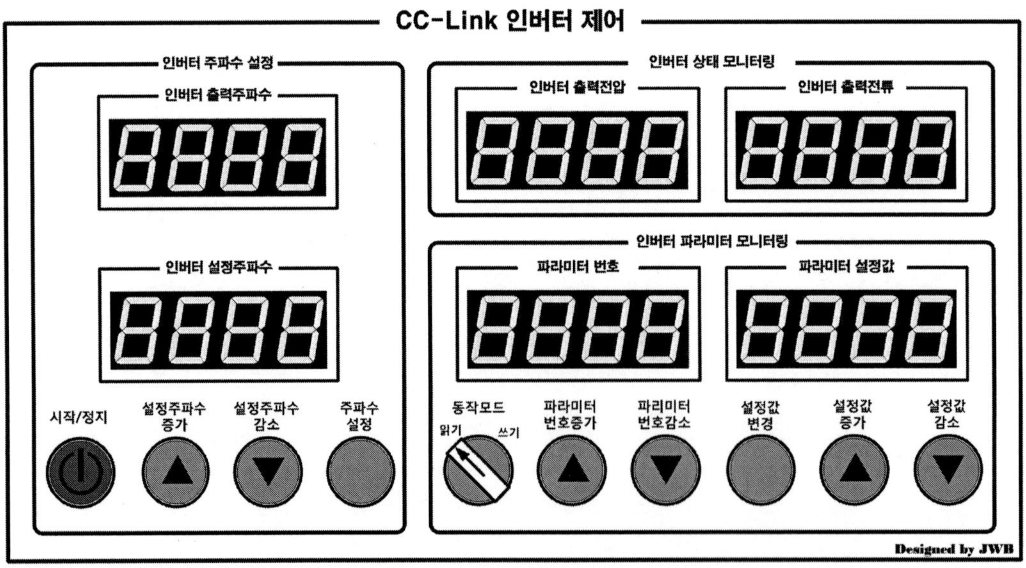

그림 5-25 CC-Link통신을 이용한 인버터 제어 조작패널

[그림 5-25]에 인버터 제어를 위한 패널을 나타내었다. 이번 과제에서는 앞에서 배운 모든 내용을 종합하는 과제이다. 인버터의 동작주파수 설정, 인버터 동작상태 모니터링, 그리고 인버터의 파라미터 모니터링 및 파라미터 변경까지 포함된 인버터 제어이다. 인버터의 조작패널을 잘 살펴보고 동작조건에 따른 PLC프로그램을 작성해보자.

표 5-35 PLC 입출력 번지 할당표

입력번호	기능	출력번호	기능
M200	시작/정지	Y1000	정회전 지령
M201	설정주파수 증가	D100	인버터 설정주파수
M202	설정주파수 감소	D101	인버터 운전주파수
M203	주파수 설정	D102	인버터 출력전압
M204	동작모드	D103	인버터 출력전류
M205	파라미터 번호증가	D104	인버터 출력전압
M206	파라미터 번호감소	D105	파라미터 번호
M207	설정값 변경	D106	파라미터 설정값
M208	설정값 증가		
M209	설정값 감소		

【동작조건】

① PLC의 전원이 ON되면 인버터에 연결된 모터는 정지된 상태이고, CC-Link통신이 정상적으로 이루어지고 있으면 통신 중 램프(M100)가 1초 간격으로 점멸동작을 한다. 그리고 인버터 설정주파수와 운전주파수의 표시창 그리고 인버터의 동작 상태를 모니터링하는 표시창, 인버터의 파라미터 번호창에는 "0000" 이 표시되고 파라미터 설정창에는 인버터 파라미터 Pr. 0번의 설정값이 표시된다.(인버터의 파라미터 0번의 설정값을 변경하지 않았으면 40이 표시된다. 즉 토크부스터의 설정값이 4.0%로 설정되어 있다는 의미이다)

② 설정주파수 증가 및 감소버튼 및 설정 버튼은 인버터 동작 중에만 동작한다. 즉 인버터가 정지 상태에서는 이 버튼을 눌러도 주파수의 증가 및 감소, 설정 동작을 하지 않는다.

③ 시작/정지 버튼을 누를 때 마다 인버터는 동작과 정지를 반복한다.

④ 인버터가 정지 상태에서 시작/정지 버튼을 누르면 인버터에 연결된 유도전동기는 10.00Hz로 정회전 방향으로 운전된다.

⑤ 인버터가 운전 상태에서 설정주파수 증가와 감소버튼을 누르면 1Hz단위로 주파수가 증가 또는 감소된다. 또한 증가와 감소버튼을 1.5초 이상 계속 누르고 있으면 1.5초 후에는 0.1초 간격으로 주파수가 1Hz단위로 증가 및 감소동작 한다.

⑥ 설정주파수 증가와 감소버튼을 이용해 주파수를 설정한 후 설정 버튼을 누르면 설정된 주파수로 인버터의 운전주파수가 변경된다.

⑦ 인버터가 동작 중에는 인버터의 상태를 모니터해서 모니터링 값을 표시창에 표시한다. 인버터가 정지 상태에서는 인버터의 상태를 모니터링을 하지 않는다.

⑧ 인버터의 파라미터 모니터링은 동작모드 선택 버튼의 위치에 관계없이 파라미터 번호의 증가 및 감소버튼 동작에 의해 파라미터 번호가 1씩 증가 또는 감소하고 이때, 파라미터 번호에 의한 설정값이 파라미터 설정값 창에 표시된다. 실습에서는 Pr.0~Pr.13번까지만 동작한다.

⑨ 파리미터 읽기 모드는 인버터의 정지 또는 동작에 관계없이 항상 동작한다.

⑩ 동작모드 선택 스위치가 쓰기 모드에 있으면 설정갑 변경, 설정값 증가, 설정값 감소 버튼이 동작한다.

⑫ 쓰기 모드에서 파라미터 번호 증가와 감소버튼을 조작해서 해당 파라미터의 설정값이 표시된 상태에서 설정값 증가와 감소버튼을 누르면 파라미터 설정값에 표시된 현재값이 1씩 증가 또는 감소한다. 설정값 증가 및 감소버튼을 1.5초 이상 계속 누르고 있으면 해당 설정값이 0.1초 단위로 증가 또는 감소동작한다.

⑬ 설정값 변경 버튼을 누르면 현재 설정된 파라미터 번호에 해당되는 파라미터 설정값이 인버터의 해당 파라미터 설정값을 변경해야 한다.(설정값 변경 버튼을 누른 후 "PU유닛"을 조작해서 해당 파라미터의 설정값이 변경되었는지 확인한다)

⑭ 설정값 증가 및 감소버튼을 눌러서 현재 표시된 설정값을 변경한 후에 설정값 변경 버튼이 5초 이내에 눌러지지 않으면 인버터에 설정된 원래의 설정값을 표시하도록 한다.

⑮ 설정값 변경 버튼이 눌러졌을 때, 설정값의 범위를 잘못 설정하거나 파라미터 쓰기 동작이 정상적으로 완료되지 못한 경우에는 파라미터 설정값 창에 "0000"과 "에러코드"(에러코드 : 01, 02, 03)을 0.5초 간격으로 교대로 5초간 표시한 후에 다시 설정된 파라미터 번호에 해당되는 설정값이 정상적으로 새롭게 표시된다.

【동작조건】

과제명 : CC-Link통신을 이용한 인버터 주파수 및 파라미터 변경
작성자 : 정 완 보
작 성 일 : 2011. 5. 20.

CC-Link통신 정상유무 확인

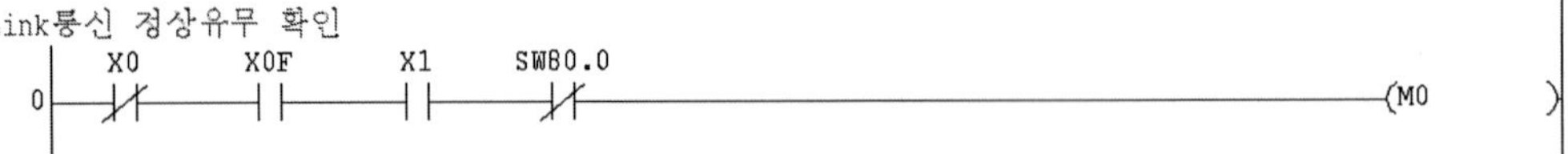

CC-Link통신 정상이면 통신 중 램프 점멸 동작
CC-Link통신 정상이면 항상 인버터 출력주파수 모니터링

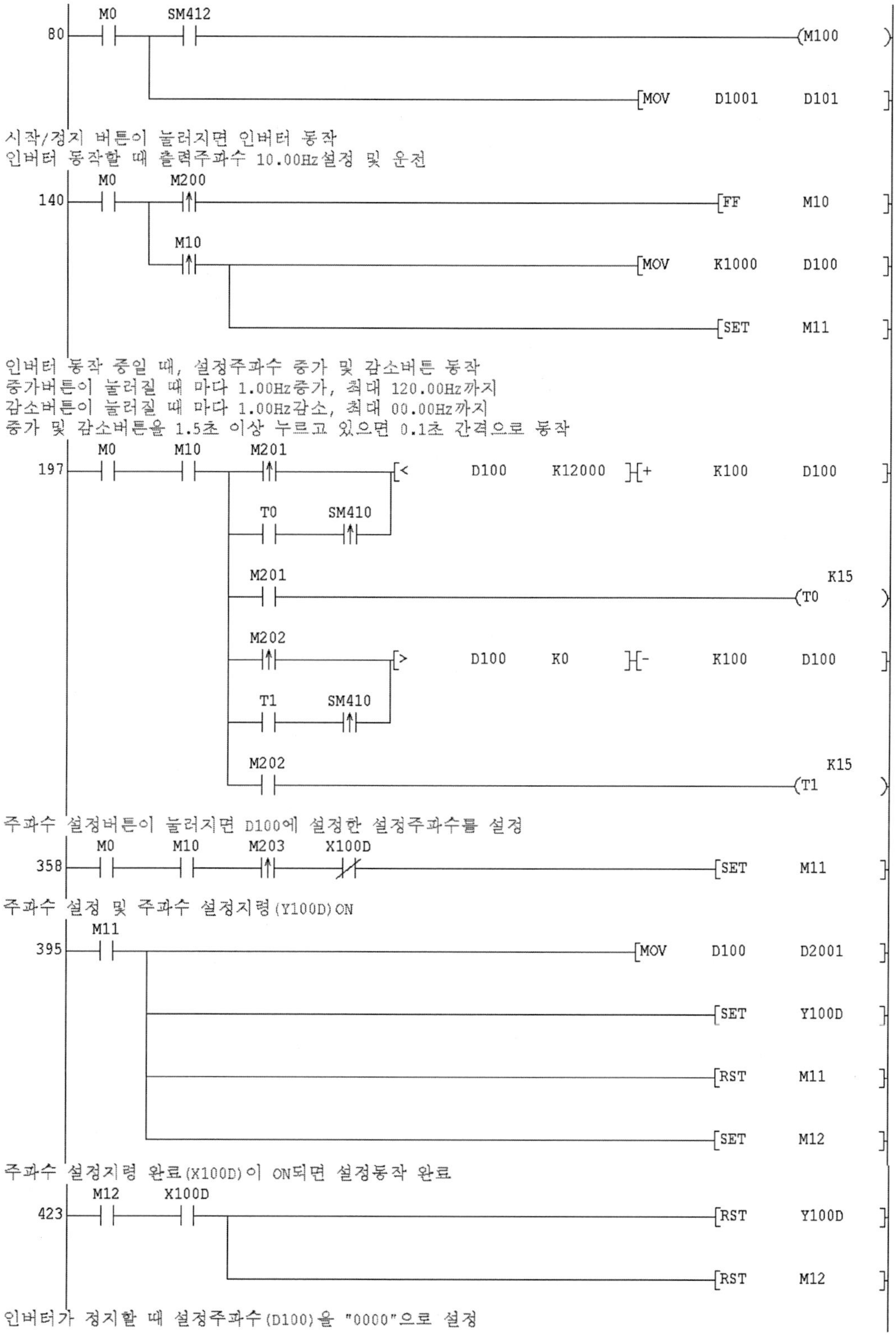
80
M0
SM412
M100
MOV D1001 D101
시작/정지 버튼이 눌러지면 인버터 동작
인버터 동작할 때 출력주파수 10.00Hz설정 및 운전
140
M0
M200
FF M10
M10
MOV K1000 D100
SET M11
인버터 동작 중일 때, 설정주파수 증가 및 감소버튼 동작
증가버튼이 눌러질 때 마다 1.00Hz증가, 최대 120.00Hz까지
감소버튼이 눌러질 때 마다 1.00Hz감소, 최대 00.00Hz까지
증가 및 감소버튼을 1.5초 이상 누르고 있으면 0.1초 간격으로 동작
197
M0
M10
M201
< D100 K12000
+ K100 D100
T0
SM410
M201
K15
T0
M202
> D100 K0
- K100 D100
T1
SM410
M202
K15
T1
주파수 설정버튼이 눌러지면 D100에 설정한 설정주파수를 설정
358
M0
M10
M203
X100D
SET M11
주파수 설정 및 주파수 설정지령(Y100D)ON
395
M11
MOV D100 D2001
SET Y100D
RST M11
SET M12
주파수 설정지령 완료(X100D)이 ON되면 설정동작 완료
423
M12
X100D
RST Y100D
RST M12
인버터가 정지할 때 설정주파수(D100)을 "0000"으로 설정

```
      M0     M10
455 ──┤ ├────┤↓├──────────────────────[MOV   K0      D100  ]

인버터 모니터링
D102 : 인버터 출력전류, D103 : 출력전류 최대치
D014 : 인버터 출력전압

인버터 운전 중(X1002)신호에 의해 모니터링 시작
M26 : 인버터 운전 중에는 모니터링 반복 신호
      M0     X1002
488 ──┤ ├──┬─┤↑├──┬───────────────────[SET   M20   ]
           │ M24  │
           └─┤↑├──┴───────────────────[RST   M24   ]

인버터 출력전압 모니터링 시작
      M20    X100C
596 ──┤ ├────┤/├──┬───────────────────[MOV   H3      D2000 ]
                  ├───────────────────[SET   Y100C ]
                  ├───────────────────[RST   M20   ]
                  └───────────────────[SET   M21   ]

인버터 출력전압 모니터링 완료
      M21    X100C
620 ──┤ ├────┤↑├──┬───────────────────[MOV   D1000   D102  ]
                  ├───────────────────[RST   Y100C ]
                  ├───────────────────[RST   M21   ]
                  └───────────────────[SET   M22   ]

인버터 출력전류 모니터링 시작
      M22    X100C
644 ──┤ ├────┤/├──┬───────────────────[MOV   H2      D2000 ]
                  ├───────────────────[SET   Y100C ]
                  ├───────────────────[RST   M22   ]
                  └───────────────────[SET   M23   ]

인버터 출력전류 모니터링 완료
      M23    X100C
668 ──┤ ├────┤↑├──┬───────────────────[MOV   D1000   D103  ]
                  ├───────────────────[RST   Y100C ]
                  └───────────────────[RST   M23   ]
```

```
        X100C
        ─┤ ├─────────────────────────────[SET    M24    ]

인버터가 정지될 때 모니터링 정지를 위한 작업
모니터링 창에 "0000"을 설정하기 위한 동작
모니터링 동작중에 인버터가 정지했을 때 모니터 동작 비트 클리어
      M0     X1002
 693 ─┤ ├────┤↓├──────────────────[FMOV   K0     D102   K2   ]
                 ├────────────────[BKRST  M20    K5          ]
                 └────────────────[RST    Y100C              ]

인버터 파라미터 모니터링

인버터 파라미터 번호 증가 및 감소
      M0     M205
 785 ─┤ ├──┬─┤↑├──[<   D104   K15 ]──────[+    K1    D104 ]
           │ M206
           └─┤↑├──[>   D104   K0  ]──────[-    K1    D104 ]

인버터가 전원 ON될 때
파라미터 번호 증가 및 감소버튼 눌러질 때 파라미터 설정값 읽기
      M0     X100B
 838 ─┤ ├──┬─┤↑├──┬───────────────[SET    M31    ]
           │ M205 │
           ├─┤↑├──┤
           │ M206 │
           └─┤↑├──┘

설정값 읽기 동작 시작
D104에 설정된 파라미터 번호에 의한 설정값 읽기 동작
      M31    X100F
 890 ─┤ ├────┤/├──┬───────────────[MOV    D104   D2002  ]
                  ├───────────────[SET    Y100F         ]
                  ├───────────────[RST    M31           ]
                  └───────────────[SET    M32           ]

설정값 읽기 동작 완료
명령코드 실행의 응답코드를 확인해서 정상이면 설정값 읽기
응답코드가 에러이면 에러동작 시행(M33)
      M32    X100F
 938 ─┤ ├────┤ ├──┬───────────────[MOV    D1002  D106   ]
                  └───────────────[RST    Y100F         ]
```

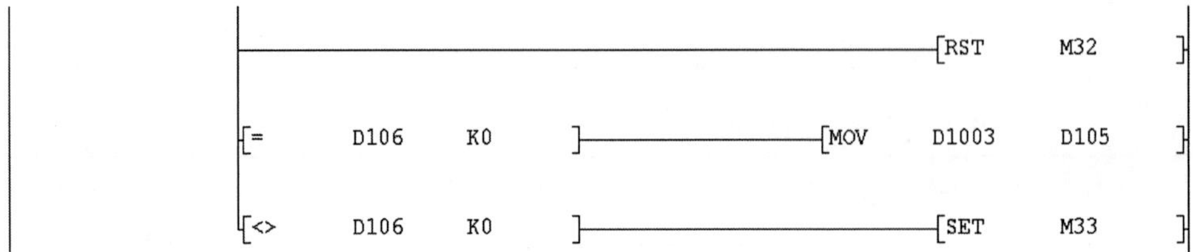

설정값 쓰기 모드
설정값 증가 및 감소 버튼이 눌러지면 현재 설정값 변경
증가 및 감소 버튼을 1.5초 이상 계속 누르면 0.1초 간격 변경

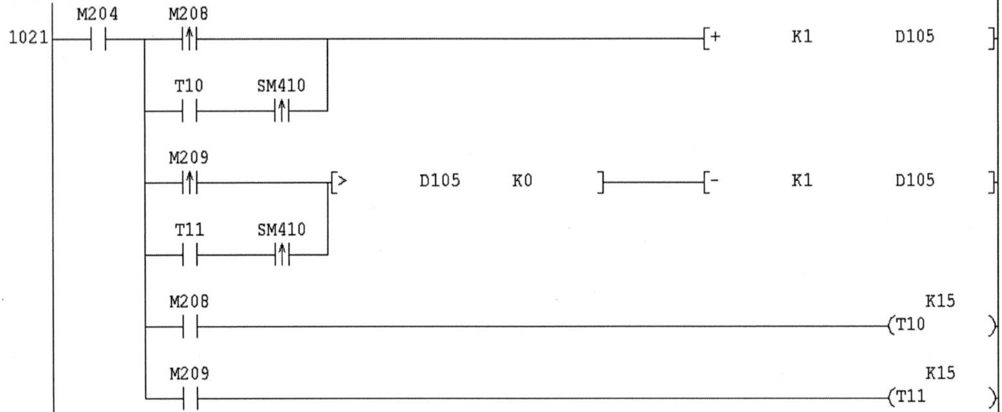

설정값을 변경 후 5초 동안 쓰기 버튼을 누르지 않으면
원래의 설정값으로 변경

설정값 증가 및 감소버튼이 눌러질 때 마다 5초 타이머 리셋

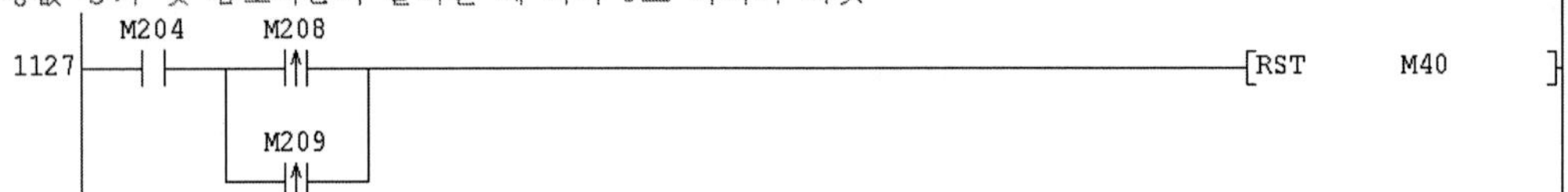

설정값 증가 및 감소버튼이 OFF될 때 마다 5초 타이머 동작

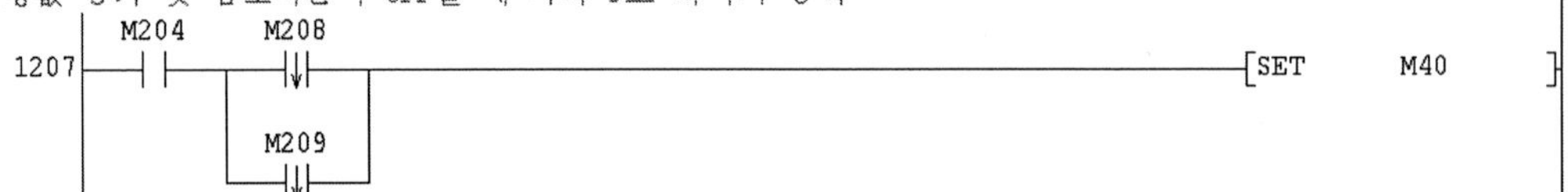

5초 타이머 동작

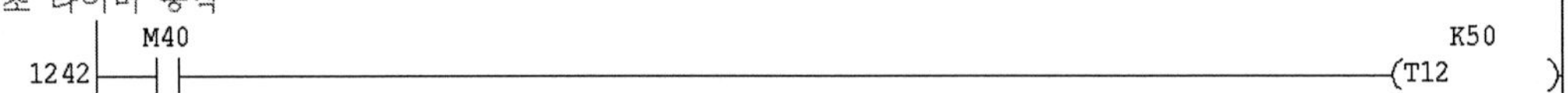

5초 동안 쓰기 버튼이 눌러지지 않았으면 원래의 설정값 표시(M31)

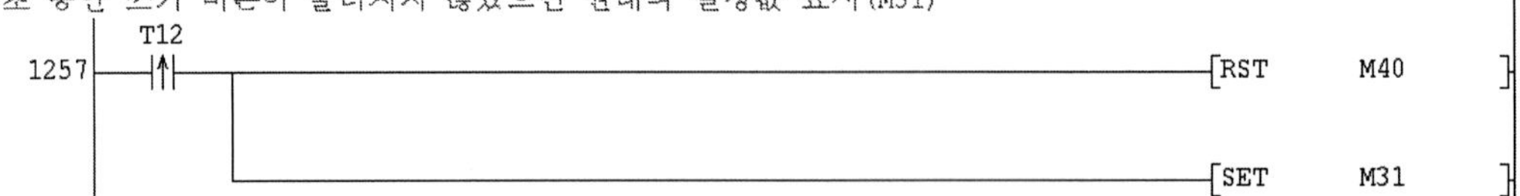

설정값 변경 버튼이 눌러지면 설정값 변경 동작 시작

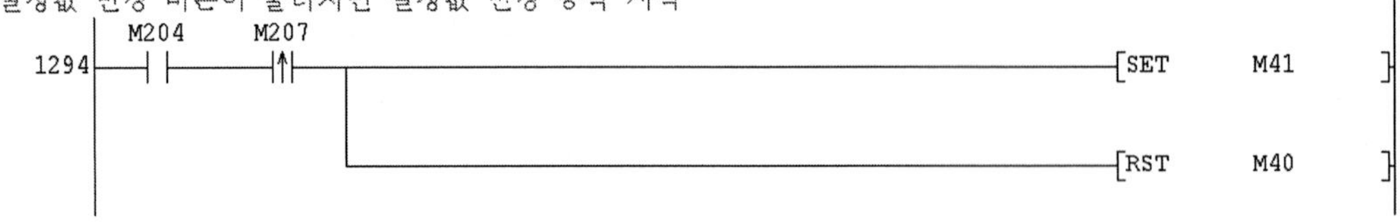

```
설정값 변경을 위한 쓰기 코드와 해당 설정값  설정 후
설정값 변경 요청(Y100F)
        M41      X100F
1325 ───┤ ├──────┤/├────┬──────────────────[+      D104    H80     D107  ]
                        ├──────────────────[MOV    D107    D2002         ]
                        ├──────────────────[MOV    D105    D2003         ]
                        ├──────────────────[SET    Y100F                 ]
                        ├──────────────────[RST    M41                   ]
                        └──────────────────[SET    M42                   ]

설정값 쓰기 동작이 완료되면 응답코드 검사
응답코드가 정상(00H)이 아니면 에러 동작 실시(M43)
        M42      X100F
1380 ───┤ ├──────┤ ├────┬──────────────────[MOV    D1002   D106          ]
                        ├──────────────────[RST    Y100F                 ]
                        ├──────────────────[RST    M42                   ]
                        └[<>   D106   K0 ]─[SET    M43                   ]

읽기 모드 또는 쓰기 모드에서 에러가 발생되면 에러동작
읽기 모드 및 쓰기 모드 에러비트(M33, M43 해제)
        M33
1440 ───┤ ├───┬────────────────────────────[SET    M50                   ]
        M43   │
     ───┤ ├───┼────────────────────────────[RST    M33                   ]
              └────────────────────────────[RST    M43                   ]

에러 코드 표시를 3초간 하기 위한 타이머 ON
        M50                                                 K30
1501 ───┤ ├─────────────────────────────────────────────────(T20         )

3초간 에러코드 표시 후 해당 파라미터 번호 설정값 다시 표시(M31)
        T20
1530 ───┤ ├───┬────────────────────────────[RST    M50                   ]
              └────────────────────────────[SET    M31                   ]

0.5초 간격으로 에러코드 점멸 표시를 위해 플리커 타이머 동작
        M50      T22                                        K5
1567 ───┤ ├──────┤/├────────────────────────────────────────(T21         )
        T21                                                 K5
1605 ───┤ ├─────────────────────────────────────────────────(T22         )
```

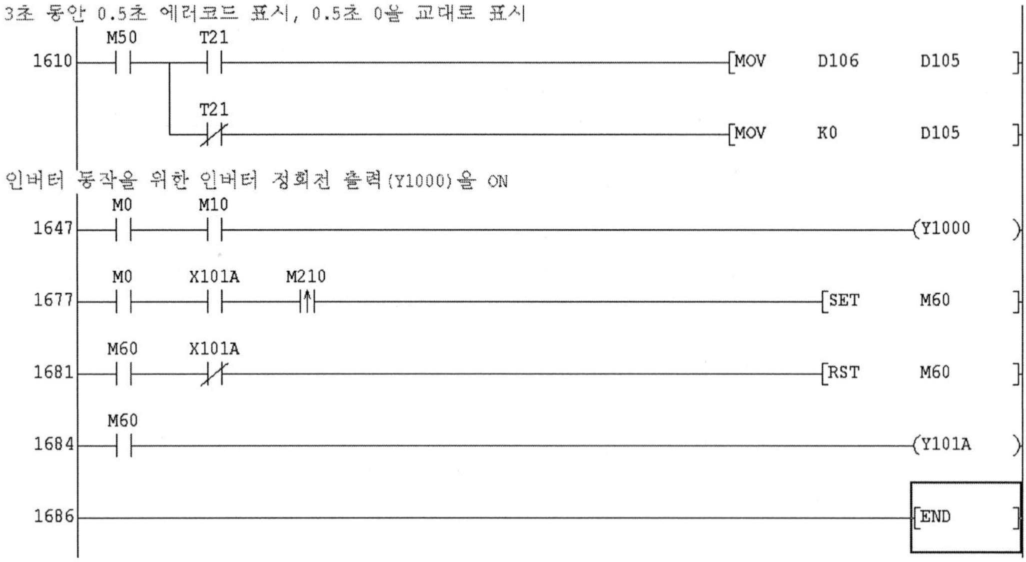

[프로그램 5-10] CC-Link통신을 이용한 인버터 운전

CC-Link통신으로 인버터의 파라미터를 변경하는 부분은 프로그램 라인 785번부터이다. 그 앞의 프로그램은 인버터 출력주파수 설정 및 인버터 모니터링에 관한 부분이다.

프로그램 라인 785번은 인버터의 파라미터 번호 Pr.0~Pr.15까지 증가 및 감소버튼을 조작해서 선택하는 부분이다.

프로그램 라인 838번은 파라미터의 번호가 변경될 때마다 M31=1로 설정해서 파라미터 번호에 해당되는 설정값을 읽어오기 위한 작업을 시작하는 부분이다.

프로그램 라인 890번은 D104에 설정된 파라미터 번호에 해당되는 설정값을 읽어오는 부분이다. D2002번지에 파라미터 번호를 설정한 후에 명령코드 실행 신호 Y100F를 ON 한다.

프로그램 라인 938번은 명령코드 실행 신호 Y100F에 의해 명령코드가 실행 완료되면 명령코드 실행 완료 입력신호 X100F가 ON되게 되면 D1002에 저장되어 있는 명령코드 실행에 따른 응답코드를 읽어서 명령코드가 정상적으로 수행되었는지 확인하는 부분이다. 응답코드가 정상이면 D1003번지에 저장되어 있는 파라미터 번호의 설정값을 터치스크린에 표시하고 만약 응답코드가 비정상이면 M33=1로 설정해 해당 응답코드를 3초간 표시하게 하는 동작을 하게 한다.

프로그램 라인 1021번은 인버터의 파라미터 설정값을 증가와 감소버튼을 이용해 변경하는 부분이다.

프로그램 라인 1127번은 설정값 증가 및 감소버튼이 눌러질 때 마다 5초 타이머 동작을 리셋하는 부분이다. 설정값을 변경한 후 5초 이내에 설정버튼을 누르지 않으면 설정값 변경부분은 무시되고 이전의 설정값을 읽어서 다시 표시하도록 조건이 주어져 있기 때문에 이 조건을 만족하기 위한 동작부분이다.

프로그램 라인 1207부분은 설정값의 증가 및 감소 버튼이 눌러진 후 5초 이내에 설정버튼이 눌러지는지를 확인하기 위해 5초 타이머를 ON하는 부분이다.

프로그램 라인 1257번은 설정값을 변경한 후에 5초 동안 설정버튼이 눌러지지 않으면 설정이 변경된 값을 무시하고 인버터의 해당 파라미터 번호에 설정된 값을 다시 불러오는 부분이다.

프로그램 라인 1294번은 파라미터 설정값 변경을 위한 설정버튼이 눌러지면 인버터의 해당 파라미터 번호의 설정값을 사용자가 설정한 설정값으로 변경동작을 ON하는 부분이다.

프로그램 라인 1325번은 설정변경 동작을 실행하는 부분이다. 파라미터의 설정값을 변경하기 위해서는 현재 설정되어 있는 파라미터 번호에 H80값을 더해야 설정값 변경을 위한 파라미터 코드번호가 된다. 즉 파라미터 0번의 설정값 변경을 위해서는 16진수 H80명령코드가 설정되어야 한다는 것이다.

프로그램을 살펴보면 설정값 변경을 위한 해당 명령코드에 H80을 더해서 쓰기용 명령코드를 구해 D2002에 설정하고 사용자가 변경한 설정값 D105에 있는 것을 D2003번지에 전송한 후 명령코드 실행 요구신호 Y100F를 ON한다.

프로그램 라인 1380번은 명령코드 실행 요구신호가 정상적으로 처리가 되면 명령코드 실행완료 입력 X100F가 ON되면 D1002에 저장된 응답코드를 읽어서 응답코드가 정상이면 해당 작업을 종료하고 비정상이면 에러가 발생된 응답코드를 3초간 점멸표시하기 위해 M43=1로 설정한다.

프로그램 라인 1440번은 명령코드 읽기 및 쓰기에서 에러가 발생하면 에러처리를 위한 M50=1로 설정하는 부분이다.

프로그램 1501번부터 1610번까지는 응답코드가 에러일 때 3초 동안 에러 응답코드를 점멸 표시하기 위한 부분이다.

5-10 실습과제 인버터의 에러 해제 방법

CC-Link통신에 의한 운전 중에 PLC(마스터국)의 CPU를 리셋하거나 PLC의 전원을 OFF하면 CC-Link통신이 정지되어 인버터는 알람정지 "E.OP1 또는 E.OP3"의 알람코드가 표시를 하면서 인버터의 동작을 정지하게 된다. 인버터 동작 중에 인버터에서 에러 및 경고가 발생하면 인버터의 리모트 입력번지 중 RX1A(에러상태 플래그)의 입력신호가 ON된다. 따라서 사용자는 RX1A의 입력신호가 ON되면 CC-Link통신으로 인버터의 이상 내용을 확인하여 에러 및 경고상태를 확인한 후 에러해제를 위한 조치를 한 후 에러리셋을 해야 한다. CC-Link통신을 이용해 인버터의 에러를 해제하기 위해서는 인버터의 리모트 출력 RY1A를 ON하게 되면 인버터에서 발생된 에러가 강제해제 된다.

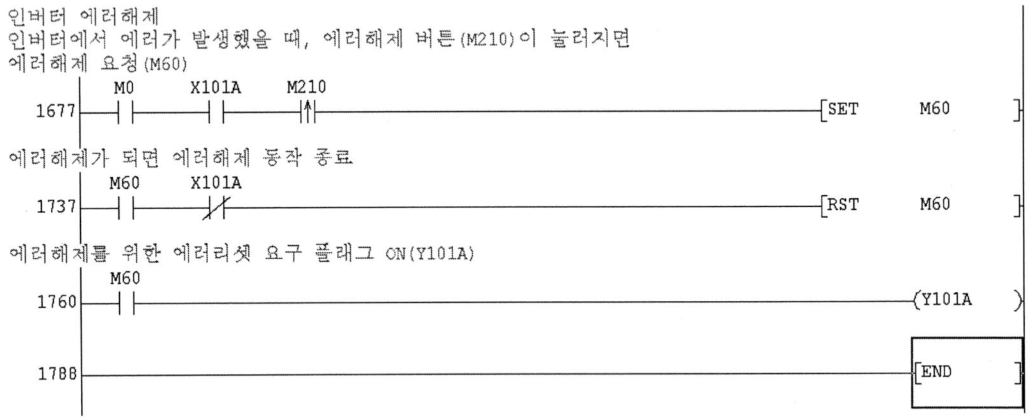

[프로그램 5-11] 에러해제

에러해제 PLC프로그램을 [실습과제 5-9]의 프로그램에 추가해서(실습과제 5-9의 [프로그램 5-10]의 프로그램 라인 1677번이 포함되어 있음) PLC에 전송한 후 PLC CPU를 리셋해보자. 그러면 인버터에 "E.OP1 또는 E.OP3"의 알람코드가 표시되고, 이 때 PLC의 프로그램을 모니터링하면 X101A(에러 상태 플래그)가 ON되어 있음을 확인할 수 있다. 이 상태에서 에러해제 버튼(M210)을 누르게 되면 인버터의 에러가 해제되는 것을 확인할 수 있다. PLC CPU를 리셋해서 발생하는 에러의 경우에는 자동으로 에러 리셋이 되도록 프로그램을 구성하면 된다. PLC CPU가 리셋되고 CC-Link통신이 정상적으로 이루어지면 M0가 ON된다. 따라서 M0비트가 ON되는 순간 인버터의 에러를 리셋하면 된다.

프로그램을 살펴보면 M0비트가 ON될 때 에러 발생여부에 관계없이 에러리셋요구 플래그를 ON하고 에러해제를 요청한다. 이와 같은 방식으로 [실습과제 5-9]에서 작성한 프로그램에 추가하면 손쉽게 CPU를 리셋 했을 때 발생하는 인버터의 에러를 해결할 수 있다.

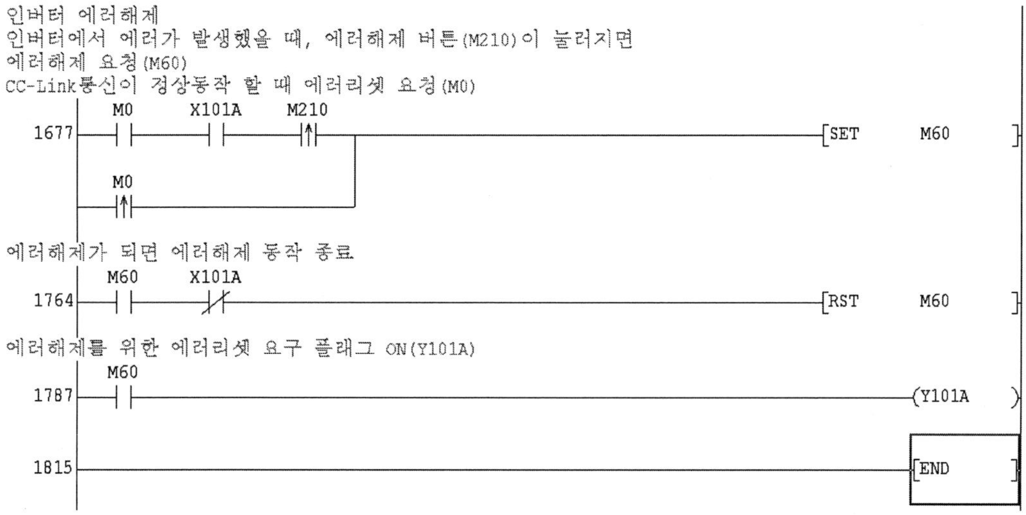

[프로그램 5-12] 인버터의 CC-Link통신이 개시될 때 에러해제

[실습과제 5-1]에서 [실습과제 5-10]까지 CC-Link통신을 이용해 인버터를 제어하는 방법에 대해 살펴보았다. 1장에서 5장까지 단순한 입출력 제어를 이용해 인버터 제어부터 시작해서 A/D, D/A를 이용해 인버터를 제어하는 방법 그리고 CC-Link통신을 이용해 인버터를 제어하는 여러 가지 방법에 대해서 살펴보았다.

인버터의 적용분야는 정말로 다양해서 이제는 AC전원을 이용하는 제품 중에 모터가 들어 있는 모든 제품에는 인버터가 들어간다고 해도 과언이 아니다. 하지만 정작 인버터를 제대로 활용하는 방법에 대한 교재를 시중에 서점에 찾아보기 힘들다. 본 교재는 인버터의 원리에 대해 설명한 것이 아니고 PLC의 입출력, A/D, D/A, CC-Link통신을 적용하기 위해 액추에이터로 인버터를 선택했기 때문에 인버터에 대한 자세한 설명은 생략하였고 또한 필자 역시 인버터의 세세한 내용은 잘 알지 못하기 때문에 1장의 인버터 개요는 인터넷, 그리고 시중의 자료를 참고로 하여 편집하였기에 오류도 있을 수 있다는 것에 대해 독자에게 양해를 구하고자 한다.

또한 교재의 내용 중 필요에 의해 1장과 5장의 동일한 실습과제가 중복되어 사용되고 있는데 이 역시 독자들에게 PLC입출력을 이용한 인버터 제어 방법과 CC-Link통신을 이용해 인버터 제어 방법이 동일하다는 것을 확인시키기 위한 것이다.

교재를 구입해서 처음부터 끝까지 읽어주고 내용을 이해하기 위해 고민해주신 독자에게 깊은 감사들 드리고 이 책이 현장작업에서 필요로 하는 PLC프로그램 작성에 도움이 된다면 필자도 기쁠 것 같다.

멜섹Q PLC 시리즈

1

정완보, 김진우 교수와 함께 배우는

멜섹Q PLC

PLC 이론과 실습

정완보, 김진우 공저 / 2012년 개정 / 18,000원

2

정완보 교수와 함께 배우는

멜섹Q PLC IN/OUT

프로그래밍 방법

정완보 저 / 2012년 출간 / 15,000원

3

정완보, 김진우 교수와 함께 배우는

멜섹Q PLC 인버터, A/D, D/A, CC-Link

프로그래밍 방법

정완보, 김진우 공저 / 2012년 출간 / 20,000원

4

정완보 교수와 함께 배우는

멜섹Q PLC QD75를 이용한

서보제어 프로그래밍 방법

정완보 저 / 2013년 출간예정 / 정가미정

5

정완보 교수와 함께 배우는

멜섹FX시리즈 PLC를 이용한

PLC 이론과 실습

정완보 저 / 2013년 출간예정 / 정가미정

정완보, 김진우 교수와 함께 배우는

멜섹Q PLC
인버터, A/D, D/A, CC-Link
프로그래밍 방법

1판 10쇄 2024년 8월 12일

저 자 정완보 / 김진우
감 수 유해근
발행인 송광헌
발행처 복두출판사
주 소 서울특별시 영등포구 경인로82길 3-4
센터플러스 807호 (우) 07371
전 화 (02) 2164-2580
FAX (02) 2164-2584
등 록 1993. 11. 22. 제 10-902 호

정가 : 20,000원
ISBN : 978-89-8000-759-2 93560

한국과학기술출판협회 회원사